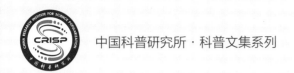

中国科普研究所·科普文集系列

面向未来的 科学素质建设

第二十七届全国科普理论研讨会论文集

THE DEVELOPMENT OF
SCIENCE LITERACY CONSTRUCTION
TOWARDS THE FUTURE

PROCEEDINGS OF THE 27TH NATIONAL CONFERENCE ON THEORETICAL STUDY OF
SCIENCE POPULARIZATION

王京春　付文婷　主编

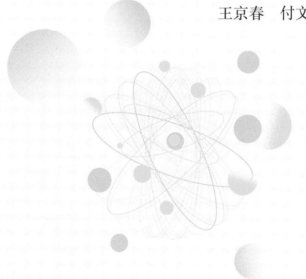

社会科学文献出版社
SOCIAL SCIENCES ACADEMIC PRESS (CHINA)

第二十七届全国科普理论研讨会组织委员会

大会主席　王　挺

主　任　王玉平　王京春　郑　念

委　员　（按姓氏笔画排序）

王志芳　王丽慧　付文婷　边慧英　朱洪启

李红林　李秀菊　何　薇　张　超　张志敏

陈　玲　胡俊平　钟　琦　殷　蕊　高宏斌

谢小军

秘书处

秘书长　付文婷　孙凤新

工作人员　（按姓氏笔画排序）

马茜茜　付敬玲　刘倩倩　杨京宁　邸　静

尚　甲　赵宇菲　曹　金　梁　霄　颜　燕

会议论文集编委会

主　编　王京春　付文婷

编　委　（按姓氏笔画排序）
　　　　付敬玲　刘倩倩　郝思洋

序

　　当代经济社会已进入科技推动增长、创新驱动发展的阶段，科技创新越来越成为推动产业进步和经济增长的基本动力。科学技术的广泛应用改变了经济增长的方式和模式，推动了产业结构的调整和变革，催生了信息经济、共享经济、数字经济等各种新经济形态。进入 21 世纪，信息技术、生物技术、新能源技术、新材料技术等交叉融合，正在引发新一轮科技革命和产业变革，重大颠覆性创新正在创造新产业和新业态，并促进经济发展模式转变，推动人类社会深刻变革。当今世界正经历百年未有之大变局，新一轮科技革命和产业变革深入发展，不仅使科技创新对经济和社会发展的作用变得前所未有地重要，还使科学普及需求得到前所未有的增长。习近平总书记指出，科技创新、科学普及是实现创新发展的两翼，要把科学普及放在与科技创新同等重要的位置；没有全民科学素质普遍提高，就难以建立起宏大的高素质创新大军，难以实现科技成果快速转化。如何推动新时代科普理论和实践的创新发展，如何推进科学素质建设工作的不断深化，如何为科技创新提供强有力的科普支撑，科普工作应如何应对新一轮科技革命提出的挑战，将是今后一个时期科普理论和实践工作者需要面对的时代大课题。

　　2020 年是我国全面建成小康社会、实现第一个百年奋斗目标的决胜之年，我们即将开启实现第二个百年奋斗目标、实现中华民族伟大复兴中国梦的新征程。2020 年是我国全面实施《全民科学素质行动计划纲要（2006 - 2010 - 2020 年）》的收官之年，我们即将迎来"全民科学素质行动计划纲要

（2021-2035年）"的全面实施。2020年也是极不平凡的一年，一场突如其来的疫情给全球经济、社会和人们的生活造成前所未有的冲击，也充分显示出科学知识的广泛普及和负责任传播变得前所未有地重要。科普事业如何面向中华民族伟大复兴全局和世界百年未有之大变局，科普工作如何适应新时代对科普事业高质量发展的要求，科普实践如何面向新冠肺炎疫情防控常态化背景下提出的种种挑战以推动科普事业的创新和转型升级，是我们科普理论和实践工作者需要思考的重要课题。

全国科普理论研讨会于1991年由中国科普研究所发起，迄今已举办了27届，已成为我国科普研究领域的品牌学术会议。全国科普理论研讨会见证了我国科普事业的发展，促进了科普研究的不断深化，为我国科普理论创新和科普实践探索提供了重要的学术交流平台。2020年9月28日，第二十七届全国科普理论研讨会在北京中国科技会堂成功举办，会议主题是"面向未来的科学素质建设"，来自高等院校、科研院所、全国科协系统学会和地方科协、科技场馆以及传媒机构的专家、学者、科普工作者共400余人分别在线上线下参加了会议。与会的专家、学者、科普工作者共商科普大计、共谋科普未来，围绕提升公民科学素质、科学素质建设规划编制、科普理念理论和实践创新，进行了深入广泛的交流研讨。

中国科协副主席、书记处书记孟庆海致大会开幕词并做了《新时代科普高质量发展的思考》的主旨报告。孟庆海书记在主旨报告中指出，当代中国社会正经历着前所未有的伟大实践，中国科普实践尤其是在基层实践中出现了许多新变化、新举措、新经验。在新的历史条件下科普工作必须有更高的站位、更宽的视野，要胸怀两个大局，摒弃路径依赖和惯性思维，走出社会化协同、智慧化传播、规范化建设、国际化合作的科普新发展路径，以自我变革的姿态迎接未来。面向未来的科普要更加突出价值引领，特别是要焕发科学家精神的时代感召力、引领力。科普理论研究者要聚焦科普实践，发现问题，总结规律，为新时代科普高质量发展提供理论支撑，为建设世界科技强国做出新的贡献。

会上，中国科学院院士周忠和做了题为"科研人员做科普：一些问题的思考"的主旨报告，天津市科协、生态环境部、清华大学、中国科学院科学传播局、陕西师范大学、中国科学院大学、中国科普研究所的领导和专家学者做了学术报告。中国科普研究所发布了"中国物理科普图书史""新中国科普 70 年""国家科普能力发展报告（2020）""中国科普互联网数据报告（2019）"等最新学术成果。会议得到了新华社、《工人日报》、《科技日报》、《中国青年报》、光明网、中国新闻网、中国网、央广网等多家央级媒体的积极报道。本文收录了由大会学术委员会遴选的 42 篇论文并结集出版。目的是推动科普研究领域的学术分享和交流互鉴，以期共同推进新时代科普理论研究的不断深化、科普工作的创新发展、科学素质建设工作的不断提升。

本书的编撰得到第二十七届全国科普理论研讨会参会专家和代表的积极参与和大力支持，在此表示衷心的感谢。由于编写水平有限，难免疏漏，恳请各位读者不吝指正。

中国科普研究所所长

王挺

2020 年 12 月

目 录

应急科普现状浅析及能力建设研究 …………………………… 曾晓华（1）

基于需求幅度理论的老年群体科普服务分析

………………………………… 陈 洁 郑燕敏 金利芳（11）

基于公共传播语境的科学传播话语研究

——以气象科普为例 …………………………… 达月珍（23）

科技辅导员创新能力现状及培养对策 …………………… 刁国斌（37）

将爱国主义教育融入科普创作的实践与思考 …………… 范振翔（45）

浅谈推进智慧场馆科普信息化建设 ……………………… 高 雅（54）

试析江苏省中小学生科技竞赛机制 ……………………… 葛璟璐（64）

繁荣科学绘本创作刍议 …………………………………… 郭子若（80）

我国城市三级医院科普现状调查

………… 何海蓉 闫心语 张 娜 李亦斌 蔡 豪 马冠生（92）

公民科学素质建设，社区科普在行动

——苏州社区公民科学素质建设状况 ………… 何 丽 杨智明（101）

未成年人生态道德教育活动的设计与研究 ………… 胡冀宁 白加德（110）

关于航空科普服务供给的资源研究 …………………… 胡鑫川（130）

"弘扬科学精神"方法策略研究 ………………………… 季良纲（141）

应急科普建设研究 ……………………………………… 李盛宽（154）

人工智能时代下的科技教育新格局 …………………… 李亦菲（163）

地质公园增强科普教育功能的实践策略

………………………… 刘海生 潘建红 胡俊平（174）

科技馆展览教育在中小学科学教育中的存在意义及问题探析
…………………………………………………… 卢大山（187）
基于 CLIL 理念的科学课程在校外的教学模式探索与研究 …… 马洪梅（195）
应急科普能力建设研究 …………… 莫瑞骏　苏海蛟　阮圣珊（206）
未来新形势下青少年科普教育活动的策略探究
………………… 史　博　刘志海　宋泓儒　金旭佳　薛　彬（217）
新冠肺炎疫情中利用移动通信媒体科普传播的实战与策略
…………………………………………… 田超然　乔爽益（227）
跨学科教育视角下科普服务发展路径与实施策略探讨
…………………………………………… 王梦倩　崔　鸿（237）
学会组织科学素质国际化建设路径探索
　　　——以中国公路学会为例 ………… 王　娜　梅　君（250）
浅谈"智慧＋科普"在提升公民科学素质中的经验及路径
　　　——以天津科学技术馆智慧化支撑建设为例 ………… 王　莹（261）
移动网络背景下科普动画的传播趋势研究 ………… 王子倩　姜颖道（274）
浅谈科学小品的思想性 ……………………………… 吴　双（286）
浅议科技馆展品说明牌 …………………… 向东海　金克军（295）
天文科学课程教师发展
　　　——天津科学技术馆天文科学课程教师培训案例分析
…………………………………………………… 许　文（304）
关于新冠疫情防控中典型科普公众号平台的分析与建议
…………………………………………… 杨智明　郑　念（313）
从非典到新冠：网络应急科普在突发公共卫生事件中的传播策略
…………………………………………………… 弋玮玮（325）
科普项目与高校专业实践融合模式研究
…………………………………………… 弋玮玮　李　波（333）
关于提升密云区中小学科技活动辅导教师培训实效性的研究
…………………………………………………… 尹　玉（341）

我国科技成果转化服务人才培养的实践探索

　　——以北京市科协科技成果转化平台为例 …………… 张兰英（353）

浅谈科技馆的科普教育发展 ………………… 张丽霞　黄桂花（363）

应急科普展览模式研究

　　——以广东科学中心新冠肺炎主题科普展览为例 ……… 张　娜（372）

从内容叙事到传播渠道：医学科普的传播策略探析

　　——以《宫颈癌和它的宿敌》为例

　　………………………………… 张　煊　王　珏　华克勤（383）

线上科普教育活动直播与录播传播过程分析

　　——以武汉科学技术馆“云尚探究”活动为例 ………… 张娅菲（398）

历史视角下的科普定义、特征和社会功能 ……………… 张昀京（411）

疫情防控常态化时期北京市科技教育培训模式探究 ……… 赵　茜（420）

面向未来科学素质建设的自然博物馆教育 ………………… 赵　妍（430）

科技馆应急科普研究现状及常态化发展思考 ……………… 郑　巍（441）

日本应急科普机制分析及经验启示 ………… 朱海伦　姜雨朦（450）

应急科普现状浅析及能力建设研究

曾晓华 *

（重庆科技馆，重庆 400000）

摘　要：本文结合国内科普场馆防疫抗疫应急科普工作的实际情况，对
20 家场馆在新冠肺炎疫情期间于抖音公众账号及微信公众号
中发布的应急科普内容及转载量等数据进行统计、整理，并以
部分科普场馆在新冠肺炎疫情期间的应急科普实践和相关数据
为例，结合国内外应急科普的相关理论，简要分析此次疫情期
间，科普场馆应急科普的现状、作用及不足，并提出相关思考
和建议，以促进和完善科普场馆应急科普能力建设。

关键词：科普场馆　应急科普　数据分析

Current Situation Analysis and Capacity Building Research of Emergency Science Popularization

Zeng Xiaohua

（*Chongqing Science and Technology Museum*，*Chongqing 400000*）

Abstract：This paper combines the actual situation of the epidemic

---

* 曾晓华，重庆科技馆科普培训专员、馆员。

prevention and anti-epidemic emergency work in the popular science venues in China, and collecting and sorting out of relevant data about the contents of emergency science popularization which published on TikTok public account and WeChat public account during the epidemic in 20 venues. And take the emergency science popularization practice and relevant data of some popular science venues during the epidemic as an example. This paper briefly analyzes the current situation, function and deficiency of science popularization in emergency response of science popularization venues during the epidemic. Also put forward relevant thinking and suggestions to promote and improve the construction of emergency science capacity.

Keywords：Popular Science Venues；Emergency Science Popularization；Data Analysis

一　前言

新冠肺炎疫情的突如其来及迅速蔓延给科普场馆的科学传播内容、传播方式等带来了诸多改变。随着疫情的迅速扩散，公众对疫情相关的科学知识的需求陡然增加。在依靠科技手段科学抗击疫情的同时，面向公众开展高效、高质、高量的应急科普，亦成为抗击疫情、应对危机的另一重要任务。

二　概念释义

应急科普是指在突发性危机事件发生前后，结合公众需求，面向受众开展相关科学技术普及、传播和教育、演习演练等体验活动，使公众了解与应急相关的知识，掌握相关的方法，树立科学思想，崇尚科学精神，具有处理突发问题、参与公共危机事件决策的能力。[1]通过应急科普的开展，可有效提升公众应对危机事件的科学知识储备和生存技能，进而降低危机事件对生命、财产等造成的损失。

应急科普既应包括突发公共事件时的科学传播与普及，也应包括围绕突发公共事件应对的常态化科学普及和训练。其具有以下特征。

（一）时效性

应急科普需要反应迅速、意识强烈、抢占先机、及时跟进，面向有科学诉求的受众，以最快的速度对与事件相关的科学内容进行筛选并整合传播，稳定公众，扼杀谣言，避免各种谣言、伪科学误导公众舆论，降低舆情和不理智行为所带来的损失。

（二）实用性

应急科普内容需简明、准确、易懂、实用，避免过多过杂的专业用语、专业分析等，最短时间内能让公众明白、知晓、掌握、运用，发挥应对效果，并能快速将信息化为行动。[2]应急科普应同时符合我国公众对科学知识的基本价值取向——优先关注实用和效用。

（三）互动性

应急科普应形式多样、有吸引力、易于传播，如面向青少年群体的绘本动画、漫画短视频和受众面较为宽泛的直播等。借助丰富多样的应急科普呈现形式满足受众层级化的科学诉求，提升受众参与的互动性，有助于实现应急科普的目的，提高应急科普的效果。

（四）前瞻性

应急科普要有前瞻性，对可能引发的相关问题，及时预测分析，提出应对建议。应急科普不仅要关注事件本身，还应考虑公共事件相关问题，体现应急科普的独特价值。做好预防性应急科普，可以使公众在突发事件发生前获得相关应对知识和掌握应对技能，具备处理突发事件的能力和良好的心态，在突发事件发生时能沉着、冷静应对。

三 现状初探

（一）调查对象

截至目前，此次新冠肺炎疫情期间针对国内各科普场馆推进应急科普工作情况的权威统计数据暂无，本文随机选取 20 家国内科技馆，就新冠肺炎疫情期间各科普场馆在微信、抖音两大新媒体平台中开展应急科普工作的情况进行抽样调查和数据分析。

（二）调查方法

具体操作方法是，选取 2020 年 1 月 21 日至 5 月 12 日的内容为样本，以疫情相关关键字词在 20 家科普场馆的抖音公众号及微信公众号中进行检索和针对性阅读，统计出其在抖音、微信两大新媒体平台上与疫情相关的信息内容共计 3000 余条并予以重点关注、解读，再通过对调查所得数据的进一步统计分析，得到以下结果与结论。

（三）结果分析

1. 1 月 20 日，钟南山明确表示新型冠状病毒"人传人"后，1 月 23 日，武汉发布交通管制措施通告，20 个科普场馆陆续做出反应，一系列针对新冠肺炎疫情的科普工作迅速展开。随着疫情的发展，各场馆根据新型冠状病毒感染肺炎疫情联防联控工作需要紧急暂停开放场馆，重点并持续推进线上应急科普工作；后根据国家和省市相关复工复产和新冠肺炎疫情常态化防控工作的通知精神，在严格落实疫情防控措施的前提下，再恢复开放。其中，广东科学中心在 2020 年 4 月 10 日恢复开馆后，根据相关通知要求，严格执行疫情防控措施，自 2020 年 4 月 17 日起，展馆再次暂停对外开放。后根据国家和省有关新冠肺炎疫情常态化防控工作的通知精神，广东科学中心在严格落实疫情防控措施的前提下，于

2020 年 5 月 12 日起再次恢复对外开放。科普场馆整体反应迅速，均以最快的速度落实决策，并通过微信公众号第一时间通知公众，将公众身体健康和生命安全放在第一位，把疫情防控作为重大责任切实抓紧、抓实、抓好，坚决遏制疫情蔓延。

2. 在取样的 113 天里，20 家科普场馆于抖音平台发布的作品总数量为 740 篇，于微信公众号上发布的作品总数量为 2510 篇。

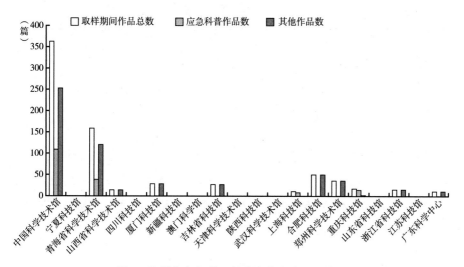

图 1　取样期间场馆于抖音平台发布作品情况

从图 1 可以看出，中国科学技术馆在其抖音官方账号中所发布的作品数量最多，接近 20 家场馆发布总数量的一半。而 20 家科普场馆中的 50% 左右在抖音平台上所发布的作品数量极少，尤其是应急科普相关内容几乎为零，其在抖音平台上的应急科普几近处于失声状态。实际上，有的场馆抖音公众账号粉丝数上万，但该场馆在抖音平台上所发布的应急科普相关作品数却为零。如四川科技馆抖音公众账号粉丝数为 26000，厦门科技馆抖音公众账号粉丝数为 24000，但取样期间，两家场馆在抖音平台上发布的应急科普作品总数皆为零。

微信公众号作为新媒体传播的一种形式，具有随时随地可读，可以较自由、较方便转发的特点，并已经成为一种流行的传播方式。由图 2 可以看

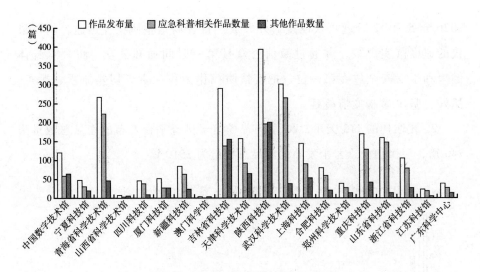

图2　取样期间场馆于微信公众号发布信息情况

出，20家科普场馆均有在微信公众号中发布信息，且取样期间的应急科普作品发布量相对较高。其中，武汉科学技术馆于微信平台发布的应急科普相关作品数量最多，高达265篇，每日应急科普作品发布平均数超过2篇。且取样期间，其应急科普相关作品阅读总量接近15万人次。

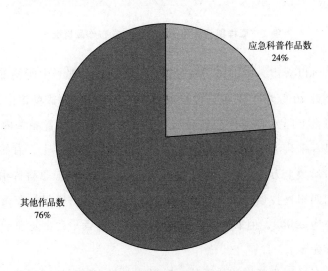

图3　场馆于抖音平台发布内容占比

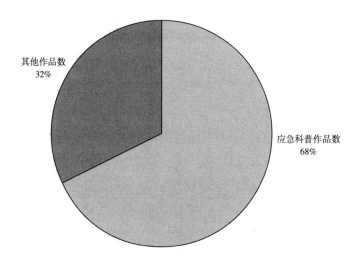

图4　场馆于微信平台发布内容占比

从图3、图4也可看出，20家场馆于微信平台发布的应急科普内容的占比明显大于抖音平台发布的应急科普内容的占比。

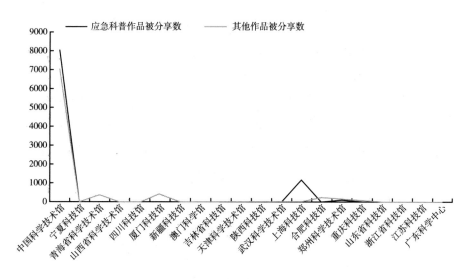

图5　抖音平台应急科普作品与其他作品被分享情况对比

图5中"分享"及图6中"在看"均是传达公众情感认同的一种方式，且"分享"和"在看"相对于"点赞"等仅表示认同的行为更进一步，将这

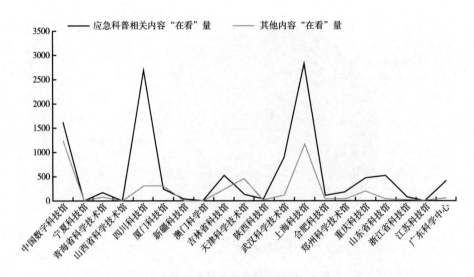

图6　微信平台应急科普内容"在看"量与其他内容"在看"量对比

种情感认同传入自己的好友圈。这种抖音和微信强关系社区里的"再传播"行为能更大化地激发公众的参与积极性,体现用户的分享意愿。但 20 家场馆微信平台的应急科普相关内容"在看"总量仅为 11244;抖音平台的应急科普作品被分享总数仅为 9308,其中 8000 余作品的分享数据来自中国科学技术馆,另外 19 家场馆的应急科普作品被分享情况很不理想。总的来说,"分享"和"在看"的数量不多,即公众对两大新媒体平台中场馆发布的相关内容情感的认同度不高且传入自己的好友圈的意愿并不强烈,但从图5、图6亦可以看出,两大新媒体平台上的应急科普相关内容相对于场馆发布的其他内容均更能激发公众的情感认同,但抖音平台相关内容的分享数量仍低于微信平台。

四　机制建设

自新冠肺炎疫情发生以来,全国科技馆行业坚守科普场馆公益服务职责定位,上下联动,及时应对,围绕中国特色现代科技馆体系,积极开展"联动施策科普抗疫"全国科技馆联合行动,各科普场馆积极响应,以应急科普宣传为己任,依托科技传播信息化平台,结合多种渠道,及时发布权威信息,客观传播防疫方法，积极创作具有原创性的重大疫情防控科普教育资源，倡导科学防治，引领舆论导向，在应急科普中成效显著。但就应急科普相对于一般科普的"应急性"及应急科普在新时代面临的挑战，部分科普场馆在资源整合、载体传播、应急科普文化建设等方面还存在一定的发展空间。

这次疫情应对中暴露的应急科普的一些短板和问题也给科普场馆应急科普的体系建设和管理运行机制带来了全新的思考。如何在类似的突发公共事件中更好地发挥应急科普作用，发挥常态化应急科普设施作用，值得深入研究。

结合此次数据统计分析及应急科普的相关理论学习，现提出以下思考。

1. 抖音、微信等新媒体的主要特点是每位公众都是信息的使用者和观赏者，同时也可能是信息的新一轮发出者和传递者。新媒体信息具有较强的实时性和交互性，它利用独特的网络介质让信息的传播者和接收者变成了平等的，公众的选择权扩大了，他们不再是单向、静态地接收，而是希望通过评论、转发、点赞等方式深度参与资讯传播与再造。而资讯创作者和发布者不再与公众处于割裂状态，而是通过交流、互动形成深度的情感联系。在此前提下，信息发布者需与公众进行坦诚、公开、平等的互动。但此次调研数据显示，部分科普场馆疫情期间更新的作品总篇数虽有两三百之多，其中应急科普内容占比亦较大，但其"分享"量和"在看"量都相对较少。以青海省科学技术馆为例，其抖音公众号上发布的"应急科普作品数"为 39 篇，数量仅次于中国科学技术馆的 110 篇，但其应急科普相关作品"感兴趣"数、应急科普相关作品获评论数、应急科普相关作品被分享数等不足中国科学技术馆的 1%。其微信公众号发布的应急科普作品数为 222 篇，仅次于武汉科学技术馆的 265 篇，但其应急科普相关内容阅读量和应急科普相关内容"在看"量仅约武汉科学技术馆的 20%，更远低于中国科学技术馆、上海科技馆、广东科学中心、四川科技馆等大多数场馆。其影响因素包含地区公众科学素质水平等客观因素，但平台所发布的应急科普内容吸引力不足、形式单一等亦是主要原因。另外，部分科普场馆官网信息与微信公众号所发布内容大量重复，这也是导致公众分享意愿低、互动性不足的重要原因。

2. 科普场馆需与网络媒体、知名自媒体等建立密切的应急科普协同机制，以实现快速反应和高效传播的目的，进一步提升传播内容的影响力。当前，科普场馆运用抖音、快手等新媒体传播平台开展应急科普工作的相对较少，平台资源优势发挥不充分。但《2019 抖音数据报告》显示，目前抖音国内日活跃用户数超 4 亿人[3]，如此庞大的用户数据，有利于更好地开展应急科普工作，且在传播载体上，通过抖音等短视频、动漫、3D 可视化等载体和手段可提升科学知识的趣味性，进而增强公众的科学防护意识，提升公众的科学防护能力，提高应急科普内容的传播效率，扩大应急科普内容的传播范围。但此次调研数据表明，科普场馆在应急科普工作的开展中，对抖音平台的运用还较为欠缺，抖音平台的优势在 20 家科普场馆所开展的应急科普工作中几乎未得以发挥。

3. 新媒体具有传播信息量大、途径多、速度快、范围广、实时性强等优势[4]，在发生突发事件之后，能发展成为极高效的应急科普渠道。相对于抖音平台应用度较低的情况，虽然微信公众号在各场馆的优势运用更充分，但在新媒体环境下，确保内容的精练、准确，保证标题的有趣，也是提高微信公众号关注度，进而有效提升其传播力的重要因素之一。因而，即使是应急科普，其内容和标题也是吸引公众的关键因素，需谨慎对待。

参考文献

［1］王明、杨家英、郑念：《关于健全国家应急科普机制的思考和建议》，《中国应急管理》2019 年第 8 期，第 38～39 页。

［2］季良纲：《突发公共事件应急科普策略分析》，《科普研究》2020 年第 1 期，第 47～51 页。

［3］王志芳：《新冠肺炎疫情中科协系统应急科普实践研究》，《科普研究》2020 年第 1 期，第 41～46 页。

［4］刘茜：《新媒体在突发事件应急管理中的应用》，《传媒论坛》2020 年第 12 期，第 162～163 页。

基于需求幅度理论的老年群体科普服务分析

陈 洁 郑燕敏 金利芳[*]

(1. 浙江省科技馆，杭州 310012；

2. 中国杭州低碳科技馆，杭州 310052)

摘 要： 党的十八大提出，"完善终身教育体系，建设学习型社会"。老年时期是终身教育体系至关重要的最后阶段，同时也是最易被忽视的阶段。帮助老年群体更好地学习，保障他们共享文化与科技进步成果，与社会同步发展，是科技馆科普教育的责任与使命。本文基于需求幅度理论，围绕当前社会变迁现状，试着探讨当代老年群体的科普学习需求，从而为实现科普教育服务与老年群体生活相融合提出可行性建议。

关键词： 终身教育 老年群体 需求幅度理论 科普学习需求

* 陈洁，浙江省科技馆科普活动部助理研究员，主要研究方向为科学教育与科普活动的策划与实施；郑燕敏，浙江省科技馆编辑部助理馆员，主要研究方向为科普杂志发行与线上科普；金利芳，中国杭州低碳科技馆馆员，浙江大学在职教育硕士，主要研究方向为科学教育和青少年创新教育。

An Analysis of the Popularization of Science Among the Elderly Based on Theory of Margin

Chen Jie, Zheng Yanmin and Jin Lifang

(1. Zhejiang Science and Technology Museum, Hangzhou 310012; 2. Low Carbon Science and Technology Museum of Hangzhou of China, Hangzhou 310052)

Abstract:"To develop the lifelong education system and construct a learning society" was proposed at the 18th national congress of the communist party of China. Of the lifelong education system, the education for the elderly is the last and critical part, to which usually is paid insufficient attention. It is the duty and responsibility of the science museum to help the elderly to learn better, to share the advancement of culture and technology, and to keep pace with the development of the society. Based on the theory of margin and the current situation of social development, this paper is endeavored to discuss the demand of the contemporary Chinese elderly in terms of the popularization of science and to offer feasible suggestions for integrating the popularization of science into the daily life of the elderly.

Keywords:Lifelong Education; The Elderly; Theory of Margin; The Demand for Popularization of Science

科普场馆作为面向社会各个阶层、各类人群的公共基础教育阵地之一,是公民的终身教育课堂,其社会教育功能已被学界和公众所认可。党的十八大提出,"完善终身教育体系,建设学习型社会"。相较于国内文博馆、图书馆等其他社会公共服务机构重视与发展老年教育,如首都博物馆的"老年文博学堂"、浙江省博物馆的"老有所乐在浙博"等各类学习活动,科技馆应对老年群体的学习服务理念显然逊色不少。绝大多数科技馆把教育针对的受众群体狭义地锁定在儿童和青少年这一年龄段,场馆教育的相关学术研究及课程活动围绕儿童和青少年开展，教育资源分布不均。老年时期是终身教育体系至关重要的最后的阶段，同时也是最易被忽视的阶段，其对终身教育发展、学习型社会的构建有着重要的意义。帮助老年群体更好地学习，保障他们共享文化与科技进步成果，与社会同步发展，是科技馆科普教育的责任与使命。

一 老龄化社会背景下的场馆教育服务

2017 年 3 月国务院印发的《"十三五"国家老龄事业发展和养老体系建设规划》中 12 个硬性指标之一是"到 2020 年经常性参与教育活动的老年人口比例达到 20% 以上"，相较"十二五"期间老年教育参与率的预期目标 5%，实际参与度仅为 3.5%，为完成率的 70%，可见 2020 年要实现经常性参与教育活动的老年人比例达到 20% 的目标任重道远，但这也表明了政府对做好老年教育的重视和决心。

（一）老年人定义

国际上对老年人的界定标准有两个：一是 1956 年联合国出版的《人口老龄化及其社会经济影响》一书中，以 65 岁作为老年人界定的起点；二是 1982 年世界老龄问题大会提出的"老龄问题国际行动计划"，将老年人年龄界定为 60 岁以上。前一标准被发达国家所采纳，后一标准则被大多数发展中国家所接受。《中华人民共和国老年人权益保障法》借鉴了国际标准，并结合中国的实际情况，将老年人界定为"60 周岁以上的公民"，并将 60 周岁设定为退休年龄，本文采用这个标准。

（二）老年群体的学习需求

教育的起点是社会要求，终点是人的发展，而教育更贯穿人的一生，一个人若步入老年阶段仍坚持学习，可谓真正意义上的终身教育和老有所学的践行者。老年是人生历程中一个富有特点的阶段，充满着矛盾和冲突，认知上经验与偏见同存，情绪体验上丰富深刻与冷淡同在，行为上固执与甘于寂寞同行。[1]了解、分析、掌握当代老年群体的学习需求，进而开发与老年群体的需求相适应的科普教育服务必会事半功倍。

1. 学习需求

学习需求大多建立在个体对社会现状与自身期望的差距上。1971年，在美国白宫老龄问题会议（White House Conferences on Aging）上，美国老年教育学之父麦克拉斯基（McClusky）就老年教育的意义与目标提出了需求幅度理论（Demand Range Theory），他把老年教育学习需求从弱到强归为五类，随后这一理论被发达国家广泛应用于各自的老年教育学习中。

应付需求：个体需求中最基本的需求，为解决老化导致的生理与认知方面的衰退，及不断变迁的社会互动中产生的种种问题，老年人需不断学习应对日常生活生存、沟通所需的各项技能，改善其在社会变迁中的种种不适。

表达需求：虽然身体功能器官处于萎缩衰退中，但老年人拥有强烈的表现欲望，常常通过唠叨、聚集等行为展示自己的存在。他们较之前工作时有更充足的时间去参与社会学习娱乐活动，学习提升自我意愿及信息反馈的理解能力和表达能力，能有效地帮助老年人在参与过程中获得内在的参与感和满足感，如各类兴趣学习班。

贡献需求：老年人的价值贡献，即"老有所为"。老年人并非一个同质群体，按照年龄可将其分为低龄老年人（60~69岁）、中龄老年人（70~79岁）和高龄老年人（80岁及以上）。低龄老年人刚离开工作岗位不久，对自身社会角色的转变感到不适，具备一定的身体条件、自理能力和社会参与能力，在参与服务过程中以降低无用感，实现对自身价值的认可。但并非所有低龄老年人都具备帮助他人的能力，因此需通过学习来培养和提升服务能力，如志愿者服务培训学习。

影响需求：老年人发挥自己的影响力，因自身行为对周边环境及社会产生有意义的变化。伴随着社会进步，老年群体的科技文化和知识结构也发生新的变化，而知识型、技术型、政治型、经验型等各类富有专长的老年群体有意愿、乐于分享自己对于公共事务或重大议题的建议，充分发挥其在和谐社会建设中的积极作用。

自我超越需求：最高层次的发展任务，指老年人回顾自己的生命历程，超越生理去了解自己生命意义的需求。未成年群体、成年群体和老年群体各自生存的目标和意义，决定了其在具体的教育实践和学习应用中的不同。未成年人教育具有未来性，要把身心尚未成熟的他们培养成为社会需要的人。具有独立人格的成年人的学习意向与承担的社会角色及发展任务紧密相关，围绕解决其职业生活、家庭生活、社会生活中的现实问题展开，具有现实性。[2]老年群体逐渐退出社会角色，这一需求难以通过个体自行实现，需通过专门的引导学习，去促进其自我接纳和完善，达到自我实现的精神体验，这部分往往通过生命回顾的方式去审视。

2. 学习需求多样化

我国当下新一代的老年群体大部分出生在 1949 年之后，经历了新中国成立时期的大规模扫盲运动，文化水平和学习水平均有所提高，生理机能虽逐渐衰退，但仍保有一定的学习能力和学习需求。他们不局限于兴趣爱好与基本生活，亦有更高层次的学习需求，往往存在多种学习需求相互交叉的现象，既包括了适应物质生活的各项需求，也涵盖了更高层次的精神追求。学习一方面充实了他们的晚年生活，满足其社会交往需要；另一方面帮助其更好地自我发展和自我实现，重塑积极的生活态度。

二　科普教育服务满足老年群体的学习需求

西方博物馆已率先采取了可行举措，值得我们学习借鉴。美国加利福尼亚州的奥克兰美术馆与美国阿尔茨海默病协会联手设立了参观项目，组织失忆老人与新老朋友见面交流，进而改善老人心态，激活老人思维。英国利物浦国立博物馆和丹麦奥胡斯市均设有"记忆之家"主题展，采用照片、影像等多媒体形式展示 20 世纪特定时间段的历史风貌，让老人重温当年的生活，改善其认知记忆。

我国社会自新中国成立后经历了巨大变迁，在社会文化、养老模式、代际关系等诸多方面有着独特的发展历程，老年时期是最需要帮助也是最缺乏回报能力的时候。2008 年 3 月，中共中央组织部、人力资源和社会保障部印发《关于进一步加强新形势下离退休干部工作的意见》（中组发〔2008〕10 号），指出"老有所养、老有所医、老有所教、老有所学、老有所乐、老有所为"的六个"老有"目标，力求构建中国特色的健康老龄化社会。老年群体作为场馆受众群中具有普遍性和特殊性的群体，具有复杂多样的生理和心理等多重问题，当今中国社会普遍存在并将长期存在"421 家庭模式"①，成年人无暇细致照顾家中老人，老年群体迫切渴望通过一种自由自在的场馆学习氛围满足自身的五大需求。

（一）关注身心健康问题，满足应付需求

《2019 中国老年人生活质量发展报告》中的专项调查资料显示，健康问题是老年时期要应对的首要问题，老年人对自己的健康预期与其健康满意度紧密相关，他们在这一阶段格外关注养生保健，但认知能力老化却给了诈骗分子可乘之机，老年人已成为当下保健品诈骗活动的主要受害群体。除了生理健康问题，孤独、焦虑、恐惧等心理问题也是老年人最希望得到解决的部分。电视节目、纸质媒体和人际网络是老年人常用的健康咨询途径，他们对权威机构和医疗专家的信任度最高。作为浙江省科学技术协会的"科学 +"科普品牌活动主战场，浙江省科技馆至今已邀请到来自各行各业的数十位主讲嘉宾，有两院院士、专家教授、部门领导等，围绕老年护理、心理健康、保健养生、理财保险等多项主题，针对性地开展专项身心辅导和技能指导，有效保证老年群体的身心健康发展。

---

① "421 家庭模式"：指一对独生子女结婚生子后，家庭结构为 4 个父母长辈 + 1 个小孩 + 他们夫妻 2 人，即 2 个年轻人要负担起 4 个老人的养老重任和至少 1 个孩子的家庭压力。

（二）关注社交安全问题，满足表达需求

传统社会的靠子女养老或三代同堂，已转变为以核心家庭为主，老人依赖子女生活的比例正逐年减少，靠自身退休金或储蓄过生活的比重逐年增加的现象[3]，保障自身稳定的经济来源是老年群体急需解决的。由于认知水平和科学素养的不足，智能手机尚未全面普及，老年群体中的多数人仍只能固守着传统的资讯传播模式和社会交流方式。但数字化背景下的诈骗手段早已告别正面接触的传统模式，数字鸿沟①使得老年人无法科学地辨析有效信息，受骗概率大幅增加。新冠肺炎疫情来势凶猛、暴发突然、覆盖面广，对全球造成了非常严重的影响，其中，老年人群作为极具代表性的弱势群体，遭受了极大的冲击和伤害。无法及时就医、网上抢不到口罩而线下药店一直缺货、疫情初期无法申领"健康码"导致种种生活不便，这些突发状况超出了老年群体本身的认知思维和理解能力，他们只能临时求助于晚辈、邻里街坊或社工。现实世界明明白白说明一个规则：若认知停步不前，则会面临被淘汰的命运。鉴于此，组织开展老年群体在信息科技方面的学习很有必要，可通过科普方式减轻或化解老年群体在当下智慧生活中的种种格格不入。如应急科普活动的推广学习，第一时间汇总、编辑、推送防控知识，引导其正确、理性地对待疫情和突发事件，养成积极向上的态度；指导老年群体学习使用网络平台进行网上购物和网上问诊，联系实际生活帮助他们及时更新知识，使他们在不断发展的科技时代稳步向前。

（三）关注隔代教育和代际交流，满足贡献需求

自 1949 年以来，中国家庭生活的一个重要变迁是父母权威的衰落，社会主义改造运动以及工业化削弱了家庭在国家经济生活中的重要性，从而褫夺了老年父母在家庭内部权力运用的物质基础。政府为了尽快树立现代公民

---

① 数字鸿沟：一种由于互联网使用条件不均等而产生的社会问题，受年龄、收入、受教育水平和其他一些社会因素的影响。

意识，不再提倡孝道伦理，其结果是现代中国家庭中的老年群体不再拥有家庭长者的经济资源、政治支持及道德权威。[4]而老年群体却成为隔代教育的主力军，无论城市或农村，均出现了年轻父母忙于工作、老人照顾小孩的现象。老年群体吃苦耐劳和勤俭节约的良好品质、丰富的社会阅历和人生感悟对隔代教育产生了一定的积极影响。但由于自身的时代局限性，他们缺乏相应的育儿知识，而他们又在长期的社会实践活动中形成浓厚的个人经验主义色彩和较强的随意感，致使现实中的隔代教育效果并不令人满意。与此同时，现在的未成年人和成年人受教育程度普遍变高且受西方思想观念影响颇深，在生产生活学习中有更多自己的理解和坚持，在与家人的沟通交流中必然分歧不断，导致矛盾加剧。

在这种情况下，可组织医院、教师等专业人士针对老年群体不定期开展家庭教育和医学常识普及学习活动，如在科普讲座中导入科学的教育理念与沟通技巧帮助其更新观念，教导老年人学习如何辅助培养孩子良好的生活习惯与学习习惯，帮助孩子拥有自己解决问题、面对困难的能力，而不是一味包办包解决，充分提升老年群体在家庭教育中的能力和优势，大大缓解代际矛盾。

（四）关注老人社会化，满足影响需求

现代老年人的幸福感在于实现老年社会角色的转换价值，不仅表现为社会角色的生存价值，而且要体现社会角色的发展价值。老年群体是一个普遍受社会爱戴与尊重的群体，往往能获取更多的公众意见，也能够将其想法传达进而影响他人，帮助社会。富有专长且社会参与愿望和能力的中国新生代老年人越来越多，这是一笔可再学习、服务社会的重要人力资源，挖掘和发挥其社会作用，是当今社会需关注的重点问题。发达国家和地区往往通过培养老年人担任社团、团体负责人以实现老年人影响他人的需求，中国社会并没有普遍形成重视和尊重老年人服务他人的生活氛围，但各大场馆志愿者服务队伍现如今纷纷有老年人加入。据 2000 年的统计数据，全国各类专业技术人员共 2900 多万人，离退休科技工作者有 500 多万人，约占总数的 17%，具有中高级专业技术职称的约占 70%，年龄在 60～70 岁的约占 70%。这些

专业性强、培训周期长、培养成本高的退休科技人员，大多为非体力劳动者，其长期积累的工作经验是非常宝贵的财富。[5]

组建于1997年的"中科院老科学家科普演讲团"是全国知名的专业老年科普队伍，主要由中国科学院离退休研究员组成，也有高等院校、解放军和国家各部委的教授和资深专家。这个平均年龄超过70岁的科普团队截至2015年初，已走过了全国31个省（区、市）的3000多个县，团员数量从最初的个位数增至如今的49人，演讲场次也从每年的400场发展到2014年的2000多场，如今这些数据还在不断增长。演讲的内容涵盖现代科学知识和科学技术的主要领域，老年科学家们在报告中通过自己的专业造诣用浅显易懂的语言传播着科学知识，受到各层次听众的欢迎。[6]组织开展社会活动和社会工作，分享人生经历，打造地方老年科普服务团队，充分利用老年群体专业知识和社会阅历，使老年群体在社会服务中更自由地和同辈或晚辈分享自己的人生经验和学习心得，实现其自身价值的同时也促进了社会更多的语言和心灵的美好交流。

（五）关注老化教育和死亡教育，满足自我超越需求

根据需求幅度理论，自我超越需求是最高层次的需求，在人生任何发展阶段均有此需求，老年时期尤胜。当身体机能衰退，社会参与度递减，老年群体不自觉地开始回顾并审视生命历程，对自己一生的意义和价值进行归纳总结，最终实现其自我超越，达成人生圆满的美好期待。

很多时候，我们恐惧的是时间，而非时间本身对我们的身心造成的破坏作用，老化和死亡本是生命的一部分，理解老化、理解生死是人类自然生命历程的必然组成部分。在欧美地区，有多种形式的公众老化教育与死亡教育，学生从小学开始就会接受临终关怀教育，但在国内，这部分内容尚处缺失状态，我们欢迎新生却忌谈老化与死去。善始善终是中华民族对一个人最好的评价，如果一个社会能够让每一个成员都走上善终这条路，这应该就是一个文明的标志。

影响老年人社会健康的因素不单是生理健康，还有心理、自我形象和生

活方式。理解老化和死亡的意义与价值，并战胜对其的恐惧心理，进而形成积极态度，就获得了自我超越的智慧，而这将帮助老年人优雅地应对人生的最后一程。老化教育和死亡教育的相关心理辅导及社会活动有助于调节老年人的心理，老年人对环境感到满足和获得社会支持对老年人的健康方面起到非常重要的作用。[7]

三　科普设施服务满足老年群体的学习需求

充足的教育资源使场馆展厅成为老年群体自我学习的重要场所。欧美发达国家的老年群体使用场馆公共教育资源获取知识已成为社会生活的新常态，社会不仅有法律与政策保障，更设有游学、教育学院等多种活动推广开展老年教育。[8]在我国，多数老年人走进场馆是为了休闲娱乐，尤其在寒暑假，展厅滞留的老年观众众多。随着全国各地科普新馆的建成，宽敞明亮的展厅带来丰富游历体验的同时，也易使老年人产生疲劳感，老年人身体机能衰退不适合长时间参观，或多或少会有视听上的不便或出现沟通障碍等，为缓解其在参观中的不适，需在展厅整体服务方面有所改善。

（一）展厅解说服务

相较于青少年、中年公众快速扫码听讲和直接开动体验的特性，老年群体因生理机能下降而行动迟缓、注意力难以集中，以慢节奏自主参观方式为主，先看图文版解说，再看操作展品。因此，展品解说图版的灯光照明、字体字数、内容资讯、配图比例等呈现均需多加考量，可在临展展品旁放置对应的画册介绍这类传统载体，以满足不同文化层次老年群体获得同等观览内容的需求。对于部分老年观众，难以独立操控的自助设备会降低其参观体验感，他们更不愿主动向工作人员寻求帮助。可在展厅内空旷处设置主题鲜明的数字体验厅，使行动不便的老年观众可自助使用相关设备便捷直观地观看和学习。在确保实现展览逻辑、展示顺序及展线布局原则的前提下，在参观引导系统中设置适合老年群体一次性完整游历的最短线路，合理的展线设计一定程度上可有效地减轻体力负担。

（二）展厅基础设施

场馆内的基础设施要让老年人满意。在展厅内多设置些座椅供老年人休息，这些座椅可按照一定的设计和美学原理作为展厅中的一部分，而非单纯的靠墙设置。巴黎卢浮宫、纽约大都会艺术博物馆等西方场馆在油画或巨幅画作前的最佳欣赏位置设置一长排座椅，供观众在短暂休整时获取一定信息量。巴黎工艺美术博物馆则把座椅安置在了众多精美的科学仪器中间，使观众在休憩的同时可近距离欣赏工业技术创新发展历程的神奇与伟大。

科技馆可增设老年人专用的基础服务设施，如在服务总台放置轮椅、拐杖、老花镜、放大镜等，各层展厅均配有特殊人群的专用洗手间和无障碍电梯，且标识引导需要更为醒目，老年人着重需要的卫生间和开水房的引导路线应详细标引。

四　总结与展望

由我国老龄化现状可知，场馆老年观众数量必会不断增加。老年人作为家庭中的大家长，具有很强的影响力，多数老人在参观后会对家人或朋友复述所见所闻，该群体不仅是科技馆的当前观众和今后的潜在观众，更是把科技馆的影响力深入各个家庭的重要纽带。但目前场馆教育对老年群体的定位仍停留在休闲娱乐层面，表现为主要满足其生活保健、休闲娱乐和适应时代的技能培训与引导，符合其更高层次的学习需求严重缺乏。现已成功转型，为社会公众提供公共服务和终身学习载体的科技馆，更应积极响应国家号召，根据老年群体的社会特质与实际需求完善未来规划，设计开发系列多样、内容丰富、特色鲜明的老年科普活动，引领、满足老年群体不同层次的学习需求，为构建健康老龄化和终身学习型社会贡献自己的力量。

参考文献

［1］于俐莉：《老年人认知特点刍议》，《胜利油田党校学报》2006 年第 2 期，第
　　　120 ~ 121 页。

［2］李洁：《老年教育理论的反思与重构——基于西方现代老龄化理论视野》，《开
　　　放教育研究》2015 年第 3 期，第 113 ~ 120 页。

［3］李梅花：《日本、韩国人口老龄化与老年人就业政策研究》，博士学位论文，吉
　　　林大学，2014。

［4］陈皆明：《中国养老模式：传统文化、家庭边界和代际关系》，《西安交通大学
　　　学报》（社会科学版）2010 年第 6 期，第 44 ~ 50 页。

［5］董之鹰：《老年社会角色转换价值的理论研究——构建 21 世纪老年人口价值观
　　　的思考》，第二届中国老年人才论坛论文集，2006。

［6］张逸飞：《老科学家科普团：用余热播撒"科学之光"》，《今日科苑》2015 年
　　　第 1 期，第 36 ~ 37 页。

［7］陈洁：《老龄化社会下的老年科普服务工作之浅见》，中国科普理论与实践探
　　　索——新时代公众科学素质评估评价专题论坛暨第二十五届全国科普理论研讨
　　　会论文集，2018。

［8］王璐瑶：《老年群体博物馆教育研究——以秦始皇帝陵博物院为例》，硕士学位
　　　论文，西北大学，2018。

基于公共传播语境的科学传播话语研究

——以气象科普为例

达月珍*

（云南省气象局，昆明 650034）

摘　要： 互联网的快速普及使公共信息传播呈现多元化、多中心的特性，多元主体参与并进行的公共传播因此有了更好的现代适应性。基于现代公共传播语境的气象科普创作要在充分尊重公众参与创作话语权的前提下，确保创作内容符合公众的不同需求，创作形式表达要立足于公众接受差异，体现公共协商的原则，信息传播的渠道要适应新的传播形态。

关键词： 公共传播　气象科普创作　话语权　公共协商

---

* 达月珍，硕士，云南省气象局高级工程师。

Research on Discourse of the Creation for Science Popularization Based on the Public Communication

—Take the Case of the Meteorological Creation for Science Popularization

Da Yuezhen

(*Yunnan Provincial Meteorological Bureau*, *Kunming 650034*)

Abstract: The public information dissemination presents the characteristics of diversification and multicenter accompany with the rapid popularization of the Internet. The public communication which the diversified to participate in the dialogue therefore has a better adaptability to modern. The meteorological creation for science popularization that based on modern public communication should respect the discourse power to the public participate creation on this precondition, the content of creation should to meet the different needs of the public, the writing form is based on the public to accept differences, reflect the principle of public deliberation, the information dissemination adapts to the new communication form.

Keywords: Public Communication; Meteorological Creation for Science Popularization; Discourse Right; Public Deliberation

一　前言

公共传播是一种多元主体参与、平等自由协商与交往共识达成的传播形态和公共空间。经济全球化和互联网快速普及等多重语境正将它构建成一种新的传播结构、格局和境况。[1]近年来，随着中国特色社会主义经济建设取得巨大的成就，以及全球化进程不断加快，现代性生活唤醒了社会公众的个体精神和渴望参与社会事务管理的意识，微信、微博等移动新媒体的社会化应用赋予了公众表达的话语权力，公共信息传播呈现多元性、多中心和社会化的特点。[2]科学知识的传播是最大的公共事件之一，发生在公众和相关行业、部门等社会组织之间。两者的契合点在于公众希望了解更多的科学知识以服务于生活，提升个人科学素养，获得个人价值感，而社会组织则肩负着对公众进行知识普及的责任和义务，同时也希望通过开展科学普及活动，与公众对话，让公众理解科学，促进社会的全面发展。公共性意味着公开、共存和互通，而对每个人而言，知识的储备和接受能力有极强的个体性和差异性，因此，他们在接受科学知识时，更加希望"无数视点和方面同时在场"[3]，这就需要科学知识的公共传播更具个性化和针对性。20 世纪以来，科学普及的实践形式主要是由科学家、科学作家、科学普及者利用各种途径向普通大众通俗地"讲授"科学。[4]而今天，公共传播的思维方式让这一切发生了变化。作为科学普及的直接主导者和创作者，他们面临适应公共传播新语境、面对公众参与意识的觉醒、实现科学知识的有效传播等挑战，科普创作内容和形式仍然是根本，这是由科学知识普及中内容必须大于形式的客观性决定的。重视"内容的形式"和"表达的形式"以及"传播的形态"，是公共传播语境下科普创作话语的源头与活水。[5]本文以气象科普创作为例进行探讨，旨在引起更多的关注和共鸣，共同促进我国新形势下科学普及工作的质量提升。

二 公共传播及其现代语境

（一）公共传播及其现代性

1993 年，法国社会学家 M·勒内在亚里士多德"市民社会"理论等社会学基础上提出建立"公共传播学"，公共传播作为传播学的一个分支从此被确立。[6]江小平是我国研究公共传播最早的学者之一，他在勒内的研究基础上提出："公共传播的首要目的是说服受众，使之采取有益于自身健康和生活、有益于社会和人类的行为；引导他们积极参与公共生活和努力提高社会道德水准；指导更多的人承担并完成推动社会发展的使命。"[7]之后，不同学者投入此研究领域并提出了不同见解。陈先红认为在公共传播中平衡公共关系应当追求组织利益、公众利益和公共利益的平衡统一。[8]董璐认为公共传播是指政府、企业及其他各类组织，通过各种方式与公众进行信息传输和意见交流（双向传播）的过程。[9]2018年，全国科学技术名词审定委员会批准公布的《新闻学与传播学名词》确认的规范定义中，公共传播就是"通过传统媒体或互联网等新兴媒体面对不特定人群的开放性传播"。由此，我们可以理解公共传播的主体和客体分别是具有公权力的社会组织和普通的社会公众。

公共传播理论由西方而来，但最后却在中国的大地上普及开来，由中国的学者对其进行充分的完善和应用[10]，这是因为改革开放以来，中国经济快速发展，国际地位不断提高，国力的提升催生了国家、政府组织面对全球化、治理社会的众多问题，而财富的增长则唤醒了公民参与社会事务管理的个体意识，多元化的社会声音需要有自由表达的空间。这使得以政府为代表的组织与公众的沟通交流比以往更加有必要和复杂。源自西方的公共传播在中国当代社会"多重语境"的前提下蜕变为中国特色的组织与公众间的信息传播，它立足于社会现状，承认主体和客体间需要协商，强调传播过程的多元参与和理性协商，让每一位社会公众都能参与到公共议题的讨论中，进而通过信息的交流、意见的交锋和关系的建立来达成社会共识。[11]

近年来，以智能手机为代表的新媒体载体迅速得到普及，公众获取信息、参与社会事务管理的渠道由单线条转向多线条交叉进行。2020年4月，中国互联网信息中心发布的统计报告显示，截至2020年3月，我国网民规模为9.04亿人，互联网普及率达64.5%，其中手机网民规模达8.97亿人，居世界前列。而在2009年，中国网民规模仅有2.98亿人，手机上网网民规模为11760万人。互联网科技的发展和应用赋予了公众自由表达的话语权，解构了原有的传播生态。在新生的语境中，要实现公共空间信息传播的多元性，并运用公共传播的理念在多元对话中再造多样化共同体，实现公共信息的有效传播，需要作为信息传播主体的社会组织或创作者提前思考如何在当代语境中与大多数公众达成一致。

（二）公共传播在科学普及中的应用

在 2002 年颁布的《中华人民共和国科学技术普及法》中，科普被界定为国家和社会采取公众易于理解、接受、参与的方式，普及科学技术知识、倡导科学方法、传播科学思想、弘扬科学精神的活动。当今世界，互联网信息技术的快速发展将科学深深植于每个人的生活中，与科学发展相关的事务已成为一项影响广泛的公共事务，科学发展也成为重要的公共领域。"科学技术在我们居家与工作的日常生活的多数方面中扮演着举足轻重的角色。"[12]推进科学技术的广泛普及，促进公众对科学及技术的充分理解，已经成为国家战略发展的一项重要举措。在 2016 年召开的"科技三会"上，习近平总书记强调："科技创新、科学普及是实现创新发展的两翼，要把科学普及放在与科技创新同等重要的位置。"而对于每一个公民，生活的需求和个人知识水平、科学素养的提升也需要增进对科学知识的学习和理解，尤其是与自己的生活、健康、人身安全息息相关的环境、生态、医疗等的影响日益广泛和复杂。公众渴望得到真实客观的科学信息，了解和学习与自身切身利益休戚相关的科学知识。从最初的向公众传播科学知识，发展到后来的"公众理解科学"，以及当下的"与公众对话"的科学传播阶段，科学普及已经进入了通过对话促进公众参与科学事务，以增进公众对科学的理解的阶段。建立在传播者和信息接收者双向沟通的基础上的公共传播自然而然走上了科学普及的发展大道。甚至有学者认为公共传播的本质是针对公益观念、知识和行动的，譬如科学传播、社会责任传播、健康传播等，而科学家作为公共传播者，应当运用新媒体工具进行熟练、常态化的公共传播，维护自己与公众特别是媒体的关系。[13]

三　公共传播语境下的气象科普创作

科学普及中的信息传播并不等同于单纯的科学技术信息的传递，而是具有社会心理性的互动双方通过相互沟通进一步理解传播信息的全过程。因此，从心理学角度来看，科学普及本质上是一个"沟通"的过程。[14]公共传播风险沟通理论的提出者之一，美国学者 Covello 曾提出沟通可能会因为信息本身、信息源、信息渠道以及接收者等四方面因素而失效。[15]立足于公共传播的气象科普创作应将这四种因素纳入创作和信息传播的全过程。信息及信息源由科普创作者决定，信息渠道则是传播的媒介，接收者是公共传播中的公众。本文所指科普创作包括了科普作品创作、科普活动开展、科学知识媒体传播行为等，而创作者是指参与活动的科学家、科普作品创作者、科学知识传播者，以及科普信息的传播媒体和平台。

（一）气象科普创作中的话语权

百度百科解释"话语"是人们说出来或写出来的语言，它在人与人的互动过程中呈现出来。法国哲学家米歇尔·福柯认为在话语的发展中，权力始终相伴，一切的权力都是通过话语来实现的，这便是话语权。在传播中，不仅仅是语言和文字，还包括图片、视频，甚至是特定的场景，凡是能产生影响、具有意义导向性的要素，都会产生权力，都能称为话语。科普创作中的话语是由科学家、科普作品创作者、传播者创作出来并通过媒介呈现给公众的，它的话语权属于创作者本身。但新媒体的社会化应用让公共信息传播更具开放性和公共性，受众可以快速、多渠道地了解信息，并根据自己的喜好通过共享、转发等方式参与和表达，这决定了公共传播语境下的受众在信息再创作与再传播过程中同样具有话语权。因此，在科普创作中，承认公众同样具有话语权，是每一个从事科普创作的人和进行科学知识传播的媒介必须认同的观点。

（二）气象科普创作话语要把握公众的需求

社会生活和经济活动导致人们对天气气候知识有着旺盛的需求，且行业不同，环境不同，需求也不同，这使得气象科普创作者要有显著的传播意图，明白"为什么要传播信息"、"针对谁传播"、"传播什么内容"、"如何表达立场",以及"采用什么传播渠道"等问题。因此,为了实现沟通的有效性,气象科普创作者应当根据气象知识体系确立传播的信息源。基于社会公众生活、生产一般性需求和天气气候变化产生的重大社会影响,我们将气象知识归类为天气及气候常识、行业类气象知识及气象灾害类知识,如图1所示。

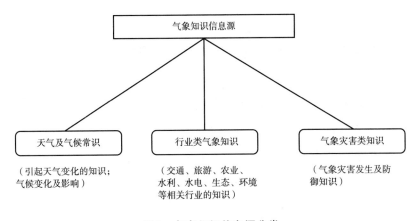

图1 气象知识信息源分类

公众了解气象知识,一是为了提升自我科学素养;二是为了防御气象灾害,减少自然灾害造成的人员伤亡和财产损失;三是为进行经济和社会活动提供决策依据。任何类型的科普创作,其初衷都是将某一类型的知识传达给特定的公众。因此,根据目标受众的需求选择信息源并对其进行加工是科普创作者的先决职责之一。

同时,在信息源的选择和加工过程中,要切合气象的特殊性。像地震、海啸等所有自然灾害一样,天气气候异常引发的气象灾害具有危害性大、影响广、无法控制的特点,会在短时间内将大量的人群置于重大的危机情境中。暴雨引起的洪涝、台风登陆带来的强风暴雨、强冷空气入境引发的暴雪低温天气,以及雷电灾害、冰雹灾害等中小尺度的灾害性天气常常威胁着特定地区人群的生活与生存。比如云南,从新中国成立到20世纪90年代末约50年的时间里,云南气象灾害造成的损失占全省总损失的37%,气象灾害居于全省所有自然灾害的首位。[16]气象灾害发生及防御知识的普及是提高公众应对灾害能力的重要手段。与常识性知识的需要不同的是，灾情之中的公众更加需要细致、具体和针对性较强的实用性知识。但很多研究证实，专家与公众对特定风险问题的看法往往存在较大差异。通常，专家眼中的风险是以统计数据、风险概率与死亡率等数据所估算出来的灾害，而民众眼中的风险，则是与个人生活息息相关的"伤害"。[17]专家看的是风险对群体所造成的影响，而民众看的是风险对他们个人造成的影响。这种情形下，气象科普创作者应该根植于受灾人群的视角，快速反应，立足于气象灾害及衍生灾害发生的科学原理和过程，立足于灾前防御、灾后救助的思维，立足于灾害发生的社会、自然环境的差异进行气象普及创作工作。如同一次冷空气过境过程，北方即使降温幅度再大，其影响和损失也一定会比降温幅度不算太大却生长着各种亚热带经济作物的南方要小得多。再如一次台风登陆，登陆点超过17级的强风和暴雨与内陆受台风外围的影响级别完全不可同日而语。

对待防灾减灾类型的气象知识传播，创作者更需要运用公共传播的思维和理念。我们之所以在气象科学普及中引入公共传播的理念，不在于信息和传播通道，恰恰在于在气象科学知识的实用性和天气气候变化对人类生活产生的极大影响，所以在知识普及中要考虑公众的立场和接受能力，要在创作中注入更多的人文情怀。科普创作者不应该只是知识和事物的解释者和客观的分析者，还应该是社会的参与者，这意味着学术的价值不在于学术价值的中立，而在于能够直面现实生活，解答社会问题，有公共关怀和道德担当。[6]

（三）气象科普创作要体现公共传播中与公众协商的原则

首先，互联网技术的社会化应用，让公共传播转向了公共协商和民主协商。协商就是涉及多方以讨论、商议、对话等方式，在充分表达自身立场的基础上，在充分尊重他者观点或利益的前提下，获得对共性问题的认知和理解的一致性。所谓民主协商就是传播中的多元主体之间的"公共对话"，旨在寻求"多元共识"和"共同的善"。[18]本哈比认为，按照民主协商精神，公共协商在规范层面要奉行包容、平等和公共性等原则，即开放接纳多元主体，确保各方公开、平等参与讨论。科学知识普及中秉承共同协调的原则，让公共传播回归人文关怀有了实现的可能，同时还在于承认公众享有参与公共传播的话语权。协商原则不仅提高了公众对公共事务的参与度，还决定了公众参与传播的深度和广度。

天气气候变化对每一个人都会产生影响，但由于生活环境、社会身份、经济活动等的不同，人们对气象信息的需求是有差异性的。气象科普创作者首先要承认受众需求的差异性，可以在进行创作前通过问卷调查、课题研究、访谈等多种手段分行业工种、年龄、自然及社会环境、经济活动等对受众层次进行归类划分，了解不同层次的受众倾向性需求。

其次，天气气候变化原理十分复杂，导致气象知识专业性十分强。公众需要理解天气预报为什么不准确，需要把握暴雨和雷电等不同天气产生的危害和需要采取的防御措施有什么不同。但由于受教育程度、社会环境及认知的差异，即使是相同的信息，公众在理解上也存在偏差。认知心理学认为人类的认知能力是有限的，所以每个人只会选择关注对自己重要的事情，或者按自己已经形成的经验和习惯来理解事物，而且往往本能地选择证据，维护自己的既定观点。[14]也就是说，在一大堆证据里面，人们会更容易注意到、记住或者相信对自己有利的证据，会无意识或下意识地以已有的、固定的思维来理解新事物、新知识。创作者和公众会因为在传播中有不同的立场和关注点，拥有不同的背景知识而出现认知的极大差异。协商对话的益处在于能让沟通多方清楚地认识到这种差异，然后进行调整以达到利益和价值观形成共同认知的原则。毕竟"每个时代都有自己特定的认知构型和思想框架，它是人们得以进行知识生产的秩序空间，也是先于一切经验潜藏在人们心智中的思想范型"[19]。

最后，要体现气象科普创作者与受众沟通、协商的意图和诚意，还在于掌握着主动话语权的创作者以能让受众接受的方式编排信息。冷空气的强度和影响范围及影响程度，台风登陆的路径和可能带来多大强度的降雨、风力，这些重大天气过程，往往有着极高的社会关注度。比如，中国科协科普部、中国科普研究所的网民需求科普行为调查年报显示，2015～2018年，气候与环境的搜索比例分别为5.76%、6.50%、5.29%、9.54%，稳居年度话题前十。台风、洪水还是某些年份的搜索热词。2016年，厄尔尼诺现象排名年度十大科学传播事件的首位，在移动端的总阅读量达4.75亿，是全年科普的重中之重。[20]可以看出，公众对气象知识有着很高的关注度和强烈的求知欲，而且公众已经不满足于只是被告之结果，而不知缘由。

纵观当下的气象科学普及，创作者将南支槽、切变线、辐合区、副热带高压等这些气象工作者天天与其打交道的专业术语、模式推算等带进了公众气象服务信息中，虽然严谨科学地描述了造成天气气候变化的天气系统和它们的形成原理，以及天气气候预测本身，但这些知识在公众眼里却十分枯燥、晦涩，接受程度十分低下。公共传播理念下的科学普及带着沟通对话的诚意，也承认公众参与创作的话语权，气象科普创作者必须要把这些专业的描述在不改变其科学性的前提下尽可能地转化成通俗易懂的大众媒介话语和表达。科学信息客观有效、话语表达可理解应当是科学传播中主体和客体间平等对话的前提。

由全国各地气象爱好者组成的"中国气象爱好者"是近年来自媒体中影响最为广泛的民间组织，它对重大天气气候讲解的科普作品的影响力甚至超过官方气象部门，如2020年7月23日，网络上显示，其微博粉丝数为928万人。同一天，代表中国气象官方最高权威的中央气象台微博粉丝仅有171万人。"中国气象爱好者"并不能预测天气，它受到公众追捧的最大原因是对重大天气气候保持着较高的敏感性，及时关注，并尽可能地以受众能够接受的方式解读包括台风、暴雨、高温等重要天气过程及相关科学知识。它的每一篇文章中都会大量引用中国、欧洲国家、日本、美国气象机构的资料和数据，保证气象信息的科学、准确和多角度。科普文章中含有大量的气象图表，包括卫星云图、风场天气图等，并在图表上就关键信息做出标注，引导学习和思考；文字语言通俗活泼，深入浅出，可读性强；不仅满足了公众对重大天气过程变化信息的需要，还满足了一部分人群深入阅读、丰富气象知识的需求，并且在信息传播前后与公众保持着频繁的互动，及时解答受众的疑惑，及时收集受众的需求。[21]此案例可作为新媒体形态下气象科普传播的典范，创作者可从其话题、编排、互动等方面借鉴经验。

（四）气象科普传播要适应新的社会传播形态

媒体搭起了传播者与接收者之间的信息交流通道，但今天的社会变革正在摧毁过去数百年甚至数千年建立起来的传播模型，以微信、微博等为代表的移动新媒体发展方兴未艾，更是高度契合公共传播多元化、多中心、非线性的传播特性，它们承担起了构建公共领域的使命。公共信息得以在公众、社会群体与组织机构之间切换自如，公开传播，并发展出点对点、面对面、群对群的新型传播特质。在认同并充分尊重公众参与话语创作权利的基础下，创作者要界定不同大众媒体和传播平台的特性，实现差异化传播：一是为了实现信息沟通和传播的有效性；二是更好地发挥组织和机构的自主话语权，做好重大灾情、重要信息的公众舆论引导工作。如深圳气象部门近几年在台风登陆期间对天气信息和气象科普的处理就充分考虑到这一点，2018年，深圳天气微博用户为187万人，微信为103万人，体量都相对较大。但微信被设置为每天只能发布4条信息，而微博则无此限制。2018年，超强台风"山竹"登陆前，"深圳天气"充分利用微博可以时时发布的特点，提前9天开始发布信息，台风登陆前两天每隔15～22分钟在微博上发布一条台风登陆、中心风力强度等信息或与台风相关的科普知识。公众密切关注且踊跃参与互动，讨论台风的路径和抒发对台风登陆的感受。微博留言板上写得最多的一句话就是：我是来看评论的。而深圳天气微博对粉丝们的回复率高达30%，解答他们的专业提问，或是给予俏皮的回答，或是给予温情的提示，将深圳天气微博打造成了有气象深度、有温度、有态度、有笑点、有情怀的媒体平台。台风"山竹"登陆期间，深圳天气微博成功运营，吸引粉丝10.6万人。[22]

新媒体发展态势下，各级官方气象自媒体高速发展，如据2019年8月统计，云南全省气象部门微信公众号、微博、移动客户端数量达到118个。

新型媒介及平台和报纸、电视等传统媒介结合各自的传播特性，以视频、音频、文字、图像等不同形式进行信息传播，相比过去单一或少量媒体参与信息传播的情形，这种多种媒体参与、被业界称为融媒体的传播概念，使信息的传播网络更加立体和多样。做好信息源的目标受众分析，大的层面包括地区、生活环境、教育程度等，小的层面包括信息关注点、接收信息的方式等，再充分利用好移动网络中的私人定制、互动和互联网大数据分析，根据目标受众的行为习惯选择媒体和平台，可将信息精准推送给需求者。

美国社会学家罗杰斯把大众传播区分为"信息流"和"影响流"，信息流从传播者通过媒体可以直接抵达一般受众，信息的传播可以是"一级"的。但产生影响的信息的传播则是"多级"（N级）的，因为中间经过了各种信息接收者（所谓意见领袖）的加工和再传播。新媒体语态下，信息流和影响流更加复杂和多样。媒体的分化让信息可以通过不同渠道传播到公众，信息流不再是单一的。而人人都可以成为主播，人人都能通过共享、转发参与信息的再传播，则让影响流变成N级的叠加，加速了影响模式的不确定，甚至是随机性，正如"深圳天气"在台风信息发布上的做法。气象信息的传播者要立足于信息的本身特性和受众需求，结合各种传播媒体的特性进行传播。在美国心理学家库尔特·卢因提出的"守门人"理论中，大众信息传播过程中那些能够允许信息通过或不许信息流通的人或机构，就是信息传播中的"守门人"。[23] 只有经过他们的手，信息才能流向公众。而传播信息的媒体，与参与科普创作的科学家、传播者、创作者一样都是"守门人"。正是因为媒体的参与才得以形成公共传播中的公共领域，这个领域就是社会组织和公众实现沟通和对话的空间。尊重媒体各自的特性，选择恰当的传播媒体和平台就是正确选择了能够让气象信息精准送达每一个公众的最后一个"守门人"。

四　结论与讨论

科学普及强调的是增进公众对科学的理解，推进公众在科学传播领域的参与和交流，使公共传播强调的传播者（包括媒体）与公众在平等对话、共同协商的原则下实现信息的双向传播，这使得运用公共传播的理念进行科学普及具有很强的适应性和合理性。掌握了传播话语先决权的政府或组织，其科普创作者理解并树立现代公共传播的理念，在科普创作过程中本着受众的立场提前思考、进行创作，承认并适应科普传播模式已经从传统媒体的单向传播到网络媒体的互动模式，并在互动中对科普资源进行融合、开发和分享、推送，进行科普资源和传播渠道的整合，这是一个新传播形态下大的叙事话题。本文无力也不可能解决这样大的叙事，宛如那门缝中透出的一点亮光，本文的目的只是希望引起关注，引发共鸣，探讨如何进一步提升新时期我国科学普及工作的质量。

参考文献

［1］胡百精、杨奕：《公共传播研究的基本问题与传播学范式创新》，《国际新闻界》2016 年第 3 期，第 61~80 页。

［2］黄楚新、彭韵佳：《公共传播视域下的注意义务》，《新闻与写作》2017 年第 7 期，第 10~13 页。

［3］〔美〕汉娜·阿伦特：《公共领域和私人领域》，刘锋译，转引自汪晖、陈燕谷主编《文化与公共性》，三联书店，2005。

［4］翟杰全：《基于公共传播理念的科学普及》，《科普研究》2010 年第 3 期，第 44~47 页。

［5］刘果：《新型主流媒体的叙事嬗变与话语创新》，《武汉大学学报》（哲学社会科学版）2020 年第 4 期，第 85~92 页。

［6］吴飞：《公共传播研究的社会价值与学术意义探析》，《南京社会科学》2012 年第 5 期，第 102~111 页。

［7］江小平：《公共传播学》，《国外社会科学》1994 年第 7 期，第 45~50 页。

［8］陈先红：《社会责任：公共关系的伦理基础》，《国际公关》2009 年第 3 期，第 93 页。

［9］董璐编著《传播学核心理论与概念》（第 2 版），北京大学出版社，2016。

［10］吕清远、高丽华：《"公共传播"在中国语境下的知识生产与谱系考察——基于米歇尔·福柯权力－话语理论的演化视角》，《新闻与传播评论》2020 年第

4 期。

[11] 潘忠党：《导言：媒介化时代的公共传播和传播的公共性》，《新闻与传播研究》2017 年第 10 期，第 29～31 页。

[12] 英国皇家学会：《公众理解科学》，唐英英译，北京理工大学出版社，2004，第 1～11 页。

[13] D. D. Anthony, "Scientists, the Media, and the Public Communication of Science," *Sociology Compass*, 2015, 9 (9): 761–775.

[14] 朱冬青、谢晓非：《危机情境中影响科学普及效果的因素分析：心理学视角》，《科普研究》2010 年第 6 期，第 14～19 页。

[15] V. T. Covello, *Risk Communication* (Washington, D. C.: Conservation Foundation, 1987).

[16] 达月珍：《云南气象防灾减灾手册》，云南人民出版社，2015，第 11 页。

[17] P. Slovic, "Trust, Emotion, Sex, Politics, and Science: Surveying the Risk-assessment Battlefield," *Risk Analysis*, 1999 (19): 689–701.

[18] 〔美〕塞拉·本哈比主编《民主与差异：挑战政治的边界》，黄相怀、严海兵等译，中央编译出版社，2009。

[19] 〔法〕米歇尔·福柯：《词与物——人文科学考古学》，莫伟民译，上海三联书店，2001，第 66～68 页。

[20] 《2016 年移动互联网网民科普获取及传播行为研究报告》，2017 年 3 月 3 日，腾讯网，http://news.qq.com/cross/20170303/K23DV6O1.html。

[21] 何孟洁、王亚伟：《自媒体环境下社会气象信息传播方式探究——以"中国气象爱好者"发布台风"泰利"信息为例》，《科技传播》2017 年第 21 期，第 168～170 页。

[22] 此部分数据来源于"深圳天气"微信公众号运营部主任李海龙在 2018 年 11 月 6 日"云南移动新媒体气象科普及气象信息服务与应用培训"上的讲座报告《深圳天气新媒体公众服务渠道、运营技巧和模式》。

[23] 胡百精、李由君：《互联网与对话伦理》，《当代传播》2015 年第 5 期，第 6～11 页。

科技辅导员创新能力现状及培养对策

刁国斌[*]

（扬州科技馆，扬州 225006）

摘　要： 科技馆是主要依托展品开展活动的公益性科普教育场所。不仅拥有技术手段先进、科学内涵丰富的展品，还拥有开展多彩活动的科技辅导员。但各馆科技辅导员普遍存在创新动力不足、理论基础薄弱、实践能力缺乏等问题。因此，科技馆要完善运营机制，夯实理论基础，提高实践效果，切实培养科技辅导员的创新能力。

关键词： 科技馆　科技辅导员　创新能力

The Present Situation of Innovative Ability and Training Countermeasures of Science and Technology Counselors

Diao Guobin

（*Yangzhou Science and Technology Museum，Yangzhou 225006*）

Abstract： Science and technology museum is a public welfare place for popular science education mainly relying on exhibits. Not only has the advanced

---

* 刁国斌，扬州科技馆副馆长、扬州市青少年科技教育协会秘书长。

technology and rich scientific exhibits, but also has the science and technology counselors who can carry out various activities. However, all the science and technology counselors have the problems such as short of innovative impetus, weak theoretical foundation and lack of practical ability. Therefore, the science and technology museum should perfect operation mechanism, reinforce the theoretical foundation and improve the effect of practice to develop innovation ability of the science and technology counselors.

Keywords：Science and Technology Museum；Science and Technology Counselor；Innovative Ability

科技馆是主要依托展品开展活动的公益性科普教育场所。不仅拥有技术手段先进、科学内涵丰富的展品，还拥有开展多彩活动的科技辅导员，为提高公民科学素质、建设创新型社会做出了巨大贡献。随着中国经济的飞速发展，科技馆的科普教育功能越来越受到重视，科技辅导员作为科普教育活动的策划者、实施者，其创新能力的培养日益受到全社会的关注。

一 科技辅导员创新能力培养的必要性

创新是一个民族进步的灵魂，是一个国家兴旺发达的不竭动力。创新能力（innovation ability）是指在相关领域创造出新的效益的能力，即"运用个体已有的知识、理论，可以持续提供具有一定功效价值的新思想、新理论和新发明的能力"[1]。一个称职的科技辅导员，需要面对各层次受众，需要承担各学科教学任务，需要掌握从讲解、辅导到实验、表演等各种教学技巧，需要熟悉从授受式到发现式、探究式各种教学方法，需要自己开发教材、教案甚至教具等，其专业技术含量远超一般的中小学教师。[2]当今社会的竞争，与其说是人才的竞争，不如说是人的创新能力的竞争。要建设一流的科技馆，必须建设一支具有创新能力的科技辅导员队伍，这样才能促进科技馆事业持续发展。

二　科技辅导员创新能力的现状分析

（一）创新动力不足

创新动力是科技辅导员进行创新的前提。目前，科技馆的科技辅导员虽然是专职辅导员，但是许多人员是编外人员。以扬州科技馆为例，其目前有32名员工，其中28名是社会化用工，缺乏归属感，晋升无通道，工资待遇差，人员流动性大，加之没有工作创新的专项激励机制，他们很难安心做研究，创新动力不足。

（二）理论基础薄弱

科技辅导员提升专业素养和能力的主要途径是馆内同事间和馆外同业间的交流学习，其次是不同形式的馆内业务培训。[2]高等院校鲜有科技馆相关专业，各科技馆辅导员普遍没有受过科学传播和科技教育专业的专门培训，专业理论、科普知识储备不足。以扬州科技馆为例，32名员工中没有人是相关专业毕业，人均参与馆内业务培训为32课时，外出专业培训仅为4课时。缺少专业素养培训的辅导员，教育理念不能与时俱进，理论功底不厚，自然很难组织策划创意新颖、水平较高的科普活动。

（三）实践能力缺乏

创新需要灵感，但灵感不可能时时都有，需要在科普教育的实践过程中不断摸索。许多因素制约并影响着科技辅导员队伍的工作热情，使其很难静下心来钻研讲解词、编写实验秀……以扬州科技馆为例，其布展面积为1.3万平方米，应该有上百名员工，但实际只有32名员工，每周要接待学校团队，外出进校园，工作忙碌，压力大，疲于应付。辅导员不愿意改变现有的讲解模式，不愿意对展品缺陷提出改进意见，不愿意承担科普教育和表演任务，不愿意持续进行实践、修改。长此以往，辅导员会渐渐缺乏实践的经验，丧失创新的能力。

三　科技辅导员创新能力的培养对策

习近平总书记说："惟改革者进，惟创新者强，惟改革创新者胜。"培养科技辅导员的创新能力是各科技馆可持续发展的法宝。因此，科技馆要突破固定的模式和机制，学习理论知识，掌握先进教育理念，精心设计科普活动，从而达到普及科学知识、激发科学兴趣、倡导科学方法、弘扬科学精神、传播科学思想、启迪创新思维的目的。只有切实培养科技辅导员的创新能力，才能促进科技馆事业的可持续、良性发展。

（一）完善运营机制

1. 深化体制改革

各级政府要深刻认识到科技辅导员的重要性，建立科技辅导员人员编制、职业标准和星级制度，保证在编人员数量，降低工作强度，提高工作质量，使辅导员有余力投入科技创新工作。认可并鼓励辅导员参与职称评定，使其获得更好的职业发展前景，为其创新性工作创造条件、提供动力。

2. 建立评价机制

各科技馆要逐步建立、完善岗位职责、创新专项、年终评优、绩效考核等一系列评价机制，为科技创新活动提供制度保障。通过建立和完善优胜劣汰的工作评价机制，营造鼓励创新的良好氛围，切实改变干多干少、干好干坏一个样的现象，从而激励辅导员在本职工作中善于发现问题，勇于创新，解决问题，不断探讨科普教育的新途径、新办法、新手段，促进优秀辅导员的脱颖而出。

3. 强化人才机制

各科技馆要因地制宜强化和落实科技辅导员创新人才培养和保护机制，改进场馆岗位管理制度。各部门各岗位可以互通互流，发现符合场馆需求的创新人才，多措并举，将其培养成为业务骨干。积极与当地学校和企业保持联系，吸引其专职教师、专职科研人员以及有创新实践经验的企业科技人才等到科技馆兼职，既大力拓展科技馆辅导员创新队伍，又让馆内辅导员学习到更多理论知识和实践经验，提高自身创新能力，做到科技辅导员队伍对内提升创新能力与对外吸纳创新人才两手抓。

（二）夯实理论基础

1. 更新教育理念

科技辅导员是沟通展品和观众的桥梁和纽带。虽然展品并不缺乏科学性、知识性和趣味性，但是许多辅导员还是秉持以灌输知识为主的传统教育观念，"重展轻教""以展代教"。要通过专题汇报、观念分享、继续教育等形式促使辅导员提升专业素质，更新教育理念，开阔知识视野，真正将"探究式学习""项目化学习"等当代先进教育理念和方法贯彻到工作中去。要开展关于创新能力培养的课题研究，提升辅导员的理论素养、科研水平和实践能力。

2. 开展日常培训

俗话说："要给别人一杯水，自己必须有一桶水。"各科技馆必须大力开展日常培训，积极探索科技辅导员队伍建设。制订读书成长计划，督促辅导员在书吧阅读创新书籍，掌握创新的知识，内化创新的意识；融入业务学习计划，利用晨会教授创新课程，使辅导员学习创新的内容，掌握创新的方法；定期邀请科技创新专家进行培训和研讨，提高辅导员创新教育的理论水平。定时检验学习和培训成果，根据检验结果进一步细化培训方案，将创新能力提升真正融入日常工作中。结合场馆自身建设和实际情况，优化科技辅导创新能力培训，将日常培训和重点培养相结合，促进科技辅导员队伍建设。

3. 提高实践能力

（1）重视讲解创新，让科普更精准

迈入新时代，我们要进一步解放思想、改革创新，坚持实践是检验真理的唯一标准。科技馆展品涉及声学、光学、力学、电磁学……有效弥补了学校科普教育资源匮乏的不足。但许多科技辅导员讲解时满足于泛泛而谈，在讲解的内容、形式方面还停留在讲授法、填鸭式上。受众参观时几乎是匆匆浏览，并不能真正了解展品的科学原理。有时，受众看到感兴趣的展品就会停下来，甚至长时间体验而不再理会辅导员，这就使得辅导员很难控制受众跟着听完讲解。[3]

这就需要辅导员不仅要深入了解展品，还要创新讲解技巧。根据不同层次受众的需求，把握不同的定位，进行内容结构、知识点、讲解形式上的调整和创新。学会利用生动、有趣的语言来吸引受众，在讲解过程中将原本枯燥的原理简单化、趣味化，如围绕主题思想创新性地构建有逻辑关系的、情节起伏的故事来激发受众学习科学知识的兴趣，受众才会愿意跟你走、喜欢听你讲蕴含的科学原理。例如，参观"神奇的通道"展品时，先让受众在动手制作活动中观察、发现莫比乌斯带的特点，再介绍著名的克莱因瓶，最后让受众爬进"神奇的通道"感受通道的神奇之处。讲解后还可以让受众完成学习单，组织有奖问答，更是锦上添花。这样不仅会促使受众认真听取辅导员的讲解，还能有效引导他们认真学习科学知识、掌握科学原理，让科普更精准。

（2）重视展品创新，让科普更新颖

展品作为受众获取科学知识的重要媒介，必须与现代社会生活密切联系，具有时效性和实用性，采用新材料、新技术、新方法，利用直观的视觉刺激和互动体验，生动形象地展示某一科学原理或应用技术。[4]美国旧金山探索馆是最具展品创新能力的科技馆，它所创新的众多展品已经成为世界各地科技馆中常见的经典展品，且探索馆展品亦不断淘汰、更新，每年的创新展品有几十件之多。

科技辅导员应多看多学，在实践操作中产生思维碰撞，产生创新的灵感，产生展品更新的冲动，让科普更新颖。例如，围绕"骨骼拼装"展品，辅导员和受众在参观过程中，发现板块易滑落难拼接，思考后提出多种优化方案：子母按扣、尼龙搭扣、磁性吸斥……将"骨骼拼装"展品通用的吹落法，创新性地优化为电磁铁技术展示手段，利用开关电源来控制磁性，达到控制骨骼拼接和打乱的目的，使"骨骼拼装"展品更直观、更高效、更新颖。展品是科技馆的灵魂，科技辅导员要结合自身优势，切实把展品当作创新的源头，把思考当作创新的关键，不断激发创新热情，使展品不断被开发更新，保持长期的吸引力和新鲜感。

（3）重视活动创新，让科普更有趣

科普活动的开发与实施是科技馆的核心工作，是科技馆永葆生机和活力的所在。科学实验秀、智力玩具课、机器人表演、科普故事会、科普嘉年华、夏令营……这些丰富多彩的科普活动是科技馆里一道道靓丽的风景。科技辅导员是活动的策划者、实施者，要发挥团队力量，各展所长；要静心筹划，不断修改、创新，在摸索中前进，才能让科普活动可持续、优质化发展，常办常新。

一是升级原有活动，不断改进完善。科普实验秀是科技馆人气最旺的科普活动之一。科技辅导员首先要汲取以往优秀活动的成功经验，再创造性地编排系列实验，设计舞美动作，搭配炫酷音乐等，将先进的科学知识、枯燥单调的原理创造性地融入生动有趣的剧情中。要升级这类活动，可以通过如完善表演方式、趣味拓展科学知识、提高观众参与感等，将内含的科学知识包装成科学盛宴，在欢乐中潜移默化地传授知识，阐释科学原理。通过这些活动打开受众的思想之窗，让他们更加喜爱科学，乐于学习科学知识。

二是紧跟时事热点，深度开发创新。科技辅导员要关注科普动态、时事政治、新闻热点，主动掌握最新资讯，擦亮慧眼寻找创新点，深度开发受众既喜欢又易接受的科普活动。例如，关注时下青少年喜爱的电视节目《中国诗词大会》，策划"当科学遇到诗"特色活动。将科普活动策划成竞赛模式，实现科学与文学的融合，激起受众强烈的好奇心与求知欲，使受众争相解答诗词中的科学内涵，以浓郁的科普氛围、深度的智慧碰撞不断掀起活动的高潮。

三是组合系列活动，推出"豪华套餐"。通过科学知识的内在联系将一个个小活动串联起来，递进式开展活动，扩大活动效益。以扬州科技馆"我是环保小卫士"主题活动为例，科技辅导员充分利用科技馆的场馆优势，联手馆外相关机构，将各项活动安排在每月的精彩项目中：瓶瓶罐罐都是宝、废纸大变身、无人机寻宝、枯枝贴画、向绿色致"净"、过滤水实验、"拯救塑料星球"讲座、"走进泰达环保有限公司"游学活动、"一个地球不够用了"环保主题临展……不仅主题紧扣时代特色，而且活动内容丰富，形式新颖，既传播了科学知识，又提高了人们的科学素养，充分发挥了科技馆在科普教育中的示范辐射作用，被江苏省科普场馆协会评为"2019年江苏省十佳科普品牌活动"。

创新是人类社会永恒的主题。只有不断提高科技辅导员的创新能力，才能建设一支充满创新意识的队伍，才能打造内涵深厚的科普活动品牌项目，才能更好地提升科普活动的效益，才能更充分地发挥科技馆的社会职能。

参考文献

［1］冯虹：《小学生创新能力培养与评价》，《天津科技》2017 年第 4 期，第 1 ～ 6 页。

［2］"科技馆教育活动创新与发展研究"课题组、李博、常娟等：《科技馆教育活动创新与发展研究报告》，科技馆研究报告集（2006—2015）（下册），2017。

［3］刘严红：《创新展教形式　充分发挥科技馆职能》，《科技与企业》2014 年第 14 期，第 369 页。

［4］李思：《科技馆创新教育的困境及对策》，《职教通讯》2015 年第 23 期，第 78 ～ 80 页。

将爱国主义教育融入科普创作的实践与思考

范振翔[*]

（青岛市科技馆，青岛 266001）

摘　要： 新时代的科普创作不限于传播科学知识和科学方法本身，更要传播科学的认识论、方法论和价值观。将爱国主义教育融入科普创作，既是新时代社会主义文化创作的要求，也是增加科普创作的传播深度、拉近作者和读者距离的有效途径。本文分析了爱国主义教育对科普创作的作用，以及在科普创作的体验、构思、表现阶段融入爱国主义教育的实践和思考。

关键词： 科普创作　爱国主义　教育学　创作特点　科学传播

Practice and Thinking of Integrating Patriotism Education into Science Writing

Fan Zhenxiang

（*Qingdao Science and Technology Museum，Qingdao 266001*）

Abstract： Science writing in the new era is not only limited to the dissemination of scientific knowledge and scientific methods，but also the

---

[*] 范振翔，青岛市科技馆展教部副主任、副研究馆员，主要研究方向为场馆教育。

dissemination of scientific epistemology, methodology and values. Integrating patriotism education into science writing is not only the requirement of socialist cultural creation in the new era, but also an effective way to aggrandize the communication depth of popular science creation and shorten the distance between authors and readers. This paper analyzes the role of patriotism education in science writing, and the practice and thinking of integrating patriotism education into the experience, conception and performance stages of science writing.

Keywords：Science Writing; Patriotism; Education; Creative Features; Science Communication

爱国情感是人们对自己家园以及民族和文化的归属感、认同感、尊严感与荣誉感的统一。2019 年 11 月，中共中央、国务院于印发的《新时代爱国主义教育实施纲要》指出：爱国主义是中华民族的民族心、民族魂，是中华民族最重要的精神财富，是中国人民和中华民族维护民族独立和民族尊严的强大精神动力。新时代爱国主义教育要面向全体人民、聚焦青少年，培养学生的爱国情怀，推动爱国主义教育进课堂、进教材、进头脑。

在新中国成立 70 周年之际，笔者撰写了《永垂不朽的丰碑——青岛采运人民英雄纪念碑碑心石的故事》。此文通过对青岛采运工人为人民英雄纪念碑采集和运输碑心石这一历史事件的深度挖掘，在普及地质知识、力学知识的同时，将新中国采运工人们真挚的爱国情感融入其中，使之成为新时代爱国主义教育的有效载体。该文章在同年获得了由山东省科协、山东省教育厅等单位联合举办的山东省科普创作大赛一等奖。本文以此为例，梳理了科普创作过程中的一些经验和思考。

一 现阶段科普创作的特点

传播学家哈罗德·拉斯韦尔在《社会传播的结构与功能》中提出了由"谁说（Who）？说了什么（Says What）？通过什么渠道（In Which

Channel)？对谁说（To Whom）？取得了什么效果（With What Effect）？"构成的"5W 线性传播模式"及其传播过程，点明了传播过程中的五个基本要素：传播者、传播内容、传播载体、受众和传播效果。科普创作是科学传播的内容，同时与传播者、传播载体和受众的关系密切，并直接影响科学传播的效果。

我国的科普工作已经从生活常识普及转向基础性和前沿性科学知识，以及科学方法和科学精神的普及。从公民科学素质的角度来讲，提高公民的综合素质，不是培养科学特长，随着基础科学的飞速发展，学科之间的界限也越来越不明显，各学科相互融合的大科学理念已越来越被推崇。[1] 在选题方面，现阶段的科普创作常集中在与日常生活息息相关的领域，如饮食健康、用药保健、环境保护、防震减灾等。这类题材往往专注于对科学知识的传播，忽略了对科学知识获取的过程和科学知识传播后对当时的历史、文化、经济、社会产生的影响。

科普创作不同于科学研究，只有符合受众的认知水平、具备人文色彩和艺术价值才能得到社会大众的关注和认可。在新媒体时代，受众接收信息的便捷性越来越强，他们能够通过各种媒介获得科普知识。在这种情况下，科普传播更需要有深度、有创新性的科普作品。[2]

二 爱国主义教育与科普创作的联系

将爱国主义教育融入科普创作，既是新时代社会主义文化创作的要求，也是增加科普创作的传播深度、拉近作者和读者距离的有效途径。科学精神教人求真，爱国精神教人向善，两者互相联系，相互渗透，将求真向善的精神贯穿全民素质教育和精神文明建设之中。

（一）爱国主义精神为科普创作丰富了思想内涵

"科学虽没有国界，但科学家却有自己的祖国。"这句话来自 19 世纪法国微生物学家、化学家巴斯德。巴斯德是微生物学的奠基人，在整个欧洲享有很高的声誉，德国的波恩大学授予其名誉学位证书。普法战争爆发后，德国强占了法国的领土，出于对自己祖国的深厚感情和对侵略者德国的极大憎恨，巴斯德毫不犹豫地把名誉学位证书退还给波恩大学并说出了上面这句名言。新中国成立之初，我国许多留学海外的爱国科学家纷纷放弃了国外优厚的待遇，毅然回到祖国，选择投身到新中国的建设中，以实际行动践行了爱国主义精神。正因为祖国贫穷落后，才更需要科学工作者努力去改变她的面貌，也正是一代代科学家们的爱国主义精神，中华民族才能够屹立至今并终将实现国家富强，实现中华民族伟大复兴的中国梦。

20世纪80年代以来，国际科学教育目标已由以传授知识为主转变为"知识与技能、过程与方法、情感态度价值观"等更多、更高层次的目标；国际科学传播目标，也由以普及科学知识为主转变为重在传播科学的认识论、方法论和价值观。[3]爱国主义精神是社会主义核心价值观的体现，也是一代代科学工作者们废寝忘食、不懈奋斗的精神动力。在科普创作中，科学家们的爱国情感是其能够与读者产生共鸣的元素，能够丰富科普创作的思想内涵，帮助读者更好地理解科学家的情感、态度、价值观等深层次的科学内容。

（二）爱国史实为科普创作丰富了表现手段

中华民族从站起来、富起来到强起来，是无数爱国人士将自己的理想同祖国的前途、自己的人生同民族的命运紧密联系在一起，立足本职、拼搏奋斗、创新创造获得的。在科学探索的过程中，如两弹一星、载人航天等标志性科学事件背后，发生过太多惊心动魄、可歌可泣的故事。科学精神、科学思想和科学技术与社会的相互关系本身就存在和体现于科技探索、科技发展历程的"故事"之中，因此"讲故事"的传播方式是表现科学精神、科学思想和科学技术与社会的相互关系的有效手段。[4]

历史是最好的教科书，真实发生的科学家们的爱国故事是有源之水、有根之木。对爱国史实的深度挖掘，将进一步提升科普创作的表现力，带给读者更具科学性、真实性与艺术性的感受。这样既避免了科普创作成为内容单薄、枯燥的知识说教，又避免了人为提高趣味性，让科普文章变成道听途说、东拼西凑的野史和演义。

三　将爱国主义教育融入科普创作的实践与思考

清代著名画家郑板桥曾经把他的画竹过程归纳为"眼中之竹"（生活体验）、"胸中之竹"（艺术构思）、"手中之竹"（艺术传达）三个阶段。[5]如今想来，笔者在撰写《永垂不朽的丰碑——青岛采运人民英雄纪念碑碑心石的故事》时也符合了这个创作规律。

（一）在生活中积累爱国素材

科普创作是为开展科学普及活动、提高全民素质服务的，因此创作素材的科学性和真实性是科普创作的必然要求。根据相关调查，科普创作者们大多从事与科学有关的工作，科普创作的素材源自平日的工作和生活。应当注重对科普创作素材的积累，其中既包括对科学知识的准确掌握，也包括对科学家的发明发现过程，以及这项科学突破对历史、文化、经济、社会的影响的了解。在科学成果发明发现的过程中，必然蕴含了科学家们胸怀祖国、服务人民的典型事例。在积累创作素材的过程中，科普创作者既要能够发现科学素材的"真"，也要能够发现爱国素材的"美"，以此形成科普创作的全方位思考。

笔者在无意中听说人民英雄纪念碑碑心石是从青岛开采并运往北京的，首先觉得这是一个很好的爱国科普题材，同时也对消息的真实性产生了疑问。为避免故事成为道听途说、东拼西凑的野史演义，需要对素材的真实性进行求证。根据已掌握的信息，笔者前往青岛市档案馆核实，认真查阅了1953年青岛日报的相关新闻报道和图片，又在青岛道路交通博物馆找到了用于这项工程的部分实物，确认了信息的真实性。在这个过程中，笔者也进一步补充了科普创作的素材，加深了对新中国采运工人们爱国精神的理解，理清了科普创作的思路。

（二）在构思中突出爱国情感

构思是孕育和创作科普作品的过程中所进行的思维活动，是最早形成的、贯穿着原创思想的关于科普创作内容和形式的总观念。如果把素材的积累比喻成自然生长的原始森林，那创作构思就应该是作者精心设计的花园图纸。花园是否能引人入胜，要看园丁对花草品种的筛选和布置；科普作品能否吸引读者，要看科普创作者对文章素材的选择是否得当、对文章构思的设计是否精妙。

笔者在整理素材的过程中，被新中国采运工人们实干报国的爱国精神深深感动，经过仔细思考，最终选取了四段素材，构成了两段情节冲突，以此体现科学知识、科学方法、科学思想、科学精神以及新中国采运工人们的爱国情感。

第一个情节冲突：花岗岩材质特点与采石工人们主动要求增加开采尺寸。

文章首先介绍了花岗岩的地质特点。花岗岩是人类最早发现和利用的天然岩石之一。青岛浮山山脉上开采的花岗岩石英多、云母少，耐风化，石质坚硬，颜色素雅，常用作高级建筑装饰工程、大厅地面等。紧接着描写了浮山石场工人们得知承担采集人民英雄纪念碑碑心石任务时激动的心情和令人敬佩的行动。工人们每日与石头打交道，自然知道花岗岩硬度高、不易开采，但为了应对碑心石在开采和下山过程中出现的各种风险，保证石料安全下山，工人们主动提出增加开采尺寸，并且自愿加班加点，原计划用 3150 个工时，仅用了 2279 个工时就提前完成了任务。

第二个情节冲突：摩擦力知识与工人们运送石料的艰辛。

首先结合读者们的生活经验，阐述了摩擦力的由来、什么是滑动摩擦、什么是滚动摩擦。一个物体在另一个物体上运动时，物体上的一点总是不离开接触面，物体和接触面之间产生的摩擦是滑动摩擦。一个物体在另一个物体上运动时，物体上的一点不总是在接触面上，物体和接触面之间产生的摩擦是滚动摩擦。还有古代工匠常用的"滚木法"：先把大树砍去枝叶做成圆形木棍，再将多个圆木铺在地面形成滚木层，通过杠杆将石料撬上滚木层，靠多个人或者牲畜拉动石料并继续在石料前进方向的下面铺设滚木层。紧接着描述了当年的运石工人们是如何用"升级版"的滚木法进行纪念碑碑心石的运输的。工人们开始时也想用圆木做滚木层，但考虑到圆木的承受力和形状都会有偏差，这次任务却是一个绝对不容许任何偏差的任务，为了保证此次任务万无一失，最后改用了钢铁厂提供的无缝钢管初坯。工人们把碑心石吊装在一具 9 吨重并铺了木头的铁框架上，在路面上先铺设枕木，由无缝钢管初坯充当滚木在枕木上滚动，前方由两台推土机负责牵引铁框架。由于每前进一段距离都需要把枕木和无缝钢管初坯移到前面，行驶速度非常慢，日均行进速度仅有 500 米。历时一个多月，运石工作队终于将石料运到专用铁路货运站，让石料乘上开往北京的运石专列。

通过对这两段情节冲突的描写，进一步强化了科普效果。既加深了读者对花岗岩材质特点、滑动摩擦与滚动摩擦等科学知识的认识，对石料的开凿、运输方法的了解，又让读者们感受到新中国采运工人们以坚忍不拔的意志和无私无畏的勇气直面困难挑战、进行伟大斗争的爱国主义精神。相比简单的平铺直叙，在加入了情节冲突之后，科普故事更加跌宕起伏，丰富了读者的阅读感受，使科普创作更加具有吸引力。

（三）在创作中表达爱国精神

在确定了文章的构思之后，就要通过有效的表达，将构思落在科普文章的一笔一画上。科普创作的目的是传播科学，读者们不可能都是熟悉这个行业的专家学者，这一点与科普创作者们习惯的论文写作存在很大不同。关于向"外行"科普知识，著名物理学家费曼总结得非常精辟：如果你不能用简单的语言向外行解释一个东西，你就是没有真正理解这个东西。笔者在科普创作的表达阶段常常把读者们想象成平日里关系很好却不是本行业的朋友，绞尽脑汁思考通过何种方式让他们理解所说的内容，无形中对自己的科普创作提出了更高的要求。

1. 牢固树立爱国主义思想和社会责任感

科普创作是面向社会大众的作品，是创作者用理性之火点燃读者们的行动之灯。因此科普创作是具有社会责任的行为。优秀的作品能够帮助读者塑造正确的价值观，而低俗的作品则会腐蚀人们的精神，造成不良的社会影响。科普创作的根源是对科学、对祖国、对一切美好事物的热爱。科普创作者在表达过程中，无论是有意还是无意，都会很自然地将自身的情感、态度、价值观融入作品中，使科普作品既体现科学传播与普及的价值，也体现作者的人格修养。科普创作者应当牢固树立爱国主义思想和社会责任感，坚持为历史存正气、为世人弘美德、为自身留清名，不断从人民群众对自身素质和新时代爱国主义教育的愿望和需求出发，以高尚的职业道德、良好的社会形象写出令人民满意的科普作品。

2. 把握好科普内容与爱国故事的平衡

爱国主义是中华儿女最自然、最朴素的情感，是全体人民的心之所系、情之所归。从爱国主义教育的角度阐述科学故事，在情感上是能够与绝大多数读者产生共鸣的，对丰富科普创作的思想内涵、提升作品的生命力和感召力具有重要作用。科普创作者应在知识性和故事性上做好平衡，严格控制科学内容的比重。科学内容过于密集，读者很容易感到疲劳，会怀疑作者的本意不是科普，而是借此卖弄学问。通常，一篇文章里有一两个罕见而有趣的知识点，再配合轻松幽默的语言，便足以让那些求知欲强的读者看得津津有味了。科普创作者要善于讲故事，通过大家都能听得懂的故事进一步提升作品的价值，提升科普创作的生命力和感召力。

3. 尊重爱国史实，善于以小见大

爱国主义教育一定要以事实为依据，不能脱离实际，凭空捏造。对爱国史实脱离实际的"美化"和"推断"，是一种"低级红、高级黑"的行为。拙劣的手法只能让读者心生反感，继而怀疑作者所传播科学内容的正确性。

传统媒体对爱国史实的记载往往着重于事件本身，对参与其中的人物的行为和心理描述较少。如果有条件的话，可以采访事件的人物原型，挖掘他们在当时的心理状态和具体行为，通过对大事件中小人物认知、语言和行为

的描写，将他们还原为仿佛在我们身边真实存在的人。这样不只会丰富科普创作的内容，更能获得观众的认同和好感。

参考文献

［1］鞠思婷、高宏斌、颜实等：《我国科普创作研究的现状与建议——基于 CNKI 学术文献的共词可视化分析》，《科普研究》2016 年第 6 期，第 62～68＋102 页。

［2］林雪涛、杨柳：《新媒体时代科普创作与传播策略》，《传媒》2019 年第 21 期，第 61～62 页。

［3］朱幼文：《科技博物馆主题展览学术研究与设计实践亟待破解的关键问题》，《自然科学博物馆研究》2018 年第 4 期，第 43～51 页。

［4］范振翔：《基于科技藏品的科技博物馆传播策略初探》，《自然科学博物馆研究》2019 年第 5 期，第 51～55＋94～95 页。

［5］吴绮婷：《浅析艺术创作三阶段"体验—构思—表现"——浅析郑板桥"画竹三段论"》，《美与时代（下）》2020 年第 2 期，第 78～80 页。

浅谈推进智慧场馆科普信息化建设

高雅[*]

（天津科学技术馆，天津 300000）

摘　要： 现代社会经济的快速发展不断促进信息技术的普及和创新，为科技信息化建设发展平台提供有效且可靠的技术支持。当今世界正在进行空前变革，新一轮科技革命与产业变革形成历史性的交汇，新时代赋予公众科学素质提升以新的意义，在传统城市建设的基础上提出了全新的建设模式以满足大众需求，其中最为突出的是以物联网、云计算为主导的信息技术发展和创新2.0形态的形成，其逐步成为全球科技发展的趋势。这也要求科学普及工作要从基建设施、知识架构、传播途径等诸多方面保证发展进程以及时采取相应措施从而进一步推进信息化建设。

关键词： 智慧场馆　信息化　科普素质　发展策略

---

* 高雅，天津科学技术馆工程师。

Thoughts on Promoting the Information Construction of Science Popularization in Smart Venues

Gao Ya

(*Tianjin Science and Technology Museum*, *Tianjin 300000*)

Abstract：The rapid development of modern society and economy promotes the popularization and innovation of information technology and provides effective and reliable technical support for the construction and development of science and technology information platform. The world today is undergoing unprecedented changes. A new round of scientific and technological revolution and industrial transformation form a historic intersection. The new era gives new significance to the improvement of public scientific quality, on the basis of the traditional urban construction, a new construction model is proposed to meet the needs of the public, the most prominent of which is the development of information technology and the formation of innovation 2.0, which is led by the Internet of things and cloud computing, has gradually become a global trend in scientific and technological development. This also requires the popularization of science from the infrastructure, knowledge structure, dissemination channels and other aspects to ensure the development process and timely take corresponding measures to further improve.

Keywords：Intelligent Stadium；Informatization；Popular Science Quality；Development Strategy

一 引言

实现公民的科学素质提升对国家实施科教兴国战略有如虎添翼的作用，而要提高公民的科学素质，科普场馆的建设与投用是必不可少的，其中就涉及了不少的问题。本文主要针对智慧场馆科普信息化建设问题及其对策做简要分析。

科普场馆作为教育之外的课堂，承担着提高观众科学素养与创新能力的重要职责。其主要功能包括：

（1）展览功能。当前科普场馆中的展览，早已不像过去那样千篇一律，而是以生动形象的展品为载体，强调互动体验以及观众参与。即使是介绍枯燥的定义概念，也会充分利用多媒体技术，使得展示清晰、直观，更具吸引力。

（2）活动功能。相对于学校刻板的教学方式，科普场馆的教育活动则充满了趣味。如某科技馆结合社会热点，针对新冠肺炎疫情期间，广大科技工作者在以习近平同志为核心的党中央的坚强领导下，坚决贯彻落实市委市政府各项决策部署，积极投身疫情防控和经济社会发展天津战役的战斗历程，建设了全国首个科技工作者抗疫风采展。展览用一个个鲜活生动的历史瞬间，记录有血有肉的科技工作者群像，讲好科技工作者投身疫情防控和经济社会发展的天津故事，奏响听党话跟党走的主旋律！除此之外，还可以结合场馆资源，设计开发有针对性的活动，诸如科学表演、科学实验、科普讲座、特色培训等。科普场馆信息化建设是指科普场馆科技管理与信息技术互动的动态发展过程和结果，是科技和经济发展的必然趋势，是提高公民科学素质的一项硬件支撑。

二 当今科普场馆存在的一些问题

（一）分布不平衡，发展参差不齐

随着中国经济的快速发展、生活水平的不断提高和国家对科学普及工作的大力推进，特别是在 2002 年的《科普法》、2006 年的《全民科学素质行动计划纲要》这两部法律颁布后，我国的科普场馆建设进入了高峰期，虽然建设了许多的科普场馆，但是这些科普场馆的整体布局却不平衡。这些科普场馆主要集中在东、中部经济文化比较发达的地区，而西部地区的科普场馆建设相对落后。而且西部地区由于人口稀少、高校数量少、公众科学素质相对较低，科普场馆在寻求与社会、学校合作方面的机会较少，国家的财政支持也较少。与此同时，这些科普场馆主要集中在大城市，在城镇中很难找到一家像样的科普场馆，就算有，规模也不会很大，并且属于基础科普场馆，缺少专业类科普场馆。

（二）成熟科普场馆的科技创新步伐较缓

我国当前的科普场馆大多数是政府部门或者某一资金雄厚的大型企业资助建成的，但此类科普展馆大多停留在原有对公众科普教育的基础层面，很多观点、理念、教育方法都过于陈旧，导致我国科普场馆的教育功能发挥与欧美发达国家存在明显差距。

（三）科普场馆与外界合作太少

我国的大部分科普场馆与社会尤其是与教育界的沟通尚且停留在表层，缺乏更深度的联系，这就阻碍了科普场馆的教育功能在更大范围内实现，没能让它对社会起它所应有的作用，同时也削弱了它自身在社会中的影响力和接受程度，并且科普场馆对外的合作交流也很少。很多发达国家或地区的科普理念、知识解析方法没有得到分享、交流，做不到知识共享。这些都大大阻碍了智慧场馆的进一步建设。

三　互联网应用在日常生活的占比逐步提升

《第45次中国互联网络发展状况统计报告》显示，截至2020年3月，我国网民规模为9.04亿人，互联网普及率达64.5%。[1]数量庞大的网民构成了中国蓬勃发展的消费市场，也为数字经济发展打下了坚实的用户基础。当前，数字经济已成为经济增长的新动能，新业态、新模式层出不穷。主要呈现三个特点。

一是基础设施建设持续完善，"新基建"助力产业结构升级。2019年，我国已建成全球最大规模的光纤和移动通信网络，行政村通光纤和

4G 比例均超过 98%，固定互联网宽带用户接入超过 4.5 亿户。同时，围绕高技术产业、科研创新、智慧城市等相关的新型基础设施建设不断加快，进一步加速新技术的产业应用，并催生出新的产业形态，扩大了新供给，推动形成新的经济模式，将有力推动区域经济发展质量提升和产业结构优化升级。

二是数字经济蓬勃发展，成为经济发展的新增长点。网络购物持续助力消费市场蓬勃发展。截至 2020 年 3 月，我国网络购物用户规模达 7.10 亿人，2019 年交易规模达 10.63 万亿元，同比增长 16.5%。

三是互联网应用提升群众获得感，网络扶贫助力脱贫攻坚。互联网应用与群众生活结合日趋紧密，微信、短视频、直播等应用降低了互联网使用门槛，不断丰富群众的文化娱乐生活；在线政务应用以民为本，着力解决群众日常办事的堵点、痛点和难点；网络购物、网络公益等互联网服务在实现农民增收、带动广大网民参与脱贫攻坚行动中发挥了日趋重要的作用。

以上诸多经济领域的报告说明，网络传播将成为未来科普宣传的重要途径。

四 网络传播时代对科普信息化建设有哪些影响

（一）传播路径多元化

随着网络时代的到来，传统媒介的劣势显现出来，其难以突破时间和空间的限制，使得信息的传播受阻。在网络技术飞速发展的今天，科普信息化传播可以通过图片、声音以及文字等实现优化组合，使人们在阅读新闻信息的时候可以享受到视觉以及听觉的冲击，体会到新奇色彩。当我们将一些科普定律、科普基本常识放到互联网上传播时，通过多元化的途径，诸如视频、问卷调查、直播等多种形式，不同的人群可以根据自己的需求选择，通过不同的视角以及不同的方面，对科普知识、科技信息进行学习、获取。[2]

（二）信息量加大

新时代背景下广泛的信息量让人眼花缭乱，人们在选择信息的时候，应该积极地辨别信息的真实性。依托网络技术飞速发展的新兴媒体，提供了丰富的信息。借助于多种媒体，受众可以在各大平台获取相应的信息资源，搜索感兴趣的科普内容，整个过程不再受限于有限的空间。但当前这种快速消费的时代，网络信息的真真假假难以分辨，受众群体面临极大考验。比如一些科普知识谣言的产生，内容子虚乌有，与实际情况不符，但却能很快在公众间流传开来，其主要的目的就是夺人眼球，赚取点击量。此类新闻的出现存在造谣、侵犯他人隐私等违法乱纪的行为，除了造成不利影响外，还会扭曲社会风气，直接威胁到青少年的身心健康，对于科普事业的长远发展十分不利。面对当前浮躁的社会风气，科普工作者应该积极正视职业道德，对于扑朔迷离的信息，应该准确地分辨真伪，第一时间进行辟谣，制止谣言的二次传播，通过高度的责任心，将正确的科普内容在第一时间进行有效的传递，承担起对社会、大众的责任。

（三）交流方式发生变化

在传统媒体的发展过程中，群众始终处于被动的地位，对于相关的信息，并没有主动选择权，仅能通过媒体提供的信息资源获取对应的消息。在现代社会，网络技术的迅速普及和发展，使得人们拥有了自主选择的机会，每个人都可能成为信息传播的助手，甚至担任着传播的主角。网络技术使得大众和媒体之间的交际方式发生了变化，不再限制于特定的模式，而是有了更加简易的获取信息资源的方式，大众通过鼠标的点击作用，即可获取相关的新闻内容。[3] 传统媒体的数量十分有限，受众所能接触到的新闻资讯无法满足所有人的需求，因此，网络时代的科普内容呈现多元化趋势，个人可以依照自身的兴趣爱好，自主选择关注的内容。如何能将科普场馆的创新内容向公众做出推广，值得我们思考。

五 吸引公众接触智慧科技馆的措施

(一) 充分利用现有展教资源和展研力量

科普场馆作为学校这一正规教育场所的有效互补，以灵活多样、生动有趣的展教形式向公众传播科学知识，是提升观众科学素养、促进全民终身学习的科普教育基地。科普场馆通过对丰富的教育资源进行再次开发、对展项展品进行自主创新开发，强化展项展品研发的学术理论和成果支撑，结合自身地域特点和资源优势创新展览的主题和内容，在科普展览展示手段方面下功夫。尤其是科普场馆更新改造工程要注重科技创新集成的应用和展示，通过集成创新的传播方式、集成创新的科普内容、集成创新的运作模式，使观众特别是青少年更多地接触科学、了解科学，将科技馆打造成观众喜爱的最新科创成果集成展示基地，从而使更多观众走进科普场馆。

(二) 强化受众调查研究

判断科技馆事业发展得好坏，社会效益是参考评价指标之一，就是观众对其喜好、参与度、特性和来访人流量如何等。科普场馆应联合相关的专业研究机构或委托第三方市场调研策划机构，进一步针对不同目标群体和观众的喜好和需求，细分各类群体，结合科普场馆自身资源内容亮点，通过各种有效途径和科学方法，进行科学的数据采集、复核、处理、分析，结合定量调查和定性调查结果进行深入研究。要坚持不懈地开展市场调查和分析研究，了解国际上的新趋势、新理念、新技术、新经验，找出自身存在的不足，关注展教内容的社会效应和观众反馈，拓展教育功能的深度和广度，实现"以人为本"的服务理念，从而让更多观众走进科普场馆。

（三）合理引入相关评价机制

目前我国科普场馆对评价机制的理论基础缺乏深入研究，评价范围和层次界定比较混乱，更缺乏相应的标准和指标体系，导致管理和服务的效能、效率和效益并未充分地发挥其应有的功能。因此需要把科学化的评价机制引入并应用于科普场馆建设和运营管理中，借助第三方的客观评价和评估，分析与揭示科普场馆在运行管理中的不足，以评促管，以服务评价和合理奖惩机制促进服务改善，发挥以人为本的管理激励功能。同时研究一套具有科普场馆特色的模式和实务操作流程、规范，探索建立长效的创新机制，以此创立形成一个交流学习平台，更好地实现科普场馆的基本功能和社会效益，从而为更多观众走进科普场馆创造条件。

（四）科学建立人才培养机制和专业化的人才评价体系

为了促进科普场馆的健康发展，相关的科普场馆应建立一套专门的人才队伍培养评价机制或评估体系，通过对人才队伍在不同阶段的发展和能力特性进行持续性的评价，实现动态化管理，从而适时调整和优化人才队伍培养和建设方案。同时利用各科普场馆的资源、地区优势，探讨馆际人才交流培养深造合作模式，启动各馆间的人才交流。

六 让更多观众认可智慧科普场馆并主动参与的建议

为了让更多观众走进科普场馆，除了上述措施，随着信息技术的发展，在新媒体时代，科普场馆还要善于运用微信、网站及微博等新媒体进行推广，以促进相关科普活动的开展，吸引更多的观众走进智慧科普场馆。

（一）应用网络推广，让更多观众了解智慧科普场馆

微信、抖音、微博这些热门的社交工具，成为众多企业、组织乃至个人宣传与推广的新阵地，其中不少科普场馆也纷纷注册了自己的公众号进行推广。例如，某市科技馆微信公众号进行线上教学，只要关注其公众号即可免

费享受到专业详尽的语音讲解服务，其主要介绍某科普场馆的现有科普资源、科技资讯和馆内科普活动，帮助观众了解和参与相关科普工作。再如，某科技中心的官方微博主要推送以下内容：一是科普资讯，向观众提供最新的科技咨询、科普要闻、独家报道等；二是活动通知，向观众发布近期将举办的各类科普活动通知，鼓励观众积极参与；三是科普场馆推介，通过微信、微博等新渠道展示某科学中心各个项目的基本信息；四是门票申请，观众可以通过该功能获取场馆的电子门票。通过网络推广，可以让更多观众走进智慧科普场馆进行体验。

（二）合理应用网站推广，让更多观众关注智慧科普场馆

科普网站作为科普场馆推广的重要阵地，在向观众展示科普场馆整体形象方面具有重要作用。当前科普网站数量迅速增加，但多数科普网站的建设仍处于起步阶段，知识体系不完善，专业化程度偏低，表现形式比较单一，基本上是图文方式；大部分科普文章都是简单的复制粘贴，原创内容少，特色不够鲜明；网站缺乏互动性，很少能及时与浏览者产生互动。为了让更多观众走进科普场馆，必须充分发挥网站推广的作用，并且基于网络科普自身的规律性及涉及范围，做好科学规划。首先，科普网站要特色鲜明，选题要新颖，要紧密围绕科学知识和科学思想，发布形式要多种多样，加大对多媒体形式的使用力度。其次，要培养观众的求知欲，多增加些可以互动的项目和游戏。最后，多采用丰富多样的图片和视频、音频来推广场馆，甚至可以采取动画和漫画的形式，从而让更多观众关注智慧科普场馆并愿意主动去智慧科普场馆体验。

（三）优化网络服务平台，提高科普场馆资源研发质量

在科技馆体系中，中国数字科技馆处于枢纽位置。应加快中国数字科技馆共建共享服务平台建设，使其发挥更大的作用。[4]通过网络技术将实体科技馆、流动科技馆、科普大篷车等各类科普设施联结在一起。制定相应的管理制度，形成各方共建资源、共享数据的集约化建设机制。基于共建共享服

务平台，各方可以更紧密地开展科普资源共建共享、数据采集汇总、活动统筹呼应的科普工作，从而提高科普资源的研发质量，深化科普资源的共建共享程度。例如，充分发挥共建共享服务平台中展品设计共享平台的作用，共享展品设计软件、设计经验和展品库，提高展品设计的工作效率和质量。

七 结语

2020 年是全面建成小康社会和"十三五"规划收官之年，是科普信息化事业全面提升的新起点。科普信息化事业发展必须贯彻以人民为中心的发展思想，把增进人民福祉作为信息化发展的出发点和落脚点，让人民群众在信息化发展中有更多获得感、幸福感、安全感。综上所述，智慧场馆的信息化建设是衡量一个地区科普发展水平的重要标准，如何利用网络吸引观众，如何利用网络提高公众的科学素质，如何提高科普场馆的信息化建设速度，都需要采取相应措施，充分发挥科普场馆的特色。同时，随着信息技术及新媒体的发展，必须充分发挥其宣传推广的作用，通过吸引更多的粉丝扩大科普目标人群进行宣传，同时结合场馆资源并以创新的参与形式开展各种各样的微博、直播粉丝活动，从而让更多的观众走进科普场馆，以促进公民素质的提升。

参考文献

［1］中国互联网络信息中心：《第 45 次中国互联网络发展状况统计报告》，2020 年 4 月，中华人民共和国国家互联网信息办公室，http：//www.cac.gov.cn/2020 - 04/27/c_ 1589535470378587. htm。

［2］于迎春：《传统电视新闻编辑如何运用网络新闻资源突破传播理念》，《西部广播电视》2017 年第 6 期，第 160～161 页。

［3］陈姗敏：《试论传统电视新闻编辑如何运用网络新闻资源突破传播理念》，《才智》2012 年第 30 期，第 183 页。

［4］郝鹤：《推进中国特色现代科技馆体系建设的思考》，《吉林党校报》2019 年 12 月 15 日，第 4 版。

试析江苏省中小学生科技竞赛机制

葛璟璐*

（江苏省科学传播中心，南京 210002）

摘　要： 本文选择了江苏省青少年科技创新大赛、江苏省中小学生金钥匙科技竞赛及学科奥赛（以生物学奥赛为例）等中小学生参与面广、影响力大、权威性强的科技类活动项目为对象，从审查、筛选和激励三个角度出发，紧密围绕江苏省中小学生科技竞赛机制的现状、问题及成因等方面进行深入讨论，利用归纳整理、对比分析、经验互鉴和创新设计等方法，提出了科学设立队伍、竞争、预审反馈及抽样的审查环节，深化改革筛选过程中阶段类型、形式、标准和专家库四维度，勇于创新多形式、多平台、多层次的激励方式的竞赛机制意见，以期望为省级竞赛活动的立项主办组织工作提供参考。

关键词： 中小学生　科技竞赛　竞赛机制

---

* 葛璟璐，江苏省科学传播中心科技活动部主任。

Analysis on the Mechanism of Science and Technology Competition for the Primary and Junior High School Students in Jiangsu Province

Ge Jinglu

(*Jiangsu Science Communication Center*, *Nanjing 210002*)

Abstract：Based on the subjects in science and technology activities and competitions with profound influence and authoritative power, such as Jiangsu Youth Innovative Competition, the Golden Key Contest for Primary and Junior High School Students in Jiangsu and discipline competitions (for instance, competitions in biology), the article makes a thorough discussion on the current situations, problems and their causes for the mechanism of science and technology competitions for primary and junior high school students in Jiangsu province from the perspectives of investigation, selection and stimulation. What's more, the paper makes every effort to propose the four links in investigation parts：team development, competition, feedback on pre-investigation and sampling survey, to reform the four dimensions in selection part：phase style, form, standard and expert database, so as to innovate the stimulated approaches on the competition mechanism in a multi-formative, multi-channeled, and multi-leveled way and to provide suggestions on the project approval and organization of competition activities in Jiangsu Province.

Keywords：Primary and Junior High School Students；Science and Technology Competition；Competition Mechanism

在中小学生中开展丰富多样的科技竞赛，是为了贯彻国务院印发的《全民科学素质行动计划纲要》中的精神培育目标，推进创新型国家建设。活动有利于培养中小学生的创新精神和实践能力，提高科技辅导员队伍的科学素质和技能，推进科技教育事业的科学发展。自 2006 年《全民科学素质行动计划纲要》颁布实施，特别是党的十八大以来，江苏省公民科学素质逐年稳步提升，2019 年江苏公民具备科学素质比例达 12.7%，居全国省份第一，呈现与江苏省经济社会相协调的良好局面，为江苏创新型省份建设奠定了坚实的基础。本文力求通过对竞赛情况的梳理以及对省内重点科技竞赛的对比分析，总结我省科技竞赛的经验与不足，促使中小学生科技竞赛的组织管理者树立社会公共服务管理的理念，在新的历史时期推动中小学生科技竞赛更加良性发展。

一 相关概念与理论基础

(一) 概念

1. 竞赛机制

机制，指有机体的构造、功能及其相互关系，机器的构造和工作原理。机制在社会学中的内涵可以表述为"在正视事物各个部分的存在的前提下，协调各个部分之间关系以更好地发挥作用的具体运行方式"。"机制"一词最早源于希腊文，原指机器的构造和动作原理。对机制的这一本义可以从以下两方面来解读：一是机器由哪些部分组成和为什么由这些部分组成；二是机器是怎样工作的和为什么要这样工作。从机制的功能来分，有激励机制、制约机制和保障机制。激励机制是调动管理活动主体积极性的一种机制；制约机制是保证管理活动有序化、规范化的一种机制；保障机制是为管理活动提供物质和精神条件的一种机制。我们这里所说的竞赛机制，参考黄河等人的研究，定义为"引导、调节、控制竞赛系统中参赛者、组织者、实施者行为的过程和方式，包括竞赛审查机制、筛选机制和激励机制"。

2. 职能型组织结构

又称 U 形组织。职能型组织结构起源于 20 世纪初法约尔在其经营的煤矿公司所建立的组织结构形式。它是按职能来组织部门分工的，即把承担相同职能的管理业务及其人员组合在一起，设置相应的管理部门和管理职位。

3. 审查机制

审查机制是竞赛开始前对参赛者资格的认定程序。"青少年科技竞赛的审查工作通常包括确定审查机构、审查参赛对象的资格、申报项目的内容范围、研究报告的规范性及相关证明材料等。"

4. 筛选机制

"为完成竞赛任务而设置的选拔最合适的个人或团体的方式，包括竞赛阶段的类型、筛选形式、评审环节和评审标准等。"

5. 激励机制

指"为实现竞赛设计者的目标而采取的各种奖励方式，即物质奖励的分配与支付以及精神的荣誉等级和数量"。

（二）理论基础

1. 新公共管理理论

新公共管理理论采用管理主义的理论、技术和方法对公共部门进行全方位的改革和改造。作为一种新的管理模式，新公共管理认为，那些已经和正在为私营部门所成功运用着的管理方法，如绩效管理、目标管理、组织发展、人力资源开发等并非为私营部门所独有，它们完全可以运用到公有部门的管理中。可以采用重新设计竞赛流程，提高效能和质量，以参赛者需求和满意度为目标，引入市场机制，打破传统的职能型组织结构的策略将新公共管理理论用于我国青少年科技竞赛的管理。江苏人民出版社的《公共政策导论》以及中国人民大学出版社的《政策科学——公共政策分析导论》中涉及的新公共管理理论——以效益为主要价值取向、建立企业市政府和以顾客为导向的政府、引入市场竞争机制的主要理念，对研究中小学生科技竞赛管理策略有借鉴意义。

2. 新公共服务理论

美国政治哲学家桑德尔认为："政府的存在就是要一定的程序和公民权利，从而使公民能够根据自身利益做出选择。公共管理者应当寻求更有效的回应，相应地提高公民的信任度。"这种观点直接为新公共服务提供了理论基础。新公共服务理论提出和建立了一种更加关注民主价值与公共利益，更加适合现代公共社会和公共管理实践需要的新的理论选择，认为公共利益是管理者和公民共同的利益和责任，是目标而不是副产品。新公共服务提出，建立社会远景目标的过程并不能只依赖民选的政治领袖或被任命的公共行政官员。政府的作用将更多地体现为把人们聚集到能无拘无束、真诚地进行对话的环境中，共商社会应该选择的发展方向。新公共服务理论认为，符合公共需要的政策和计划，只有通过集体努力和协作的过程，才能够最有效地、最负责任地得到贯彻执行。为了实现集体的远景目标，在具体的计划实施过程中，依然需要公民的积极参与，使各方的力量集中到执行过程中去，从而迈向预期的理想目标。公共服务，特别是社会公共服务，也就是指通过国家权力介入或公共资源投入为满足公民的社会发展活动的直接需要所提供的服务。社会发展领域包括教育、科学普及、医疗卫生、社会保障以及环境保护等领域。而竞争机制是市场机制的一部分，更是商品经济活动中优胜劣汰的手段和方法。江苏省"十三五"经济社会发展规划指出，江苏的公共服务在渐趋改善，但是与区域经济社会发展的需要相比仍然很不适应，距离公共服务型政府目标较远。进一步打造现代公共服务型政府，使政府更好地提供公共服务，是江苏经济社会发展的内在要求。"政府已经无法成为唯一的治理者，它必须与民众、企业、非营利部门共同治理与共同管理。"

二　江苏省中小学生科技竞赛机制现状

（一）江苏省中小学生科技竞赛概况

江苏省开展的中小学生科技竞赛种类很多，分类很杂，涉及面广。根据竞赛主办方性质，将省中小学生科技竞赛大致分为三种类型。第一类是根据教育部中小学生竞赛活动管理有关规定，国家层面组织开展的竞赛向省级延伸的项目，如全国青少年科技创新大赛、全国奥林匹克学科竞赛（高中数学，中学生物理、化学、生物学和信息学）、全国中小学电脑制作等7项活动。第二类是由省（市、县、区）教育厅、科协、科技厅、文明办、体育局等多家政府机构立项主办的适合中小学生开展的省（市、县、区）竞赛活动，如江苏省中小学生金钥匙科技竞赛、青少年电子技师认定、青少年科技模型竞赛等多项活动。第三类主要是以盈利为目的的民间机构（例如机器人、"三模一电"① 的自营企业）自行组织开展的小规模的有地域限定的科技竞赛活动。

（二）重点科技竞赛基本情况比较

1. 竞赛目标、参赛对象与规模比较

具体如表 1 所示。

表 1　重点科技竞赛的竞赛目标、参赛对象与规模比较

对比内容	江苏省青少年科技创新大赛	江苏省中小学生金钥匙科技竞赛	生物学奥林匹克竞赛
竞赛目标与宗旨	是全国青少年科技创新大赛（以下简称"创新大赛"）的省级层面竞赛，是面向在校中小学生和科技辅导员开展的规模最大的具有示范性和导向性的综合性科技竞赛活动。分为青少年和科技辅导员两个板块	活动坚持配合中小学课程改革，推进素质教育，是"国际科学与和平周"活动的重要组成部分。近十年来年均参赛人数超过120万，每年覆盖全省3317所中小学校，参赛学生占全省小学三年级至高中二年级学生总数的33%，累计参赛达到2616万人次	自1992年成立至今，是我国最有影响力的中学生学科竞赛活动。参赛对象为高中一、二年级的学生，参与人数大约为每年8万人

资料来源：作者根据相关资料整理得来。

2. 竞赛学科领域比较

具体如表 2 所示。

---

① 针对青少年的科技竞赛，包括航模、海模、车模、少年电子技师。

表 2　重点科技竞赛的竞赛学科领域比较

对比内容	江苏省青少年科技创新大赛	江苏省中小学生金钥匙科技竞赛	生物学奥林匹克竞赛
竞赛学科领域	竞赛活动包括小学生科技创新成果竞赛、中学生科技创新成果竞赛、科技辅导员科技创新成果竞赛；展示活动包括少年儿童科学幻想绘画比赛、青少年科技实践活动比赛等	涉及数理化史地生，衣食住行，能源，交通，环保，安全，医药、健康，生命，体育，航空航天，航海，军事等各个学科、领域、专业	涉及细胞生物学、生物化学、微生物学，植物解剖和生理，动物解剖和生理等。初赛与联赛（江苏赛区）试卷均为选择题，无实验部分。全国赛是理论测试、实验测试

资料来源：作者根据相关资料整理得来。

（三）重点科技竞赛机制比较

1. 竞赛审查机制比较

具体如表 3 所示。

表 3　重点科技竞赛的审查机制比较

竞赛名称	审查层级	审查机构	审查内容
江苏省青少年科技创新大赛	两级，一是市级审查，二是省大赛组委会审查	市级为各省辖市科协的青少年科技中心，省级为省青少年科技创新大赛组委会办公室	市级主要的审查内容：①核查作品名称、学科、项目类型，参赛者姓名、性别、身份证号码、所在学校、辅导机构、学历、年级、辅导教师等，集体项目的合作者姓名、学历、年级、所在学校等信息；②对参赛学生提交的项目查新报告进行核查。审查完毕，各省辖市科协的青少年科技中心汇总本市申报材料，统一发送至省青少年科技创新大赛组委会办公室。省级大赛组委会办公室负责对各市申报材料进行最终审查。包括内容审查、学术审查和形式审查
江苏省金钥匙科技竞赛	三级，一是区工作站审查（个人、团体），二是各省辖市工作站审查（个人、团体），三是省大赛组委会审查（仅团体赛）	金钥匙工作站在江苏省共有 109 个，其中有 12 个省辖市级管理工作站（无宿迁市），97 个区（县）级工作站。工作站中有 67% 建设在教育主管部门，33% 建设在科协系统	区级工作站主要审核参赛者姓名、性别、身份证号码、所在学校、科技类获奖情况、年级、辅导教师等。市级工作站主要审核参赛学生个人初赛、个人决赛笔试成绩，并汇总统一报送省金钥匙竞赛组委会，由大赛组委会办公室登记存档备案，并在相应网站上公示

续表

竞赛名称	审查层级	审查机构	审查内容
生物学奥林匹克竞赛	两级,一是市教研室审查,二是省生物竞赛委员会审查	各省辖市教研室生物教研员具体负责,汇总报送给省级,省级竞赛的报名及资格认定工作根据学科竞赛章程由省级实施单位负责,全国竞赛(决赛)由主办单位负责	市教研室主要审核参赛者姓名、性别、身份证号码、所在学校、年级、辅导教师等,汇总后统一报送给省竞赛委员会复验,省竞赛委员会根据联赛考试成绩,每年选拔优秀选手8人报送全国竞赛委员会

资料来源:作者根据江苏省青少年科学教育服务平台相关资料整理得来。

2. 竞赛筛选机制比较

具体如表4所示。

表4 重点科技竞赛的筛选机制比较

竞赛名称	竞赛阶段类型	筛选形式	评审环节	评审标准
江苏省青少年科技创新大赛	多阶段竞赛:校级、区县级、地市级、省级	分组竞赛:按学段、学科分组	多环节评审:决赛采用项目展示、项目问辩、成果评审、技能测试、素质测评等环节	科学性、创新性、实用性
江苏省金钥匙科技竞赛	多阶段竞赛:校级、区县级、地市级、省级	分组竞赛:按学段分组	多环节评审:分个人初赛(理论)、个人决赛(理论)、团体比赛(综合实践)等三个环节	个人赛评审标准:科学素养、创造力、跨学科思维能力、综合实践水平;团队赛评审标准:在个人赛的基础上考察团队协作水平
生物学奥林匹克竞赛	多阶段竞赛:省级、全国联赛	集中竞赛:初赛一直由省竞赛委员会组织,2000年后改由全国竞赛委员会统一组织	多环节评审:初赛、联赛(理论)、全国(理论、实验)三个环节	重点考查参赛学生对生物学基础知识和基本原理的掌握情况以及应用这些知识的能力,考查学生的生物学基本实验技能,考查学生的创造性、科学思维和分析问题的能力

资料来源:作者根据中学科学奥林匹克网站相关资料整理得来。

3. 竞赛竞争激励机制比较

基本遵循"总努力最大化"[①] 的竞赛设计目标,兼顾甄别与发现创新人才的筛选作用。下面从奖项类型、获奖等级配置、奖励形式三个方面进行比较。具体如表 5 所示。

表 5 重点科技竞赛的激励机制

竞赛名称	奖项类型	获奖等级配置	奖励形式
江苏省青少年科技创新大赛	一、二、三等奖及专项奖	一等奖占比 15%,二等奖占比 35%,三等奖占比 50%。专项奖由资助的基金会、省级学会、知名高校、企业等设立,每年获奖人数不确定	获得国家高中组一等奖、二等奖的应届毕业生获得大学保送资格(2010 年之前);获得国家高中组一、二等奖的应届毕业当年由生源所在地省级高校招生委员会决定是否在其高考成绩基础上增加不超过 20 分向高校投档(2020 年之前);江苏省获奖学生拟参加试点高校自主选拔录取考核的,在同等条件下部分高校会优先考虑给予参加考核资格(2010 年之后)。专项奖由大赛主办单位、资助企事业单位提供奖金、奖品或其他方面的荣誉
江苏省金钥匙科技竞赛	个人省特等奖、一等奖、二等奖,团体奖,专项奖,地市(区)奖	省特等奖占比 0.6%,一等奖占比 1.8%,二等奖占比 3.6%;团体奖、团体最佳选手奖,每年根据参赛队伍数确定比例;青少年科技教育优秀校长奖为 0.5%,优秀科技辅导员奖为 1%,青少年科技教育先进单位为 0.3%,先进个人奖为 0.3%;各地方可根据实际情况设立各市、县(市、区)级奖励	获得省特等奖、一等奖的小学、初中学生可以有资格参加当地重点中学(初中、高中)科技特长生选拔。有关获奖学生拟参加试点高校自主选拔录取考核的,在同等条件下,高校应优先考虑给予其参加考核资格(2006 年之前)。还可以参加各省辖市开展的"青少年科技创新市长奖"评选。对校长奖、辅导员奖、先进个人奖的获得者,不同程度地为年终绩效添分。科协系统将竞赛的覆盖面列入全年青少年科技活动考核。团体奖由大赛主办单位、资助单位提供奖金、奖品或其他方面的荣誉

---

① 所有竞赛者付出的努力之和最大化,即希望最大化表现最出色的竞赛者的努力,科研、对外招聘等往往采用此目标。

续表

竞赛名称	奖项类型	获奖等级配置	奖励形式
生物学奥林匹克竞赛	全国联赛及江苏赛区一、二、三等奖,优胜学校、优秀辅导教师	省赛每年5月进行,考试原始数据当天读取并发给全国生物学竞赛委。遵照高分到低分的原则,设一、二、三等奖若干名。全国联赛一、二、三等奖名单由全国竞赛委员会确定。经过二次阅卷和全国竞赛委的审核通过,公示。省生物学竞赛委组织专家团队从国家一等奖的47名同学里选拔出8名组成江苏省队参加全国赛	随着高校强基计划、综合测评对五学科奥赛认可度的逐年升高,公众对竞赛的关注度也加大。根据教育部和中国科协有关文件精神,在联赛中获国家一、二等奖的学生具备了免试升入大学的资格。获得省一、二、三等奖的学生可以根据各高校自主招生政策享受优惠

资料来源:作者根据相关资料整理得来。

三　江苏省中小学生科技竞赛机制存在的问题

(一)审查标准随意化

大多数的竞赛活动都是公益性质的,对组织人员来说,并非利益驱动,教育主管部门和科协部门发生的人员变换情况也比较频繁,交接工作也会发生疏漏。各地审查机构不问责,或者说难问责现象时有发生。加上一些客观情况,如各地区乡镇拆并、学区调整、学校合并等,少数地区的学校处于无工作站管理状态,有的学生想参赛,却不知道途径等。甚至还会发生上级机构分配了下级申报比例后,下级机构不愿意承担责任,结果报送参赛者数量远达不到上级给予的指标的情况。再者,审查程序不健全,官僚化严重,没有复查机制;否定掉的参赛作品不与参赛者本人进行反馈,直接从全部材料中抽走,剥夺参赛者当年再次申报的机会。

（二）筛选程序科学性弱化

竞赛环节烦琐，大型竞赛的环节至少三层级。以创新大赛为例，从校级、区县级、地市级、省级以及全国级层层选拔。每个竞赛都有自己的固有系统，长官意识较强，增减环节的过程无科学研究基础。同时，在评审时有的采用单一评审，有的采用多环节评审。采用单一评审的方式则没有淘汰赛，参赛者的整个参赛过程只有一次，受参赛当时的环境、心理等主客观因素影响比较大，单次的选拔过程不利于准确化地筛选参赛者，不利于全面考察参赛者的综合素质与科学素养，不利于多方位地查找参赛者的特点。再者，评审专家库建设弱化。研究发现，江苏省重大科技竞赛的评审专家流动性不大，如部分学科竞赛、创新大赛、机器人竞赛的教练员、裁判员常年固定，不利于活动的长远和健康发展。最后，评审标准不能够满足参赛者日益增强的创新意识的需要，不能引导参赛者更高效地运用互联网思维，更加不能多角度地细化与甄别优秀参赛者。

（三）激励方式物质化

首先，奖励形式单一，主要奖励形式为物质奖励（奖金、礼物、奖杯奖牌），附加增值奖励缺失，即便是不断变革与创新竞赛激励，提高证书的获奖面，赞助商大力度地宣传品牌等，参赛学生参赛技能的指导、科学素养的全面提高、参赛过程的科学辅助及选题创新的查新工作前置仍没有得到重视。其次，后续跟踪管理不够。竞赛的后续跟踪属于激励机制的一个重要环节，可为竞赛持续发展提供科学有力的数据依据。很遗憾的是，江苏省范围内绝大多数中小学生科技竞赛的资料积累与跟踪存在很大的问题，多数时候以表彰会的结束为全年终结。

四 江苏省中小学生科技竞赛机制的改进建议

（一）科学规范审查环节

从省级层面大力提高重点开展公益性中小学生科技竞赛活动的机构待

遇，建议由省教育厅、省科协牵头，整合江苏省内中小学生科技竞赛活动资源，对各种竞赛活动的创新性、科学性予以指导，并且对竞赛内容是否有重合、交叉现象进行梳理，提高竞赛精准度，避免资源浪费，搭建形式多样的省级竞赛综合性平台。主动协调校内、校外各种教育机构与科协系统之间的关系，使其消除隔阂，共同发展。强化协调工作，积极主动地配合当地教育部门、学校开展丰富多彩的科学活动。

同时，引入竞争机制，做好预审反馈环节，重视抽样检查。科学合理地设计绩效考核机制，加强资金使用管理。允许社会化企事业单位广泛参与重大中小学生科技竞赛的活动承办与组织，建议采用PPP（Public-private Partnership）模式，鼓励私营企业、民营资本与政府进行合作，参与公共基础建设，增强省财政资金活力。增加抽样检查的比例，将抽检结果列入当年绩效考核。引入"闭环管理"概念，决策、控制、反馈、再决策、再控制、再反馈……从而在循环积累中不断提高，促进组织机构超越自我，不断发展。

（二）变革筛选过程

1. 精准设计竞赛阶段与类型

建议各竞赛组织单位可以根据各类型的竞赛宗旨，从成本控制、活动效果、筛选准确性等多个角度，逐条梳理，认真思考现有竞赛阶段与类型是否合适当前中小学生自身发展特点，然后进行适度增加或者减少。可积极引入第三方监管机构，面向全社会开展竞赛改革、命题征集和意见反馈工作，突出科技竞赛引领科技、联系实际、注重实践的形象。

2. 繁荣筛选形式，简化评审过程

建议突破一提到竞赛，动辄都是笔试的局限，尽管笔试对于竞赛组织者的组织工作来说，相对比较轻松。例如，在金钥匙科技竞赛的个人决赛环节，增加部分动手实践的内容，让参赛者"触摸科学"。将团体初赛当中的笔试题改编为形式更为丰富的立体化赛题，通过简单的赛具设备，让参加团体初赛的代表队也能感受到决赛那种氛围，增强趣味性。

3. 细化竞赛标准，搭建适合竞赛需求的专家库

建议组织单位不断拓展评审维度，可以向国际竞赛学习优秀经验，调整现有的竞赛标准，从评审结果转移至评审过程，也就是把筛选的重心从评价项目成果本身转移到对参赛者的创新思维的考察上。同时，扩大省级竞赛评委的选择范围，将视野从省内扩大到全国，甚至在世界范围内选择适用性专家。除了各大高校的教授、专家，建议引入重点小学、初中、高中的科技骨干教师参与竞赛评审。还可采用以省辖市为单位的交叉互评方式，这样也能有效避免"人情"这个干扰因素。

（三）创新激励方式

1. 激励形式多样

紧跟时代潮流，在大数据、云计算的时代背景下，用高科技、新技术、全媒体武装竞赛，用微信、微博等包装品牌，用"参与感"吸引参赛选手。特别是教育主管部门，应积极引导中小学生更多地参加科技竞赛，因为类似晋级、加分的奖励决定权掌握在各级教育主管部门手中。例如，生物学奥赛，在全国联赛当中，即除获金奖的学生当场被清华、北大签约外，二校还与获银奖的学生签约，给予其自主招生中录取分数线降60分的政策优惠。建议教育主管部门分层次、分类别地取消与升学相挂钩的激励政策，结合学生的科学兴趣，积极引导学生参与各项社会化活动。除了现金等物质奖励与升学的激励以外，更多增加一些增值服务，从精神层面上进行奖励。

2. 激励平台多样

建议加强省科协下属科学传播中心、省青少年活动中心、省科普服务中心等兄弟单位之间的协作，集成资源，互惠双赢。鼓励省辖市举办市级团体决赛，省组委会在省总决赛的名额、专家辅导、题库配送方面予以政策优惠。加强联合，争取国际科学与和平周中国组委会的支持，策划华东地区六省一市（包括山东省、江苏省、安徽省、浙江省、江西省、福建省和上海市）科技竞赛邀请赛，创造更大的平台，促进科学交流。

3. 激励层次多样

根据竞赛规模，开展"一赛四级"激励法，即分省级、市级、区级及校级四个层次进行奖励设计，每个层级都设有奖励，但可以形式、内容都不同，尽量让参加活动的中小学生都能有所得，获奖人数呈金字塔状向下辐射。这样既能保证省级竞赛活动证书的含金量，又能扩大获奖面，对学校、老师和学生都起到非常强的激励作用。

五 结语

本课题力求采用新公共管理理论，通过对江苏省中小学生科技竞赛的目标与宗旨、学科领域、参赛对象及规模以及项目收益和成效等方面进行研究，总结归纳并提出机制创新意见。即便是在全国范围内，针对中小学生科技竞赛机制研究比较的仍是少数，江苏范围内更是没有。但因同类型的文献少之又少，全文的理论指导缺失，加上重点中小学生科技竞赛组委会的资料整理不全，内容有所疏漏。后续还将进一步探讨目前科技竞赛的审查机制、评审机制、奖励机制集中存在的突出问题和深层次原因，并研究完善科技竞赛制度的对策建议。

参考文献

［1］〔美〕海尔·G. 瑞尼：《理解和管理公共组织》，王孙禹、达飞译，清华大学出版社，2002。

［2］〔美〕戴维·奥斯本、特德·盖布勒：《改革政府》，周敦仁等译，上海译文出版社，2017。

［3］顾志跃主编《青少年科技教育与活动评价》，上海科技教育出版社，2003。

［4］胡咏梅、李冬晖、薛海平：《中国青少年科技竞赛项目评估及国际比较研究》，北京师范大学出版社，2012。

［5］程国阳：《校外科技活动的深远意义》，《继续教育研究》2003 年第 1 期，第 104～106 页。

［6］黄冲：《中小学科普教育的实践与思考》，《基础教育研究》2004年第8期，第6～8页。

［7］张远鸿：《当前校外科技教育评价体系中的问题及改革》，《科教文汇（中旬刊）》2007年第6期，第149页。

［8］翟立原：《中国青少年科技创新大赛的发展历程》，《科普研究》2008年第4期，第11～14＋40页。

［9］甘海鸥：《论青少年科技创新活动与创新型人才的培养》，《广西师范学院学报》（哲学社会科学版）2008年第S1期，第102～104页。

［10］杨立群：《如何创设有效的科技教育环境》，《教育科研论坛》2009年第1期，第73～74页。

［11］郭俞宏、薛海平、王飞：《国外青少年科技竞赛研究综述》，《上海教育科研》2010年第9期，第32～36页。

［12］张静华：《浅谈如何培养青少年的科技创新素质》，《理论界》2011年第10期，第176～177页。

［13］李秀菊、刘恩山：《全国青少年科技创新大赛参赛课题状况调查》，《科普研究》2011年第5期，第52～56＋74页。

［14］李晓亮：《科技竞赛活动对青少年科学教育的积极作用和影响》，《中国科技教育》2011年第6期，第8～9页。

［15］李淑琴、刘均梅、侯霞：《基于科技竞赛的创新人才培养模式研究与实践》，《中国电力教育》2011年第35期，第40～41页。

［16］杨西博：《浅谈如何更好地开展青少年科技教育活动》，《科技视界》2011年第24期，第5～6页。

［17］林美玉、于新惠、王杰：《青少年科技教育研究的现状与思考》，《教育与教学研究》2011年第12期，第27～30页。

［18］胡晓蓓：《青少年课外科技活动存在的问题及对策》，《河南科技（上半月）》2012年第2期，第49～50页。

［19］李冬晖、胡咏梅：《中美青少年科技竞赛筛选机制的比较研究》，《科普研究》2012年第1期，第32～37页。

［20］吴育飞：《对青少年科技辅导员队伍稳定与发展影响因素的调研与策略建议》，《教育实践与研究（A）》2012年第5期，第17～19页。

［21］薛海平、胡咏梅：《中美青少年科技竞赛奖励政策比较研究》，《外国中小学教育》2013年第3期，第12～17页。

［22］黄河、付文杰：《竞赛机制设计研究回顾与展望》，《科学决策》2009年第1

期，第 75～86 页。

［23］李冬晖、胡咏梅：《中美青少年科技竞赛审查机制的比较研究》，《科普研究》
2011 年第 6 期，第 28～33 页。

［24］胡咏梅、李冬晖：《中外青少年科技竞赛激励机制的比较研究——基于促进科
技创新后备人才选拔和培养的视角》，《比较教育研究》2012 年第 10 期，第
61～66 页。

繁荣科学绘本创作刍议

郭子若*

（广西壮族自治区科学技术馆，南宁 530003）

摘　要： 科学绘本作为提升全民科学素质的重要载体，在其创作、发展过程中仍然存在着受众科普重视程度不均；科学性、人文性、艺术性整合创新不足；理论研究少，创作人才匮乏，制度机制待完善；质量参差不齐等问题。本文运用文献研究法，结合笔者的科学绘本创作经验及科普创作与漫画绘本创作的相关论著，认为细化科普受众，注重绘本科学性与人文性的有机结合，在激活创作氛围、制度机制建立、创作队伍培养、创作者自身提升等多个方面共同发力，能够从根本促进科学绘本创作的繁荣发展。

关键词： 科学普及　科学绘本　科普创作

---

* 郭子若，广西壮族自治区科学技术馆展品技术部部长、馆员（中级），主要研究方向为场馆发展运营、展览策划、文创开发、科普创作。

On the Prosperity of Scientific Picture Book Creation

Guo Ziruo

(*Guangxi Science and Technology Museum，Nanning 530003*)

Abstract：Scientific picture books are an important carrier to improve the scientific quality of the whole people. In the process of creation and development, there is still an uneven emphasis on the popularization of audience science; insufficient scientific and humanistic and artistic integration of picture books; insufficient theoretical research, lack of creative talents, and institutional mechanisms to be improved; the quality of scientific picture books is uneven. This article uses the literature research method, combining the author's scientific picture book creation experience and related works on popular science creation and comic picture book creation. It draws a detailed audience for science popularization; pays attention to the organic combination of scientific and humanities of picture books; works together in activating the creative atmosphere, establishing institutional mechanisms, training creative teams, and promoting the creators themselves, which can fundamentally promote the creation of scientific picture books prosper.

Keywords：Popularization of Science；Sicence Picture Books；Science Popularization Creation

科普是提升全民科学素质的重要手段，习近平总书记强调："科技创新、科学普及是实现创新发展的两翼，要把科学普及放在与科技创新同等重要的位置。"但科普不能依靠刻板的教科书，它需要寓教于乐，需要丰富多彩的形式手段，使受众在精神愉悦的享受中获得知识与提高。随着科技的飞速发展，公民生活、工作节奏不断加快，过去通过阅读文字接收知识信息的模式逐渐被"读图"学习模式取代。绘本作为用绘画讲述故事的图书，它言简意赅，能够在减少认知信息量和视觉负荷的同时帮助受众理解书本内容，更加符合现阶段的科普趋势。

科学绘本作为绘本的分支，不仅要体现绘本作为信息载体的优势，还要融合科普创作的内涵："为了普及和推广科学知识、倡导科学方法、传播科学思想、弘扬科学精神，为了提高大众科学文化素质，为了实现人与自然、社会和谐发展的目的。"显然科学绘本兼具科普与创作的双重含义和任务，更需要科普创作者脚踏实地、潜心研究，繁荣科学绘本创作。[1]

一 科学绘本的含义、意义及现状

"科学绘本"的含义看似简单，但我们却可以将其拆分成"科学"、"绘"和"本"这三层意义。"科学"为其明确了服务对象、基本属性和最终目标；"绘"包含了其技术手段与艺术形式；"本"则体现了其载体样式与传播渠道。[2]科学绘本在传统绘本中融入了科普内容和科学元素，集知识性、科学性、时代性、启发性、互动性、娱乐性、艺术性于一身。可以将复杂、枯燥、乏味、难以理解的科学知识，以贴近受众的表达方式简单有趣地呈现出来；从深层次启发受众，激发其对科学的兴趣、好奇心与想象力，最终达到培养受众以科学理性的视角观察生活，用科学的思维发现问题、提出问题并解决问题的能力和勇于探索的精神。可见"科学绘本"在全民素质提升工作中有着独特的自身优势。

目前市面上看到的科学绘本可以说是琳琅满目，除了传统展示形式的常规科学绘本外，还出现了一大批具有创新精神的玩具书、触摸书、音乐书、投影书、VR书等，极大地丰富了科学绘本市场。当当网2019年儿童绘本畅销榜数据显示，进入500强的儿童绘本中，国外引进的约400部，占总量的80%；国内创作的约100部，占总量的20%。与2018年的数据（国外引进的约占74%，国内创作的约占26%）比较，大趋势保持不变，但国内创作所占比例有所下降。在这种繁荣景象的背后，我们应该发现一个问题：我国的儿童绘本，尤其是科学绘本，大部分仍然是引进国外的优秀绘本，本土原创的科学绘本内容不够丰富，高品质的绘本较少。

二 延缓科学绘本发展的若干问题

综观科学绘本创作领域，不少作品仍然以大量文字配少量插图的方式出现，成品展示样式陈旧，表述形式呆板；部分科学绘本的插图、配图质量不高，缺乏艺术性与趣味性，未能很好地实现科学绘本的深层价值。经考查发现主要有受众科普重视程度不均；绘本的科学性、人文性和艺术性没有与时俱进；科学绘本理论研究较少，创作人才匮乏，相关激励机制与制度不完善；科学绘本质量参差不齐等几个问题。

（一）受众科普重视程度不均

当前大部分科学绘本创作都具有以下几种倾向：首先，以创作低龄化科学绘本为主，重点服务于幼儿教育，把绘本（包含科学绘本）理解为低龄幼儿的教育书籍；其次，没有系统化地开展成人科学绘本的创作研究工作，认为成人群体不需要科学绘本或需求程度不高；最后，忽视了科学绘本在传播过程中的家庭教育（亲子教育）的必然性和重要性。

（二）绘本科学性、人文性、艺术性没有与时俱进

科普的内涵与要求在不断地更新与发展，绘本的科学性与人文性也必然要跟上现实步伐。过去提倡"知识就是力量"，把知识单纯地理解为科学的基础内容和原理，导致人们在科学绘本创作的过程中过于关注科学的严谨性，而忽视了科学绘本的人文内容创作。[3] 随着"四科"的提出与其精神内涵的不断完善，科普创作者在把握科学绘本严谨性的前提下，还要重视引导受众科学方法的实际应用和科学精神的诠释与传播。

同时，我们在科学绘本的创作风格和形式上也要与时俱进。目前的绘本创作风格受到欧美和日韩画风影响严重，从绘本角色设定、抽象变形方式、颜色搭配、创作材质等都出现了大范围的同类化，缺少具有中国传统特色、民族特色艺术风格绘本的探索与尝试。科学绘本作为重要的科普手段，将持

续影响一代或多代人，如果缺少了对民族文化与本土艺术特色的传承和创新发展，维系民族文化生命的源泉将会逐渐干涸。[4]

（三）理论研究少，创作人才匮乏，制度机制待完善

早在 2015 年，中国科学院与中国科技部就联合发布了《关于加强中国科学院科普工作的若干意见》，大力推进科研人员创作图书、文章、视频等。科普创作者队伍逐渐壮大，国内绘本市场作品也产出丰硕。但不可否认，在创作环境的营造方面，仍然缺乏更高的重视程度；在全国范围内，高规格、大影响力的绘本（包括科学绘本）奖项的设立仍然没有形成更大的创作号召力；在体制内或行业内，仍然需要不断探索符合当下实际情况的激励机制与制度体系；在科学绘本创作队伍的不断壮大与梯队培养上，仍然需要加大力度；在个人作品发布渠道以及多种资源的整合上，仍然需要不断地探索；在科学绘本创作理论课题研究等方面，仍然与较发达的绘本产出国有着不小的差距。

（四）科学绘本质量参差不齐

随着改革开放逐步深化，国民经济水平快速提高，市场经济不仅改变了祖国的面貌，还逐渐改变了当代人的性情与社会风气。以往的脚踏实地被金钱主义、快餐文化所替代，受众更需要文化的实效性，期盼信息能够最大化地浅显易懂，导致人们逐渐排斥或避免通过书本文字来进行学习，更喜欢通过观察得到信息。由于市场的需求扩大，市面上不乏部分以营利为目的、品质低劣的科学绘本，给科学绘本创作行业抹了黑。更甚者，出现了一些低级趣味，偏离我国社会主义核心价值观的劣质绘本资源，对青少年产生了极为不良的影响。

三　多措并举繁荣科学绘本创作

针对上述问题，作为科学绘本的创作者，我们要抵制急功近利的商业化

追求，用一颗严谨、童趣的科普之心，细化科普受众，全面开展科学普及；在科学绘本的创作中以人为本，注重科学性与人文性的有机结合；在制度的建立和完善方面积极献言献策，努力提高自身的专业技能水平，丰富自身的科学理论知识；不断探索资源的合作方式、科学绘本内容，在受众与大数据的整合等方面下苦功，深研究。

（一）细化科普受众，量体裁衣

上文提到的低龄幼儿科学绘本的创作成果较多，一方面，是主题选取较为灵活，表现形式多样，只需要在严谨的科学知识范围内，作者可以更自由、灵活地使用自身擅长的艺术形式和创作技巧；另一方面，社会的认知和教育需求促使低龄幼儿科学绘本的高产。但对于成人群体或家庭群体，如何创作科学绘本呢？

1. 针对成年人群体展开科学绘本创作

首先，可以利用社会热点话题选择科学绘本主题。成年人已经具备了较强的逻辑思维能力，对于资讯的实用性关注程度较高，科学绘本所传播的信息应该是他们所思、所需、所用的内容，只有这样，科学绘本在成年人中才能普及。比如 2019 年 12 月底，于武汉暴发新冠肺炎疫情，全国各地在短时间内均启动了重大突发公共卫生事件一级应急响应。此时的成年人群体就表现出对于新型冠状病毒及其防疫、减灾等科普知识的殷切需求，全国各地的科普创作者纷纷制作了多角度、形式多样的科学绘本、漫画和影视动画等，为疫情的控制构筑了"万里长城"，为世界范围内疫情的防治争取了时间。

其次，可以利用现代化的传播形式，转化科学绘本为数字化绘本。把枯燥、抽象、难懂的科学知识，利用新媒体平台影像化、立体化，用含有互动交互的解读方式（包含 VR 或 AR 技术应用）帮助读者接收、理解。这种方式一方面满足了成年人群体对于信息传播的实效性要求，另一方面也充分利用了成年人群体的碎片化时间，丰富了科学知识的传播内容，增强了科普传播的时效性。

2. 针对家庭群体展开科学绘本创作

家庭群体的科学绘本（下称亲子绘本），与幼儿科学绘本有相通点，也有差异之处。除了部分认知类的幼儿绘本，可以作为玩具供低龄儿童翻阅玩耍体验外，不少幼儿科学绘本的本意，仍是希望开展有温度的亲子阅读活动。但鉴于幼儿与成年人的图像认知水平和创作之初受众定位限制，幼儿科学绘本在图像表达和文字注释上都趋于简练。这种状态对于成年人的视觉刺激很低或几乎没有，因此假如幼儿不能提出特定疑问时，成年人无法提出符合幼儿心理需求的问题，并予以科学、合理解答。

亲子科学绘本则可以在创作之初明确受众群体，以成年人辅导、开展亲子阅读活动为目的，在科学绘本的结构设置、画面设计、知识点选取、亲子互动内容方面展开创作。通过更符合全年龄段的图像认知形式把亲子科学绘本的感官刺激进一步强化，同时增强亲子科学绘本的游戏性、可玩性。在儿童翻阅亲子科学绘本时，家长可以适时地提出创作者精心编排的疑问，并从书中找到严谨、通俗的答案；当幼儿自主阅读发现问题、提出问题时，家长可以根据预先安排的亲子活动，自由开展。

（二）注重绘本科学性与人文性的有机结合

受传统创作理念影响，科学绘本作为科学教育工具的价值凸显，但其中固有的人文价值被隐藏。在之前的幼儿教育中，科学教育一直与人文精神相分离，科学启蒙的任务就是让幼儿认识大自然，至于科学知识探索背后的态度、品德及坚忍不拔的探索精神等方面的品质及审美能力的培养，却少有提及。知识与结论成了科学教育新的教条，科学和人文有了鲜明的界限，缺少自然有机的结合。[5]针对以上状况，我们必须转变观念，在继承优秀创作形式的基础上，灵活求变，与时俱进。

首先，科学绘本的创作必须以客观事实为依据，科学的严谨性是第一位的。绘本所传达的知识内容和结构原理一定要正确、权威，杜绝模棱两可，尤其是伪科学的诞生。

其次，科学绘本的人文性可以用故事的形式进行体现。科普好比良药,故事好比糖衣,良药虽然益身,但难以下咽,此时就需要用"糖衣"把科普包装、再加工,让科普不再苦涩,让大家易于接受。恰如上面的比喻,科学绘本尤其需要故事的润色和包装。在阅读具有精彩故事情节的科学绘本时,受众会不由自主地将自身带入其中,跟随情节的跌宕起伏,领略科学知识背后的精神内涵。而科学绘本中讲述故事的目的也并不是单纯地传递科学知识,而是让受众在阅读绘本时,与主人公一起喜怒哀乐,在引起内心共鸣的基础上,自然地接受科学绘本所传递的科普知识,进而通过参与故事发展的过程,受到科学精神的熏陶,延长科普传播的时效。

最后,科学绘本的创作风格与形式需要与时俱进。民族特色与本土传统文化对于一个族群而言具有形式鲜明的人文特色,这对于科学绘本的创新发展而言同样适用。科学绘本的艺术画面是受众理解绘本的第一途径,受众可以通过画面迅速产生与作者同步的形式美感,可见创造具有中国风格的科学绘本是进行创作风格与形式探索的重要一步。

一方面,可以使用毛笔、墨汁、国画颜料等中国画必需的工具,对科学绘本的创作风格进行探索;另一方面,可以把中国画中的笔墨技法、心画、意造的构图形式,特有的上色方法,造型抽象元素等融入具有中国风的故事内容中。通过中国文化、历史、教育影响下中国式的人物角色塑造,传达中华民族延续至今的几千年的智慧结晶与文化内涵,从而实现科学绘本创作思路的创新与发展。[6]

(三) 外促内强营造良好创作氛围

繁荣科学绘本创作,需要长期不懈、自上而下的支持与努力。虽然近年来我国的科普创作(包含绘本创作)领域有了长足的发展,但面对上文所述亟待解决的问题,仍然需要从政府、机构层面与创作者自身层面来全方位思考,解决难题。

1. 政府、机构层面繁荣科学绘本创作

在营造创作氛围方面。国外有多项著名绘本奖项,如英国的凯特·格林纳威奖、德国的青少年文学奖、丹麦的国际安徒生奖等，与国外相比，国内对于绘本，尤其是对科学绘本的奖励奖项相对较少，并且吸纳参与评奖的范围较小、门槛设定较高，未能达到广纳贤才的目的（毕竟有创作热情的个人编撰出书，在实际情况下是有难度的）。而且未能发挥国内作协、美协和媒体机构的作用，没有形成积极踊跃的创作参评氛围。

在制度、激励机制建立方面。科学绘本的编撰需要人力和物力的支持，想要出创新成果，更需要坚持探索。目前国内参与科普工作的专职和兼职人员众多，在长期的工作和研究中积累了丰富的科学知识、方法和经验。不少基层科普工作人员在艺术创作方面也有很深的造诣，但出于种种原因，并没有把自身的实力水平转化为真正的科普作品。科普创作也是一种创造性劳动，应该受到社会的认可和尊重。为了鼓励这种创作热情，我们要建立和完善相关制度体系，出台合理的奖励机制，如知识产权转化奖励、职称晋升奖励、创新绩效奖励等。

对于创作队伍的持续培养方面。科普工作的一项紧迫任务就是要加强相关理论研究，同时根据具体工作的需要，形成一个多元化、专业化、梯队合理的科普创作队伍体系。逐步建立起由科普专家、科研工作者带头，新闻、媒体工作者牵线，基层科普工作者、社会科普志愿者参与的专群结合、专兼结合、框架稳定的科普创作人才队伍。[7]重点加强和扶持科普理论研究课题和项目，以高校、机构的研究课题开展为抓手，有计划地吸纳相关领域人才加入科普创作队伍当中，并且逐步培养出一批从事科普创作的名作家、名画家、名出版家，打造具有较强知名度和影响力的"梦之队"。

2. 创作者自身提升层面

首先，科学绘本需要结合科学知识与艺术创作，本身操作难度较大。其次，科学绘本的编撰对创作者的科学知识储备、个人文学修养以及将复杂严谨的科学知识形象化、简单化处理的能力要求较高，想要获得精准、生动的艺术表现，需要科学绘本创作者投入比其他类型科普创作者更多的时间和精力。

绘本若要把"科学"说清楚，就需要创作者做到手不释卷。书是前人的经验、智慧的结晶。创作者不仅要多读书，更要广泛地读书，包括政治、经济、哲学、科学等相关书籍。"腹有诗书气自华"，见得多、识得广，在创作科学绘本时就能够从多种角度阐述科学的原理和精神。

想要把科学绘本做到艺术的极致，创作者就要拥有一颗善于观察生活、思考生活的心。从日常生活的点滴不断提升自身的审美水平，广泛吸纳小到幼儿的信手涂鸦，大到艺术巨匠的旷世巨作。找到它们的美，并与自身作品内容相融合，真正做到"究天人之际，通古今之变，成一家之言"。

想要在科学绘本领域有所突破，就要不断强化个人专业技能。始终保持初学者的心态，做到笔耕不辍，同时在绘本的脚本创作、角色设计、画面布局、空间构成、色彩搭配、材质氛围营造、知识内容拓展与创作隐喻共鸣等多个方面不断研究、尝试，努力创造出具有强烈个人特点的科学绘本风格。

（四）多渠道提高科学绘本质量

上文提到由于急功近利风气的影响，绘本（包括科学绘本）市场出现了部分以营利为目的、品质低劣的科普作品，甚至出现了一些趣味低级、偏离我国社会主义核心价值观的劣质绘本资源。对此，可从创建编审出版联盟、建立公民科普阅读大数据库这几个方面尝试解决问题。

1. 创建编审联盟

一方面能够实现优质编审资源的整合，规范和端正科普创作风气，对于优秀的、有重要意义的科普作品，可以联名推荐，以迅速提高作品及作家影响力，间接鼓励科普创作者不断突破自我，推出优秀作品；对于品质低劣、粗制滥造的科普作品，可以第一时间进行筛选与剔除，从出版的源头对其形成威慑，减少低劣残次品的诞生。保证进入出版机构的科普作品均是对科普有利，对后代有益。同时，编审联盟的成立，也有利于行业内部专家间的相互交流、思维碰撞，对繁荣科普创作有重要意义。

2. 建立公民科普阅读大数据库（下文简称数据库）

高度发达的计算机技术和物联网大数据技术，为数据库的建立提供了先决条件。当下时间与空间已不再成为人类交流的障碍。随着物联网的不断完善，物物连接的状态将延伸至人们的知识层面。因此如何合理利用科学绘本背后的大数据，如何深度挖掘科学绘本的增值服务，将会是科普创作者需要不断探索的问题。比如向某些受众群体推送科学绘本的延伸知识与活动；针对固定受众推出科普阅读历史清单、阅读心得数据共享、科普知识框架整合或科普阅读计划推送等内容。这种形式一方面可以直观地反馈受众的阅读习惯和成长进步情况，同时能够最大限度地激发受众的成就感和对优秀科学绘本的黏性，增加对科学绘本的认可程度。

四 结语

综上所述，虽然在科普创作领域出现了或多或少的问题，导致科学绘本的创作一直没有走出富有我国特色的创作发展之路，但作为科学绘本创作者的我们，要抵制急功近利的商业化追求，用一颗严谨、童趣的科普之心，苦练内功，以一步一个脚印的心态把公益科普事业进行到底。只有从细化科普受众，全面开展科学普及；注重绘本科学性与人文性的有机结合；在制度的建立和完善方面积极地献言献策；努力提高自身的专业技能水平和科学理论知识；不断地探索资源的合作方式、科学绘本内容、受众与大数据的整合等方面广泛交流、深入研究，才能从根本上促进科学绘本创作的繁荣发展。

参考文献

［1］郑寿安、戎章榕、吴世灯等：《加强科普创作理论研究 推动科普创作实践发展》，第二届海峡两岸科普研讨会论文集，2009，第181~185页。

［2］杨梦玫：《探讨文化创意产业视域下的绘本与绘本馆》，第九届海峡两岸华文出版论坛论文集，2013，第364~371页。

［3］杨寿根：《科普创作向何处去?》，《科普创作通讯》2010年第3期，第8~12页。

［4］朱旭华:《我国绘本漫画浅析》，硕士学位论文，山西师范大学，2014，第48页。

［5］程婷:《触摸科学的第一道门——幼儿科普绘本创作研究》，硕士学位论文，南京艺术学院，2014，第41页。

［6］李鑫:《中国风漫画创作研究》，《美术文献》2019年第3期，第57～58页。

［7］吴景勤:《科普创作漫议》，中国科普作家协会2009年论文集，2009，第1～3页。

我国城市三级医院科普现状调查*

何海蓉　闫心语　张　娜　李亦斌　蔡　豪　马冠生**

（1. 北京大学公共卫生学院营养与食品卫生学系，北京 100191；

2. 食品安全毒理学研究与评价北京市重点实验室，北京 100191）

摘　要： 科学普及与科学创新是科技进步的两个基本体现，医务工作者是科普工作的中坚力量。本文旨在调查我国城市三级医院科普工作及医务工作者参与科普工作的现状、困难、需求及科普工作在解决医患纠纷问题中的意义。本文采用问卷调查、深度访谈等方法对 12 家三级医院科的普工作开展情况进行调查。目前医务人员参与科普工作的比例较低（46.9%），科普的主要对象是患者（88.0%）。80.3% 的医务工作者认为对患者进行科普能够帮助解决医患纠纷。建议在全国各医院形成医务工作者参与和开展科普的良好氛围；政府相关部门建立并落实医院科普政策；医院完善医务工作者开展科普工作的相关制度；各部门充分整合对接科普资源和平台。

---

* 本文系中国科普研究所基金项目"我国不同规模城市三级医院科普能力的评估"的研究成果。

** 何海蓉，北京大学营养与食品卫生学系博士研究生，主要研究方向为营养科普；闫心语，北京大学营养与食品卫生学系硕士研究生；张娜，北京大学营养与食品卫生学系副教授；李亦斌，北京大学营养与食品卫生学系硕士研究生；蔡豪，北京大学营养与食品卫生学系硕士研究生；马冠生，北京大学营养与食品卫生学系教授，主要研究方向为营养与健康。

关键词： 医务工作者 科普 医患纠纷

A Typical Survey on the Status of Science Popularization
in Grade Ⅲ Hospitals in China

He Hairong, Yan Xinyu, Zhang Na, Li Yibin,

Cai Hao and Ma Guansheng

(1. Department of Nutrition and Food Hygiene, School of Public Health, Peking University, Beijing 100191; 2. Laboratory of Toxicological Research and Risk Assessment for Food Safety, Peking University, Beijing 100191)

Abstract：Scientific popularization and scientific innovation are the two basic manifestations of scientific and technological progress, medical workers are the backbone of science popularization. This article aims to investigate the status of science popularization in grade Ⅲ hospitals and the significance of science popularization in resolving doctor-patient disputes. Questionnaire surveys and in-depth interviews were used to investigate the development of science popularization in 12 Grade Ⅲ hospitals. The proportion of medical workers participating in science popularization was low (46.9%). The main target of science popularization was patients (88.0%) . 80.3% of medical workers believed that conducting science popularization on patients could help resolve doctor-patient disputes. In conclusion, propose the following suggestions：form a better atmosphere for medical workers to participate in science popularization across the country；relevant government departments should establish hospital science popularization policies；hospitals should provide adequate funding and training opportunities for medical workers to carry out science popularization；various departments should fully integrate resources and platforms.

Keywords：Medical Workers; Science Popularization; Doctor-patient Disputes

2016 年版《中国科普统计》显示，我国共有科普人员 185.24 万人，其中科学普及简称科普，又称大众科学或普及科学，是指利用各种传媒以让公众易于理解、接受和参与的方式向普通大众介绍自然科学和社会科学知识、推广科学技术的应用、倡导科学方法、传播科学思想、弘扬科学精神的活动。[1]《科普法》第十七条指出，医疗卫生等国家机关、事业单位，应当结合各自的工作开展科普活动。[2]因此，医院在承担疾病诊治任务的同时，还应当积极参与到科普工作中去。《全民健康素养促进行动规划（2014—2020 年）》指出，要"建立权威健康科普专家队伍"[3]。大型公立医院拥有丰富的权威专家资源，各专业领域的知名医师、专家和教授是进行科普工作的人才支撑。科普传播医学知识是公立医院的社会责任，向大众传播与医学相关的科普知识，对于医院而言，能缓解当前紧张的医疗压力，省出更多的医疗资源为需要帮助的人服务；对于个人而言，掌握医学知识，能够从源头上避免许多疾病，节约开支，从而达到双赢的目的。[4]

医院在科普工作中发挥着重要作用。医学科普是以医学知识为主要传播内容，向公众传播实用性保健知识，以提高公众的医学素养。医学科普教育是慢性疾病防治的重要手段之一，让公众了解慢性疾病的危险因素和保护因素，自觉改变不健康的生活方式，掌握慢性病的早期信号，争取早发现、早诊断、早治疗。[5~7]在现代医学模式下，在医学知识科普传播中倡导人文关怀很有必要。[8]

目前，我国医院进行医学知识科普传播的主体有两个，分别为医院宣传部门和临床、医技科室。[9]医院宣传部门主要负责对接医院的对外科普工作，代表着医院管理层和全院医务工作者，具有目的性和计划性、宣传渠道的媒体依赖性、权威代表性；临床、医技科室的医务工作者日常从事与患者相关的诊疗活动，他们与患者进行面对面交流并通过诊疗活动向患者传播大量医学相关科普知识和医疗技术信息，是直接向患者进行科普传播的中坚力量。医学科普工作存在许多问题，包括经费不足、科普人才缺乏、考核评价体系缺乏等，针对医学科普领域科普能力的评估研究尚少，且大部分研究只关注青年医务工作者或医学生的科普能力培养。[10~12]因此，本文拟评估我国不同规模城市三级医院医务工作者参与科普工作的现状，为促进三级医院科普工作，提高医院科普能力提出建议。

一 样本选取

调查采用多阶段随机抽样的方法，在三类不同规模的城市中各抽取 2 个城市，包括一线城市 2 个、二线城市 2 个、三线城市 2 个。然后在选中的每个城市中随机抽取 2 家三级医院，每家医院调查科普工作负责人 1 名，各临床、医技科室主任和护士长各 1 名，其他医师、护士各 1 名。

二 调查方法

医院医务工作者开展科普工作的调查问卷由项目组自行设计，并经过多轮专家修订及预试验测试。问卷题目主要涉及被调查医院的基本情况、开展科普工作的现状，包括相关政策、制度、经费来源和投入、激励措施、人员、频率、方式、途径、设施，开展科普工作存在的困难和问题，开展科普工作的需求等方面。

采用深度访谈的方法，通过医院科普工作负责人了解本医院开展科普工作的现状，包括相关政策、制度、经费来源和投入、激励措施、人员、频率、方式、途径、设施等，开展科普工作存在的困难和问题，开展科普工作的需求等。访谈时间为 1~1.5 小时，选取安静、舒适的地点由 1 名经过培训的访谈员与其进行，并对访谈内容进行记录、总结。

三 研究结果

（一）调查对象的基本情况

共回收有效问卷 2364 份，其中医生 885 名，占 37.4%，护士 1207 名，占总体的 51.1%。医生中男性占 56.8%，女性占 43.2%，年龄集中于 30 ~ 50 岁，工作时长集中于 1 ~ 25 年，学历以本科以上为主，职称分布较均匀；护士中男性仅占 3.6%，女性占 96.4%，年龄集中于 20 ~ 40 岁，工作时长集中于 1 ~ 15 年，学历以大专与本科为主，职称以初级职称与中级职称为主。问卷调查对象的工作科室涉及心血管内科、呼吸内科、普通外科、感染科等 20 余个科室。访谈调查对象共 15 人，包括医院预防保健科负责人、宣传科负责人及科普工作分管领导。

（二）医务工作者参与科普工作的现状

调查对象中，有 46.9% 的人参与过科普工作。在参与过科普工作的调查对象中，有 24.8% 的人每周参与 1 次及以上的科普工作，23.8% 的人每月参与 1 ~ 3 次的科普工作，21.7% 的人每季度参与 1 ~ 2 次科普工作，27.2% 的人每年参与 1 ~ 3 次科普工作。整体参与科普工作的频率仍然较低。科普工作的主要对象是患者（88.0%），其次是家属（72.2%）与普通公众（61.9%）。对其他领域工作人员的科普较少，仅 35.4% 的人曾进行过这方面的科普。调查对象参与科普的主要形式有讲座报告（79.6%）、咨询交流（71.1%）、讲解说明（56.3%）、文字撰写（44.2%）等。参与科普的主要途径为直接参与科技教育（如授课、讲座）（78.0%），其次是媒体传播（如文字撰写、图像拍摄制作、录制音频视频节目在线交流）（58.2%）、设施传播（实地讲解介绍）（55.2%）与活动传播（策划组织活动）（40.8%）。

（三）医务工作者参与科普工作的支持与困难

问卷调查显示，54.1% 的医务工作者表示所在科室内部配备专门的宣教室。除此之外，90.7% 的医务工作者表示科室内配备宣传栏，78.5% 的医务工作者表示科室具备手册分发设施，超过半数（60.1%）的医务工作者表示科室内配备科普动画视频播放设备，但目前配备模型教具和体验式展览设备的比例不足一半。目前医务工作者开展科普工作所使用的科普材料大部分由科室自制（73.7%），因此充足的资金是重要的保障。问卷调查显示，仅有5.7%的医务工作者表示其所在医院没有科普工作相关规章制度，医务人员所在科室内科普工作有专人组织（52.7%），仅有12.7%的医务工作者表示所在科室并无人员组织科普工作，说明目前科普工作已经引起三级医院的足够重视。但目前所调查的三级医院对于医务工作者科普工作的认可和奖励制度尚待完善，47.8%的医务工作者表示所在医院并无针对科普工作的奖励制度。在访谈中也发现目前所调查的医院中建立科普工作制度的医院所占比例较高，但制度大部分仅规定医务工作者的义诊次数，且大部分是依据健康促进医院或当地疾病预防控制中心或医院管理局的要求制定，并未根据医院发展目标及实际能力等因素制定符合自身特色的科普工作制度。

在被调查的参与过科普工作的医务工作者中，分别有63.7%、54.1%、43.9%、34.8%和30.0%的医务工作者认为缺少经费、缺少相关政策的支持、医疗工作或科研项目中没有对科普工作的硬性规定、缺乏开展科普工作的经验和技能、缺少上级明确要求是开展科普工作的主要障碍。

四 建议

（一）在全国各医院形成医院医务工作者参与和开展科普工作的良好氛围，调动医务工作者的积极性和主动性，增强其责任心

参与和开展科普工作是医务工作者的工作内容之一，建议在全国各个医院开展多种形式的科普能力建设工作和活动，树立医院科普工作的示范单位、先进个人等，调动医务工作者的积极性、主动性、责任心和公益心，营造医院医务工作者人人愿意参与、积极参与、比赛参与科普工作的良好文化氛围，促进医务工作者投身科普工作，服务大众健康。

（二）政府相关部门建立并落实医院科普政策，明确医务工作者开展科普工作的职责，成立医院科普工作管理部门，组建国家级科普及培训团队

在国家层面建立医院科普政策，明确医务工作者开展科普工作的职责和工作内容，将有助于全国范围内的各级医院执行和落实相关规定；在国家层面建立医院科普工作管理部门，将有助于有效管理和考核科普工作，督促医院科普工作的开展；科学传播专家是国家科技人才的重要组成部分，是科普工作和公民科学素质建设的第一资源，在国家层面建立国家级医院科普及培训团队，定期到不同层级的医院开展科普工作和科普培训，将有助于充分发挥科普专家应有的重要作用，并有助于各级医院医务工作者科普能力的提升。

（三）医院完善医务工作者开展科普工作的相关制度，成立监管科普工作的科室，建立有效的绩效考核或评估体系，提供充足的经费和培训机会

医院及其管理部门应该充分重视科普工作，充分探讨医务工作者开展科普工作的内容和方式，建立合理有效的科普工作机制、落实制度、考核制度及奖惩措施，并成立专门的科普工作管理行政部门，督促和监管医务工作者开展科普工作。

除此之外，科普工作应该融入医院的其他制度和体系，如绩效考核体系、职称评审制度，充分鼓励医务工作者参与科普工作，尊重其科普成果。医院有关部门还应该通过多种方式、多种渠道筹集科普经费，为医务工作者开展科普工作提供充足经费，购买所需设备，并每年为医务工作者提供科普能力培训，提高医务工作者的科普能力。

（四）各部门充分整合和对接科普资源和平台，实现医院科普能力共建

促进医院之间科普制度资源、资金资源、知识资源、设施资源、作品资源、技术资源、专家资源、平台资源和科普对象资源的开发与共享应该成为医院科普工作的重点之一，这将有助于科普工作效益及效果的最大化，实现医院科普能力共建。充分整合和对接科普资源将有赖于各级各部门、各级医院、各媒体和全社会各部门的共同参与。

在移动互联网快速发展的背景下，拓宽网络等新媒体科学传播渠道，搭建新媒体科学传播平台，并融合传统科普渠道，不仅仅是政府、医院医务工作者在开展科普工作中应该思考的问题，新媒体专业部门在其中也应承担相应的责任和发挥应有的作用，协助医务工作者拓展科普传播领域和空间，促进科普传播工作、提高科普知识推送服务能力。

（五）从科普角度改善医患关系

科普应主要围绕疾病的预防与治疗开展，包括治疗方案及风险、疾病发生发展和预后、健康生活方式（饮食、运动等）。还可以进行医院治疗相关规定、就医报销政策方面的科普，这些科普均有助于解决医患纠纷。医院应定期对医务工作者进行专业知识及科普技能培训，从而提高其科普能力。

医院应将线上与线下结合，通过多种途径开展科普工作，提高公众的健康素养。除了医生、护士与病人面对面科普的传统形式外，还可以通过其他线下渠道开展科普工作，如在诊室或病房走廊宣传栏张贴宣传海报、发放宣传图册、举办讲座等，从而让病人和家属方便、快捷地获取疾病的相关知识。线上开展科普工作应结合多种媒体、自媒体资源，不仅通过传统纸媒或大众媒体（如电视、电台等）开展科普工作，还应充分发挥自媒体平台（如微信公众号、微博等）便捷、受众多的优势，开展科普工作，从而减少医患纠纷。

医务工作者通常会在病人就诊及住院期间进行院内科普，以便让病人和家属及时、充分地了解病情的发展及预后，以减少医患纠纷。其中，在手术前或有创治疗前进行科普十分有效。而院外科普也同样重要。大力开展医学知识的科普工作，倡导健康的生活方式，能够降低疾病的发生率。此外，出院前对病人及其家属进行科普可以帮助病人及其家属进行院外护理，能够降低疾病的复发率，有助于减少医患纠纷。

参考文献

［1］ 王刚、郑念：《科普能力评价的现状和思考》，《科普研究》2017 年第 1 期，第 27～33 页。

［2］ 苗卫军、刘燕清、许咏怡等：《我国医学科普传播现状分析与对策研究》，《中国医疗前沿》2011 年第 8 期，第 88～89 页。

［3］ 《国家卫生计生委发布〈全民健康素养促进行动规划（2014—2020 年）〉》，2014 年 5 月 9 日，中国政府网，http：//www. nhc. gov. cn/xcs/s3582/201405/da9eb5932deb4ac1b0ee67ca64d6999e. shtml。

［4］ 王海芳、魏晓贤：《健康科普宣传是公立医院的社会责任》，《现代医院》2014 年第 4 期，第 149～151 页。

［5］ 李树松、宋晓静：《利用医院图书馆优势开展患者健康教育的探索》，《中国健康教育》，2015 年第 12 期，第 1197～1199 页。

［6］ 常鹄、昌盛、龙东波等：《医院健康科普教育对癌症防治的作用及探讨》，《中国肿瘤》2016 年第 11 期，第 870～873 页。

［7］ 冯殷、方宁、张秋霞：《提升中医医院微信公众平台健康科普传播效果的实践与思考——以"广州中医药大学一附院"微信订阅号为例》，《现代医院》2018 年第 2 期，第 220～223 页。

［8］ 邱心镜、王春：《21 世纪医学科普的三个新特征》，《医学与社会》2003 年第 4 期，第 42～43 页。

［9］ 戴睿：《医院医学科普传播的实证研究——以某公立医院为例》，硕士学位论文，安徽医科大学，2017。

［10］ 刘硕、罗欣、黄付敏等：《青年医学工作者科普能力培养新模式》，《协和医学杂志》2015 年第 3 期，第 237～239 页。

［11］ 蔡萍、曾照芳：《医学大学生科普志愿者队伍建设和能力提升研究》，《重庆医学》2014 年第 19 期，第 2534～2535 页。

［12］ 陈南华、朱涛、诸葛青云：《医学生科普实践能力培养的意义及途径探讨》，《西北医学教育》2008 年第 6 期，第 1066～1067 页。

公民科学素质建设，社区科普在行动

——苏州社区公民科学素质建设状况

何 丽　杨智明[*]

（中国科普研究所，北京 100081）

摘　要： 公民科学素质建设要通过社区公民科学素质建设来实现，也依赖于社区科普的改进和创新。对苏州社区科普的调研表明，苏州社区科普的本土化是其最大的特色和亮点。苏州的经济发展与公民科学素质提高互惠互利，公民科学素质的快速提高与苏州社会经济发展水平相适应。

关键词： 科学素质　社区科普　本土化

Citizens' Scientific Literacy Development, Science Popularization in Community Is in Action

—The Status of Scientific Literacy Development of Suzhou Citizens in Community

He Li，Yang Zhiming

（*China Research Institute for Science Popularization，Beijing 100081*）

Abstract： The development of citizens' scientific literacy should be realized

---

* 何丽，中国科普研究所副研究员；杨智明，中国科普研究所研究员，博士后。

through the development of a citizens' scientific literacy in a community, and also on the improvement and innovation of science popularization. The investigation of Suzhou community science popularization shows that the localization of Suzhou community science popularization is its biggest feature and highlight. The economic development of Suzhou and the improvement of citizens' scientific literacy are mutually beneficial, and the rapid improvement of citizens' scientific quality is in line with the level of Suzhou's social and economic development.

Keywords：Scientific Literacy；Science Popularization in Community；Localization

经济增长与公民科学素质是衡量区域社会经济发展的重要指标，对一个国家和地区的发展有着重要意义。理论研究和社会发展实践证明，经济增长与公民科学素质提高存在紧密联系。一方面，科学素质是劳动力素质的重要组成部分，而劳动力作为重要的生产要素，是经济增长的原动力之一，任何意义上的经济增长都离不开高素质的劳动力。另一方面，经济增长又会直接或者间接地促进公民科学素质提高，公民科学素质的提高离不开经济增长的支持，保持经济持续增长和公民科学素质的不断提高以及实现两者的良性互动是社会关注的重点问题。为了解区域经济发展与公民科学素质提高的实证关系，课题组于 2019 年 6 月赴苏州就社区公民科学素质提高途径和社区科普进行了调研，现将调研结果汇报如下。

一 调查地点介绍

姑苏区成立于 2012 年 10 月 26 日，由原平江、沧浪、金阊三个苏州老城区合并而成，总面积 83.4 平方公里，包含 14.2 平方公里的苏州古城，常住人口 95.75 万。姑苏区是全国首个也是唯一一个国家历史文化名城保护区，设保护区党工委、管委会，是省委、省政府派出机构。姑苏区与保护区实行"区政合一"管理体制，共设职能机构 25 个，包括 5 个历史文化片区管理办公室，下辖 3 个新城、8 个街道、169 个社区和 4 个行政村，片区、新城与街道实行"区政合一"管理体制。苏州姑苏区位于苏州市中心，东与苏州市工业园区相连，南与苏州市吴中区接壤，西与苏州市高新区相邻，北与苏州市相城区相望，从古至今就是苏州重要的经济、贸易、工商业和物流中心。2018 年，姑苏区率先完成经济结构转型。同年，实现地区生产总值 700 亿元，增长 6%；实现一般公共预算收入 62.3 亿元，同口径增长 16.99%；完成全社会固定资产投资 235 亿元，与 2017 年持平；实现社会消费品零售总额 974 亿元，增长 6.5%[1]。

姑苏区是苏州"一核四城"发展战略中的重要之"核"。姑苏区以高质量发展为根本方向，基于"核"的发展定位，持续抓好环境卫生综合整治和征收搬迁扫尾清零，加快实施十项"三年行动计划"，聚焦科学化保护，系统推进古城更新利用；聚焦特色化发展，整体提升古城产业能级；聚焦精细化管理，全面优化古城环境品质；聚焦多元化保障，持续改善古城民生事业。

2018 年，"姑苏天安云谷"产城融合社区一期项目开业运营；狗尾草科技开业运营；狗尾草科技、联恩贸易等优质企业先后落地。全年新增规模型企业 3200 家，增长 1111.6%。扎实推进 5 大类 37 个重点项目，苏州华贸中心列入省重大项目投资计划并启动施工，其中，中广核苏州科技大厦建成启用。此外，姑苏区还着力提升商旅文产业融合度，获评全国第七个"中国商旅文产业发展示范区"，观前商业街获评首批江苏省老字号集聚街区，每天人流如潮。姑苏区不断放大科技镇长团产学研合作的纽带作用，同时加强高新技术企业培育，2018 年姑苏区认定高新技术企业 26 家，推进人才引育"拓源提质"工程，入选市级以上高层次人才计划 18 人。苏州市依托极为便利的水、路、海交通优势和临近上海的便利条件，通过大力引进外资，建立新加坡工业园，使经济快速崛起，形成了极具特色的"后苏南模式"。它的内在机制包括资金积累、人力资源开发、社会资源调配都是在挖掘本地力量，表现为"社区所有制"的特色。

二 苏州市经济发展带来社区科普的本土化特色

1. 加强科普信息化建设是苏州科普的鲜明特色。在科普基础设施建设方面，苏州市大力推进科普信息化建设，通过招标，建设了 100 多个电子屏幕，投放在公共区域，公众点击就可以直接查看科普苏州和科普中国网站上的内容，同时还建立了科普苏州微信公众号。[2]依托苏州市经济的高速发展及地方财政盈余，大力推进苏州社区科普的信息化建设，在科普信息化建设方面，苏州在全国领先。先有科普苏州，后有科普中国。

2. 在电子传播，内容为王的时代，科普内容尤为重要。苏州科普内容与民生息息相关，注重与民生有用、有关和有趣是其科普内容的主要特色。苏州科普的内容与苏州本地文化相结合，本地化的科普内容深受大众欢迎。在科普内容方面，凡是与民生有用方面的，贴近民生的科普内容都纳入了科普资源，如科普电子大屏不是摆设，它有查询功能，有十个板块，苏州的吃喝玩乐都可以在大屏上看到。可以了解苏州本地花鸟鱼虫的分布和特点，科普资源丰富，都放在电子大屏里面了，只要点击就能查到。

3. 苏州科普内容建设注重与民生有关，只要是民生关注的热点科普问题都可以在电子大屏上看到，人们可以寻找答案或者参加讨论，如苏州天气的变化、苏州科技馆的建设等与民生有关的问题。

4. 在科普内容上还表现为有趣，采用拟人化、生动的科普内容，取代公式化、说教式、形式化、呆板的科普内容，栩栩如生的科普内容使科普轻松而有乐趣。

5. 针对不同年龄阶段的受众，科普内容形式和传播的方式不同。科普苏州微信公众号现在有 80 万粉丝，它将苏州科普与传统科普相融合，为传统科普插上科技的翅膀，在科技周期间，将开幕式的门票放在微信上，有 1 万人上科普苏州的微信公众号去抢票。2019 年的全国科普日，6 个科学家面对 1200 个观众开展科技大讲座，在行为艺术殿堂，用科学家代替行为艺术家吸引受众，给科学家更高级的讲台，向科学家致敬。

6. 苏州正在筹建市科技馆，分布在各个社区的科普活动室、博物馆颇有特色。在相城区水漾花城社区的安全教育馆是街道投入80万元建设起来的，是一栋三层小楼，一层是社区党群服务中心，作为行政办公区使用；三层开辟成安全教育馆，安全教育馆占地100平方米，陈列着各种急救工具和急救包，分为双拥工作、家庭安全用火、公共场所灾难发生逃生和紧急情况救助四个展区，应对火灾、事故灾难等科普内容安全教育基地，定期组织社区的居民和在校学生参观，学习国防知识，演练突发事件的逃生技能。满足公众对预防突发事故和灾难的科普需求。

7. 苏州市项城区元和小学注重STEM教育，学校成立了一个创客社团，遴选对机器人和无人机有兴趣的小学生，使其加入进来，操作机器人和无人机。代表苏州市学校参加全国学校机器人大赛获得二等奖，在全国青少年无人机大赛中获得第二名的好成绩。学校还成立了陶艺坊，对陶艺感兴趣的学生在老师的指导下完成陶艺作品，有的栩栩如生，有的还带着孩子的想象和天真。在书法班，我们可以看到学生完成的书法作品，挂在墙上展示。元和小学通过STEM教育，注重学生在科技、数学和艺术等方面的全面发展。

8. 苏州市御窑金砖博物馆，之所以称为御窑，是因为在明清两朝，窑里烧出的砖一直是皇家专用，故宫里的每一块地砖均出自这里。生产用房将集中展示御窑金砖烧制、加工、检验等现场制作过程，一块砖的制作需要33套工序。在2006年，位于博物馆的两座窑被官方列为"江苏文物保护单位"，制作工艺也被列入国家非物质文化保护名录。御窑金砖博物馆也称为苏州市的科普教育基地，免费对公众开放，满足公众对苏州历史文化知识了解的愿望。

9. 苏州相城区建立了气象局气象博物馆。作为苏州市的科普基地，气象博物馆位于气象局内，围湖造地，并修建了人工湖，小桥流水，环境优美。博物馆由室外和室内两部分组成，室外有一个50米高的收集气象数据的铁塔和一个巨大的展示苏州市70年来气温变化的展板；室内有计算机模拟的天气变化动态触屏，一个可以和观众简单交流的机器人列在门口，还有环形投影和VR等技术辅助科普。二楼有一个灾害天气发生的模拟空间和体验馆。在体验馆里，观众可以通过 VR 技术体验极端天气和自然灾害，可以通过从一楼到二楼的参观了解天气预报的基本过程，掌握气象科普知识，满足了公众对气象灾害方面科普知识的需求。

10. 所调研的姑苏区虎丘街道硕房庄社区利用街道的一栋房子建设社区科普场馆，共二层。一层作为社区居民办理公务的房间，庭院里开辟了植物园，利用靠近苏州农业技术学院的便利条件，学院的学生以志愿者的名义来打理这些植物，为其除虫、施肥等。既美化了环境，又普及了植物学知识。二层开辟为社区科普活动室，一进门就是一个悬挂在大厅中央的大型触屏显示器，介绍社区内的植物的种类、功用、栽培工序。还专门开辟一间屋子用来存放参观者手工制作的植物标本。

11. 苏州社区科普与社区居民的需求相结合。调研的工业园区"翰林缘社区，科技健身小屋"成为省体科所在省内首批设立的 3 个试点之一，也是苏州市的唯一示范点。翰林缘社区始终将项目作为社区重点品牌项目打造建设，同时，项目运行得到了省体科所、市体育局及园区服务业发展局等上级部门的支持，本着"科技惠民"的服务理念，"让不运动的人运动起来，让运动的人运动得更科学"，积极开展各项活动，倡导"全民健身"的社区新风尚。同时结合社区文体工作，拓展科普工作，举行乒乓球比赛、体质体能测试比赛、亲子趣味课等趣味性家庭联谊活动。

12. 平江街道投资 60 万元建立科普社区文化活动室，是一栋二层高的小楼，一层是办公区，二层就开辟为科普活动区，有专门的教室，有专家针对社区居民需要的健康心理讲座。正在建设的智慧科普活动室，把平江街道的美景都纳入管理平台，在室内就可以看到模拟的苏州风景，吸引参观者加入。社区没有自己的产业，产业和街道办事处早已分离，科普经费主要来源于街道党建经费和苏州市科协的科普项目经费。只要社区科普做得有特色，都可以申请苏州市科普经费。由过去的经费下拨转变为科普项目申请，经费跟着项目走。社区科普由专人负责。科普人才是社区科普不可或缺的，社区科普活动都需要科普人才来组织、管理、协调和进行专业指导。所调研社区都有兼职科普人员数名，只要有活动，社区工作人员就变成科普人员参与科普活动。

总之，苏州科普的最大特点在于在经济发展的基础上，财政大量投入，在社区科普内容方面，凸显科普本地化特色，科普社区所有的科普资源几乎都下放到社区。正因为关注科普工作，在科普内容方面更关注当地民生，使科普工作贴近民生，贴近大众的需求，科普才做到有用、有关、有趣，吸引大众参加到科普中来，并使大众从中获益，分享科技发展的成果，这也是基层科普的目的。

三　苏州公民科学素质发展状况

苏州市公民科学素质调查始于 2005 年，2005～2013 年，每 2 年调查一次，2014 年开始，每年调查一次，调查结果如表 1 所示。

表 1　2005～2018 年苏州公民科学素质水平

比例	2005 年	2007 年	2009 年	2011 年	2013 年	2014 年	2015 年	2016 年	2017 年	2018 年
科学素质(%)	6.15	7.40	7.52	8.04	7.94	9.40	11.00	12.10	13.10	14.40

资料来源：《2018 年苏州市公民科学素质调查结果》，苏州市科学技术协会内部资料，2018 年 12 月。

调查显示，苏州市公民科学素质水平逐年提高，从 2005 年的 6.15% 到 2018 年的 14.40%，提高了 8.25 个百分点。2005 年到 2018 年也是苏州经济快速发展的时期，公民科学素质的快速提高与苏州社会经济发展水平相适应。

2018 年苏州市公民具备科学素质的比例达到 14.40%，高于江苏省公民科学素质 11.51% 的平均水平，进入快速增长阶段。从城乡居民科学素质角度来看，苏州市城镇居民具备科学素质的比例到达 16.00%，农村居民具备科学素质的比例为 7.50%，与江苏省的平均水平相当。

从性别科学素质上来看，19.80% 的男性公民具备科学素质，10.10% 的女性公民具备科学素质，男性公民科学素质水平高于女性公民科学素质水平

9.70 个百分点。

从年龄分类角度来看，18~39 岁年龄段的苏州居民具备科学素质的比例为 21.80%，40~54 岁年龄段的居民具备科学素质的比例为 11.10%，55~69 年龄段的苏州居民具备科学素质的比例为 3.20%，具有科学素质比例较高的是中青年公民，并且随着年龄的增长，苏州公民的科学素质水平越来越低。

从受教育程度来看，初中及其以下受教育程度的公民具备科学素质的比例为 24.00%；高中文化程度的公民具备科学素质的比例为 16.20%；大专及其以上文化程度的公民具备科学素质的比例为 35.80%。高中和大学组公民科学素质比例都高于初中组，说明受教育程度越高，公民具备科学素质的比例越高。

从公民接收科技信息的渠道来看，苏州市公民每天通过互联网和电视获得科技信息的比例分别为 57.30% 和 57.20%，互联网和电视成为苏州市公民获得科技信息的重要渠道。此外，其他渠道分别为亲友同事（27.80%）、广播（17.30%）、报纸（9.30%）、图书（7.60%）、期刊（7.20%）。同时，苏州市有特色的科普工作广泛利用互联网和移动互联网，与调查结果吻合，说明新媒体的广泛使用有助于公民科学素质的提高。

四　一点思考

1. 苏州的社区科普很有地方特色。所调研社区的科普工作由兼职的专人负责，只要有社区科普活动，社区工作人员都变成科普工作人员。但是科普的准入是有门槛的，加强对社区工作人员的专业科普知识的培训，让社区科普工作人员转变成社区科普人才，形成专业规范的社区科普人才队伍。

社区科普人才匮乏是社区科普发展的制约瓶颈。应先解决社区科普人才有无的问题，再解决社区科普人才能力的提升问题。对现有兼职社区科普人员的培训不能松懈。加强社区科普人才队伍的建设，落实人才培训工作，有利于提高社区科技教育质量。

2. 社区科普可持续发展的后劲需要加强。社区科普发展需要人、财、物的投入，不同的街道社区差别较大。社区科普做得好的社区基本上是人、财、物投入较多的社区。社区科普不怕没有钱，就怕没有心。科普好的社区在经费十分紧缺的情况下仍挤出有限的财力加强科普宣教工作的设施建设，建成高标准、有示范性的"科普社区"。

3. 扩大科普受众的覆盖面。在相城区元和小学，创客工作坊和无人机小组主要针对 4 ~ 5 年级的学生，针对 1 ~ 3 年级学生的科普活动较少。参观安全教育博物馆需要预约，主要是本街道居民。

4. 丰富科普的形式。科普场馆多以参观为主，和受众的互动较少。还需要对受众的科普需求进行分析，分析受众需要和欢迎哪些科普形式和内容，在这些方面，社区科普还能大有作为。

5. 苏州市公民科学素质快速提高与其社会经济发展水平相适应，其中，城镇居民、男性、中青年群体和大专以上文化程度的公民具备公民科学素质的比例相对较高。

参考文献

［1］《预计完成地区生产总值 700 亿元　姑苏区晒出年度成绩单》，2019 年 1 月 9 日，名城新闻网，http：//news. 2500sz. com/doc/2019/01/09/388435. shtml。

［2］冯磊：《构建微信科学传播中的对话格局——以"科普苏州"微信公众号为例》，《视听界》2019 年第 3 期，第 86 ~ 89 页。

未成年人生态道德教育活动的
设计与研究

胡冀宁　白加德*

（北京麋鹿生态实验中心，北京 100076）

摘　要： 生态文明建设是中国特色社会主义事业的重要内容，是实现中华民族伟大复兴的保障。未成年人是国之栋梁，全面提升未成年人的科学素养任重道远。生态道德作为生态文明建设的组成部分，是亟待科普教育基地开发和研究探讨的内容。麋鹿苑结合自身资源与优势，围绕未成年生态道德素养，通过湿地动植物科学考察、沿历史脉络悟"国家兴　麋鹿兴"系列体验活动，为未成年人生态道德教育活动的开发和研究提供基础条件。

关键词： 未成年人　生态道德素养　活动设计　活动研究

* 胡冀宁，北京麋鹿生态实验中心展览部部长、助理研究员，主要研究方向为科普研究；白加德，北京麋鹿生态实验中心主任、副研究员，主要研究方向为科普研究。

The Design and Research of Ecological Moral Education Activities for Juvenile

Hu Jining, *Bai Jiade*

(*Beijing Milu Ecological Research Center*, *Beijing 100076*)

Abstract：The ecological civilization construction is an important part of the socialism with Chinese characteristics and is fundamental to the great rejuvenation of the Chinese nation. Youth is the pillars of the national pillars, it is urgent for youth to improve their scientific literacy in an all – round way. As part of the ecological civilization construction, the ecological morality is an important content to be explored and researched in science education . The Milu Park appliance its own resourse and advantage, design two series of activities about animal and plant expedition in wetland and Milu cultural experience activities. The two series of activities provide conditions for the development and research of youth's ecological moral education activities.

Keywords：Juvenile Youth；Ecological Moral Literacy；Activity Design；Activity Research

"生态"一词源于古希腊，原指"住所"或"栖息地"，现通常指一切生物的生存状态，以及它们之间和它们与环境之间环环相扣的关系，我们称之为自然生态。自然生态有一定的发展规律，人类要遵守其规律并在一定范围内利用和改造自然，并且保护自然，维持其发展的可持续性，这就有了生态文明的形成。

生态道德伴随着生态文明的提出与推进，作为其重要组成部分，为生态文明的建设提供内在动力和精神支撑。当今社会，是否具有良好的生态道德意识，是衡量一个人全面素质的重要尺度，也是衡量一个国家和民族文明程度的重要标志。而在未成年人中开展生态道德教育活动，有助于未成年人树立正确的三观与意识，增强对生态环境、和谐可持续理念的认知，对全面提升科学素养具有重要推动作用。

一　生态理论的国内外研究现状

（一）生态理论的国外研究现状

生态观是伴随着人类对生态环境问题的日益关注而形成的，主要是关于新的生态科学发展观，并且使生态成为人类本性的一部分。[1]早在 20 世纪 70 年代，西方学者就把生态思想称为"生态意识""生态智慧""生态思维"，80 年代，我国学者余谋昌提出"生态观"，即生态系统的整体观。生态观是人类关于包括人类社会在内的生态系统运动规律的基本认识和基本观点。[2]

20 世纪 60 年代，国外马克思主义生态学者创立了生态马克思主义学说，是当今西方马克思主义中最具影响力，也是研究领域中比较新的一种。1962 年美国生态社会学者蕾切尔·卡逊的《寂静的春天》出版，代表着西方世界的环境保护意识勃兴。生态学理论与马克思主义系统理论相结合，形成生态学的马克思主义，是马克思主义发展体系中形成的关于人与自然界相处的行为准则，对全球生态文明建设研究具有极其重要的作用。

在马克思主义生态观中，人与自然之间正确的相处方法是，人要在尊重自然规律的基础上合理地利用自然，充分发挥人的主观能动性和人的主体创造性，通过实践将人与自然紧密联系起来，要通过人与自然之间的和谐相处来实现人与自然的共同发展。只有正确处理人与自然、自然与社会、人与社会、人与人之间的关系，并且深刻了解它们之间目前所存在的问题，挖掘出问题根源，才能有效把握正确的发展规律。[3]

当今，国外的生态学理念已普遍应用于自然科学研究与社会应用等方方面面，而生态环保意识也成为公民根植于心的基本素养，成为日常生活行为准则，在西方国家中普遍存在。

（二）生态理论的国内研究现状

国内关于生态学的研究起步较晚，20 世纪中叶《动物生态学名词》一书出版，生物学者对生态学词汇进行规范化管理。改革开放以后，我国正式进入马克思主义生态理论领域的研究，20世纪80年代出版的马克思《1844年经济学哲学手稿》为构建生态文明建设提供了理论基础。随着环境条件的恶化、自然资源的紧缺，生态问题越来越引起公众重视，生态文明建设也就孕育而生。

建设生态文明，实现中华民族的伟大复兴，全面建成小康社会，是当代中国建设和发展的客观要求。生态文明建设被纳入我国长期发展规划中，在党的十七大报告中，被第一次写进党的行动纲领，生态文明作为全面建成小康社会的目标也上升到国家建设战略的高度。党的十八大报告对推进中国特色社会主义事业提出"五位一体"总体布局，即生态文明建设与经济建设、政治建设、文化建设、社会建设一体化，大大丰富了"现代化"的理论体系。"五位一体"的战略思想是党中央关于我国富有中国特色的社会主义发展理论的再创新，更是共产党人集体智慧的结晶。随着十九大的召开，生态文明建设多次出现在党的报告中，建设生态文明已成为中华民族永续发展的千年大计，践行"两山论"，建设"美丽中国"是时代赋予我们的使命，更是中国在推进全球生态文明建设进程中展现的大国风范。

关于生态道德素养方面的研究，国内学者尚未提出明确的概念定义及评价体系。2006年，国务院颁发实施《全民科学素质行动计划纲要》，"未成年人科学素质行动实施方案"于同年制定执行，其中的重点工作就包括开展青少年环保体验活动、加强校外活动场所的科普功能等。随着行动计划纲要的不断完善与推进，内容丰富、形式多样的生态主题活动在学校、社区、科普场所不断涌现，全国针对青少年、社会公众开展的生态主题活动竞相登场，生态理念、生态意识的科学普及取得成效，全民科学素质整体水平呈现上升趋势。

二　麋鹿苑开展生态道德教育的意义

（一）开展生态道德教育活动的社会意义

生态道德教育随着生态文明建设的不断推进，日渐成为对社会公众、广大中小学生等未成年人群体的基本素质要求。"如何保护生态环境"是人类面临的严峻问题,对公众进行生态道德教育,传播关爱自然、人与自然和谐相处的生态理念,实施生态道德教育活动是极具必要性的。实施生态教育活动,一方面普及自然类、生态环保科学知识,弘扬自然与生态、尊重自然的科学精神;另一方面传播和谐、有序发展之科学思想,倡导公众认识自然、关爱自然的科学方法,为生态文明建设的不断深入提供有力的基础保障。

(二)对未成年人开展生态道德教育意义重大

道德教育是一种行为,而不是一门学问,未成年人生态道德教育不仅是一个认知过程,更是一个实践过程。对未成年人进行生态道德教育,其教育意义重大,影响深远。未成年人处于思维活跃,世界观、科学观逐步走向成熟的阶段,对其进行生态道德教育,有助于其形成正确的自然理念与生态环保意识,更为其顺利成长为国家栋梁、综合型人才奠定良好基础。

生态知识欠缺,生态意识、行为匮乏是未成年人普遍存在的现象,对其进行生态道德教育迫在眉睫。未成年人的道德教育需要学校教育与社会资源的相互补充。由此,博物馆作为科普传播的媒介、"培养生态道德的智库",特别是在未成年人生态道德教育方面作用凸显,自然类博物馆是实施生态道德教育的理想场所。

(三)对未成年人进行生态道德教育研究的目的

对生态道德教育活动进行研究,目的在于通过对未成年人组织实施生态道德教育活动、设计调查问卷与活动方案、总结活动经验、整理归纳出对未成年人实施生态道德教育活动的组织形式、筛选活动方案,为自然类博物馆开展未成年人生态道德教育活动提供参考,使未成年人生态道德教育活动收到良好社会效益。

(四)麋鹿苑科普活动资源分析

北京麋鹿生态实验中心,又名北京南海子麋鹿苑博物馆,简称麋鹿苑。

麋鹿苑是集动植物研究与保护、生态文明建设与爱国主义教育为一体的综合型户外生态博物馆,既具备开展生态教育的户外条件——麋鹿种群与湿地环境,又具备开展生态教育的室内空间——科普展厅,为开展未成年人生态道德教育提供了有利条件。

在户外科普教育活动方面,主要为科普讲解和自然体验科普课程两种形式。科普讲解主要围绕麋鹿纪念园、科普设施区对麋鹿及其生态环保知识进行解说与介绍,意在通过科普老师的讲解,引领公众感受麋鹿的沧桑、感悟人与自然的和谐相处之道。自然体验科普课程通过调动人体的五官来体验自然,带领公众走进不一样的自然、感知不一样的自然,从而通过切身体验激发公众热爱自然、关心动植物之情。

室内科普展厅的教育活动方面,主要为展厅讲解和科普讲座两种方式。展厅讲解通过现有四个展厅的科普介绍,向公众展示麋鹿、世界鹿类及北京生物多样性方面的科学知识,从专业知识的角度发挥博物馆的基本功能。科普讲座则依托"麋鹿苑自然大讲堂"这一活动平台,开展以动植物研究与保护、环境保护、生态文明为主题的宣讲活动,通过讲故事的形式,向公众揭示自然科学研究,讲述身边的自然环保小事,引导公众更深入形象地理解自然环保与生态文明之内涵。

三　麋鹿苑未成年人生态道德教育活动设计方案

(一) 设计思路

基于对国内外生态道德教育与未成年人生态道德素养提升及自然教育活动案例等方面相关文献的分析和研究,结合麋鹿苑的科普教育活动案例,以室内展厅和湿地环境为选题,规划设计生态教育活动方案。

采用定性分析的方法,通过调查问卷及组织活动,了解学生的生态知识背景、自然教育活动认知及活动前后未成年人对麋鹿文化、湿地知识、生态意识的认知差异,从而形成对活动效果的反馈意见,有助于分析探讨麋鹿苑生态教育活动的理想方案。

（二）设计内容

活动的主要内容是在麋鹿苑现有科普教育资源及科普教育活动的基础上，围绕麋鹿文化和湿地认知两个主题，设计生态体验活动方案及活动前后调查问卷，通过活动的实施，对前后调查问卷进行数据分析，总结活动对未成年人生态道德素养提升的作用，对活动进行再修订，从而形成麋鹿苑生态道德教育活动方案。力争通过麋鹿苑生态道德教育活动方案的设计，探讨有效提升未成年人生态道德素养的途径，为自然类博物馆开展未成年人生态道德教育提供参考。

（三）调查问卷的设计

调查问卷的内容设计遵循“知信行”模式，力求通过获取知识、产生信念、形成行为三个层面对生态道德素养提升效果进行评价。

1. 活动前调查问卷

具体内容如图 1 所示。

活动前期

调 查 问 卷

感谢您抽出时间填写这份问卷，本问卷为麋鹿苑科普研究项目的调研内容，请根据您的自身情况如实填写，最终结果仅用于科学研究，不会外泄您的个人资料，谢谢合作！

一、个人信息（选择题请在所选答案上画√）

1. 姓名：_______ 年龄：______ 学校：______ 班级：_____

2. 父亲年龄：_____ 学历：_____ 从事工作：公务员、企事业单位、教育工作者、其他职业（自行填写）______

3. 母亲年龄：_____ 学历：_____ 从事工作：公务员、企事业单位、教育工作者、其他职业（自行填写）______

4. 你过去是否参加过自然体验活动？ 是 否

注：自然体验活动包括自然科考营、自然观察活动（观鸟、观星、观植物、观气候变化等）、自然科普手工制作等。

5. 你是通过什么渠道参加的自然体验活动？（可多选）

A. 学校组织 B. 机构组织 C. 社团活动 D. 家庭组织

E. 其他______

二、问卷内容 （以下问题，请在正确答案上画√）

1. 生态文明的观点，以下哪些是正确的（多选）

A. 生态文明建设的出发点是尊重自然，维护人类赖以生存发展的生态平衡。

B. 生态环境保护是生态文明建设的基本要求。生态文明的最终目标是建立人与人、 人与自然、人与社会的和谐共生秩序。

1/2

C. 生态文明是人类的一个发展阶段，与农业文明、工业文明并存。

D. 生态文明的最终目标是建立人与人、人与自然、人与社会的和谐共生秩序。

2. 生物多样性的含义是指：

A. 物种多样性 B. 基因多样性 C. 生态系统多样性 D. 遗传多样性

3. 地球上最大的生态系统是？

A. 森林生态系统 B. 生物圈 C. 海洋生态系统 D. 淡水生态系统

4. 我国野保法中的“三有”保护动物，是指哪“三有”？

A. 有食用价值 B. 有重要经济价值 C. 有益的 D. 有科学研究价值

5. 以下环境中，最适合作为鸟类迁徙“中转站”的是？

A. 建筑工地 B. 足球场 C. 大厦顶楼 D. 沼泽滩涂

6. 以下哪种食物不是产出自湿地植物？

A. 藕 B. 甘蔗 C. 菱角 D. 荸荠

7. 以下哪种鸟类不是北京地区的候鸟？

A. 喜鹊 B. 绿头鸭 C. 鸳鸯 D. 鸿雁

8. 以下哪些行为是正确的？

A. 投喂野生动物

B. 与野生动物保持距离

C. 攀折花草树木，随意出入动植物保护区

D. 购买野生动植物产品（如皮毛制品、象牙工艺品等）

9. 你最期待通过自然体验活动学到什么？（单选）

A. 自然科学知识 B. 自然科学方法 C. 放松心情 D. 考试取得好成绩

E. 其他（自行填写）__________

10. 你期待的自然体验活动是以什么形式开展？（可多选）

A. 户外自然科考 B. 室内科普讲座 C. 户外或室内科普游戏 D. 博物馆讲解参观

E. 其他（自行填写）__________

2/2

图 1 活动前期调查问卷

2. 活动后期调查问卷

具体内容如图 2 所示。

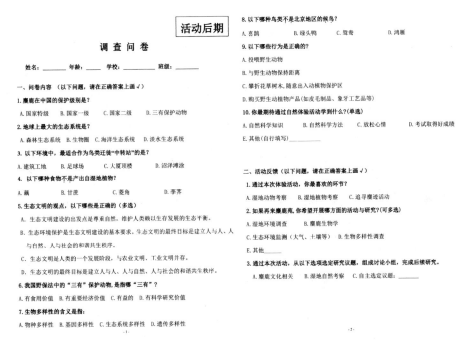

图 2　活动后期调查问卷

（四）活动方案的设计

活动方案的提出是在项目执行期内策划组织"麋鹿苑自然大讲堂活动"的基础上，将苑内可进行生态道德体验的科普资源与体验式科普教育模式相结合，将原有的自然科学观察类活动——观鸟，扩充到鉴赏湿地植物，通过专家讨论会，形成麋鹿苑生态道德体验活动最佳方案。

1. "追寻麋迹"活动方案

（1）活动目的

通过室内参观麋鹿展厅及户外麋鹿保护区近距离观察麋鹿，认识麋鹿，了解"四不像"的由来，体味麋鹿文化，识别麋鹿外观特征与生境，感悟和谐自然的理念，引导公众关爱野生动物，强化保护生态家园的核心思想。

（2）活动设计

具体内容如表1所示。

表1 "追寻麋迹"活动设计内容

时间	教学内容	教学形式	材料/工具
9：30	签到,发放活动贴纸		签到表、活动贴纸
9：35~9：45	自我介绍与活动流程、任务单填写说明介绍,发放任务单与材料包	讲解	材料包(任务单、垫板、彩笔)
9：46~10：05	追寻麋迹: 1. 每人从抽题袋中抽出一个纸条,并按要求填写任务单; 2. 从乾隆大阅图开始,沿途经过科学发现纪念碑、贝福特公爵像,到麋鹿角雕塑为止,进行麋鹿故事、麋鹿自然特征的讲述	手卡讲解	抽题袋(放有13-15个有关键字的纸条,根据参加活动人数确定)
10：06~10：30	3. 抵达麋鹿角雕塑,开始游戏环节; 4. 让大家根据手中的提示词,根据自然知识与文化故事分成两组,分别为麋鹿1队和麋鹿2队,并按照任务单要求完成排序; 5. 每组选出代表,分享根据线索提示的麋鹿故事; 6. 完成任务单上的线索联系,取得一枚贴纸; 7. 完成麋鹿拼图,取得通关贴纸	游戏	麋鹿拼图(两张)
10：31~10：50	进入麋鹿保护区,观察麋鹿及湿地环境,强化麋鹿的自然知识点	实地考察	电瓶车
10：51~11：30	科普教室进行麋鹿芦苇画手工制作,并做活动小结,让孩子们汇总麋鹿的自然与文化线索,分享活动收获,完成本期活动	科普手工	麋鹿芦苇画材料包、刷子、面粉、漏粉薄膜、镜框

2. "湿地精灵—动物（观鸟）"活动设计

（1）活动目的

麋鹿苑自然生态环境良好,每年有大量的鸟在这里觅食、繁殖;可以观察到涉禽、游禽为主的上百种鸟,这些鸟也是麋鹿重要的伴生动物。学会自然观察及鸟类统计方法，了解野生动物的"三有"知识点，增进学生对麋鹿保护方法措施的认识。

（2）活动设计

具体内容如表 2 所示。

表 2 "湿地精灵—动物（观鸟）"活动设计内容

	项目环节	教学目的	形式	器材教具	时长
1	观鸟流程介绍	了解观鸟的基本形式、安全事项及如何不打扰鸟类	原地讲解		10 分钟
2	望远镜使用技巧讲解	了解单筒、双筒望远镜的使用方法	原地讲解、观察目标训练	双筒望远镜、单筒望远镜	15 分钟
3	木栈道观鸟	认识湿地环境基本鸟种，认识北京湿地留鸟和冬候鸟	木栈道徒步讲解观察、核心区电瓶车讲解	双筒望远镜、单筒望远镜、观鸟记录、垫板	90 分钟
4	观鸟记录	学习野外鸟类记录的方法，完成一份科学记录	大木亭内讲解，老师带领学生完成填写	垫板、记录表格等	20 分钟
5	湿地观鸟讲座	梳理鸟类知识、强化湿地鸟类种类特点，提高大家对观察湿地鸟类的兴趣	室内讲座	PPT	60 分钟

3. "湿地精灵—植物"活动设计

（1）活动目的

认识多种重要的禾本科植物，了解麋鹿的牙齿结构和消化系统，学会以"样方法"做植物调查，掌握植物调查记录方法。

（2）活动设计

具体内容如表 3 所示。

表3 "湿地精灵—植物"活动设计内容

	项目环节	教学目的	形式	器材教具	时长
1	植物辨识	认识湿地环境中的植物	徒步讲解、适当采集	植物手卡	30分钟
2	鹿类对草本食物的选择	了解鹿的采食特点	观察、讲解	鹿类消化系统和牙齿手卡	30分钟
3	植物样方调查	掌握样方法,完成调查	选择4个地点,做4个样方,对样方内的植物做统计	样方绳、小旗、5米尺	90分钟
4	植物记录	掌握植物调查记录方法	野外记录	笔、垫板、记录表	20分钟
5	总结	确定麋鹿苑湿地植物优势物种,分析湿地植物体系健康程度	数据归纳、讨论		15分钟

(五) 活动开展情况

活动时长为一天,指导教师为3名(1名在展厅,2名在户外科学考察),活动受众人数为30~40人,活动内容为"追寻麋迹 探访湿地"(上午进行博物馆内的麋迹追寻、户外观鸟及观察麋鹿生境条件,下午进行户外的湿地植物科考)。

活动选定城中心区学校(东城区分司厅小学)与远郊区县(房山窦店中心小学)两所学校的9~10岁儿童(3~4年级)进行。首先对两所学校该年龄段的学生整体进行活动前期问卷调查,之后随机选择两个班级作为代表参与麋鹿苑生态道德体验活动,并完成活动后期问卷调查,得出数据。

调查问卷情况:活动前总共发放问卷316份,收回有效问卷315份,问卷有效率达99.68%;活动后实际总共发放问卷64份,收回有效问卷56份,问卷有效率达87.50%。配合活动设计的任务单如图3所示。

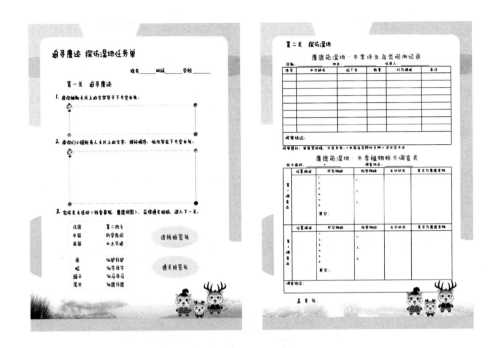

图3 配合活动设计的任务单

四 麋鹿苑生态道德教育活动结论与展望

（一）数据分析

通过本项目的执行，得出9～10岁的儿童，其自然、生态知识储备与家庭背景有着深刻联系，并且绝大部分参与过自然体验活动，对自然体验活动有着正确的理解与认知。通过两所学校的对比，得出学生自身知识水平及通过活动后的水平提升，城中心区的学校好于远郊区县。

1. 学生自然、生态知识储备与家庭背景分析

数据表明，父母的学历及从事的工作对学生自然知识水平的高低有一定影响，父母的最高学历越高，学生的自然知识水平相对会更高（见图4）；父母双方都在企事业单位工作，学生的自然知识水平较高（见图5）。这说明了家庭教育的重要性，其对孩子的成长具有潜移默化的影响。

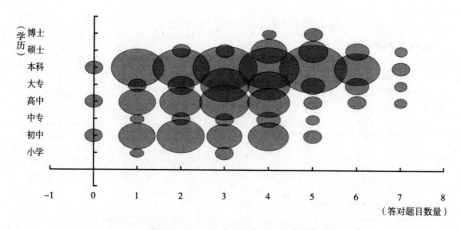

图4　父母的学历对学生自然知识认知水平的影响

注：气泡图面积大小表示在各学历水平中答对题目数量的人数比例（分类相对比例）。

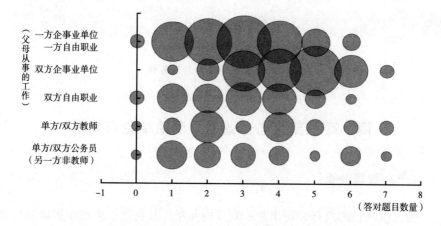

图5　父母从事的工作对学生自然知识水平的影响

注：气泡图面积大小表示在父母从事工作答对题目数量的人数比例（分类相对比例）。

2. 学生进行自然体验活动渠道、对自然体验活动认知分析

从图6可以看出，超过一半的学生是通过"学校组织"和"家庭组织"渠道参加自然体验活动的，说明学校、家庭是开展自然体验活动的主要渠道。而不同学校的学生开展自然体验活动的渠道侧重也不同，与学校教育模式有很大关系（见图7）。

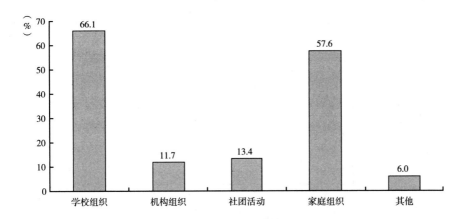

图6 学生参加自然体验活动的渠道

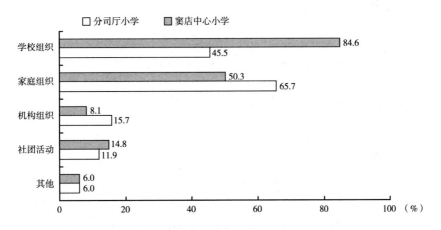

图7 不同学校学生参加自然体验活动的渠道

在自然体验活动的开展形式调查中，相比于室内活动，学生更喜欢通过户外实践的方式参与自然体验活动，超过一半的学生期待通过"户外自然科考""户外或室内科普游戏""博物馆参观讲解"这三种方式开展自然体验活动（见图8），而在两所学校的情况对比中，窦店中心小学的学生对"博物馆讲解参观"和"室内科普讲座"的期待高于分司厅小学的学生（见图9），这与学校与博物馆开展的馆校活动有紧密关系。由此可知，户外型的科普教育基地在开展自然体验活动中作用重大。

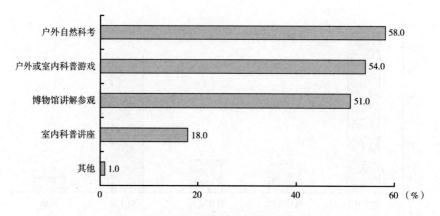

图 8　学生期待开展自然体验活动的方式

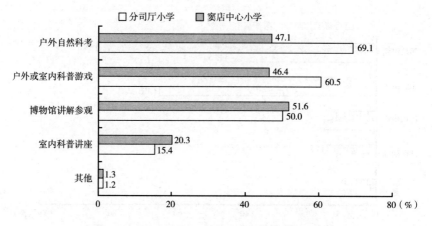

图 9　不同学校学生期待开展自然体验活动的方式

在对自然体验活动的认知分析中，学生最期待通过自然体验活动学到自然科学知识，其次是学习自然科学方法和放松心情（见图 10），并且两所学校的学生认知度存在差异（见图 11），这说明学生对于自然体验的活动认知准确，对活动的开展起到良好的推动作用。

3. 活动前后效果分析及活动提升度分析

通过图 12、图 13 和图 14 可以看出，参加活动后学生的答题情况明显好于参加活动前，学生知识水平通过活动的提升度，分司厅小学要好于窦店中心小学，这可能与学校老师后期的指导、学生综合素质均存在联系。

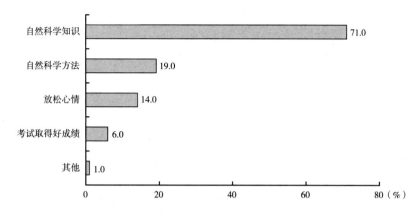

图10　学生期待通过自然体验活动得到的收获

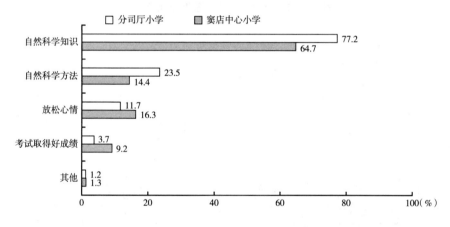

图11　不同学校学生期待通过自然体验活动得到的收获

4. 活动教案设计分析

通过数据，反思活动教案设计，得出结论。

（1）"追寻麋迹"活动可根据天气情况在户外开展。

（2）问卷中关于生物多样性、野生动物保护法中的"三有"保护动物，比较偏向于从书本中记忆，不太容易从自然体验活动中掌握。针对这种情况，一方面可以在设计中加入相关内容，另一方面可以借助其他教育形式，譬如图片、宣传片、AR展示等形式开展。

（3）通过活动，学生对生态文明理论知识加深了解与认知，但学生的

125

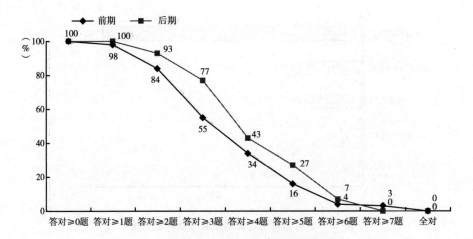

图 12　参加活动前后学生答题正确率对比

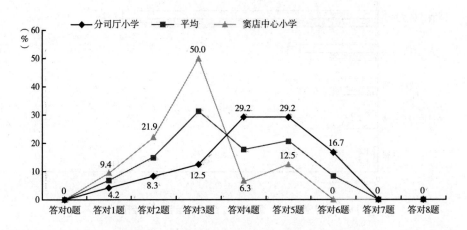

图 13　参加活动后两所小学答题情况与平均水平对比分析

指导行为方面没有显著提升。在后续活动开发中，应注重体验感与视觉冲击，增强切身体验感，从而达到触动引发行为改变。另一方面，该题目涉及内容可能稍浅，所涉及的生态保护行为已经在本年龄段的学生中得到普及，学生具备基本的生态保护意识，所以数据无提升改变。

　　（4）在本次活动中，湿地动物考察受到学生的青睐（见图 15），并且学生对于麋鹿生物学、湿地自然科考等相关活动表现出极大兴趣（见图16），这为后续的麋鹿苑科普活动开发提供了努力方向。

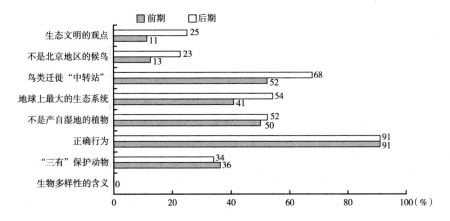

图14　活动前后每道题目回答正确率对比

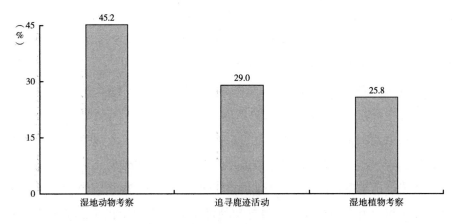

图15　学生喜欢的体验活动环节

（二）活动反思

1. 学校与生态教育基地关系探讨

在进行未成年人生态道德素养建设的工作中，学校与基地是相辅相成的统一整体。从麋鹿苑与学校的关系来看，麋鹿苑是学校课堂的第二阵地，承担着自然、生态科学知识认知普及的职责，也承担着引导学生正确认识"和谐社会""美丽中国"的义务，需要将课堂知识进行有效延伸，通过实践体验，牢固树立生态文明、和谐共生的理念，使学生形成正确的生态价值

127

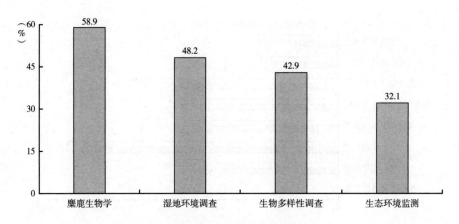

图16　学生希望麋鹿苑未来开展的活动

观与行为，倡导学生做生态保护的践行者，做生态宣传的志愿者。因此，基地与学校应该互为补充、有机融合，从理论知识、体验实践两方面齐发力，为未成年人提供系统、全面的生态道德教育。

2. 生态自然体验活动设计及全民生态道德素养研究思考

通过本研究，可以了解生态自然体验活动的设计，不只要考虑受众群体的年龄，更要对其生态知识水平、对自然体验活动的认知度及外界环境（如家庭、学校）背景因素综合考虑，因材施教是活动设计的灵魂。

关于全民生态道德素养研究，本项目也提出了初步的研究方法，通过调查问卷及相关内容的设计，可得到预期的结果，为"全民生态道德素养提升"研究课题打下坚实基础。

（三）结论

通过对未成年生态道德进行调查分析，得出9～10岁的儿童，其自然、生态知识储备与家庭背景有着深刻联系，并且绝大部分参与过自然体验活动，对自然体验活动有着正确的理解与认知。通过两所学校的对比，可了解到学生自身知识水平及通过活动后的水平提升，城中心区学校好于远郊区县的学校。在开展未成年人生态道德教育活动的过程中，学校、基地与家庭三者密不可分，特别是作为开展教育活动的主体——学校与科普场所（基地），两者相辅相成。对于自然体验活动的设计，在注重受众群体年龄的同时，更要从其生态知识水平、对自然体验活动的认知度及家庭和社会等客观因素综合考虑，因材施教也是生态教育活动设计的灵魂所在。

（四）展望

该系列活动是在自然科学基础上开展的科普教育研究，在自然科学教育领域，特别是生态文明宣教、生态素养研究等领域具有指导意义。在全面倡导公民素养和推进生态文明建设的当下，结合麋鹿苑科普教育资源及生态文明科普宣教的职责，提出通过科普教育活动的设计提升未成年生态道德素养的意见。通过对生态道德体验活动的设计与研究，深入解读在生态文明建设推进的当下，学校与生态教育基地之间的联系，为基地开展生态体验活动提供理论支撑，为学校开展生态教学活动提供指导意见，更为生态道德素养评价及全民生态道德素养调查提供了参考素材和基础理论支撑，对生态道德教育研究具有一定影响。

参考文献

［1］王晶：《当代国外马克思主义生态理论对我国生态文明建设的启示》，硕士学位论文，云南大学，2015。

［2］罗俊锋：《构建有中国特色的生态伦理学——罗国杰教授谈傅华〈生态伦理学探究〉》，《学习时报》2002 年 8 月 26 日。

［3］潘丹丹：《论马克思主义生态观》，《时代教育》2013 年第 1 期，第 163 ~ 164 页。

关于航空科普服务供给的
资源研究

胡鑫川*

（上海航宇科普中心，上海 201102）

摘　要： 航空科普工作者要理解习近平总书记对"科技创新"与"科学普及"同等重要的指示精神，要对航空科普服务供给内容的优质资源进行研究。科学普及为航空科技创新发展打下基础，对未来人才培育起到积极作用。为此，要从三个方面进行服务供给的资源性研究：专注航空科技教育的内在研究，理顺航空科技内容，着力于航空技术、航空知识、航空精神与方法的教育，形成规范可操作的系统化教育课件；细化与深化航空科技普及与要求，做到航空科技与教育传播的联结；研究通过传统或新科技相结合等形式建立起有效的供给教育体系。

关键词： 航空科技　科普服务　供给内容

---

* 胡鑫川，上海航宇科普中心工程师，主要研究方向为科普理论、管理、科普创作等。

The Resource Research on the Supply of Aviation Science Popularization Service

Hu Xinchuan

(*Shanghai Aerospace Science Center，Shanghai 201102*)

Abstract：Aviation science popularization workers should understand the spirit of General Secretary Xi Jinping's directive on "scientific and technological innovation" and "scientific popularization ", and study the high-quality resources of aviation science popularization service supply content. Scientific popularization lays the foundation for the development of aviation science and technology innovation and plays a positive role in the cultivation of talents in the future. To this end, we should focus on the internal research of aviation science and technology education, straighten out the contents of aviation science and technology, focus on the education of aviation technology, aviation knowledge, aviation spirit and methods, form standardized and operable systematic education courseware, and refine and deepen the popularization and requirements of aviation science and technology, so as to achieve the connection between aviation science and technology and educational dissemination；the research establishes the effective supply education system through the combination of traditional or new science and technology.

Keywords：Aviation Science and Technology；Science Service；Supply Content

航空科技虽只有百余年历史，但正在进行的科技探索却是不可低估的事实，且其未来的发展也是无限的。从某种意义上说，航空科技也代表着一个国家在经济、科技、工程、研发等方面的综合实力和能力，也是未来科技的发展方向。在航空科技的普及与教育步入科技发展的快车道的今天，航空科普工作者不仅要贯彻落实习近平总书记"科技创新、科学普及是实现创新发展的两翼，要把科学普及放在与科技创新同等重要的位置"这一重要指示精神，还要在相当大的压力和动力之下，保持初心，从航空科技教育的定位开始，形成符合青少年及大众需求的航空科普教育内容与形式，逐步建立起行之有效的航空科技教育与培训机制，为中国的航空科技发展起到积极的推动作用。

一　解读科技教育与科普的供给资源

（一）科技教育应从广义上解读

狭义的科技教育是指在学校内针对中小学生开展的，以物理、化学、生物等学科为基础的教育。广义的科学教育是指所有能够促进人的科学素养提升的教育，既包括面向中小学生的与科学有关的校内外教育，也包括培养科学技术专业人才的高等教育，以及从事科学研究的再继续教育等全方位教育。

（二）科技普及教育重在社会化意义

科普是科技教育明确化的普及教育，理论上是指利用各种传媒以公众易于理解、接受和参与的方式向普通大众介绍自然科学和社会科学知识、推广科学技术、倡导科学方法、传播科学思想、弘扬科学精神的"四科"活动。

科学普及又是一种社会教育，不同于学校教育和职业教育，其基本特点是社会性、群众性和持续性，充分利用现代社会的多种流通渠道和信息传播媒体，不失时机地广泛渗透到各种社会活动之中，形成规模宏大、富有生机、社会化的"大科普"。

（三）科普服务供给是科技教育与科普的统一

在科学普及与科技教育的微观上达成共识，从理念、对象、平台、内容、方式、途径及目标等多维度进行对比，可以了解科技教育在普及化方面的特点、要求与目标，从而拓展出符合现代科普服务的供给内涵，完成普及到教育的全过程。

表1 科学普及与科技教育的异同分析

	科学普及	科技教育
理念	化繁为简,把生硬的科技解读为人人易懂的知识、原理、技术、方法等内容	探究实质,在科技海洋中寻找每个发明与创造带来的实践与思考
对象	全民,包括大中小幼学生	大学及以上的专业对象
平台	各种传媒,包括科普场馆、科技馆	以学校为主的课堂
内容	四科:科学技术的应用、科学方法的倡导、科学思想的传播、科学精神的弘扬;一做:动手做	以物理、化学、生物等学科为基础的教育
方式	公众易理解、接受和参与的方式	梳理为知识、常识、公式等课本条纲
途径	通过作品、活动、展览、展品等进行	通过授课、实验、劳作、参观等进行
共同目标	两者的共同目标是提高大众的科学素质(素养),内容包括"二理解"和"二能力",即对科学技术的理解,对科学、技术、社会三者关系的理解,保持科学的精神和态度的能力,运用科学技术解决日常生活及社会问题的能力,包括运用科学方法的能力、判断和决策的能力、与他人合作交流的能力、自我补充和继续学习的能力	

科普服务供给融合科学普及与科技教育这两个概念内涵，是对其的全面与深化，可理解为将科学技术、知识、原理与方法转化为可学习的、可探究的、可实践的、可运用的一种能力，并为此能力而进行的一系列教育活动。

二 航空科普服务供给的选取原则分析

航空科普服务供给的原则，包括航空科技自身的内容原则、教育与普及行业的自身方法与手段原则，以及内容与形式结合成为服务商品时的资源定位原则。

（一）航空科普内容供给的资源选取原则

从"航空常识、航空历史、航空飞行器、机种进程、航空精英、相关航空"六个版块来科普古今中外和未来的航空科普知识。

1. 航空常识

介绍飞机的组成、结构、性能、动力、系统、设备等内部常识,介绍飞机飞行奥秘、飞行的相关知识环境、航空术语、未来航空畅想等内容。

2. 航空历史

采用各种叙述记录航空发展简史,包括人物、机型、事记、趣事、之最等古今中外航空内容。

3. 航空飞行器

可按"升力原理、动力驱动、用途"等进行分类,梳理出航空飞机内部科技的纵横相比较内容。

4. 机种进程

是把航空常识与航空历史相结合而梳理成的关于战斗机、轰炸机、战斗轰炸机、攻击机、侦察机、预警指挥控制飞机、反潜巡逻机、军用运输机、空中加油机、电子战飞机、军用无人机、军用教练机、客机、通用飞机等单一机种的演变进程。

5. 航空精英

包括航空领域里为航空事业并做出贡献的古今中外人物,包括航空先驱、航空飞行员、航空科学家、航空设计师的事迹、故事、语录或趣闻等,侧重航空精神、思想与方法的教育。

6. 相关航空

通过与航空的边缘化关系,全面探索和了解航空与动物、航空与植物、航空与人类、航空与航天、航空与工业、航空与安全、航空与武器、航空与体育、航空与展览、航空与未来等方面的相互关系和作用。

(二) 航空科普供给方法的资源选取原则

从《科普法》理解的"四科一做"内容着手,与科学教育进行相融合的定位分析,即 STEM 中科学(Science)、技术(Technology)、工程(Engineering)、数学(Mathematics)四门学科与航空科学技术、科学方法、科学思想播、科学精神相融合。认识航空世界、解释航空科技的客观规律；在技术和工程方面实现对航空技术的控制和利用，解决过程中遇到的难题；掌握数学这门技术与工程学科这一基础学科。

1. 航空科普服务之供给形式

航空科普场馆的战略主要在于自身建设，确保硬件与软件的维护、发展和持续，主要以服务对象角度的航空科普服务形式进行定位分析。

共建学校的供给服务，航空科普工作者应该向教育系统的教育理念和方式靠拢，落实航空课程、教材、课时和教师队伍，建立起从幼儿到大学生为对象的航空科普菜单式服务。

社区街道、企业军队等组织的供给服务，切合每年时事节点进行航空主题性巡展服务，以展览、讲座、研讨、座谈等形式进行。

科技节（周）的全国性（市区性）、文旅节（周）等有上级组织性的参与供给服务，结合主题配置相应展品、互动装置、讲座等参与性航空科普服务。

场馆科普活动与赛事相结合的活动性供给服务，如以场馆内容为主的研学式航空科普服务。

社会组织机构需求下的航空科普供给服务，以现有场馆的科普资源为主，进行一些需求性的开发，形成新资源，及时满足市场个性化与特殊化的服务要求，如机构的航空教育所需要的专家性讲座或讲解等。

2. 航空科普服务之供给活动

以场馆自身的展示教研活动为主，也进行竞赛性的航空科普方面的比赛活动，如国际少年儿童航空绘画比赛（上海赛区组织方）、上海"航宇杯"静态比例模型比赛、航空科技夏令营、航宇科普知识讲座、科普巡展和"中小学校—科普基地"共建结对活动等。

三　建立航空科普服务清单的建议

在明确航空服务供给资源的选取原则的基础上，以服务对象为主要针对目标，将航空科普内容与教学、活动等结合，完成航空科普研学服务的前期备课准备，在一定的资源选取原则上建立具体可操作执行的教学大纲与清单。

（一）幼儿航空科普服务选取建议

以适应幼儿的航空小故事、游戏、小制作为主进行科普服务。注重与短小的故事，浅显易懂的知识，适合幼儿小朋友的涂鸦、折纸等活动相结合，对有一定绘画基础的幼儿可推荐其参加比赛活动。

如参观上海航空科普馆时，可讲《莱特兄弟与飞行故事》（幼儿版），动手给飞机涂鸦设计和玩玩纸折小飞机，参与自行玩竹蜻蜓比赛等，有能力的可参加国际航联青少年航空绘画大赛（国际、全国、上海赛事）等。

（二）小学航空科普服务选取建议

以适应小学年龄段的学生为主，带领其参观航空馆，将航空故事、航空知识与课本相结合，注重制作飞机等多层次科普服务，注重故事性与娱乐相结合。适当增加原理性知识，在最基础的原理方法中推行制作、探究等实践活动，使课本知识与场馆探究相结合，适当增加航空人文的引导与教育，提倡航空精神，并推进科学的思维教育。

如参观上海航空科普馆时，可讲《莱特兄弟与飞行故事》（初）、《达·芬奇与飞行故事》（初）、《形形色色的航空器故事》（初）等，也可以就《飞机的奥秘》（初）、《发动机的奥秘》（初）、《中国的大飞机》等知识进行片段性描述；做动手制作飞机模型的活动安排，进行动力与升力等原理方法的小探究。另外可以推荐场馆中的一些比赛活动，如航空绘画比赛（国际、全国、上海赛事）、静态模型比赛（航宇杯赛事）、飞行之星——青少年模拟飞行比赛（中国、上海赛事）、"雏鹰杯"——红领巾科创达人挑战赛（上海赛事）、全国未来飞行器设计大赛（全国、上海赛事）等。

（三）初中航空科普服务选取建议

以适应初中学段学生为主，带领其参观航空馆，将航空故事、航空知识与课本相结合，制作飞机等多层次科普服务。注重科学性与趣味性相结合，减少故事性讲解，而增加原理性知识解读，将其和动手实践相结合，并增加制作绘画等难度较大的活动，可开拓小论文的开馆有益等专题性研究。

如在参观上海航空科普馆的同时，服务讲解《莱特兄弟与飞行故事》（高）、《达·芬奇与飞行故事》（高）、《形形色色的航空器故事》（高）等；也可以就《飞机的奥秘》（高）、《发动机的奥秘》（高）、《中国的大飞机》、《机翼的秘密》等知识性进行片段性描述；进行动手制作飞机模型的活动安排、进行动力与升力等原理方法的探究；另外可以推荐场馆中的一些比赛活动，如航空绘画比赛（国际、全国、上海赛事）、静态模型比赛（航宇杯赛事）、飞行之星——青少年模拟飞行比赛（全国、上海赛事）、"雏鹰杯"——红领巾科创达人挑战赛（上海赛事）、全国未来飞行器设计大赛（全国、上海赛事）等。

（四）高中航空科普服务选取建议

以适应高中学段学生为主，寻找航空知识与课本的结合点，进行专题性的讲座和交流，在动手制作飞机活动中进行设计、开发、创新概念上的引导，使原理性知识解读和动手实践相结合，同时加入未来航空发展的拓展与思考。

如在参观上海航空科普馆的同时，服务讲解《空军一号的故事》《漫谈民机发展史》《趣谈升力原理》《趣谈飞行动力》《趣谈飞机结构与材料》《趣谈飞行控制》《探秘达·芬奇的科学思想》等，引领其确定自己探索的目标，进行有序的研究与分析；在动手制作飞机模型中进行动力与升力等飞行奥秘的探究；同时也可推荐场馆中的比赛活动，如航空绘画比赛（国际、全国、上海赛事）、静态模型比赛（航宇杯赛事）、飞行之星——青少年模拟飞行比赛（全国、上海赛事）、"雏鹰杯"——红领巾科创达人挑战赛（上海赛事）、全国未来飞行器设计大赛（全国、上海赛事）等。

（五）其他科普服务选取建议

其他科普服务是指适合具体学生对象之外的公众需求人群，包括主题性的研学要求，尤其是指航空爱好者和专业航空人员的广度与深度教育服务。而这方面越来越多地得到社会的认可，在一些课外培训机构已经成功地应用，这对科普场馆来说也是一种挑战，对服务资源的有益争抢，更是一种动力，为此，也值得研究与分析。

四　航空科普资源供给再开发的思考

航空科普的服务供给主要在于航空展览、活动赛事与教育，还包括新科技、新形势、新需求下所形成的新航空科普服务，如航空研学、航空科普网络作品、航空科普影视作品、科普科幻创作、航空文创等都是有待开发与研究的新课题。

（一）航空科普的新活动思考

除利用现有航空展览、展品、场地资源开展的教育活动之外，还需要开发与探索一些新活动，来适应快速发展的大众与专业需求。

1. 在教室、实验室、活动室、工作室、报告厅、剧场进行对外的公开课讲堂。

2. 通过场馆数字化网络及其资源平台的科普多样化来细化航空科技这一主题。

3. 以与航空科普赛事相配套的航空科技活动融合，拓展展览辅导、讲解、参观学习等展览辅导教育活动形式，形成一系列辅助性科普活动内容。

4. 开展每年、每季、每月的专题性的系列航空科普活动日（夜），包括小实验、小制作等科普培训类教育活动，实验表演、科普剧和其他科学表演的科学表演类教育活动，科普讲座、科普论坛、脱口秀、科学家与青少年"面对面"等对话交流类教育活动，角色扮演游戏、竞技游戏等科学游戏类教育活动，青少年科技创新大赛、机器人竞赛、知识竞赛、发明竞赛等科技竞赛类教育活动，自然、环境、科研、工程、生产现场考察等科技考察类教育活动，夏冬令营、"科技馆进校园"、"科普日"等综合活动类教育活动。

（二）航空科普的新展览思考

航空主题性展览是场馆最大、最具代表性的教育平台，也是场馆区别于综合性博物馆、教育机构、传播机构最有特色的教育资源，可以与展览、展品资源及相关的教育活动相结合，也可以进行拓展性的教育服务。

侧重展览的开发与推进，以及馆藏展品的开发性研究，使之科普化，从而转变为新的服务内容。除了硬件上的开发外，更应该从航空科普工作本身的科普服务来开发，将传统的参观模式向全新的学校参观模式转化，即导游式向启动问题、学习目标、探究式学习相结合的指导渗透，采取对话式、体验式和以需求为中心的活动形式贯穿科学教育，使普及工作向优质的教育方向提升。

（三）航空科普的新资源思考

航空科普与"STEM"教育理论相结合所形成的科研、展品、教材、活动等资源的提升已经显而易见，各国、各机构、各专家所形成的一些特色教育理论也是可以借鉴和利用的，有利于形成新的教育资源。

另外，在航空科普运用中形成的服务资源也值得探究，如进行航空主题的科普创作。

1. 航空科普与文字的结合

文学创作是科普创作中最基本的创作，是一切创作的根本，它的开发是至关重要的。包括航空科普书籍、航空文学、航空主题剧本、航空科幻小说等资源开发。

2. 航空科普与图片的结合

图片是指科普的艺术化处理，即以绘画、摄影等表现手法进行的科普创作，除如实记录飞机外形结构的图片之外，较少有拓展性的艺术表现科普创作,如邮票话航空、书画话航空、摄影话航空、漫画话航空等主题策划。

3. 航空科普与视频的结合

视频是指多媒体使用的动态作品,这是现代受众乐于接受的服务资源,如动漫、小视频、直播等,也是航空科普场馆较缺乏的科普资源,是有较大发展空间的资源。

4. 航空科普与影视的结合

影视的难度较高,有一定的专业性操作,但也不乏好的科普资源。

5. 航空科普与文创的结合

文创是近年来政府提倡的一个新产业,也是航空科普资源中可以挖掘的重要资源,将航空元素进行创意开发,可出现适应市场需求的航空商品,包括文物复仿类、生活用品类、服装服饰类、书籍出版类产品。

五 结语

航空领域不仅有了一套较为完整的科学知识体系,且航空概念也已经走进人们的生活之中,成为继续发挥想象去完成科学使命的一个可探索的领域,航空科技的运用更成为青少年学习科学的途径之一,成为一种探索奥秘的人性需求。航空科普工作者所从事的工作也需要从传统向科技创新迈进,提供切实可行而又能满足市场(大众)需求的科普服务资源,才能落实习近平总书记所提倡的"科技创新"与"科学普及"同等重要的指示精神,做好本职工作,服务未来。

参考文献

罗辉、王康友:《中国科学教育发展报告(2015)》,社会科学文献出版社,2015。

"弘扬科学精神"方法策略研究

季良纲[*]

（浙江省科学技术协会，杭州 310000）

摘　要： 弘扬科学精神，是科学传播、科学普及和科学文化建设的核心内容，是先进文化建设的重要体现。如何实现"弘扬科学精神"的目标，是科普理论建设与创新的重要课题。本文概述了科学精神的内涵与作用，分析了"弘扬科学精神"实践中存在的问题，从开展专题研究、品牌建设、载体创新、科技馆展示、科学家精神五个方面，综合提出"弘扬科学精神"的方法、途径与策略。

关键词： 科学精神　科普传播　科学普及

Research on Methods and Strategies of "Carrying Forward Scientific Spirit"

Ji Lianggang

（*Zhejiang Association for Science and Technology，Hangzhou 310000*）

Abstract： Carrying forward the spirit of science is the core content of science communication，science popularization and scientific and cultural construction，

---

* 季良纲，浙江省科学技术协会副研究员。

and an important embodiment of the construction of advanced culture. How to realize the goal of "carrying forward the scientific spirit" is an important topic for the construction and innovation of popular science theory. This paper summarizes the connotation and function of scientific spirit, analyzes the problems existing in the practice of "carrying forward the scientific spirit", and puts forward the methods, approaches and strategies of "carrying forward the scientific spirit" from five aspects of carrying out special research, brand building, carrier innovation, exhibition of science and technology Museum, and scientist spirit.

Keywords：Scientific Spirit；Science Communication；Popularization of Sciences

弘扬科学精神，是科学传播、科学普及和科学文化建设的核心内容，是先进文化建设的重要体现。2002 年《科普法》规定，"本法适用于国家和社会普及科学技术知识、倡导科学方法、传播科学思想、弘扬科学精神的活动"。2006 年《全民科学素质行动计划纲要（2016—2010—2020年)》明确指出，"公民具备基本科学素质一般指了解必要的科学技术知识，掌握基本的科学方法，树立科学思想，崇尚科学精神，并具有一定的应用它们处理实际问题、参与公共事务的能力"。2017 年党的十九大报告强调"弘扬科学精神，普及科学知识"，更加突出科技迅猛发展背景下和新时代"弘扬科学精神"的极端重要性。习总书记在全国"科技三会"上提出"科技创新、科学普及是实现创新发展的两翼，要把科学普及放在与科技创新同等重要的位置"的重要论述，科学阐明了科技创新与科学普及的辩证关系，明确了科普的新定位、新使命、新要求，强化了人们对科学教育、传播及科普的共识，科普面临前所未有的发展新机遇。"弘扬科学精神"作为科学教育、传播与普及的重要内容，充分体现新时期科普的理论价值，成为深化科普工作、提升科普水平、发挥科普作用的重中之重，必须引起高度关注和深入研究。

一 "弘扬科学精神"的含义概述

什么是科学精神？对此，中外专家与学者有多角度、多层次的解读，形成了诸多精辟的论述与观点。1916 年，中国科学社首任社长任鸿隽提出"科学精神"一说，"科学精神何也？求真理是已"，并认为"科学精神"有五个特征，即"崇实、贵确、察微、慎断、存短"。1922 年，梁启超在《科学精神与东西方文化》中提出，科学精神具有"求真知识"、"求有系统的真知识"和"可以教人的真知识"三个层面。1941 年，竺可桢在《科学之方法与精神》一文中提出"科学精神"有三个特点：一是不盲从，不附和，依理智为依归，如遇横逆之境遇，则不屈不挠，只问是非，不计利害，不畏强暴；二是虚怀若谷，不武断，不蛮横；三是专心一致，实事求是，不作无病之呻吟，严谨整饬，毫不苟且。蔡德诚将科学精神归纳为"六要素"，即客观的依据、理性的怀疑、多元的思考、平权的争论、实践的检验、宽容的激励。美国科学社会学家默顿认为，普遍性、公有性、无私利性和有条理的怀疑性构成科学的思想气质。法国加斯东·巴什拉借鉴弗洛伊德精神分析方法阐释"科学精神的起源"，认为"科学"与"艺术活动"有着内在关系。对比中外学者的分析论述，国内学者多集中在科学精神的内涵、与人文精神的关系，以及科学精神传播、教育等方面，国外学者侧重以心理学为基础，兼顾社会学、管理学、哲学等角度进行探讨。

科学精神是指科学实现其社会文化职能的重要形式，是科学文化的重要内容，包括自然科学发展形成的优良传统、认知方式、行为规范、价值取向等。从认识论看，它主张一切科学的认知源于实践，并在实践中不断检验；从方法论看，它认为定性分析与定量分析相结合，是科学认识的唯一正确方法；从文化层面看，它主张"科学无国界"，主张科学是人类文明进步的产物，应该为全人类服务；从发展方向看，它认为科学是开放的体系，不迷信权威，主张质疑、批判和不断创新的进取精神；从立场态度上看，它认为科学鼓励自由探索，对于探索过程中出现的不同认知、不同意见甚至失误，应采取包容态度。综上所述，科学精神包涵了不断进取的探索精神、实事求是的实证精神、包容失误的宽容精神、团结奋进的协作精神、献身科学的奉献精神。由此，还扩展与之相关的科学家品质，如勤奋学习、独立思考、敬业爱岗、爱国爱民等。

自科学诞生以来，科学精神及由此延伸发展的理性精神，引导着人类摆脱愚昧、迷信、专制和教条，成为启蒙运动的重要思想，其所倡导的崇尚理性、注重实证和唯物主义的思想，推动了欧洲社会革命，并深刻地影响了世界文明进程。科学促进了技术进步，解放了生产力，使人类获得更加自由的空间，而科学精神、思想、方法、态度等促进人的精神解放、思维方式改变，推动了社会进步和科技发展。

弘扬科学精神，就要通过科学教育、科技传播、科学普及等活动，传播以实事求是、求真务实、自由探索为核心的科学思想、科学态度、科学方法，全面展示科学价值，增进人们对科学的理解，营造崇尚科学的氛围，使人们形成科学理性思维，提高科学素质，建立科学文化，形成促进经济社会发展和科技持续创新的社会基础。毫无疑问，弘扬科学精神，是实现现代化、建设世界科技强国的重要议题。

二 "弘扬科学精神"的现状分析

弘扬科学精神，是科学共同体的应尽之责、分内之事，也是全社会义不容辞的共同责任。弘扬科学精神，使之"入心入脑"，成为人们的行动指南，却面临不少难题。

（一）认知存在偏差

基本科学知识如概念、定理、公式等，通过学习教育培训，可以理解、掌握，是表层次的；而科学精神、思想、方法、态度等，是深层次的，与文化传统、教育程度以及个人的理解能力、兴趣爱好等有着密切关系。在互联网背景下，人们获得信息的渠道、途径多样化，接受教育更加便捷，传统的单一的知识普及转向科学精神、科学思想、科学方法等教育引导，旨在营造科学氛围，激发科学兴趣，提升科学素质，推动建立科学文化，真正实现人与社会和谐发展的目标。这一新观念，在具体工作中没有得到转变，仍停留在知识传播的阶段。

（二）方法路途研究不足

对于普及科学知识而言，传统科学教育普及活动，科普类场馆、教育基地等提供的科普服务，线下的讲座、咨询、活动等，多以科学知识、研究进展介绍诠释为主，长期有组织化地实施与推动，在方法、载体、手段等方面积累了成熟经验，具有较完整的系统化统计、评估指标，易于学习、借鉴与推广。对于"弘扬科学精神"，缺乏有效的顶层设计，如科技活动周、科普日等大型活动中，鲜有专门化要求，大多停留在主题阐述或口号标语的层面，从方法到载体、从活动形式到实现路径，总体缺乏可操作性的有效指导。现实中不少活动、场景的设计，普遍存在目标不明、方法不当、效果不佳等不足，难以实现"弘扬科学精神"的目标。

（三）科学文化建设缺失

科学精神是科学文化的核心，而科学文化是先进文化的重要内容。科学对现代社会与未来影响巨大，但在大力推进文化建设中，没有"科学文化"方面的要求；"社会主义核心价值体系"中也没有"科学"的内容。科学精神作为科学文化的核心，鼓励探索、求实创新、不迷信权威、宽容失败等话题，失去了在科学文化语境下的深入讨论与研究。"弘扬科学精神"几乎成了口号，缺乏有效举措与行动来支撑。在公民科学素质调查中，在对科学知识、科学进展了解掌握的基础上，增加了对于科学与社会关系理解的测试题，如转基因、核电能源、气候变暖等话题，但是测评体系没有完全列入统计分析范围。

（四）科学精神氛围不浓

以科技馆为例，"弘扬科学精神"同样存在不足。通过展示科技展品，帮助人们理解科学精神、思想方法、科学态度、科学理念，理解科学与社会、科学与未来的关系，是科技场馆的使命所在。从这个角度看，科技馆应该建设成为"科学殿堂"。相比于博物馆、图书馆等，科技馆普遍专业化人员、研究机构不足，缺乏综合性理论体系指导，从规划建设到展品布展，甚至活动，大量借鉴或套用博物馆、展览馆的做法，明显缺乏科技馆的独特个性。科技馆以"物"的展示为主，缺乏科学家的"人"性；在规划、设计、布展、改造中，大量采用广告装潢、装修设计、机械设备制造等理念、技术、思路，忽视了科学教育的主体功能与特点，忽视了科学发展历程中人的因素，忽视了科学发展技术进步与科学精神、科学文化建设的逻辑关系，所见到的，只有冰冷的"物"的展示，缺乏精彩的"人"的故事。除了为数不多的大馆之外，省市级科技馆对此理解不到位，在建设标准上，等同于一般的活动中心、休闲中心、游乐场馆，缺乏科技场馆的应有特色。被业内看重的青少年科技教育活动，没有与展品形成有机整体，成为展示教育的自然延伸，或者只是利用科技馆品牌、场地组织开展活动，与科技馆科学教育没有必然联系。欧美国家的城市和乡镇在19世纪下半叶就建立了大批博物馆，"从内饰到外观都体现了科学进步和科学价值"，深受公众欢迎，并引以为自豪，成为科学传播成功的典型案例。相比于欧美国家，我国的科技馆的建设与发展还有诸多不足。

（五）科学传播方式单一

如科技出版物或科普读物，以展示科研成果的论文居多，探讨研究"弘扬科学精神"的文章少；科普活动方面，普及科学知识的活动多，"弘扬科学精神"的活动策划少；科技宣传方面，宣传科研成就的多，展示科学家情怀、逐梦科学的少，等等。党和政府高度关注的"弘扬科学精神"，本应该成为文化建设的核心，在实践中出现了政策放空、落实不到位的现象。

三 "弘扬科学精神"的思路分析

科学精神是科学文化的核心。弘扬科学精神,将"弘扬"文章做实、做到位,值得科学传播界高度关注,因为它直接影响到科普事业的长远发展。

(一) 认识到位是"弘扬科学精神"的基本要求

不同于表面的、直接的、可量化的知识普及与学习,对于科学的认知、理解与接受态度、心理,是一种主观性感受,认同与否,接受与否,缺乏量化的定性评估。对科学现象、知识体系、表述方式等的理解认知,外在表现为理性的、反思的、求真的情绪。这一过程的形成,需要特定的场景、氛围以及经常性、高频次的外界刺激,再逐步实现对科学精神的认同、接受过程。运动式、一次性、程式化的科普活动,或者表面化、口号式、标语化的传播,难以达到实际效果。公众感悟科学精神,必须获得心理愉悦体验,不断强化认同感。

(二) 建设科学文化是"弘扬科学精神"的重要目标

文化具有外在表现形式,精神则隐含在人们的内心。精神是文化的基本内核,文化是精神的外在表现,二者相辅相成,互为表里。科学文化不只是科学共同体的内部文化,强调科学范式、科学制度、科学伦理等,已经泛化为公众对于科学的态度取向。发展科学文化,增强对科学的认同感,掌握科学理论体系,掌握科学方法,认同科学理念、纠错机制等,坚信科学遵行造福人类的良好愿望发展。19世纪以来,西欧各国盛行科学家担纲举办通俗化的科学讲座、巡回演讲、实验表演等,以表明"科学跨越障碍进入了其他文化领域",成为"自然科学家、科学家与公众之间的沟通纽带",极大地促进了科学传播。在科学昌明的当下,邪教、迷信依然存在;重大灾害、疫情发生之际,网络谣言满天飞,盲从偏信、情绪紧张等非理性现象频现。人们在关注科技迅猛发展、享受着技术带来的便利的同时,有意无意地忽视了科学文化重要的基础作用，表现为对基础科学研究不重视，对公众科学素质提升、科学普及不够重视，对科普基础设施建设不力等。

（三）理念创新是"弘扬科学精神"的关键因素

汉语中"弘扬"一词，源于佛教经典，玄奘《大唐西域记·迦湿弥罗国》有"当于此地建国安人，弘扬佛法"的说法。纵观宗教"弘法"，十分重视兴建寺院庙宇，高僧登台布道，著书立论等，促进信徒虔诚信奉、矢志不渝。弘扬科学精神，同样需要博物馆、科技馆、科学实验室等，这是公众认识和理解科学的最直接、最感性的空间；科研工作者必须身体力行弘扬科学精神，坚信科学，传播科学，坚守科学伦理，让科学理论、科学成果造福社会，促进公众理解科学价值，从而推动科学文化建设，使科学理念、科学精神成为社会共识。科学史上，从伽利略到法拉第，一直到霍金等著名科学家，都是积极的科学传播者，产生了巨大的社会影响。宗教"弘扬"形式多样，从法会至演讲，从节庆到礼仪，从建筑到绘画、音乐、歌舞等艺术手段，以及现代科技手段如电影、电视、网络等，无不广泛采用。弘扬科学精神，必须创新理念，有效解决方法简单、形式单一，缺乏高质量、高水平的策划与设计，难以"入脑入心"等问题，真正实现"弘扬科学精神"的目标要求。

（四）新时代是"弘扬科学精神"的最佳机遇

公众对于科学未来发展、科技成果期望，对参与社会事务、提升生活品质，兴趣明显提升，迫切需要科学理性精神的指引，为"弘扬科学精神"创造了千载难逢的契机。互联网、移动终端、大数据等广泛应用，从理念到技术手段的全面创新，为"弘扬科学精神"提供更多解决方案和创新思路，并积累了成功经验。中国科协主导"共和国的脊梁——科学大师名校宣传工程"话剧演出，中科院老科学家科普报告团宣讲"科研人生"故事，浙江等地推出"科学会客厅"活动、"科学+"活动、浙籍科学家传记系列丛书创作，以及钱学森故居、苏步青励志馆、梁希纪念馆、院士塑像公园等的保护、修缮、建设，这些实践，成为"弘扬科学精神"的成功案例。但总的看来，仍存在数量不多、载体手段不够丰富的问题，有很大的提升空间。

四 "弘扬科学精神"的方法路径

弘扬科学精神，普及科学知识，是一项长期的战略性任务，事关科技创新发展、建设世界科技强国的伟大使命。"弘扬科学精神"，必须科学谋划，精心设计，创新思路，在实操上下功夫。

（一）组织实施"弘扬科学精神"专题研究

在全国科普理论研讨会、科协年会等平台上，邀请传播学、心理学、教育学、科普界、新媒体等专业人士，从政策、理念、平台、方法、手段、载体，以及动员机制、激励机制方面，进行专题研讨，梳理思路，提出可行性解决方案。弘扬科学精神，是潜移默化、润物无声的持之以恒的教育、感化、熏陶的过程，必须与活动开展、氛围营造、场景再现等载体设计有关。设立"弘扬科学精神"研究软课题，公开征集研究机构、高校、省市科协、从业人员等进行专题探讨，探索有效的方法与路径。

（二）精心打造"弘扬科学精神"优秀品牌

各地各部门科普资源禀赋不同，条件不同，载体不同，对于"弘扬科学精神"的策划设计思路、路径等，应该积极探索，形成特色。各级科协要承担起科普主要社会力量的责任，主动积极探索和引导社会部门或机构开展"弘扬科学精神"方法、思路、措施、载体等研究，提出具体方案；及时总结汇集各地做法，举办案例专题研讨、观摩会等，推广优秀经验与做法，形成品牌效应，提升"弘扬科学精神"的成效与水平。

（三）鼓励支持"弘扬科学精神"载体创新

鼓励社会教育机构、传播机构、科普机构、科研单位等，结合专业特长和工作实践，有重点地、创造性地以"弘扬科学精神"为主题进行活动载体、方式、手段等的策划设计。向全社会征集优秀方案，运用互联网平台、新媒体、大数据技术等形式，将重大科研成果、科学家的科研人生、科技报告会等，运用更加有效的展示、传播方式，如 VR/AR、短视频、抖音、快手、直播等，采用音乐剧、舞蹈、话剧等艺术手段，全方位展示科学故事、传奇人生；参照国家及地方文化建设、文化创意的政策规定，支持鼓励投资摄制科学或科学家题材的电影、电视剧、纪录片等，传播科学正能量。以时尚、流行及青年群体喜欢的方式，表现科学主题，激发对科学的兴趣，表达对科学探索的敬意。

（四）科技场馆是"弘扬科学精神"的核心场所

科技场馆是运用展项展品进行科学教育与普及的场所，是公共文化服务的重要窗口，应自觉承担"弘扬科学精神"的职责，发挥重要而独特的作用，成为"弘扬科学精神"的重要场所。在建设、布展、展示、改造等各个环节，始终坚持"科学殿堂"的定位与要求，突出宣传科学价值与科学精神，通过对展品展示、讲解、活动策划等，从关注科技展品，转到关注科学发展过程、科学家群体的社会价值，挖掘追求真理、不断探索的精神实质。应设置中外科学史展区，演绎重大科学事件、科学发现；通过影院、剧场等设施，播放表现重大科学事件、科学家非凡人生的影片、视频等，编排演绎科学精神风范的科普剧、舞蹈、音乐表演等；应将展品展区设计成学生科技教育第一课堂，增强现场教学体验，使观众感受展品背后的"科学故事"。各类科学家（院士）展厅，切忌孤立、简单的人像图片展示，应将科学成果与科研经历相结合，充分体现人文特点；有计划地邀请知名科学家进馆进行科技演讲，布置著名科学家生平展、成就展等，设计科学家与青少年互动环节，设置签名、题词、合影等环节，增强科学精神对青少年的感染力，增强青少年参加科学活动的荣誉感。

（五）科学家是"弘扬科学精神"的关注重点

2019 年 6 月，中共中央办公厅、国务院办公厅印发《关于进一步弘扬

科学家精神　加强作风和学风建设的意见》，提出弘扬科学家精神的要求。科学家是科学活动的主体，科学家精神是科学精神的重要内核。任何一项科学发明、技术创新，背后都贯穿着精彩的科研故事、科研经历，蕴含着科学情怀，是科学精神的具体体现，必须将弘扬科学家精神与弘扬科学精神紧密结合起来。要组织作家创作出版著名科学家系列传记、丛书，收集整理科学家书稿、专著、图片、物品等，策划专题展览；组织策划以科学家、科研为主题的书法展、美术展、摄影展等，吸引人们对科学和科学家群体的关注。利用"阅读节"契机，组织科学家传记、科技专著、科普读物的专题阅读活动，举办专题阅读感想征文活动等。组织青少年通过与科学家见面会、队日活动、看望老科学家等仪式感强的载体，听科学家讲述科研经历、励志故事及科学报国等故事。结合"新基建"的要求，在科学家集中的市县（区），恢复著名科学家故居，建设科学家纪念馆、事迹陈列馆、励志馆等，征集、收藏知名科学家手稿、书籍、资料、奖章奖状、有纪念意义的科研设备，建成集教育、科普、研学、旅游为一体的综合性科技教育场所，打造一批有影响力的"弘扬科学精神"的传播胜地。

五　"弘扬科学精神"的若干建议

研究表明，"弘扬科学精神"是科学发展的必然要求，也是科学共同体义不容辞的责任和义务。要实现"建设世界科技强国"的伟大目标，科技人才是第一资源，科技创新是首要任务。弘扬科学精神，普及科学知识，提高全民科学素质，已经成为我国经济社会和科技发展的迫切要求，在新时期、新阶段，必须有新思路、新举措。

1. 要按照"弘扬科学精神"的要求，研究制定具体实施方案，提出目标任务，明确责任要求，纳入全国各地正在制定的"十四五"时期经济社会发展纲要规划，纳入各地科普事业发展规划、《科学素质纲要》实施方案之中，进一步强化政策刚性，加强督促检查，指导各地有效实施和扎实推进。

2. 要全面落实科普法制化要求，严格按照《科普法》及《科学素质纲要》等相关政策法规要求，重点完善与"弘扬科学精神"密切相关的场馆建设、社会动员、活动开展、青少年科技教育，以及表彰奖励机制、人才队伍建设等，切实推进政策、激励措施等，使其有新突破、新进展，以推动社会化科普，增强社会共识，形成深厚氛围。

3. 要有效推进科普信息化，牢固树立互联网思维，充分利用大数据、云计算、物联网等技术手段，建立数字化、智慧化、网络化的科学教育、传播及普及的信息平台、场馆平台、学习平台、交流平台等，提供丰富多彩的科学传播内容，满足日益增长的社会服务需求。要全方位、多角度、形象化、艺术化地展示人类科学发展历程，展示未来科技发展前景，重现科学家的生平故事、成长经历、科研人生、事业选择等，播放科学相关视频、电影、图片等；强化线上线下互动，利用好微信、抖音、快手等新媒体手段，与科学家交流，向科学家咨询、提问等，加深公众对于科研过程、科学家生活的了解。尤其要重视挖掘新中国科学家矢志不渝、科学报国的故事，展示科学家爱国奉献的伟大情怀，以增强精神感染力和传播效果。

4. 要更加重视科普创作，以科普创作带动科学精神传播，充分体现文学艺作品独特的社会教化作用。利用丰富多彩的艺术表现形式，如以科学家生平为主的人物传记，以表现科学未来的科幻小说，以科学内容为主的电影、电视剧、科学考察、纪录片，以及绘画、表演、戏曲等形式，塑造科学家形象，展示科学家精神；强化中小学科学教育方式，积极引导科学家爱国故事进课本、进教材，组织开展科技阅读、科普征文等活动，激励青少年增强科学兴趣，营造热爱科学、崇尚科学的社会氛围。

5. 科协作为中国特有的科技团体、科普的主要社会力量，要自觉在"弘扬科学精神"中要发挥独特作用。要充分利用科协系统覆盖广、联系广泛的组织资源优势和长期从事科普工作的经验，精心谋划"弘扬科学精神"的相关主题活动，动员和组织各级学会及广大科技工作者协同推进"弘扬科学精神"的各项工作。要充分发挥各级《纲要》实施办等统筹协调机构的作用，与党政部门、高校、企事业单位及社会机构合作，共建共享，共同策划以"弘扬科学精神"为主题的活动，积极宣传、倡导科学精神，推进有中国特色的科学文化建设。

参考文献

［1］夷夏编《梁启超讲演集》，河北人民出版社，2004。

［2］樊洪业、段异兵编《竺可桢文录》，浙江文艺出版社，1999，第 33～44 页。

［3］〔美〕R. K. 默顿：《十七世纪英国的科学、技术与社会》，范岱年、吴忠、蒋效东译，四川人民出版社，1986。

［4］〔法〕加斯东·巴什拉：《科学精神的形成》，钱培鑫译，江苏教育出版社，2006。

［5］〔法〕莱昂·罗斑：《希腊思想和科学精神的起源》，陈修斋译，段德智修订，广西师范大学出版社，2003。

［6］彼得·J. 鲍勒、伊万·R. 莫鲁斯：《现代科学史》，朱玉、曹月译，中国画报出版社，2020。

［7］李醒民：《科学精神和科学文化研究二十年》，《自然辩证法通讯》2002 年第 1 期，第 83～89 页。

［8］李曙华：《信息时代的科学精神与科学教育》，《教育研究》2000 年第 11 期，第 12～18 页。

［9］杨春时：《科学主义的僭越与科学精神的失落》，《厦门大学学报》（哲学社会科学版）2001 年第 3 期，第 83～88 页。

［10］季良纲：《科技馆科学教育的若干思考》，《科学教育与博物馆》2019 年第 5 期，第 325～333 页。

［11］隋家忠、黄春燕、李丽等：《浅谈如何在科技馆培养科学精神》，《学会》2017 年第 8 期，第 60～64 页。

［12］胡业生：《中西方对科学精神研究路径的比较研究》，《宿州学院学报》2010 年第 5 期，第 10～12 + 53 页。

［13］彭炳忠、王文强：《弘扬科学精神机制与途径的新探索》，《当代教育论坛》2010 年第 4 期，第 11～14 页。

［14］任隽鸿：《科学精神论》，《科学》第 2 卷第 1 期，1916 年 2 月。

应急科普建设研究

李盛宽[*]

（防灾科技学院，三河 065201）

摘 要： 大力加强应急科普建设，提高我国的综合应急管理水平是接下来一段时期，乃至从今往后所有的时期都要重视的一个命题，是促进我国真正实现灾前预防、灾中急救、灾后治理与跟踪的重要举措，也是促进我国应急科普事业和应急管理事业向前跨步不可或缺的一环，对社会应急事业的发展具有重大意义。

关键词： 应急科普　应急管理　公共平台

Research on the Construction of Emergency Science and Technology

Li Shengkuan

（*Institute of Disaster Prevention，Sanhe 065201*）

Abstract： To strengthen the construction of emergency science and improve the level of china's comprehensive emergency management is a proposition to be strengthened in the coming period，and even from now on，is to promote china's

---

* 李盛宽，防灾科技学院学生。

real realization of pre-prevention，first aid，after-the-fact governance and tracking of important measures，but also to promote China's emergency science and emergency management cause step forward an indispensable link，the development of social emergency cause is of great significance.

Keywords：Emergency Science；Emergency Management；Public Platform

根据 2018 年 9 月中国科协发布的第十次全国公民科学素养调查结果，2018 年我国具备科学素质的公民比例达到了 8.47%，比 2015 年的 6.20% 提高了 2.27 个百分点。[1] 虽然我国的科学素养水平正在逐年提高，但这个调查结果甚至还没有欧美在几年前的科学素养比例高，更不用说现阶段的欧美高达 30% ~40% 的科学素养比例。

由此可见，我国的科学素养能力距世界平均水平还有很大一段距离。这为我国的科学素养素质水平敲响了警钟，也反映了社会对科学科普的不重视与漠然的态度。说明我国要完成提高公民科学素质的任务将还要走很长的一段路。

2020 年，新型冠状病毒在全球范围内蔓延，应急能力被推到一个重中之重的位置，应急科普和应急管理对应突发事件所做出的贡献是巨大的，是无与伦比的，能够使各省市应急管理部门迅速响应各类突发事件，将生命与财产损失降到最低。

一 我国应急科普现状

总的来说，我国政府应急体系建设已取得初步成效，国家应急管理体系已初步建成。在 2003 年提出的"一案三制"经过十几年的不断完善已经初步形成了具有中国特色的现代化应急管理模式，形成了一种高度同构的多层科举制应急管理模式以及自上而下的垂直管理与处理模式。"一案"是指应急预案；"三制"是指应急工作中的管理体制、管理机制和管理法制。我国突发事件应急管理"一案三制"的突出特点表现为"一案在前",即先有国家总体应急预案,后有突发事件应对法,并在此基础上确立了我国的应急管理体制机制。"一案三制"是中国应急管理体制取得进步的纲领性标志,为大力完善应急体系,我国制定了突发性公共事件应对法,以及相关法律法规60多部,基本建立了以宪法为依据、以突发事件应对法为核心、以相关法律法规为配套的应急管理法律体系,使应急工作可以做到有章可循、有法可依。

应急灾害事件的应对,除了需要国家自上而下的管理,还需要通过应急科普来提高公众应对突发事件的能力。但是中国在这一方面甚至没有一个具体的应急科普体系,更遑论进一步的研究与发展了。科学普及和科学素养提升方面主要存在专业性和普及程度的问题,主要表现为中国科学家和一些专业人士愿意去从事专业科普工作的相对比较少、积极性较低,国家对科普投入不足,国家与社会对科普不重视,没有相关的科学技术馆以及一些专门的讲座等。我国的公共安全教育工作还没有做到位,平时缺乏对公众的公共安全教育,突发事件来临时,我们的应急科普工作也没有跟上。随之而来的是公众对于突发公共事件认知的缺乏,不知道怎样处理与应对。

所以在中国自然灾害、突发事件频发的背景下,加强应急科普建设能力是大势所趋,提高我国应急管理水平更是符合我国国情。

二 应急科普的概念

应急科普是将应急科学知识与紧急突发事件处理办法等一系列应急事件通过科普和演习的方式普及给大众,能够让应急科普规避风险,真正地在社会与个人层面创造和保护价值。与其他科普能力不同的是,应急科普更着重于实践与感知,如果没有亲身感知和训练过,就无法在灾害发生时迅速做出响应。应急科普可以让大众在突发事件来临时知道怎么应对,怎样降低自身价值与社会价值的损失,真正地将其运用到自己的生活与生命安全当中,在脑海中形成一个较为完备的应急逃生体系,做到灾害来临不慌张,懂得自救。

2005 年提出的《应急管理科普宣教工作总体实施方案》中，将应急科普的主要内容分为三点。一是以国家总体预案为核心，做好预案的宣传和解读工作。提高保障公共安全和处置突发公共事件的能力，最大限度预防突发公共事件并减少其损失。将预防与应急相结合、常态与非常态相结合，积极做好应对突发公共事件的各项准备工作。二是以应急知识普及为重点，提高公众的预防、避险、自救、互救和减灾等能力。三是以典型案例为抓手，增强公众的公共安全意识和法制意识，进一步提高公众应对和处置突发公共事件的能力和水平。[2]

三 应急科普的意义

（一）应急科普有利于迅速让大众识别突发灾害的类型，并进行自我急救与响应政府号召

应急科普能够对中国经常发生的灾害，如地震、泥石流、特大暴雨等进行科普，让广大受众了解灾害。古语云"工欲善其事，必先利其器"，只有找到其发生的根源与预警现象，才能进行自我救助。应急科普也能让大众迅速响应政府发出的号召，自觉地接受指挥，服从党和国家的要求。以 2020 年爆发的新冠肺炎疫情为例，党和政府迅速下达"不出门，积极在家防疫"的号召，而人民群众也迅速且积极响应国家号召，不为国家添乱。

（二）应急科普有利于提升大众科学素养能力，使大众有效辨别"真科学"和"伪科学"

习近平总书记明确指出："没有全民科学素质普遍提高，就难以建立起宏大的高素质创新大军，难以实现科技成果快速转化。"科学有效的科普能够将真正的科学知识传授给大家，而不是所谓的"专家"在网上发表言论，诱导人民群众相信伪科学。以 2011 年的日本福岛核泄漏事件为例，有大量群众受网上加碘食盐能够预防核辐射的言论的影响，去超市疯

狂抢购食盐，导致超市食盐出现供不应求的情况，这根本就是谬论，进一步说明了普通大众在应急科普知识方面的严重缺乏。应急科普的建设可以将一些日常的应急知识传播给大家，提高大众的科学素养及能力，能够将严谨的科学知识教授给大家，让大家识别一些基础的谬论，从而提高全民科学素养。

（三）应急科普有利于降低社会和个人所受到的损失，保证财产安全

应急科普的目的就是保护价值和减少价值损失，使人民群众在突发事件来临能够迅速做出应对，增强人民群众对突发事件的处理能力。应急管理将以人为本作为原则，将保障公众健康和生命安全作为首要任务，这需要公众的积极配合与良好的应急能力，而这都离不开应急科普。

（四）应急科普有利于加强应急管理系统的建设，培养应急人才

应急科普有助于政府积极加强应急管理的建设，更好地完善中国应急管理体系，能够在减灾、准备、响应、恢复四个阶段建立良好的应急管理系统，形成全民普及的良好氛围，为国家培养出更多的应急管理人才，也为各大高校建立应急管理专业提供良好的氛围与社会环境。

四　应急科普所面临的问题

（一）缺乏总的纲领性文件，无法做到全国统一协调

2018 年 3 月，中国成立了应急管理部，标志中国应急管理事业进入一个新的综合应急管理的领域。但是在应急科普方面却还没有形成一个体系，没有一个纲领性文件来对应急科普事业进行指导与管理，大众获得的官方的应急科普知识更是寥寥无几，只有少数的平台进行应急科普，无法满足社会与群众对应急管理知识的需要，更无法进行全国的统一协调和培训。

（二） 缺乏资金福利制度支持，无法激发从业人员的活力

任何一个大的科普想要在全国范围内进行起来，资金是必不可少的一环，应急科普更是如此。应急科普不同于其他，应急需要大量的人力与科技设备支持来进行全方位、系统化的科普，然而在全国甚至找不到一家真正的应急科普体验馆与科技馆，这就导致应急科普遭受到极大的阻力与困难，相关的应急科普从业人员也无法从中获得满意度和成就感，无法全心全意地投入应急事业中去，也就无法真正使应急观念深入人心。

（三） 缺乏大量教育资源，无法培养应急专业化人才

应急科普尚未建立起专业的教育资源与培训机构，无法大批量地培养人才，也就无法实现大众的普遍认知。全国无法建立起一个庞大的应急科普网络，大众也就无法真正深入学习应急科普。教育资源无法到位，会导致应急科普事业根基不牢，慢慢地会在大众眼前消失，导致应急科普的失败。没有专业人才来进行应急科普，最后也只会是一场空。

（四） 缺乏国家的支持与领导，无法通过国家渠道进行科普

自从应急管理部成立以来，应急管理体制便不断得以完善，但从其下属部门和宣传工作来看，应急科普工作尚未做到位，应急科普能力还有待提高，应急科普能力建设尚未得到各级政府的重视，无法做到大面积普及。国家渠道对应急方面的科普也缺乏重视程度，无法做到全民普及的程度，导致大众缺乏应急能力与相应的急救能力。

五　应急科普面临问题的应对方案

（一） 明确应急科普总纲领，建立协调机制

将应急科普建设纳入法制建设，提出并明确纲领性文件，建立健全相关的

法律法规。非常态下的应急管理与常态下的行政管理一样，同样需要法治，法律手段是应对突发事件最基本、最主要的手段。真正做到有法可依，有法必依，做到奉法者强，这样才能真正深入人心，实现全国范围的应急科普。

建议国家建立起应急科普的协调机制，由应急管理部和各级政府部门、中国科学技术科普协会提供技术与人才支持，建立起由上到下、逐级负责的管理制度，实行上层统一指挥与职能部门参谋－指导相结合的管理手段，建立起相应的规章制度、权力划分等一系列协调机制，做到应急科普有政府机构进行指导与配合，防止"孤军奋战"的情况出现，真正形成全民配合、政府支持的氛围。

（二）增加应急科普的资金投入，为其注入活力

应急科普需要大量的资金支持，应完善科普从业人员的福利制度，激发科普人员的积极性，真正做到从业人员热爱职业，增加从业人员对工作的满意度，使其全身心投入其中，只有这样，应急科普这项事业才会真正地传承下去。这不仅要加大对从业人员的资金支持力度，更要建立起全国范围的应急科普体验馆、应急技术科技馆等一系列公共服务设施，使普通百姓到专业人员都能真正体验应急带来的好处与便携。在我国，国家应急救援基地已经初步建成，如凤凰岭国家地震应急救援基地已经投入使用，其中的地震斜楼、地震模拟观感室、烟热通道等设施已经完善，为广大群众提供了一个良好的学习与训练基地。这些正是在应急科普中所必需的，所能真正让大众感受到应急科普的重要性的措施。

（三）推进应急管理教育，培养应急科普人才

党的十九大报告明确指出："建设教育强国是中华民族伟大复兴的基础工程，必须把教育事业放在优先位置，深化教育改革，加快教育现代化，办好人民满意的教育。"没有现代化应急管理的教育，就不会出现应急管理化的人才。为响应习总书记加强应急管理学科建设的重要指示精神，20所"应急管理"专业试点高校已经开始了相关工作。

可通过专业化教育培养应急科普人才，并加强应急科普教育，如我校就是一所应急管理高校，在校内设立应急管理学院，并且新设置了应急管理与技术这一专业，为应急管理事业培养新的力量。学校与社会也应积极开展应急科普教育的培训，宣扬应急科普知识。如 2020 年 10 月 13 日，在中国地震局的指导下，中国灾害防御协会联合我校和中国航天科工集团 304 所开展的 2020 国际减灾日主题活动暨"防灾减灾千场科普讲座"在学校图书馆报告厅举办，并取得圆满成功。

六 建立科普公共平台

2020 年两会期间，全国政协委员、第十二届全国青联副主席、韶关市委常委颜珂建议加强突发公共事件的应急科普工作，建设有公信力的应急科普公共平台。应急科普平台建设有利于政府在官方平台上进一步扩大群众对应急科普的认知，使群众接受应急科普知识与应急能力的培训。颜珂认为要强化政府统筹的应急科普工作，县级以上人民政府应当加强应急科普基础设施和服务体系建设，提高公众对重大突发公共事件的应急处理能力，开设具有政府公信力的应急科普平台。

（一）建设应急科普平台，迅速响应突发事件

当突发事件发生时，当地政府应迅速积极响应，迅速安抚民心，在政府官方网站、微信公众号、微博等社交媒体上迅速发表实时信息、透明信息，做到让人民群众不慌张、不紧张、不信谣、不传谣，构建一个应急科普媒体平台体系。

（二）利用智能化技术，开展应急科普教育

在知识信息中含有的四个不同层次（数据、信息、知识和智能）中，居最高层次的智能，才是构成人们科学文化素质的最具活性的重要素质。当今时代，随着智能化的发展，利用智能化与应急科普的联合手段才能打破时

空的限制，满足大众的众多需要。可多在平台中宣传应急科普知识，邀请知名专家不定期开展讲座，并用智能化技术和 AI 交互手段进行实时的交流与沟通，为受众解答问题，进一步宣传应急科普的知识。

随着抖音、快手等新兴媒体进入大众眼中，应急科普平台的建设更是有了新的契机，为应急科普工作带来了新的机遇，但是怎么将科普知识与新兴媒体融合起来也成了新的挑战，这就需要我们在新时代中不断探索，不断学习。

七 结语

总之，应急科普是一项伟大而又繁重的任务，需要各界人士真正地了解它，运用它，需要每个人真正地将它记在心中，积极响应，并迅速做出反应，也需要应急科普人员将锲而不舍的探索精神继续发扬下去，为应急科普事业不断奉献和努力。

参考文献

[1]《第十次中国公民科学素质调查结果公布》，2018 年 9 月 20 日，中国文明网，http：//www. wenming. cn/bwzx/dt/201809/t20180920_ 4838028. shtml。

[2]《国务院办公厅关于印发应急管理科普宣教工作总体实施方案的通知》，2005 年 10 月 21 日，中华人民共和国国务院办公厅官网，http：//www. gov. cn/xxgk/pub/govpublic/mrlm/200805/t20080505_ 32836. html。

人工智能时代下的科技教育新格局

李亦菲*

（北京师范大学科学传播与教育研究中心，北京 100000）

摘　要： 作为教育体系中的一个重要学习领域，科技教育与人工智能技术的关系尤其密切，并且必然会受到人工智能技术发展的深刻影响。本文分别从目标、内容和形式三个角度，审视和分析人工智能时代科技教育的新格局，指出科技教育的发展方向可以概括为以下三个转变：从"科学素质"转变为"核心能力"，从"学科教育"转变为"STEM 教育"，从"分散学习"转变为"整合学习"。根据以上分析，本文提出在人工智能时代，要建构"面向三级素养目标的科技教育层级体系"。

关键词： 人工智能　科技教育　科学素养九要素模型　新格局

---

* 李亦菲，心理学博士，北京师范大学科学传播与教育研究中心副主任、中国教育学会常务理事、北京科技教育促进会常务理事，主要研究方向为认知学习理论、创造力培养、科技教育、心理健康教育、教育评价等。

A New Pattern of Science and Technology Education in the Age of Artificial Intelligence

Li Yifei

(*Research Center for Science Communication and Education,*
Beijing Normal University, Beijing 100000)

Abstract: As an important learning field in the education system, science and technology education (STE) is more closer to artificial intelligence technology than the others, and will inevitably be deeply influenced by the development of AI. From the three angles of goal, content and form, this paper examines and analyzes the new pattern of STE in the era of artificial intelligence, and points out that the development direction of STE can be summarized as follows: from scientific quality to core ability, from subject to STEM, from decentralized learning to integrated learning. Given these directions, a hierarchy system of STE based – on three – level literacy requirements in the era of artificial intelligence should be constructed.

Keywords: Artificial Intelligence; Science and Technology Education; The Nine Factor Model of Scientific Literacy; New Pattern

2016 年 10 月 4 日，美国国家科技委员会"机器学习与人工智能分会"（MLAI）组织编制了《国家人工智能研发战略规划》，其内容不仅包括对人工智能研究的长期投资、人类与人工智能的协作方法两项核心战略，而且包括伦理、法律及社会影响，安全问题，标准和基准，数据和环境，人力资源等基础性战略规划。[1] 2017 年 7 月，国务院印发《新一代人工智能发展规划》，明确了我国新一代人工智能发展的战略目标，并将构建科技创新体系、培育智能经济、建设智能社会、加强军民融合、构建基础设施体系、布局重大科技项目等作为重点任务。[2]

美国和中国的人工智能发展规划都对教育领域的变革提出了明确的要

求，主要集中在自适应学习环境的开发和人工智能工具的利用两个方面。在这两个方面以外，一些教育学者看到了人工智能技术对教育目标和教师角色的多方面影响。例如，李政涛提出人工智能技术对教育的三大挑战：一是如何在人工智能时代呵护、坚守人类的价值观，避免用"人工"的"智能"取代人类的"价值观"，戕害甚至取代人类特有的权利平等、社会正义、文化多样性等价值取向；二是需要重新定义教育的"四大支柱"，将教育的目标集中在人工智能无法取代的人类特有的本质属性上；三是随着教师的部分工作，特别是一些枯燥、重复性的教学工作被人工智能取代，教师的角色、素养、能力及教学基本功都将发生重大变化。[3]

作为教育体系中的一个重要学习领域，科技教育与人工智能技术的关系尤其密切，并必然会受到人工智能技术发展的深刻影响。本文分别从目标、内容和形式三个角度，审视和分析人工智能时代科技教育的新格局。需要说明的是，本文所说的科技教育是一个广义的概念，既包括以学校为主体的、正规的科学教育体系，也包括以科普场所和大众媒介为主体的科学普及或科学传播活动（也称"非正式教育"），还包括中小学校与科研院所及各种社会组织协作实施的各种科技实践教育，如校园科普活动、科普研学活动、科研实践活动、STEM 教育及多种形式的科技竞赛活动等。

一　科技教育的目标：从"科学素质"到"核心能力"

20 世纪 60 年代以来，世界各国的科技教育目标就聚焦于科学素质（或称"科学素养"）的培养或提升。众多研究者分别对成人和青少年科学素质的内涵与要素展开研究，提出了多种科学素质测评方法。成人科学素质测评以米勒的公民科学素质指标为代表，包括以下三个维度：掌握报纸和杂志上出现的基本科学语汇；理解科学探究的过程或本质；理解科学技术对个体和社会的影响。这一指标体系强调公民对科学知识、科学方法和科技成果的理解，并因其稳定性和国际可比性一直被使用至今。青少年科学素养评价则以国际数学和科学学习成就趋势测评项目（TIMSS）和国际学生评价实践项目

（PISA）为代表。TIMSS - 2003 的科学素养测量框架由"内容"和"认知"两个维度构成，其中，"内容"包括生命科学、化学、物理、地球和环境等科学知识，"认知"包括了解事实、理解概念、推理分析等认知要求。此外，还包括"科学探究"这一独立的测试因素，涉及一系列与认知要求有关的知识和技能。PISA - 2006 将科学素养分为科学情境、科学能力、科学知识、科学态度四个方面。通过对比可以看出，成人科学素质和青少年科学素养都包括科学知识、科学方法和科学态度三个方面的要素，但青少年科学素养更强调与科学方法有关的科学探究或科学能力。PISA 测验还强调了科学情境这一背景因素。

国务院于 2006 年发布的《全民科学素质行动计划纲要（2006—2010—2020 年）》将公民具备基本科学素质定义为"了解必要的科学技术知识，掌握基本的科学方法，树立科学思想，崇尚科学精神，并具有一定的应用它们处理实际问题、参与公共事务的能力"，简称"四科两能力"。[4] 这一定义成为指导我国公民科普工作的基本依据。对于基础教育阶段的科学教育，我国教育部编制的科学学科课程标准则从"科学知识""科学探究""科学态度""科学、技术、社会与环境"四个方面阐述课程目标，可以看作青少年科学素养的基本框架。显然，我国的公民和青少年科学素养体系的内容与其他国家基本相同。

进入 21 世纪以来，在继续沿用各种科学素质指标体系的同时，一些新的教育目标体系被提出来。这些目标体系跳出具体学科内容的限制，强调以任务为导向的核心能力。最具代表性的是美国"21 世纪技能合作研究委员会"（简称 P21）提出的"21 世纪技能"目标体系，包括学习与创新技能，信息、媒介与技术技能，职业与生活技能三大类 11 项技能。这些技能被认为是成功应对 21 世纪日益复杂的高校课程、职业挑战和全球性劳动力竞争的必备能力。此后，围绕 21 世纪的挑战构建学生发展核心能力的做法对世界各国产生了广泛的影响，澳大利亚、新加坡、日本、芬兰等国家纷纷提出自己的核心能力框架，大多从"个人发展""社会融入""生涯适应"三个方面提出核心能力的要求，并围绕这些能力重新设计学校课程体系。

我国于 2017 年发布的学生核心素养框架以培养"全面发展的人"为核心，分为文化基础、自主发展、社会参与三个方面，包括人文底蕴、科学精神、学会学习、健康生活、责任担当、实践创新等六大素养，并进一步细化为 18 个基本要点。与世界其他国家的核心素养目标相比，我国的学生发展核心素养框架在"个人发展"和"社会融入"（分别表述为"自主发展"和"社会参与"）之外，还强调了"文化基础"，但在一定程度上忽视了"生涯适应"。

随着人工智能技术在各个专门领域具备的数据处理能力和学习能力越来越强，各种教育目标体系不再把具体的学科知识和能力放在首要位置，而是更多地强调跨学科的、以任务为导向的核心能力。2015 年，麦肯锡全球研究院发布了一份题为《如何用 AI 重新定义工作》的报告，从"生涯适应"的角度分析了职业能力的构成。这一报告将职业能力分为社交技能、认知技能、身体技能三个方面共 18 种能力，并据此分析各种职业的约 2000 种工作活动被当前技术自动化的可能性。基本结论是：在短期或中期内，只有不到 5% 的职业会因完全自动化而被消灭，但 60% 的职业会因工作中某些活动的自动化改造而被重新定义。[5]报告还发现，只有 4% 的工作活动需要创造力，只有 29% 的活动需要社交与情绪技能，而这两种能力恰恰是难以被自动化的。这一发现意味着，在人工智能快速发展的背景下，职业转型的方向是充分利用人工智能技术取代传统职业中的重复性工作，将人的工作重心转移到需要创造力、社交与情绪技能的活动上。

综合来看，进入 21 世纪以后，科技教育的目标逐渐由内容导向的科学素质培养转移到任务导向的核心能力培养。随着人工智能技术的发展，如何帮助人们（尤其是青少年）发展创造力、社交与情绪技能等人类擅长的核心能力（或职业能力），就成为当前各级各类教育必须面对的重大挑战。而科技教育的目标，应从关注科学素质的培养转向关注创造力和社交与情绪技能的培养。

二 科技教育的内容：从"学科教育" 到"STEM 教育"

科技教育的内容既是科学素养目标的重要组成部分，也是实现核心能力目标的必备基础。为了建构完整的科技教育体系，必须在科学素养目标和核心能力目标的引导下，结合教育对象的年龄、认知能力和生活经验，对教育内容进行系统的选择和组织。世界各国的科技教育内容大多以纲要或标准的形式发布。在美国，科技教育的内容标准主要有美国科学促进会于 1989 年发布的《面向全体美国人的科学》和 1993 年发布的《科学素养的基准》，美国国家研究理事会于 1995 年发布的《国家科学教育标准》，以及于 2013 年发布的《新一代科学教育标准》（NGSS）。在我国，科技教育的内容标准主要有科技部等部门于 2001 年联合发布的《2001—2005 年中国青少年科学技术普及活动指导纲要》，以及教育部在 2001 年颁布并在此后陆续修订的《小学科学课程标准》，义务教育阶段和普通高中的《物理课程标准》《化学课程标准》《生物课程标准》《地理课程标准》等。

对比美国和中国最新版的科学教育标准的具体内容，可以发现中国基础教育阶段科学教育的内容只包含物质科学、生命科学、地球与宇宙，以及技术与工程等领域的知识和技能，而美国科学教育的内容则在这些被称为"学科核心知识"的内容以外，还包含了跨学科的"通用概念"和"科学与工程实践"。

美国科学教育对跨学科内容的重视由来已久。1989 年发布的《面向全体美国人的科学》包含科学、数学和技术三个领域 12 个主题的内容，其中一个主题就是跨学科的"通用概念"。1994 年，美国 16 个联邦部门共同拟定了《联邦政府科学、数学、工程和技术教育战略》，力图通过系统地改革正规教育来提高学生的 STEM 素养。2007 年，美国政府颁布《美国竞争法》，进一步授权政府和教育机构实施各种 STEM 教育计划，鼓励学生通过正规教育、暑期研讨、研究实习等多种方式接受 STEM 教育，并提议成立专家委员，为教师提供有价值的教学实践资源，帮助他们改善 K－12 的 STEM 教学。在这一法案的推动下，多种形式的 STEM 教育在美国广泛开展起来，并很快扩展到世界各国。

STEM 教育的基本思想是打破学科界限，以"工程"为核心培养学生的 STEM 素养。从实施情况来看，STEM 教育主要包括三种形式：第一种形式是分别开展科学、技术、工程和数学四门独立学科的教学，这种形式并没有体现 STEM 教育的核心思想；第二种形式是围绕特定主题或任务设计活动，将四门学科的内容有机整合起来，引导学生将所学知识用于解决实际问题；第三种形式是将四门学科的内容与其他广阔的领域相衔接，描述为"STEMx"，其中的 X 代表计算机科学、计算思维、调查研究、创造与革新、全球沟通等不断涌现的 21 世纪所需的知识和技能。在各种 STEMx 中，STEAM 教育是最受人关注的。在秉承 STEM 理念的基础上，STEAM 教育引入人文艺术（Arts）这一因素，通过关注人的需求及其艺术表现强化科技与人文的结合。

近年来，人工智能发展对科技教育内容产生了重要的影响。国务院 2017 年发布的《新一代人工智能发展规划》明确要求"广泛开展人工智能科普活动"，并提出在中小学阶段设置人工智能相关课程，逐步推广编程教育。教育部 2017 年的普通高中课程方案也将"人工智能"初步作为信息技术课程的选择性必修模块之一。在以上政策和文件的引导下，人工智能课程快速进入中小学教育，一些中学甚至开始筹划人工智能实验班，旨在向大学输送人工智能学科的人才。

综合来看，在人工智能时代，在系统开展物质科学、生命科学、地球与宇宙等分领域科学知识教育的基础上，不仅要探索如何将人工智能的知识和技能加入科技教育的内容体系中，而且要探索如何将科学、技术、工程和数学等 STEM 学科有机地整合起来。主要有以下三种思路：第一种思路是面向不同的人群直接开展人工智能的知识与技能普及性教育；第二种思路是依托人工智能技术的应用案例，渗透"通用概念"和"科学与工程实践"两项跨学科内容；第三种思路是以人工智能技术的应用场景为主题，设计 STEM 教育活动，培养青少年的各种核心能力。

三　科技教育的形式：从"分散学习"
到"整合学习"

从实施主体的角度看，科技教育的形式是多种多样的。具体来说，以学校为主体的正规科学教育采用的形式主要包括课堂教学和实验教学；以科普场所和大众媒介为主体的科学普及或科学传播活动采用的形式主要包括实物展览、互动操作、VR体验、图文展示、讲解示范、科学讲座、科普专栏等。此外，还有各种多主体参与的实践教育，如科研实践、校园科普活动、科普研学活动、STEM教育等形式。从学习者的角度看，可以根据学习方式，将科技教育的形式分为接受学习、探究学习、项目式学习、体验学习四种。

在接受学习中，学习者面对以图文资料、现场报告、音视频资料等形式呈现的事实或结论，通过听讲、阅读、记忆、思考等认知过程，将材料中的内容与自己原有的知识或经验建立联系，从而获得对这些事实或结论的理解。基于接受学习的科技教育形式主要包括课堂教学、图文展示、讲解示范、科学讲座、科普专栏等。

在探究学习中，学习者从学科领域或现实生活中发现和确定问题，并通过提出假设、制订研究计划、收集数据、分析数据、得出结论、表达与交流等环节，对问题提供解答、解释或预测，并在此过程中获得各种科学探究能力。基于探究学习的科技教育形式主要包括实验教学、研究性学习、科普研学活动、科研实践活动等。

在项目式学习中，学习者从学习与生活情境出发确定驱动性问题或任务，并通过全身心投入的、有计划的创新性活动解决问题或完成任务，形成可以公开展示的实物或非实物的成果，并在此过程中培养自身的社会责任感、合作能力和创造力等。基于项目式学习的科技教育形式主要包括校园科普活动、STEM教育活动以及各种创客活动等。

在体验学习中，学习者置身于真实或模拟的（甚至虚拟的）情境中，通过观察、操作、练习等行为，从情境中选取感兴趣的内容，将它们与自己的各种需要联系起来，从而对这些内容做出价值判断，并形成相应的情感态度和行为习惯。基于体验学习的科技教育形式主要包括实物展览、互动操作、VR 体验等。

在具体实践中，科技教育的各种形式通常是分散实施的。也就是说，对于选定的科技教育内容，通常只采用一种形式开展科技教育，而不是整合多种形式开展科技教育。人工智能发展为构建包含智能学习、交互式学习的新型教育体系提供了可能。我国《新一代人工智能发展规划》对智能教育系统的建设提出以下四个方面的要求：一是开展智能校园建设，推动人工智能在教学、管理、资源建设等全流程应用；二是开发立体综合教学场、基于大数据智能的在线学习教育平台；三是开发智能教育助理，建立智能、快速、全面的教育分析系统；四是建立以学习者为中心的教育环境，提供精准推送的教育服务，实现日常教育和终身教育定制化。虽然是并列地提出四个方面的要求，但核心是建立以学习者为中心的教育环境，智能校园、在线学习平台、智能教育助理都是为这一教育环境服务的。

在以学生为中心的智能教育环境中，四种教育形式将会被重新塑造和整合。对于接受学习，大部分纸质图文材料、现场报告、音视频材料等将被转化为数字资源，并在智能算法的控制下，采用自适应的方式推送给每一个学习者，使其能够进行灵活的、个性化的学习。对于探究学习，人工智能技术既可以成为辅助学习者开展探究活动的得力工具，也可以成为学习者探究的对象或主题。对于项目式学习，人工智能技术既可以成为辅助学习者完成任务的得力工具，也可以成为引导学习者开展项目学习的情境和任务。对于体验学习，基于虚拟现实和增强现实技术的数字化场景能够将学习者带入虚拟的海底世界、宇宙空间、微观粒子世界等情境中，为他们带来身临其境的真实体验，并通过大数据智能分析，判断学习者在体验过程中的情绪和行为变化。

综合来看，在人工智能时代，支持各种学习方式的场景、资源和工具将会被整合到各种以学生为中心的教育环境中，并在大数据和各种智能技术的支持下，将各种分散的科技教育形式整合在各种以学习者为中心的教育环境中。

四　结语：构建面向三级素养目标的科技教育层级体系

从前面的论述可以看出，随着时代的进步，科技教育在目标、内容和形式三个方面都有显著的转变。具体来说，在目标方面，表现为从"科学素养"转向"核心能力"；在内容方面，表现为从"科学知识"转向"STEM教育"；在形式方面，表现为从"分散学习"转向"整合学习"。

在借鉴国内外各种科学素养指标体系及各种核心素养目标的基础上，周立军和李亦菲从"科学内容"和"素养要求"两个维度分析科学素养的要素与结构，其中，"科学内容"分为科学知识、科学过程、科技成果三个方面，"素养要求"分为感知与理解、表达与应用、情感与态度三个方面，两个维度的组合形成了"科学素养九要素模型"。[6]根据这一模型，可以分别从"科学内容"和"素养要求"两个维度建构科学素养的层次结构，从"科学内容"这一维度看，可以区分出科学知识素养、科学方法素养、科技成果素养三个层次；从"素养要求"这一维度看，可以区分出基础科学素养、实用科学素养、文化科学素养三个层次。

基于"素养要求"的三个层次对应于公民、青少年、专业人员的科学素养要求。可以针对三个层次的素养要求，分别确定科技教育的目标、内容和形式，从而建构科技教育的层级体系（见图1），具体如下：（1）基础科学素养目标强调"感知与理解"，教育内容以科学知识为主体，兼顾科学方法和科技成果，采用的教育形式主要是接受学习；（2）实用科学素养目标强调"表达与应用"，教育内容以科学方法为主体（表现为"科学探究"或"科学与工程实践"），采用的教育形式主要是探究学习；（3）文化科学素养目标强调"情感与态度"，教育内容以科技成果为主体（表现为"STEM教育"），采用的教育形式主要是体验学习或项目式学习。

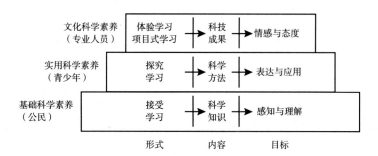

图 1　科技教育的层级体系

在这一层级体系中，实用科学素养和文化科学素养的目标要求与世界各国的核心能力目标基本一致，并与人工智能技术强化创造力和社交与情绪技能的趋势相一致。这一层次体系粗略地描述了人工智能时代科技教育的新格局，为新时期科技教育的规划和实施提供了有益的参考。

参考文献

［1］" NSF Statement of Support for National Artificial Intelligence Research and Development Strategic Plan"，2016 年 10 月 26 日，NSF，https：//www. nsf. gov/news/news_ summ. jsp？ cntn_ id＝190150。

［2］《国务院关于印发新一代人工智能发展规划的通知》国发〔2017〕35 号，2017 年 7 月 8 日，中华人民共和国中央人民政府官网，http：//www. gov. cn/zhengce/content/2017－07/20/content_ 5211996. htm。

［3］李政涛：《人工智能时代的人文主义教育宣言——解读〈反思教育：向"全球共同利益"的理念转变〉》，《现代远程教育研究》2017 年第 5 期，第 3 ~ 11 页。

［4］《国务院关于印发全民科学素质行动计划纲要（2006—2010—2020 年）的通知》国发〔2006〕7 号，2006 年 2 月 6 日，中华人民共和国中央人民政府官网，http：//www. gov. cn/gongbao/content/2006/content_ 244978. htm。

［5］麦肯锡全球研究院：《如何用 AI 重新定义工作》，2015。

［6］周立军、李亦菲：《对青少年科学素养基准结构的分析》，《科普研究》2015 年第 1 期，第 74 ~ 82 页。

地质公园增强科普教育功能的实践策略[*]

刘海生　潘建红　胡俊平[**]

（1. 北京科技大学，北京 100083；2. 中国科普研究所，北京 100081）

摘　要： 作为一种科普地质科学知识的天然媒介和载体，地质公园在普
及地学文化和知识方面具有重要意义。然而，当今我国地质公
园的科普教育工作相对落后，不能满足游客对于地学知识的需
求，无法全面地发挥科普教育的作用。本文在系统分析我国地
质公园在科普教育方面存在的问题的基础上，以地质公园为主
体提出适合我国地质公园科普教育发展的对策，并以具体实例
说明，总结出我国地质公园科普教育功能的发展方向，以实现
我国地质公园的科普教育功能。

关键词： 地质公园　科普教育　对策研究　地学素养

---

　* 本文系中国科普研究所委托合作项目"社会组织参与科普的体制机制研究"（项目编号：
　200109EMR031）研究成果。

** 刘海生（1992～），男，黑龙江齐齐哈尔人，北京科技大学马克思主义学院博士后，主要研
　究方向为马克思主义基本原理；潘建红（1972～），男，湖北武汉人，北京科技大学马克思
　主义学院教授，主要研究方向为马克思主义与科技革命、科技伦理与科技文化研究；胡俊平
　（1979～），男，湖南永州人，中国科普研究所副研究员，主要研究方向为科普信息化、科普
　融合创作与媒介传播等。

Practical Strategies for Geoparks to Enhance the Function of Science Education

Liu Haisheng，*Pan Jianhong and Hu Junping*

（*1. University of Science and Technology Beijing*，*Beijing 100083*；

2. China Research Institute for Science Popularization，*Beijing 100081*）

Abstract：As a natural medium and carrier of geological science popularization，geoparks play an important role in geoscience culture and knowledge popularization. However，the geological science popularization of geoparks in China is relatively backward，which cannot meet the needs of tourists for geoscience and show the function of popular science education. Based on the analysis of the problems of the geoparks in our country，put forward the countermeasures for geological science popularization of geoparks in China，and with specific examples，summed up the development direction of the science popularization education function of geoparks in China. In this way，we hope to enhance the realization of science popularization education function of geoparks in China.

Keywords：Geoparks；Science Popularization Education；Countermeasure Research；Learning Literacy

一 地质公园科普教育的功能

习近平总书记在"科技三会"上曾提出："科技创新、科学普及是实现创新发展的两翼，要把科学普及放在与科技创新同等重要的位置。"[1]社会的治理和进步离不开各领域科学知识的普及。地质公园的科普教育作为科学普及活动的一部分，在地质科学知识普及方面具有巨大的优势和特点。地质公园是指以"具有特殊地质科学意义、稀有的自然属性、较高的美学观赏价值，具有一定规模和分布范围的地质遗迹景观为主体，并融合其他自然景观与人文景观而构成的一种独特的自然区域"[2]。地质公园作为一种普及地质科学知识的天然媒介和载体，在普及地学文化和知识上具有重要的功能，主要体现为以下三个方面。

（一）地学知识普及的重要场所

地质公园拥有地质景观和地质构造，是地球演化历史的重要见证，并对我们未来的可持续发展起着重要作用。地质公园自身独特的自然景观和地质现象意味着它必然成为地学知识普及的重要场所。地质公园的科普教育不仅仅停留在书本上，更能让科普对象身临其境，增加了地学知识的直观性和实践性。另外，地质公园本身是旅游景点，在此观光游览的游客都可以成为科普教育的对象，因此在游览过程中加入地学知识介绍，可以增添游览过程的独特性和趣味性，让游客在游玩的过程中就受到科普教育。例如，阿拉善沙漠世界地质公园新发现吉如肯札德盖岩画遗址点，这些岩画对于研究北方游牧民族部落文化以及阿拉善沙漠世界地质公园人文历史文化具有重要意义，可以让游客身临其境般地感受这些人文历史文化；腾冲火山国家地质公园内典型的地热带、地热显示、温泉等景观的介绍和科学解释，都可以让游客在游览的同时学习地学知识。由此可以看出，地质公园的科普教育功能之一就是为地学知识的科普提供场所，增强地学知识的普及度。

（二）满足公众地学素养提升的需求

当今社会，地质灾害（地震、山洪、泥石流等）频发，社会公众对于地学知识的需求越来越大，了解、掌握一定的地质科学知识可以预防和降低地质灾害对生命财产安全造成的损失。地质公园的建设和科普教育可以很大程度上满足社会大众对于丰富地学知识的需要。截至2019年12月25日，我国已经陆续建设国家地质公园220处（见图1），几乎覆盖全国各省。地质公园地质科学知识普及可以让公众了解地质灾害和现象的起因，增强公众的科学防范意识和避免对于一些地质现象的神化，有效降低一些地质灾害带来的损失。如可以组织开展一系列地质灾害预防讲座，在公园内设置地质灾害预防知识专区等。织金洞世界地质公园在官寨乡麻窝村开展了以"保护地质遗迹，预防地质灾害"为主题的科普宣传，旨在增强麻窝村民对地质遗迹的保护意识和对地质灾害的防范意识，满足麻窝村民对地学知识的需求。由此可以看出，地质公园的功能之二就是提升公众地学素养，满足公众对地质知识的需求。

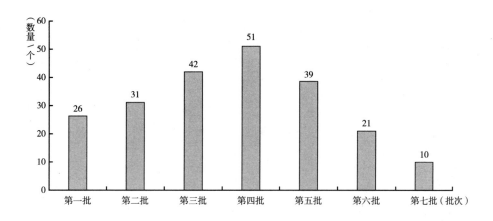

图1　国家地质公园建设批次及数量

资料来源：从国家地质公园网整理得出。

（三）增强公众的生态保护意识

习近平在 2018 年出席全国生态环境保护大会时强调："生态文明建设是关系中华民族永续发展的根本大计。"[3]中华民族向来尊重自然、热爱自然，绵延 5000 多年的中华文明孕育着丰富的生态文化。生态兴则文明兴，生态衰则文明衰。地质公园建设的目的之一就是保护地质遗迹和生态环境。"地质遗迹是不可再生的自然遗产，是生态环境的重要组成部分。地质公园是生态环境的重点保护区，强调严格保护自然与文化遗产，保护原有的景观特征和地方特色，维护生态环境的良性循环，防止污染和其他地质灾害，坚持可持续发展。"[4]地质公园通过对地质遗迹和生态环境的科普，可培养公众保护地质遗迹和生态环境的责任感，提高公众参与的积极性、自发性，增强公众对地质资源的热爱和生态环境保护意识。秦岭终南山世界地质公园为了增强公众的生态保护意识，推出四条生态旅游路线。其一，认识秦岭野生动植物之旅。让游客参观秦岭自然学校并聆听讲解员讲解秦岭野生动植物知识、秦岭的生态价值，了解守林人为保护秦岭生态环境付出的努力和艰辛，从而增强公众的生态环境保护意识。其二，森林体验认识秦岭生态之旅。让游客参加森林资源巡护和森林体验活动，加深对森林资源的认识和了解。其三，探访原始森林，感受黑河生态魅力之旅。让游客探索原始森林的神秘，在绿水青山间感受大自然的美丽和神奇，加深对自然的热爱之情。其四，探访秦岭生态、地质和历史文化之旅。让游客认识秦岭的植被特色，拍摄动物的活动视频，感受自然活力，体验地质生态文化和历史。2020年天柱山世界地质公园面向安庆市师生组织开展了科普夏令营活动，旨在向广大青少年普及地学知识，让其体验了森林教育和观鸟自然教育活动，考察了古生物化石点和超高压变质岩等，增强其珍爱美丽地球、守护自然资源的意识，牢固树立"绿水青山就是金山银山"的理念，实现人与自然和谐发展。由此可以看出，地质公园的功能之三为增强公众的生态保护意识，促进人与自然和谐发展。

二　地质公园科普教育存在的问题

随着社会的发展，社会大众对地学知识的需求日益增长，我国地质公园的科学知识普及和教育有了一定的发展和进步，但是面对新时代条件下社会对地质科学需求和应用越来越全面的现状，我国地质公园在科普教育方面还存在一些问题，主要表现为以下四个方面。

（一）科普解说牌数量不足，内容和形式单一

科普解说牌是"根据地质公园旅游资源的空间分布，在各地质遗迹点和人文景观旁布设的说明牌，用来介绍景点的名称、主要地质特征与成因、科学价值及相关的地学知识，是游客了解典型地质遗迹、深奥地学现象的实现游有所学的最直观的方式"[5]。然而，我国一些地质公园存在科普解说牌数量不足、内容形式单一、内容不够科学等问题，这对于地质公园科普教育具有较大的阻滞作用。长白山火山国家地质公园在通往天池的路途上的解说牌数量明显不够，而且个别解说牌内容多为生硬的文字，缺乏吸引力，游客多是一扫而过，不能驻足认真学习；太姥山国家地质公园解说牌存在内容不够准确、解说力度不够的问题，导致多数游客无法真正了解花岗岩地貌的奇特之处和感受地质遗迹的震撼之处。地质公园的科普解说牌数量不足，内容和形式单一，会导致其科普教育功能难以发挥。

（二）地质博物馆科普作用不明显

地质博物馆是地质公园进行科普教育的重要组成部分，也是游客可以互动和参与科普教育的地点，它的建设关系到地质公园的质量和科普教育功能的发挥。[6]但是出于重视程度、资助资金和科普方式等原因，一些地质博物馆科普作用不明显。第一，地质博物馆内互动性科普内容较少，大多数为科普解说牌内容的套用，无法吸引游客，进行更多的地学知识科普和传播；第二，地质博物馆内部设置和展览布局不合理，缺乏美学色彩，难以使游客驻足参观学习，降低科普效果；第三，多数地质博物馆缺少专业解说员，游客只能自己探索学习和参观，没有形成系统的知识网络，看到的知识容易遗忘；第四，地质博物馆建设规模不够，难以承载过多游客，甚至一些地质公园地质博物馆正处于在建阶段，无法投入运营和进行科普教育。

（三）科普解说员及导游地学素养不够

科普解说员及导游是和游客互动最多，最容易将地质公园地质遗迹、自然景观、地质科学现象和人文历史知识传递给游客的人。然而，如今多数科普解说员或者导游都将一些地质现象描述成神话传说，忽略了其地质学意义和科学性。如云南石林世界地质公园内有一些导游会将石林的形成说成是由于一个叫金芬若夏的彝族撒尼人偷出了"调山令"和"赶山鞭"，将一些山石变成山羊，但是石头刚刚被赶到路南，公鸡一叫，天就亮了，神仙的宝物失灵了，羊群立地生根成了石林。这样的讲解使得石林真正的地质成因被掩盖，喀斯特地貌的奇特震撼之处也无法让游客体验到，很大程度上降低了地质公园科普地学知识的效果。

（四）科学发展系统不完善

科学发展系统不完善主要体现在地质公园科普教育研究不足、科普活动不够和缺乏交流合作三个方面。近年来，我国在地质公园的研究上涌现出了一定数量的期刊论文、会议论文和图书。在中国知网、维普和万方等数据库中，2010～2019 年，以"地质公园"为关键词的文章数量达到 9337 篇，但是其中多为研究地质公园旅游发展和地质遗迹开发利用的，涉及地质公园科普的仅有 900 多篇，不到总数的十分之一（见图 2），由此可以看出地质公园科普研究工作存在不足。主要表现为以下两点。其一，地质公园科普网站匮乏。我国大多数地质公园没有官方网站，占全国地质公园的比例约为65%，一些有官方网站的地质公园没有科普专栏，占全国地质公园的比例约为 20%，而官网上有科普专栏的地质公园仅占 15%（见图 3）。其二，科普教育仅限于公园内部，没有走向社会、学校、社区，线下科普教育活动较少，科普宣传力度不够，与高校、国外地质公园交流合作不足，没有做到走出去和引进来，科普教育国际化程度不够。科学发展系统不完善导致地质公园的科普教育功能大幅度减弱。

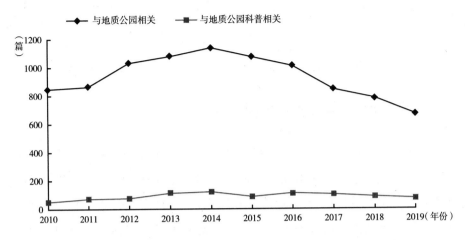

图2　2010～2019年与地质公园和地质公园科普相关的文章数量

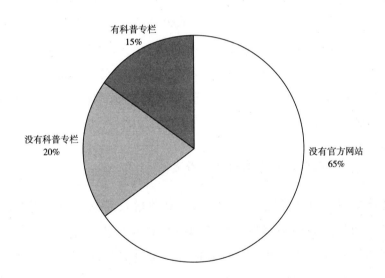

图3　我国地质公园官网及地学科普专栏分布

资料来源：从国家地质公园网整理得出。

三　增强地质公园科普教育功能的对策

从地质公园的维度讲，完善科普教育功能就要从以上所提到的地质公园在科普教育方面现存的问题着手。第一，完善科普解说牌的内容和形式；第二，调整地质博物馆的科普服务方式；第三，提高科普解说员及导游的地学素养；第四，加强地质公园科学普及活动。

（一）完善科普解说牌的内容和形式

首先，要增加地质公园科普解说牌的数量，在有科普教育意义的地点均要设置科普解说牌，争取做到全面、不遗漏。其次，科普解说牌的内容要具体、丰富，可以适当增加一些图文解说，让游客更加直观地感受到地质现象和内含的地质科学知识。例如，在某些地质公园向斜和背斜形成处可以添加图画进行说明，让游客了解其形成机理，理解"向斜成山，背斜成谷"的科学原理。最后，在一些地质公园的重要地质遗迹和代表性地点，如地层分界点、化石遗迹点、典型地貌特征点，科普解说牌的内容要科学和严谨，最好请一些地质专家进行科普解说牌的内容审核，并且要用多种语言进行说明，提高国际水平，让外国游客也能体会到我国地质公园的地质遗迹之美。

（二）调整地质博物馆的科普服务方式

地质博物馆的科普内容要满足人民日益增长的物质和文化需求。博物馆的基础功能是陈列展览，地质博物馆要在加强基础功能的前提下，调整科普服务方式，不能简单地依靠陈列的动植物化石和一些地质模型进行科普教育。要完善地质博物馆的科普教育服务形式，借助国家资金的支持和社会力量的帮助，将科普内容的展示形式多样化，充分应用新技术如数据模拟建模、3D 和 4D 技术、VR 技术等，让静止的地质现象、地质构成和地质演化等一系列地学知识动起来，提高游客的观看兴趣，加深游客对地学知识的理解。同时，展示的内容一定要体现地质公园自身特别的地质遗迹和现象。例如，贵州赤水丹霞国家地质公园通过 VR 技术模拟红军四渡赤水的过程，宣传自身的红色文化特点和地质知识。除此之外，在地质博物馆内还可以建立科普知识互动专区，以便游客参与互动和休息，如设置地学知识问答环节，答对题目可以延长在此专区的逗留时间，有序组织游客参加问答游戏，让游客在休息和游戏中学习地质科学知识，寓教于乐。

（三）提高科普解说员及导游的地学素养

科普解说员和导游的地学素养体现了当地地质公园的科普水平和能力，没有专业的人才，地质公园很难发挥出科普教育的作用。提高科普解说员及导游的地学素养是增强地质公园科普教育能力的重要途径。第一，经过地质相关专业院校对解说员和导游进行培训，解说员及导游人员最好有地质学背景。第二，对于地质公园科普解说员及导游，要组织其学习地质学、地理学、第四纪、构造地质学等基础地学知识，特别要加强对地质公园本身地质特色的学习。如云南石林世界地质公园应组织解说员及导游专门学习喀斯特地貌及岩溶学；贵州赤水丹霞国家地质公园要组织学习丹霞地貌的形成原因、丹霞地貌的特色等专业知识。这样可以让解说员和导游更加专业，在对游客进行讲解时更加透彻，科普地学知识效果更好。第三，地质公园对科普解说员及导游进行考核。可以将其作为评定员工等级的一方面评分，给予一定的奖励，激发解说员及导游的学习热情。第四，可以组织开展高校志愿者培训活动。在一些相关地质院校组织开展志愿者解说招聘和培训活动，对于参加活动的志愿者提供个人免费参观的终身门票，激发志愿者的服务热情，吸引更多的地学人才加入科普教育中，增强地质公园科普教育内容的专业性和科学性。

（四）加强地质公园科学普及活动

在当今各项技术迅猛发展的时代背景下，地质公园科学普及活动也不应该局限于地质公园内部，要走向社会、高校、社区，甚至要走向世界。第一，要建立地质公园官方网站，还要设立专门的地学知识科普专栏，在专栏内列举一些常见的地质科学知识，可以成立问答区，浏览网站的人可以提问题，地质公园请专业人士回答等。第二，要建立和专业院校的联系，组织人员和高校师生下社区或者进中小学进行地质知识宣传，如北京地质公园就可以和中国地质大学（北京）相关专业院系进行合作，走进社区和中小学宣讲岩溶地貌、地层岩性、地震预防等一些地学基础知识。第三，地质公园还要印刷一系列科普读物，如游览路线、景点简介、园内各类地质遗迹现象解答等，为游客免费提供这些资料。另外，还要开展一定数量的对游客地学知识需求的调查活动，了解游客掌握的、较为需要的地学知识，有重点、有目标地印刷这些地质知识的科普读物，并且要由专业的专家学者设计编印，如《阿拉善沙漠世界地质公园标识系统内容编译图册》对地质公园标识系统所需的文字、图片内容进行了标准化、规范化的设计，并由中国地质大学第四纪地质与生态环境规划研究所设计编印，内容上也更加具有专业性和科学性。第四，在当今新媒体时代背景下，还应与互联网融合，将科普读物、地学知识数据化、可视化，增强科普读物和地学知识的传播力，让更多的人接受科普教育。如可以与微信合作，建立地质公园公众号，在公众号中设置地学知识互动专区，公众回答地学知识可以获得相应积分，凭借一定数量的积分可以免费获取门票或者享受一定优惠；还可以设置家庭地质科学知识科普积分模式，公众根据一定的家庭积分可以免费领取家庭门票或打折购买门票。通过这样的互联网科普知识互动活动，充分调动公众对于地学知识学习的热情，提高公众游览地质公园的积极性，提高地质公园科普教育的普及度。

四 结语

地质公园从其定义和特征上看就与其他不同类别的公园有着根本上的差异，主要体现为它具有对游客"科普教育"的功能和作用。我国地质公园的科普教育还存在一定的问题，在增强地质公园科普教育功能的建设方面还有一段路要走。根据我国地质公园科普教育发展现状及具体地质公园存在的问题，本文提出了比较合理的适合国内地质公园科普教育发展的对策，给出一些具体的建议。通过完善内在系统建设如完善科普解说牌的内容和形式，调整地质博物馆的科普服务方式，提高科普解说员及导游的地学素养和加强外部科普活动，全方面提升我国地质公园科普教育的作用，拓宽科普教育的途径。根据地质公园的独特性和科普教育的内涵，笔者认为地质公园科普教育功能的实现必须从地质公园解说与标识系统和地质公园科学发展系统两个方面加强建设，其中解说与标识系统主要包括地质公园博物馆、地质公园科普影视厅、解说牌、地学导游和科普旅行路线等，科学发展系统主要包括科学研究工作、科学普及活动和交流合作（见图4）。只有这样才能真正地实现地质公园科普教育功能，为地学知识普及提供场所、满足公众对地学知识的需求和增强公众的生态保护意识。

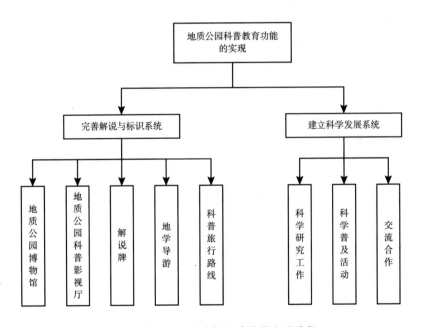

图4　地质公园科普教育功能的实现路径

参考文献

［1］ 习近平：《为建设世界科技强国而奋斗》，《人民日报》2016 年 6 月 1 日，第 2 版。

［2］ 后立胜：《国家地质公园的发展及其阶段性》，《当代经济管理》2005 年第 1 期，第 63 ~ 65 + 58 页。

［3］《习近平在全国生态环境保护大会上强调坚决打好污染防治攻坚战　推动生态文明建设迈上新台阶》，《人民日报》2018 年 5 月 20 日。

［4］ 陈文光：《论地质公园的科普教育功能》，中国地质学会旅游地学与地质公园研究分会第 21 届年会暨陕西翠华山国家地质公园旅游发展研讨会论文集，2006。

［5］ 杨瀚、陈思、阳畅等：《新型多样化地质公园科普体系》，《当代旅游》2020 年第 Z1 期，第 79 ~ 81 + 91 页。

［5］ 周远明、李飞：《浅谈地质公园博物馆的建设》，中国地质学会旅游地学与地质公园研究分会第 23 届年会暨二连恐龙地质公园建设与旅游发展战略研讨会论文集，2008。

科技馆展览教育在中小学科学教育中的存在意义及问题探析

卢大山*

（江苏科技馆，南京 210000）

摘　要： 馆校结合是科技类博物场馆与学校教育相结合的一项重要举措，其宗旨在于提升学生的科学文化素养。目前国内很多科技场馆将馆校结合列为重要的工作内容之一，但其也或多或少存在一些值得思考的问题。本文从实践出发阐述当前馆校结合的开展情况及问题，并思索其今后的发展方向。

关键词： 科技馆　展览教育　馆校结合　科学素养

The Significance and Problems of Science and Technology Museum Exhibition Education in Science and Technology Education in Primary and Secondary Schools

Lu Dashan

（*Jiangsu Science and Technology Museum，Nanjing 210000*）

Abstract： The combination of museum and school is an important measure of

---

＊　卢大山，江苏科技馆科普师、展教高级主管。

the combination of science and technology museum and school education, its aim is to improve the scientific and cultural literacy of students. At present, many domestic science and technology venues list it as one of the important work contents, but there are also more or less some problems worth thinking about, this article from the practice of the current situation and problems, and think about its future development direction.

Keywords：Science and Technology Museum；Exhibition Education；Museum-school Combination；Scientific Literacy

如果找一个词能把博物馆、文化馆、学校、图书馆等整合到一起的话，那么这个词一定是"文化建设"。文化建设的基本任务就是用当代最新科学技术成就提高人民群众的知识水平，通过合理和进步的教育制度培养社会主义一代新人，并用最能反映时代精神的健康的文学艺术和生动活泼的群众文化活动来陶冶人们的情操，丰富人们的精神生活。为此，中共中央开展了精神文明创建活动，提出加强社会主义精神文明建设的根本任务，即提高全民族的思想道德素质和科学文化素质，培养一代又一代有理想、有道德、有文化、有纪律的公民。

精神文明创建活动，推动了经济与社会的协调发展，一方面提升公民的整体科学文化素养，另一方面增强国家的文化"软实力"。文化是国家实力的象征与体现。文化既是软实力，又是硬实力。当它成为一种科学核心价值观时，它是精神动力、吸引力，是软实力；当它转变为文化产业时，同样可以产生社会效益、经济效益，它又是物质生产力，是硬实力。正是文化建设的日益繁荣，使得科技馆、图书馆、博物馆等科技文化类场馆也得以蓬勃发展。

科技馆是以提高全民族科学素养为主要使命的场馆，也有人认为它属于博物馆的范畴，其理由在于：首先，科技馆来源于博物馆；其次，从运行功能来说，博物馆的主要功能在于收藏、研究、展陈，展陈这项功能蕴含着传播教育；最后，它们的核心媒介都是展品，差别在于博物馆的展品一般不能动手体验，而且博物馆除了展品之外还有藏品，而科技馆的展品可以直接参与体验，还可以脱离具体实物，借助虚拟技术实现。二者之间有一项共同的重要功能，即教育功能。

在美国甚至流行这样一句谚语："我如果不在博物馆就在去博物馆的路上。"这句谚语中的博物馆显然是一个包括科技馆的广义概念，它从一个侧面说明博物馆就是一本内容丰富的书，一所可以获得知识的学校。随着时代的进步，人们学习途径的不断拓展，博物馆教育已经越发受到社会的重视。

自20世纪80年代以来，各国科技馆都非常重视与学校的合作，如美国奥兰多科学中心与100多所学校协议组织学生到科技馆做实验；泰国科技馆在展品设计之时主动征求中小学老师的意见，为了使老师能够更好地指导学生利用好展品，还对老师进行专门的培训。21世纪后，欧美发达国家大多将科技馆纳入国民教育体系。2007年美国教育部发布的《美国学术竞争力咨询报告》提出，非正规教育是美国教育系统的三个相互整合的部分（K-12教育、高等教育、非正规教育）之一。欧美科技馆编制教学课程和教学手册时，多依据《国家科学教育标准》，各类活动尽可能结合国家科学教育标准。美国的一项调查反映，93%的被调查者认同"博物馆是教育的活跃参与者，为儿童提供动手学习和校外游览的经历，博物馆已成为公共学校教师们课堂教育、课后活动和职业发展的好伙伴"。目前，国外科技馆的馆校结合项目大多可分为到馆活动、到校活动、教师培训等形式。

与此同时，在我国，学校教育也由应试教育向素质教育转变，它注重人的思想道德素质、能力培养、个性发展、身体健康和心理健康教育。素质教育与应试教育相对应，也就是说从片面追求升学率向促进学生素质的全面发展方向迈进，而科学文化素养是其中的一项重要内容，这使得它与科技馆展览教育有着很高的契合度，这也受到很多教育部门、学校及科技馆的重视，所以馆校结合应运而生。它的开展情况到底如何？实施效果怎样？发展的前景又会怎样？这些也成了大家关注的焦点。自2005年江苏科技馆开展馆校结合活动起，进校园的活动已逾百场。从实施的过程及效果来看，就目前而言，我国馆校结合的形式有以下几类。

一 馆校结合的主要方式

1. 学校组织学生到科技馆参观、上科学课、举办探究体验活动，利用科技馆的资源优势学习科学原理、科学方法、科学思想、科学精神以及动手实验。

2. 学校举办科技节期间邀请科技馆辅导员走进校园开展科普讲座、科学表演、趣味科学实验以及与学校个性化办学特色相关的科学专题活动。

3. 学校与科技馆形成共建单位，组织开展长期化的合作项目，如科技馆辅导员担任科学课老师，把科技馆的科学课纳入学校的教学目标体系中。

4. 科技馆与学校教育融合开发"馆本课程""校本课程"并实施。

5. 通过举办有奖征文、夏令营、科技研习营等活动实现合作，通过举办小小讲解员等培训活动让学生在展厅面对观众讲解，在假期进行辅导员职业体验。

6. 科技馆通过承接科技行政部门举办的青少年科技创新大赛等活动实现馆校合作。

7. 科技馆针对学校学科教学难点拟定的直观化、易理解、情境性特点，制定过程明晰的辅助方案，完成学校个性化的社会实践方案。

8. 科技馆与学校共同开发制作在线科普微课堂等音视频资料。

9. 以科技馆为桥梁纽带而实现优质培训资源的共享、社区服务科技教育项目的共同参与协作。

综上所述，概括成一句话，就是"走出去，请进来"。目前走在全国前列并且发展较好的场馆是中国科学技术馆、重庆科技馆、郑州科学技术馆、江苏科技馆等。重庆科技馆立足于科技馆的展品资源，设计展厅主题参观、趣味科学实验、快乐科普剧、科学小制作等四大类馆校结合课程，共85门课程，以满足1~9年级学生多层次、多样化的需求。郑州科学技术馆自2007年起，与郑州师院合作，承担对全省中小学骨干教师、国培计划教师、援疆教师的培训任务，通过培训，使中小学教师更多地了解科技馆资源和科技馆教育，建立场馆教育与学校教育的联系，并参与到场馆教育活动中来，从而促进场馆教育和学校教育的发展。江苏科技馆基于人体展区展品，面向小学生设计开发"认识我们的身体"活动。活动采用了情景式的教学方法，以探究、互动、参与的形式开展，为参与者创造沉浸式的学习环境。中国科学技术馆作为我国唯一的国家级综合性科技馆，在馆校结合方面更是走在了前列，与部分学校进行深度合作，将多个年级的选修课延伸至场馆内。依托科技馆资源，与多家学校联合开发中学物理、创新方法等多科目的校本课程，建立远程课堂。同时，中国科协青少年中心也定期开展培训交流活动，将一些实施较好的场馆的先进经验与其他广大场馆分享，取得了良好的效果，但是我们也应该清醒地认识到，就馆校结合的覆盖面及实施效果的优质度而言还不够理想，主要原因在于优质科普资源供给不充分，科普资源分布不平衡，缺乏长效性的双向合作模式，教育行政部门的重视程度存在一定的差异以及对馆校结合发展理解研究的深度不一，这些都对馆校结合开展的效果产生相应的影响。

二 馆校结合目前所存在的具体问题

（一）科技馆、学校都有各自的主业，有着本身的发展惯性模式，并未实现真正的融合

1. 一方面，科技馆的受众是社会公众，青少年学生群体是其最重要的目标受众，但并非全部；另一方面，学校主要实施正规教育，有严格的教学目标、体系、考核及时间安排，科技馆教育活动进课堂也势必会影响到学校的课程安排，所以需要提前一个学期甚至一个学年介入才能实现良好对接。

2. 基于不同的隶属关系，跨部门的联合行动离不开各自行政主管部门的支持和帮助，虽然彼此在教育的大概念下有很多的交集，但是有很多有影响力的活动需要主管部门支持进而才具有权威性，才能为广大社会公众所认可。

（二）对馆校结合的宗旨理解存在一定的功利化倾向

1. 对科学的认知常限于知识的层面，认为科学就是知识，一定对学科学习有所帮助。

2. 比较看重短期的效果而忽略长期积累渐进。

3. 当数量与质量发生冲突的情况下，更在意数量方面的考虑。

（三）馆校结合实施的科学评估相对较难

当然也有人并不认可这种说法，他们认为数据就能说明问题，其实有很多方面是无法通过量化指标来考核比较的，如科学习惯、科学精神、科学价值观。

1. 馆校结合的目的是让学生一方面增长知识，另一方面获得智慧，很多情况下不是今天参加活动明天就得以显现的，正如爱因斯坦所言："所谓的素养就是一个人当他把学校里学的东西都忘了以后，在他身上还剩下的东西。"但毫无疑问，真正的成果会让学生终身受益。

2. 馆校结合是动态的，因校而异、因馆而异，因时因地也有所不同，用条条框框很难做到客观评估，但这并不是说就不能考核评估。就一个具体项目而言，完全可以对其进行绩效考评。

（四）在素质教育的转型期，社会教育培训机构"百花齐放"，科技馆教育只是其选项之一，如何强势突围是科技馆行业必须思考的问题

1. 以升学率、优秀率、达标率为考核依据势必造成以主课分配时间强者恒强的局面。

2. 通过校外辅导机构补课来提高解题能力在很多家长看来是提高成绩、增强竞争力的必要手段。

笔者认为，尽管存在诸多的问题，但馆校结合的前景是广阔而充满希望的，其发展的方向离不开国家文化建设大发展、大繁荣的宏大背景，离不开中小学新一轮课程改革的形势。

三 应对问题的策略及建议

（一）科技馆要做好"供给侧改革"

1. 馆校结合是由场馆与学校共同参与完成的，但总体而言，科技馆大多情况下处于供给端，如何提供优质的科普资源非常重要，正如清华大学的一位量子力学专家所言："如何增强科普的趣味性非常重要。"

2. 应针对不同阶段受众的特点，优化展览教育、培训教育、实验教育、表演教育的比例结构，乐于接受的形式也很重要。

3. 摒弃"泛公益化"思想的影响，不要动辄被公益性束缚住手脚，公益类单位不等于什么都免费，一些个性化、额外付成本、校方专门定制、需借助有偿服务实现的活动收取相应的费用有理有据，只是不能以盈利为目的。

（二）科技馆要以教育部新课改为契机，吸纳学校教师参与开发与之适应的活动设计、馆本课程、校本课程，做到适度提前融合。充分研究中小学学生受众的具体学情，精准细分才能做到有的放矢

1. 积极关注学习科学的发展动态，学习实践活动也离不开理论的指导，有适合自己的理论指引可以少走弯路，事半功倍。

2. 利用信息化手段做好自身宣传，有成功案例可以推广开来，这样既可以促进科技馆行业的发展又可以提升自己的美誉度。

3. 要与学校一起以学生为主导，以兴趣、任务为导向，打破班级界限，设立探究团队，共同完成阶段学习内容或者探究目标。

（三）科技馆要与时俱进，充分利用线上的渠道并采用灵活多样的展教方式为广大中小学生提供科普资源，适应泛在性学习需要

1. 利用科技馆或学校公众号，发布馆校制作的微视频、科普小品、探

究实验等内容，并实时推出积分赛、高手排名赛等活动活跃学习氛围。

2. 场馆与学校真正成为中小学生素质教育共同体，让学校课堂在特定的时间段成为科技馆的展厅、实验室，让科技馆的展厅、实验室成为学生们动手动脑的课堂，学生在学校有学号，在科技馆也存档建号，只有长期关注才能知道真正的效果。

参考文献

[1] 朱幼文：《中国的科技馆与科学中心》，《科普研究》2009 年第 2 期，第 68 ~ 71 页。

[2] 廖红、曹朋：《中国科技馆为学校提供开放学习服务的实践探索》，《开放学习研究》2016 年第 5 期，第 14 ~ 23 页。

基于 CLIL 理念的科学课程在校外的教学模式探索与研究

马洪梅*

（北京学生活动管理中心，北京 100061）

摘　要： 笔者通过基于 CLIL 理念设计的《Light up Science（科学）》课程在北京市少年宫长达六年的教学实践，探索了具有校外教育特色的 PBL 教学以及尝试多师融合的教学模式。在理论层面，依托先进的 CLIL 教育理念指导教学，促使学生从"学习英语"向"用英语学习"的方向转变；在实践层面，丰富 CLIL 教学模式，促进校外科技教育创新发展，为其他校外机构开展类似项目提供一定的经验和借鉴。

关键词： CLILL 理念　科学课程　教学模式

Exploration and Research on the Teaching Mode of Science
Curriculum outside School Based on CLILL Concept

Ma Hongmei

（*Beijing Student Activity Management Center，Beijing 100061*）

Abstract： The "Light up Science" course based on CLILL concept was

---

* 马洪梅，北京学生活动管理中心中学高级教师。

designed through the author's six-year teaching practice in Beijing Children's Palace, this paper explores the teaching mode and method of PBL with the characteristics of out-of-school education and multi-teacher cooperation, and in the theoretical level, urges students to change from "learning for English" to "learning in English". At the practical level, enriching CLILL teaching model, promoting the innovative development of out-of-school science and technology education, and providing certain experience and references for other out-of-school institutions to carry out similar projects.

Keywords: CLILL Concept; Science Curriculum; Teaching Model

一 项目背景

（一）项目建设依据

《国家中长期教育改革和发展规划纲要（2010—2020 年）》明确指出："加强国际交流与合作。坚持以开放促改革、促发展。开展多层次、宽领域的教育交流与合作，提高我国教育国际化水平。借鉴国际上先进的教育理念和教育经验，促进我国教育改革发展，提升我国教育的国际地位、影响力和竞争力。适应国家经济社会对外开放的要求，培养大批具有国际视野、通晓国际规则、能够参与国际事务和国际竞争的国际化人才。"

（二）项目的育人目标和理念

本项目在 CLIL 理念（内容和语言整合学习理念，发源于 20 世纪 90 年代的欧洲。指的是一种用外语来学习非语言学科的模式，学生在学习学科内容的同时自然学习这门外语。具有双聚焦、内容驱动、母语可介入等基本特征）的指导下，帮助学生从小掌握国际化的科学话语体系，主要包括：一、发展跨文化交流能力，包括掌握科学词汇、句型和话语模式，同时用英语学科学，表达科学观点；二、着重培养核心素养中的科学素养，包括掌握核心概念，学会科学探究，形成科学态度。

北京市少年宫作为北京最大的市级青少年校外教育机构，拥有 60 多年的辉煌建宫历史，承载并肩负着首都校外教育的重任。北京市少年宫自然探索兴趣小组一直致力于在实践活动中开展双语教学，使学生不再单纯地为学英语而学英语，而是将英语作为工具为自己的兴趣爱好服务。2014年 1 月，学科·英语整合项目《Light up Science（科学）》课程在北京市少年宫的自然探索活动开始实施，加深了课程与社会、自然以及生活的联系，引导青少年通过动手、动脑、听、看、写、画、玩、做等方式学习，有效地培养和发展了青少年的创新实践能力，并使他们从中自然习得英语。此实践旨在研究该课程通过科技类项目内在融合和外在拓展，研究在校外的实施策略，有助于丰富 CLIL 教学模式，为其他校外机构开展类似项目提供一定的借鉴经验。

二 研究综述

（一）CLIL 理念和教学模式的理解

通过对 CLILL 理念做大量的文献检索和深入学习，得知内容和语言整合学习（Content and Language Integrated Learning，CLIL）是由 David Marsh 在 1994 年首次提出，CLIL 指的是通过一门外语学习一门学科的全部或部分内容，这个教学过程有双重目标，学生既学习学科内容，又同时习得这门外语。国外研究人员的研究表明，CLIL 教学模式对语言习得具有一定的促进作用，有助于提高学生的语言能力和跨文化交流能力。目前，我国对 CLIL 教学模式的研究处于起步阶段，研究更偏于理论，实践与理论结合的研究还较少。研究者们就 CLIL 对我国英语教学改革的适用性进行积极的研究与探讨，其中大部分都集中于 CLIL 模式与我国双语教学的对比研究方面，提出 CLIL 的语言教学特性应当为我国双语教学带来一定启示。

（二）校外教育模式和 PBL 教学的关联

育人是教育的根本任务，促进青少年的健康发展、全面发展是学校教育以及校外教育的共同职责。坚持实践性原则是校外教育实施素质教育的最突出特征；注重个性化教育是少年宫实施素质教育的优势；多样的活动内容和多元化的评价为青少年素质培养提供了沃土。校外教育通过"活动"实施教育，具有开放性的特点，包括内容的开放性、时间和空间的开放性以及形式的开放性。在空间上，校外教育不受活动地点的限制，一切从活动需要出发。20 世纪 90 年代，美国的两位学者提出 Place-based education（也叫作 Place-based learning，简称 PBL）。PBL 理念倾向于实践性学习、项目学习，强调学习应该与真实世界建立联系，与校外教育所倡导的实践性、开放性、自主性原则不谋而合。

三　研究方法

（一）调查研究

本研究通过对上课的学生及其家长开展调查问卷和访谈，研究《Light up Science（科学）》课程在北京市少年宫的实施效果。对学生的调查问卷基于学生的学习动机、学习状况、学习评价而设计，对家长的调查问卷基于选课原因、家长辅导学习情况、课程评价等几方面设计。

（二）行动研究

本研究使用了协作性行动研究的方法。多名从事科技教育的老师根据自身教学背景，结合自身教学实践能力，在《Light up Science（科学）》课程内容中选择了三个主题，采取集体备课的方式，在内容和拓展方面进行有效衔接，精心做了教学设计，制作了教学课件，进行了教学实录，在教学后进行了教学反思，并邀请专家根据录像课进行点评和指导，促使 CLIL 理念与校外教学实践有机结合。

四　结果与分析

（一）在校外教育环境下实施《Light up Science（科学）》课程教学的教学模式

在长达六年的教学实践中不断发现问题，总结成功和不足，发现以下教学模式有助于在校外教育机构开展《Light up Science（科学）》课程教学。

1. 以综合性单元主题来设计探究内容

《Light up Science（科学）》课程涵盖了物质科学、生命科学、地球与空间科学、技术与工程四大领域。以联系现实生活的综合性主题也就是单元学习来整合学科教学内容，是在活动中开展学科·英语整合教育的一个不错的切入点。整个课程按 12 级 48 个单元设计，层次清晰，难度逐级增加，符合学生的认知发展规律。

2. 以综合实践性活动来开展室内外教学

既动手又动脑的科技实践是《Light up Science（科学）》课程的一大特色，也是整合多学科教学方式的切入点。这些实践是综合科学探究与工程设计的活动，既有像科学家一样开展的科学实验、科学建模等探究活动，也包含像工程师为满足某些需求而进行的工程设计活动，因此活动有助于培养学生的实践创新能力与人文底蕴等核心素养。

3. 以产品化成果来评价学生

以产品化成果来评价学生，是《Light up Science（科学）》课程的一大特色，也是整合多学科学习与评价的关键点。在评价学生时，教师不仅要关注学生对学科知识的理解深度、科学性解释及迁移运用，还要关注学生的团队合作、技术运用、人文情怀、审美情趣等素养。

每个设计与技术单元均包括三个环节：制作环节、测试环节和反思环节。在制作环节，教师会给学生设定一个任务，并指导学生完成产品的设计和制作；在测试环节，学生要检验他们的产品是否达到预期目标，还可以基于给定的标准对产品进行评分；在反思环节，学生将有机会回顾设计与制作的过程，并反思如何改进产品。在评价方式上，教师要尽可能地多采用真实性评价，鼓励学生积极创新、进行团队合作，并通过多媒体等手段展示自己的产品，同时鼓励学生开展自评与互评，切实地以评价促进学生发展。

4. 以多师授课促进学科融合

北京市少年宫的科技教师初步尝试了多师授课的教学模式，以整合教师专长，促进学科融合。多师整合吸引了不同学科背景的科技教师，既激发大家研究学科国际化和与其他专业融合的热情，也促使不同领域的教研具有互相启发的作用。对学生来讲，在参加活动的过程中学习了除英语以外的生物、模型、乐高搭建、物理等多学科的拓展知识，并产生兴趣，而这些偶然间产生的兴趣则有可能影响孩子们未来的升学和就业的选择。

如在"制作遮蔽处"（Making a Shelter）单元的教学时，教师从"概念""设计要素"两方面结合实物照片对遮蔽处进行讲解，让学生建立理论层面的认识，指导学生以小组为单位，设计并制作"遮蔽处"模型，加深学生对遮蔽处设计的理解。在单元活动结束后，让各小组利用 PPT 进行全英文作品展示，发挥了语言的工具性作用。如在教授"水循环"（Water Cycle）单元内容时，教师带领孩子用机器人来模拟水循环的过程。教师用教学机器人自主设计并搭建了一套模拟水循环过程的教具，学生对于这种机器人模型非常感兴趣，并且在演示的过程中强化了语言的使用。又如在学习"花的传粉"这一单元，我们充分发挥北京市植物园这个教学基地的作用，将课程中与植物相关的主题尽可能地联系实践场所，采取 PBL 基于地点的学习这一策略，让学生走进自然，与真实的花朵接触、对话，这样不仅丰富了学生的科学知识，增强学生的感性认识，而且增加了学生在实践中英语表达的机会，提升了语言学习的兴趣。

这种多师合作授课的教学方式，是在校外教育环境下实施《Light up Science（科学）》课程的创新点，几位老师的教学设计、反思和总结为之后的课程实践研究做了良好的铺垫，学生的参与度较高，学生对活动内容的掌握情况达标，学生的满意度也较高。

5. 关注学生对英语的实际运用，促进学科·英语整合

语言即学即用，教学的重点在于引导学生大胆利用英语词汇、句型来就科学话题进行表达、交流，阐释自己的观点，而不是将重点放在单词记忆、机械背诵结论上。教师允许学生使用中文，鼓励学生运用全英文或以中英文结合的形式，在自己原有水平上进步，而不是用统一标准要求所有的学生。在自由宽松的环境下，学生积极尝试调动已有的英文基础，并积极学习新的词汇、句型进行表达。

（二）《Light up Science（科学）》课程在校外教育环境下的实施效果

通过精心设计调查问卷，对北京市少年宫参加课程学习的学生和家长进行调查，整理、分析、归纳，得出如下几方面的结论。

1. 学生问卷

（1）学生对于 CLIL 教学模式普遍接受。从学习结果看，学生认为科学目标达成情况强于英语语言目标达成情况。在活动形式上，学生喜欢小组合作学习，喜欢科学探究活动，喜欢户外学习活动，喜欢进行成果展示。从自我评价看，课程有效实现了科学目标。在校外教育环境下的教学模式和教学活动是深受学生喜爱的，尤其是基于场地的户外学习，100% 的学生选择了非常喜欢。在展示环节，95% 的学生喜欢借助画图、PPT、思维导图等工具进行展示。

（2）评价教师：学生普遍认为教师的教学方法得当，教学内容合适，教学管理恰当，教师能够有效实施教学活动。

（3）评价课程：学生普遍喜欢这门课，愿意继续学习，喜欢动手实践，认可多师授课模式。相比课内的科学课和英语课，学生对于《Light up Science（科学）》的学习兴趣更大。100% 的学生表示喜欢上这门课，愿意继续学习这门课程，说明课程的整体实施效果是比较好的。本课程最吸引学生的是做实验、制作模型及参观植物园，跨学科互动也创造了一种更吸引学生的教学方式。从学生的建议来看，我们还可以进一步发挥校外教育开放性、实践性的优势，进一步设计更多的实践活动，促进学生全面发展。

2. 家长问卷结果

（1）选课原因：孩子选这门课主要因为喜欢学习科学。不过在学习预期上，包括了科学素养的提升和英语语言运用能力的提升，也印证了学生的选课动机。94.4%的家长认为学生选择学习本课程的原因之一是喜欢学习科学，6.7%的家长认为学生选择本课程是因为喜欢学习英语或喜欢授课老师。家长想让孩子通过学习该课程，提高对科学的兴趣和对英语的实际运用能力。家长辅导情况：家长在辅导课程方面存在困难，大部分家长只是偶尔辅导。66.7%的家长会偶尔辅导孩子学习本课程，27.8%的家长不会辅导孩子学习本课程，只有5.6%的家长会经常辅导孩子学习本课程。

（2）评价孩子：家长认为孩子在科学、英语等方面都有不同程度的提升，不过提升最显著的还是科学方面；学习困难主要体现在英语语言运用方面。

（3）评价课程：家长普遍认可 CLIL 这种教学模式，且认为孩子都喜欢这门课程；相比校内课程，该课程的趣味性、实践性和双目标得到认可。家长表示希望多提供实践机会，燃起兴趣，科学和英语同发展，让孩子多练、多说、多用。

从针对学生和家长做的问卷调查来看，对于 CLIL 这一双聚焦的课程理念，家长大部分表示认同，学生也大部分喜欢且能够适应这种教学模式，甚至希望用英语作为交流媒介上更多的学科课程。教师在教学时，应给予语言学习有困难的学生以更多的关注和支持。无论是学生还是家长，都对少年宫课程的实践性和开放性表示认可，并且希望有更多实践，尤其是户外实践的机会，这也反映了目前家长对于孩子素质教育的关注。

五　研究取得的成果

（一）自主研发了两本活动教材

本项目在使用《Light up Science（科学）》教程两年后，自主研发了

《科技教学实践活动指导手册——自然探索（Natural Discovery）走进北京教学植物园活动案例》《自然探索（Natural Discovery）走进动物世界活动案例》两本活动指导手册，作为 Light up Science 教材的有益补充，免费提供给学生使用，体现校外教育的公益性和实践性原则。

（二）自主开发了课程评估体系

基于课程的双重目标，我们在专家的指导下进一步开发了课程评估的三级指标体系，使得教师更易操作。其内容如表 1 所示。

表 1　课程评估的三级指标体系

一级指标	二级指标	三级指标
科学素养	科学态度	充满好奇心和探究热情,乐于参加各种科学活动
		实事求是,基于证据和推理发表见解,敢于质疑,不迷信权威
		主动与同学合作,积极参与互动交流,乐于倾听并尊重他人的观点,勇于修正、完善自己的观点
		关爱自然、珍爱生命,对社会和环境富有责任感
	科学探究	理解科学探究的过程和基本要素(提出问题、做出假设、制订计划、搜集证据、处理信息、得出结论、表达交流和反思评价)
		能通过科学探究,获取科学知识,解决科学问题
		掌握科学探究的方法和相关技能
	科学知识	掌握科学领域的核心概念,理解现象、事实和原理
		理解科学、技术、工程、社会与环境和生活的密切联系
		能将学到的知识迁移运用到其他情境中
跨文化交流	情感态度	表现用英语交流科学观点的兴趣和积极态度
		敢于用英语进行表达,表达中不怕出错误
		建立起用英语表达科学观点的自信心
	语言技能	能够主要用英语进行科学内容的学习,完成科学活动
		能够在关键词和句型的支持下有效地用英语表达、交流科学观点
		掌握基本的听、说、读、写技能
	语言知识	掌握科学领域的关键词,理解词的含义
		掌握科学领域的句型,能够用完整的句子进行表达
		掌握科学领域的话语模式,能够运用相关的语言表达形式

续表

一级指标	二级指标	三级指标
认知发展	思维方法	掌握观察、比较、分类、公平实验、变量控制等思维方法
		具有批判性思维，敢于质疑，能够客观公正地分析、评估自我和他人的观点
		表现出创造性思维，富有创造力，善于提出新想法、新思路、新创意
		具有问题解决能力，能够运用所学解决学习和生活中的科学问题
	元认知	能有效地总结学习收获
		能够反思、监控学习的过程，从思维方法方面总结收获和经验，并针对不足提出改进方向
	迁移运用	能将所学的思维方法迁移运用到其他问题情境中

在全体人员的努力下，该课程研究取得了阶段性的成果。2018年，该项目申报北京市校外"三个一"特色项目，并在2019年5月荣获了北京市教育委员会授予的"北京市级优质项目"称号。

六　结论与建议

通过本研究，我们探索出较为成功的教学模式：教学内容从单一知识走向综合内容，教学场地从教室走向户外，教学主体从一位教师走向多师合作，教学评价从评测走向产品，教学目标从学科走向学科与英语融合。这种教学模式得到了学生和家长的普遍认可，可以丰富学生的学习体验，开阔学生的视野，提升学生的学习兴趣，是在当前倡导的跨学科学习、培养学生核心素养的大背景下，一种在校外环境中具有一定可行性、可推广性的教学模式。今后应充分利用校外教育的开放性、实践性，整合教学资源、场地资源、教师资源，进一步促进学科融合，真正把促进科学课程教育教学提升贯穿在每次教育教学活动中，为促进学生的全面成长而不懈努力。

参考文献

［1］〔英〕Philip Adey、Bob Kibble 主编《Light up Science 科学》，外语教学与研究出版社，2014。

［2］冀慧颖：《CLIL 理念下的大学英语教学与双语教学的比较和整合初探》，《海外英语（上）》2013 年第 10 期，第 113～114 页。

［3］〔美〕帕迪利亚主编《科学探索者·动物》（第 2 版），王大志、黄赛花译，浙江教育出版社，2010。

［4］汪忠主编《新编生物学教学论》，华东师范大学出版社，2006。

［5］尹霖等：《美国青少年科技教育活动概览》，中国科普研究所，2010。

［6］赵成平、黄萍主编《双语教学大突破——技能与方法》，重庆大学出版社，2004。

［7］刘亚玲、陈悦婷：《CLIL 教学理论初探及对我国 EFL 教学改革的启示》，《海外英语》2011 年第 11 期，第 56～58 页。

［8］D. Marsh, Innovation Through Integration：Content and Language Integrated Learning（CLIL），德语区第 16 届现代汉语教学学术研讨会——汉语走向大众化论文集，2010。

［9］M. H. Bigelow, "Learning to Plan for a Focus on Form in CBI：The Role of Teacher Knowledge and Teaching Context," in J. Davis, ed., *World Language Teacher Education：Transitions and Challenges in the Twenty-first Century*（Charlotte, NC：Information Age Publishing, 2010）：35 – 36.

［10］J. Sudhoff, "CLIL and Intercultural Communicative Competence：Foundations and Approaches towards a Fusion," *International CLIL Research Journal*, 2010, 1（3）：31 – 37.

［11］史建华主编《校外教育机构教师手册》，光明日报出版社，2014。

［12］马焕：《基于问题的教学方法探讨》，《文教资料》2009 年第 5 期，第 123～125 页。

［13］刘景福、钟志贤：《基于项目的学习（PBL）模式研究》，《外国教育研究》2002 年第 11 期，第 18～22 页。

应急科普能力建设研究

莫瑞骏　苏海蛟　阮圣珊[*]

（防灾科技学院，三河 065201）

摘　要： 突发公共事件往往会给我国社会造成重大的人员伤亡和经济损失。了解应急科普，进行应急科普能力建设可以大幅度减少突发事件对社会造成的损失。本文通过对目前应急科普能力建设的深入研究与分析，对应急科普能力建设提出了相关的优化对策，即完善应急科普法律法规，建设相关体制，培养相关科普人员等，以期能够提高我国应急科普能力建设水平。

关键词： 应急科普　突发事件　应急管理　防灾意识

Research on Capacity Building of Emergency Science Popularization

Mo Ruijun，Su Haijiao and Ruan Shengshan

（Institute of Disaster Prevention，Sanhe 065201）

Abstract： The occurrence of sudden public events often causes great casualties and economic losses to our society. Understanding emergency science

---

* 莫瑞骏，防灾科技学院学生；苏海蛟，防灾科技学院学生；阮圣珊，防灾科技学院学生。

popularization and building emergency science popularization capacity can greatly reduce the social losses caused by unexpected events. Based on the current Emergency Science Popularization Capacity Building Research, in-depth analysis of emergency science popularization capacity building related to the optimization countermeasures. In order to improve the level of emergency science popularization capacity in China, some suggestions are put forward, such as perfecting emergency science popularization laws and regulations, building related systems and training related science popularization personnel.

Keywords: Emergency Science Popularization; Emergency Events; Contingency Management; Awareness

一 应急科普的概念

（一）应急科普的起源

科普，是伴随社会发展进步的一种必然产物，应急科普更是如此。随着我国突发事件频发，民众科学防范意识薄弱，开展应急科普工作是我国的一项重要任务。2006 年 1 月 8 日国务院发布《国家突发公共事件总体应急预案》，我国应急预案框架体系初步形成。具备应急能力，成为国家、社会、企业、家庭安全文化的基本保障。我国也正式开始了应急科普之路。

（二）应急科普的定义

应急科普并没有明确的定义，不同的专家对其有不同的理解。不可否认的是，其是应急管理不可缺失的重要一环。人们普遍认为：应急科普是为预防、应对突发事件，增强公众防灾意识，为减少损失而进行的科学普及活动。可以通过完善相关法律法规，完善科普体系框架，对公众、专业人员进行相关的应急科学技术普及，让他们掌握相关的科学方法，提升他们的独立思考能力，让他们能运用应急所学知识来处理突发事件。

提到应急科普,不得不先解释一下科普的目的,即有效地进行应急管理。应急管理是指政府及其他公共机构在突发事件的事前预防、事发应对、事中处置和善后恢复过程中,通过建立必要的应对机制,采取一系列必要措施,应用科学、技术、规划与管理等手段,保障公众生命、健康和财产安全,促使社会和谐健康发展的有关活动。应急管理活动的过程包括预防、准备、响应和恢复四个阶段。而应急科普就是要将应急管理知识以及相关的应急科学知识向广大群众进行传播,促进社会公众应急意识觉醒,掌握相关的应急知识,提高面临突发事件的处置能力和应急心理素质,提升其认识和辨别能力,减少负面评论的产生,最大限度地降低灾害来临时对生命和财产所造成的损失。应急科普在应急管理活动的全过程中都起着重要的推进作用,可以使应急管理活动环环相扣,高效运行。

二 进行应急科普的意义

(一)应急科普可以提升民众的防灾科学素质

生活中存在各种灾害威胁。我们居住的城市越来越大,现代化程度越来越高,城市的供电、供水、交通、通信等基础设施之间的相互依赖程度也越来越高,一种灾害的发生可能会导致多种灾害出现,加之城市中建筑与人口高度密集,更加大了自然灾害、事故灾难造成的损失,人员的受伤害程度也在增加。

每个人一生中都不可避免地会遇到各种各样的危险或事故灾害,所以有必要学习一些自救、互救的知识,掌握应急与防护技能。这样,一旦发生灾难或事故,就有可能避免或减少伤害,增加生存机会。

(二)应急科普可以提升个人应急能力

灾害或事故多是突然发生的,能给多数人造成财产损失、生命危胁,甚至引起社会秩序混乱，需要政府马上处理。但是各种类型的突发事件从发生到政府派出专门的救助人员赶到现场，总需要一定的时间。灾害事故无论大小，一般情况下，发生事故的第一时间几乎没有专业的救助人员在场，只能靠自己。如摔伤后，做简单的包扎止血，就有可能使自己坚持到医生来救护；在人多拥挤时，快速找到安全通道就能防止踩踏伤害；食物中毒后，会快速催吐就能减少毒素的吸入，减轻中毒症状。越快采取应急行动，就能越大程度地降低损失。

（三）应急科普可以引导社会舆论，稳定社会秩序

引导社会舆论工作对突发公共事件处理起着很大的推进作用，这也是应急科普的重要工作之一。突发公共事件发生后，很容易导致谣言四起和民众情绪恐慌，甚至会引发社会不安。如在非典期间，社交媒体对非典"遮遮掩掩"，传播错误信息给民众，导致民众对非典不知情或者不重视。到大爆发时，民众陷入恐慌之中，抢购生活用品，引起社会混乱，让应急工作难以推进。但在2020年新冠肺炎期间，社交媒体第一时间公布正确的消息，科普肺炎知识，传播科学知识。民众也遵循政府指引，做到足不出户。政府和主流媒体在舆论的引导下，针对性地对肺炎进行跟踪报道，每日更新，有效遏制了消极舆论的产生，同时也让民众坚定信心，没有引起社会恐慌，使社会秩序保持稳定。

（四）应急科普有利于推进应急管理

应急管理包括应急预防、应急准备、应急响应和恢复重建四个阶段。在其过程中，情况可能会变幻莫测，需要调动方方面面的庞大的社会资源力量才能推进。应急科普可以丰富相关应急人员的应急救援知识，同时还可以提高民众的防灾减灾能力，让应急管理工作快速进行。

（五）有利于加强政府与民众间的应急信息沟通，提升政府公信力

政府是公共服务的提供者、维护者、管理者，担负着应急科普的责任和

义务。政府部门及时发布权威信息，进行应急科普，可以让民众及时了解相关的应急知识，增加民众对政府的信任度，对提升政府的公信力有积极的作用。

（六）应急科普能力建设有利于完善应急信息管理体系

在突发事件中，对信息进行收集、加工、处理、传播，是迅速控制和处理事件的重要保障。信息系统的完善可以让应急资源调配更加迅速和合理。应急科普有利于应急信息管理体系的完善。在这一体系下，事故发生地的民众把现场突发事件的信息通过社交媒体向外界传播，让应急信息管理体系的管理者第一时间获取现场具体情况，有利于其更好地做好相关的应急措施，减少损失。同时也遏制了谣言的传播。应急科普对事件进行了权威的、科学的传播和普及，让民众用理性的眼光去判断事件的真伪，思考应对方法。这对于突发事件的应急处理也具有重要的意义。

三 应急科普能力建设的现状

（一）应急科普体制虽已初成规模，但尚未完善

随着社会的发展，人们面对灾害的思维发生了天翻地覆的转变，由被动防守变成了对灾害"主动出击"，即积极预测、预防。应急科普作为应急管理环节里重要的一环，其重要性是不言而喻的。我国对灾害应急体系的建设比较重视，应急科普能力建设的发展也越来越迅速，越来越全面，先后出台了《应急管理科普宣教工作总体实施方案》《全民科学素质行动计划纲要（2021—2025—2035 年）》等，让应急科普发展有据可依。同时也加强了对普通群众的科学普及，让群众学习更多的应急知识和急救措施，努力构建一个有机的应急管理体制。

就目前的状况而言，虽然应急科普的发展很迅速，应急科普能力建设也取得了不错的成果，民众的防灾意识也得到了增强，如在新冠肺炎疫情期

间，人们能做到遵守政府要求，待在家里，共同抗疫，但是，应急科普尚未形成一个比较成熟的循环机制，制度还不够完善。例如，在预防突发事件的宣传上，工作还不到位，不能做到居安思危，平时缺乏对民众的应急科普宣传。有些群众本身也未能做到从根本上重视应急科普教育。这是我们目前应急科普能力建设的短板。

（二）应急科普资源稀缺，不够全面

随着时代的发展以及对应急需求的增加，人们对应急的研究也不断深入，相关的应急科普资源也需要快速地更新换代，以跟上科技发展的步伐。但是我国目前应急科普资源稀缺，相关的科普书籍等宣传资料相对比较陈旧，很少能体现出最新的应急科技技术和应急理念、方法，而且现存的应急科普资源也不够全面，在有些方面还存在缺失。

应创造更多的应急科普资源，完善方方面面的应急科普，及时更新科普资源，并通过教育培训、宣传教育等进行最新技术的应急科普，提升人们的应急科普能力。

（三）应急科普主体和平台缺乏时效性与权威性

有学者认为，"科学共同体的潜力没有很好地发挥，有时候一些重要的科学信息应当通过科学共同体发声，而且要参与到重要的决策中去"。

自媒体不断发展的状态下，自媒体的世界充满谣言和不科学的建议。应急科普在媒体中发展得并不是很好，具有权威性的科普与非权威性科普之间的碰撞，使群众也不知该如何选择。所以科普平台的公信力需要大力提高。

（四）应急科普人才稀缺，队伍老龄化问题日益凸显

应急科普体系正处于发展的新时期，但进行应急科普的人员还没有很好地进行"代"之间的传递。随着应急管理部的建立，应急管理事业才被各大高校和社会重视了起来。前期的"缺席"导致应急队伍日益老龄化，无

人接班，进行应急科普工作的基本为官方专业人员。由于以前的应急科普事业前景"不光明"，民众不愿对应急科普进行深入的了解，缺乏对应急科普相关的研究，加入应急队伍的人才寥寥无几，出现"断层"现象。

完善应急科普人才培育计划，为应急科普事业注入新鲜的血液，这是目前应急科普工作的重点之一。

（五）应急科普作品创作活力不足，国民参与程度不高

我国应急科普文化稀缺，群众的参与度过低。由于应急事业在前期不受重视，应急科普事业得不到很多的关注，创作激励机制也不完善，导致加入应急科普作品创作事业中的人员很少，而且缺少创作的动力。现有的作品有部分是借鉴外国科普作品，或者参考以前的作品，"照葫芦画瓢"，没有深入思考、分析，以至于作品的创作现状是不仅创作活力不高，而且创新力度不足，很多作品不适合现代中国国情。

应急事业迫切需要受到全社会的重视，需要营造良好的应急科普创作社会氛围，推动全社会人士参与到应急科普能力建设工作中来。

四 对应急科普能力建设未来发展的看法与建议

（一）增添相关的法律法规，建立完整的应急知识科普体系

在突发公共卫生事件发生后，应急管理的相关法律法规对应急救援的进行起着重要的规范指导作用。目前我国虽然拥有相关的应急法律法规，但尚未能落实到基层，缺少统一部署，涉及的部门广泛，难以做到在突发事件发生第一时间就进行统一调配、统一指挥。

出台相关的法律法规，可以明确责任主体，做到统一领导、综合协调、各司其职。能够有据可依，高速、高效地度过应急救援、应急恢复等阶段，减少人民群众的财产损失；可以提高公众的科学认知，提高应急科普能力建设的效率。这对预防突发事件，减少损失具有重要作用。因此，完善我国法

律中的应急科普宣教法律法规,做到科普工作有法可依,有助于建立完整的科普体系,对科普效果的提升有着重要的作用。

(二) 建设权威、反映迅捷的应急科普平台,促进媒体和科普的融合

在信息技术高速发展的时代里,传统的科普方式因其滞后性、缓慢性已经无法满足权威、迅捷的应急科普工作需求。

在传统的科普基础上,我们还要通过日益火爆的短视频平台,如快手、抖音、微博等大型公众 App,让官方机构入驻。借助短视频平台,发布视频、图片、文字等,让群众在娱乐之中潜移默化地接受应急科普教育,与公众"零"距离交流。努力打造一支专业的团队,树立起权威、亲和的公众形象,遇到突发状况时迅速发布相关信息,为民众提供迅速获取权威的信息的渠道。同时也要打压为了博取流量而传播虚假信息的不良的媒体。多方面相结合,构建权威的应急科普平台,提升群众的防灾减灾救灾能力。

建设应急科普知识平台,让媒体和应急科普进行有机结合,有利于宣传应急科普知识,提高群众对应急科普知识的认知水平,使应急科普整体工作快速推进。媒体是信息时代下向社会各界普及应急知识、倡导应急救援方法、传播防灾减灾思想、弘扬应急精神的重要平台,为全社会开展应急科普工作创造了宣传、交流、服务的网络平台,是应急科普能力建设的重要组成部分。

(三) 线上、线下多方式相结合

应促进应急知识科普多样化,并充分利用网络媒体的传播能力,将线下、线上进行更好的连通。现在全国每年举办全国科普讲解比赛。这样的比赛可以进一步落实到省、市、县,产生不同层次的讲解大赛。建立这种比赛体系,更能推选出优秀的科普人才。编辑应急科普知识的刊物进行发行,内容可包含各类突发事件的介绍、如何自救互救及应急装备和最新科普消息等。以县级为单位进行科普馆建设,举办"消防安全"等的主题宣教活动。

线上，可以应急知识科普为主建立一个电视频道，确保每个单位都可以观看；利用微信公众号、抖音这样的媒体进行"潮流化"宣教；增加线上科普比赛，如录制科普视频等；建设"应急网"，就像"应急医院"一样，为人们解答线上相关问题，并定时举办线上应急科普直播课等，形成零距离科普。

（四）发展虚拟环境科普

现实生活中的应急安全事件会受到多种因素的影响，虽然可以制定预防指挥方案，但当事件真实发生时，我们仍然很难掌控这些因素的变化。如果利用VR虚拟现实技术，人们可以设定不同的因素产生不同的突发事件。

在应急科普中，我们可以建立类似VR应急科普馆这样的场所。VR科技可让大家零距离接触、了解应急知识。声音、图像的交叉综合呈现，让消防知识的传达更丰富、更立体、更全面，让人们的感受更直观、更鲜明、更快捷。可以用轻松有趣的方式传达严谨科学的内容，宣扬敬畏生命、珍爱生命的重要思想，把生命安全教育知识向所有体验者进行普及。

（五）建设应急科普专业教育，让应急科普走向全民化

加强建设应急科普专业教育，以高校建立应急科普相关学科为中心进行扩散。应急科普相关专业将会为社会提供专业人才，壮大科普核心队伍。建设应急科普研究院，聚集各方面应急科普专家，研究探索更深层次的应急科普。建立完善的市、区、乡应急知识科普队伍体系。建立社会科普队伍评定组织，对社会科普组织进行认定，保证社会科普组织的质量。完善科普队伍体系，让应急科普走进社区，走入乡间。例如，防灾科技学院大学生地震灾害紧急救援队也是以科普为主的队伍，与三河市第六小学等组织进行过多次消防宣传、地震演练等应急知识的科普活动。

对新入职人员、商户、消费者实施应急科普，将应急科普技能培养为新入职人员的必备素养。培训最基本的目的是达到前期预防、自救互救。更重要的是员工、商户等在遇到应急相关产品、活动、知识时能够为他人正确快

速地讲解，实现综合性应急科普，让学校、超市、地铁、火车站、飞机场等地方的大部分基层工作人员都具备应急科普能力。这是应急科普全民化的重要一步。社会组织组织应急科普培训、应急科普讲座、应急科普进社区活动，亦是推动应急科普全民化的方法。

（六）支持研发，鼓励创新

建立完善的应急科普创作的激励机制，鼓励全民参与到应急科普中来。设立奖金，对创作较佳者进行表彰。在一定程度上，将这类奖项设置为职称评定等类似中的附加分。国家支持应急科普企业等开展应急科普工作，在各类科技园区中引入应急科普企业，让此类企业享受相应的政策优惠，以减轻应急企业前期发展的经济负担，让其融入市场，实现科普研发产业化，汲取社会基金，不断创作出更多与时俱进的应急作品，充实应急资源库。

五　结论

综上所述，突发事件给我们带来的危害无法预估。群众对应急科普知识也了解甚少。应急科普是科普种类之一，主要针对突发公共卫生事件展开，其作用主要是增强公民面临灾难时的自我保护意识，规范社会秩序。进行应急科普能力建设，完善应急科普相关法律法规，提升公众的应急知识水平，进行舆论引导，在处理突发事件中起着重要的作用。进行应急科普能力建设是我国实现中华民族伟大复兴中国梦刻不容缓的任务。

参考文献

[1] "应急科普能力建设研究"课题组、廖红、任贺春：《应急科普能力建设研究报告》，科技馆研究报告集（2006～2015）（上册），2017，第361～378页。

［2］胡莲翠：《突发公共卫生事件中应急科普作用研究》，硕士学位论文，安徽医科大学，2016。

［3］董帅：《我国应急管理宣传教育体系建设研究》，硕士学位论文，电子科技大学，2016。

［4］任贺春：《我国网络科普的发展现状研究》，《新闻传播》2014年第3期，第161～164页。

［5］刘彦君、赵芳、董晓晴等：《北京市突发事件应急科普机制研究》，《科普研究》2014年第2期，第39～46页。

［6］柏坤：《探析突发公共卫生事件中应急科普作用》，《传媒论坛》2020年第8期，第150～151页。

［7］高小平、刘杰、刘一弘：《建设我国应急管理科普宣教体系》，《中国应急管理》2011年第5期，第37～40页。

［8］王明、杨家英、郑念：《关于健全国家应急科普机制的思考和建议》，《中国应急管理》2019年第8期，第38～39页。

［9］钱洪伟、赵成勇：《我国高校应急科普内容设置与推广策略研究》，《决策探索（中）》2018年第7期，第4～11页。

［10］李成芳：《我国科普工作存在问题的原因分析及对策研究》，硕士学位论文，武汉科技大学，2003。

［11］郑念：《我国科普人才队伍存在的问题及对策研究》，《科普研究》2009年第2期，第19～29页。

［12］裴世兰、汪丽丽、吴丹等：《我国科普政策的概况、问题和发展对策》，《科普研究》2012年第4期，第41～48页。

未来新形势下青少年科普教育
活动的策略探究

史　博　刘志海　宋泓儒　金旭佳　薛　彬*

（1. 哈尔滨工程大学水声工程学院，哈尔滨 150001；

2. 哈尔滨工程大学物理与光电工程学院，哈尔滨 150001）

摘　要： 青少年科普素质教育和能力培养越来越受到重视。本文通过对青少年科普教育活动的局限展开分析，提出新时代青少年科普教育的发展策略，将互联网、大数据运营等技术应用到青少年科技普及教育中，达到使其大众化、创新化、规范化的目的，进一步加强对青少年科普教育的认知与实践。

关键词： 青少年　科普教育　创新　互联网

---

* 史博，哈尔滨工程大学水声工程学院硕士研究生，主要研究方向为海洋工程创新应用、科普创新教育等；刘志海，哈尔滨工程大学教授、博导；宋泓儒，哈尔滨工程大学助教，主要研究方向为光纤科普教育、青少年科技创新指导等；金旭佳，哈尔滨工程大学学生；薛彬，哈尔滨工程大学学生。

Research on the Strategies of Youth Popular Science Education Activities in the New Situation in the Future

Shi Bo, *Liu Zhihai*, *Song Hongru*, *Jin Xujia and Xue Bin*

(*1. College of Underwater Acoustic Engineering*, *Harbin Engineering University*, *Harbin 150001*; *2. College of Physics and Optoelectronic Engineering*, *Harbin Engineering University*, *Harbin 150001*)

Abstract: More and more attention is paid to the quality education and ability training of youth science. This article analyzes the limitations of youth science education activities and proposes strategies for the development of youth science education in the new era. The application of technologies such as the Internet and big data operations in youth science and technology education will achieve the purpose of popularization, innovation and standardization, strengthen the cognition and practice of youth science education.

Keywords: Teenagers; Popular Science Education; Innovation; Internetwork

一 引言

我国历来重视科普教育，青少年处于科学素质养成的最好时期[1]，然而目前来看，我国公民的整体科学素质与发达国家相比还有一定差距。而我国想要达到经济高质量发展与社会进步的目标，就一定要缩小与发达国家的差距，或者是超越它们。与此同时，这也是影响我国提高国际竞争力的一项重要因素。因此，加大对我国公民的科普教育力度，培养高质量人才势在必行。众所周知，社会发展的基础是对于一代学生的教育，其根本在于人才的培养，而作为未来国家社会经济发展的主力军，青少年群体将是加强科普教育的主要目标群体。[2]

由此可见，激发青少年在科学知识与科学技术方面的兴趣爱好并且

218

提高他们在这一方面的能力[3]，培养其创新精神，在当今时代是极其重要的，这是一个长期的国家战略性项目，其投入与实施可在一定程度上为我国的科教兴国和中华民族的伟大复兴提供保障。[4]在互联网时代，新媒体技术的发展为向青少年传播科学和技术知识这一具有价值的行为提供了更多的媒体和技术支持。目前来看，互联网相关技术在国内已经发展得比较成熟，但在科普方面，国内仍需要通过互联网等可视理论将科普的产品与方式应用到青少年科普活动中。所以，如何既在严谨的科学观念之下，保证科学知识传递的准确性，又在新时期使用互联网技术促进青少年科普事业发展，准确针对青少年科普的目标，深入科学知识的理解，这一问题应深受学术界的持续关注。所以，积极响应国家政策设计科普实践活动，提高青少年群体的科学文化知识水平，需要进一步探究与论证。

二 青少年科普教育活动的局限

《全民科学素质行动计划纲要实施方案（2016—2020 年）》表明，党和国家已经开始推进发展科学素质，并取得显著成果，但同时也明确指出，世界顶尖的科学素质水平仍超出我国很多，同时，我国目前的科学素质水平也与满足我国实现全面建成小康社会、建设创新型国家这两个重要目标所需要的科学素质水平相差甚远，这一重大问题可以具体体现在青少年科技教育的进程中。[5]当今时代，科普教育活动仍存在一些问题，使其没有真正达到青少年科普的目的。问题主要体现在以下两个方面。

（一）科普活动流于表面

尽管科学素质已经紧跟道德素质、身体素质，成为又一重要的公民指标，但不得不承认，在当下，青少年的主要任务及短期目标仍是升学[6]，而国内的升学压力也成为将青少年"禁锢"在课堂学科之中的首要压力，国家的教育机制以及升学考试限制了绝大部分地区青少年的课余时间，教育资源和机制也只能使部分较发达城市的青少年享受到真正的科普活动。当大多数青少年学生将全部精力放在学业的提升上，无暇关注科学这一不在教育编制之内的学科时，他们对科学知识的了解便大大减少了，对科普的意识也大大减弱了。而学校以及教育机构对这方面投入的比例也不会很大，可能仅仅停留在科普教育活动中的几个固定步骤以及表面化的认识上。本旨在培养青少年对科技的兴趣以及对从事科学技术事业的积极性和提高青少年科学技术能力的青少年科普活动，却在更多项目上逐渐功利化，走上了歧途。更多的现象是，为了荣誉和称号，为了日后的求学升学道路更加顺利，有人通过比赛以及项目活动获取指标，甚至使用一些错误手段谋取，当这种思想出现在学校时，学校的青少年科普教育已经倾向于一种功利化的模式，忘记了初心。

除此之外，传统的教育观念利用青少年的科普教育教学方法如课堂讲授这类普通的形式，也没有让学生真正有自主探究、合作交流以及协作创新、动手实践的机会，而这一方面也在较长时间内和国外的学生形成鲜明的对比。当国内的青少年与国外同年龄段的学生在一起进行能力交流时，会发现他们的动手实践能力远远低于国外一些国家的学生。这就导致我国青少年学生无法很好地提高综合素质与能力，这一现象制约着祖国这些未来栋梁建设国家的整体步伐。

（二）活动形式缺乏新意

目前，可以肯定的是中国有关部门对青少年进行科普的推动力度已经显著加大，并且在市场上也已有许多科普产品正在营销推广。但恰恰是因为这些，科普内容的准确性以及科学的针对性开始降低。固定的活动模式以及固定的营销方式，让青少年对此类知识仍进行填鸭式学习，使用固化的思想认识科学知识。在严谨的科学观念下，现在国内的科普教育与艺术人文领域缺乏沟通，并没有很好地根据学生思维以及目前青少年群体的特性来设置课程和培训机制。而在如今互联网以及智能物联网普及的背景下，旧时期的青少年科普理论更是无法达到其目的。保守预测，超过 1000 亿的设备将会在 30 年后连接在互联网上。彼时，无论是成人还是青少年，与物联网的信息的接触都不可小觑。如果一直使用从前的刻板活动形式，便会在这一环节与时代脱轨，慢慢忽略对青少年进行科学普及。[7] 在这一背景下更加合适的决定便是通过物联网的信息来加深青少年对世界的了解与认识，通过最新的物联网技术来开展青少年的科普活动，利用更加丰富多彩的活动进行科普实践教育，利用如今已经比从前大幅增长的资源能力以及科学技术，旧时的固定实践活动模式已经不能满足青少年前沿科技的视野以及领域需求，活动形式随时代迭代更替便是解决之道。

三　未来新形势下青少年科普教育发展探究

（一）营造科学文化学习的氛围和形势

提高新时代青少年科学和文化水平的一大重要基础，就是营造学习科学文化等相关知识的氛围。应针对全民强调科普的重要性，让社会、家长以及学校明确此类活动的目标。青少年的科普教育是整个社会的责任，只有全民对科普教育的认识都得到了深化，才能够更好地确保青少年科普教育的成果。从根本抓起，让社会群众真正意识到国家人才战略实施的重要意义，才能通过加大教育工作的力度，为科普教育投入更多的资源，并且真正将资源放入能力技术以及德育的培养。摒弃不好的观念思想，不追求功名利禄，而是关注科普的真实目的，提高青少年的科学认识水平以及培养青少年对科普的兴趣。摆正不同部门各自的责任与姿态，真正认识到教育强国科普发展的重要性。

学校教育教学依然是对学生进行科技教育的主要途径，对学生进行科技教育的主要群体还是教师，且学生科技发展水平的一个直接影响因素就是教师对科技教育的认识程度和自身的科技素质水平。因此，应当大力加强教师对学生的科学技术教育。

（二） 创新科普形式，紧跟时代步伐

在不断增强科普教育的同时，也要不断探索科普教育的方式与思路。努力符合时代的要求，紧跟时代的发展，才能让青少年的科普教育真正实现培养青少年的兴趣与提高青少年的能力这一目标。

2016年，中国石林喀斯特地质博物馆邀请了上海科技馆相关科普专家对科普工作者进行培训，围绕创新科普教育形式展开，开拓了几项创新科普实践活动的方式，用具有感官冲击力并且新颖有趣的方式进行科学信息的传递、科学原理与反应的讲解，让青少年更加有兴趣去了解这些事物，发掘其中的乐趣，与艺术真正结合，与生活更加贴近。说到创新形式，除了向青少年进行科普知识的讲解，还有一个独特的方式，就是2016年中国石林喀斯特地质博物馆征集小小讲解员的活动，让孩子们自己作为讲解员轮流讲解展示每件产品，以获得更深的印象以及培养科学的责任感。在有限的几个小时之内，让孩子成为地道的科学崇拜者。再比如DIY课程体验，近几年在很多地方都有此类活动；开展"情暖童心"等下乡活动，与留守儿童群体进行科普教育；带领儿童群体自制飞机与船体模型并放飞，不仅让他们在动手活动中体会了科学知识，也让他们真正身临其中，放飞对科学知识的梦想。当今的智慧化校园以物联网为基础，已经可以将学生的工作、学习、校园生活进行一体化。通过操控终端电脑，便可以将学生们的科研与生活管理结合在一起，可以了解他们的生活轨迹、学习习惯等。使用此类技术其实就可以将学生们接触到的不同电子信息技术加以科普，使其出现在生活中。

这些科普教育的创新方式对我们的活动起着尤为重要的推动作用。我们更应该鼓励当今大学生以及社会团体或者是校方老师进行创新实践假设，提出更多更有可行性且贴近学生真实生活的不同科普方案，真正落实高质量科普教育。

（三） 线上线下教育相结合

网络信息化令青少年的观念迭代更替更加快速，但也同时有了一些负面

影响。由于如今的信息具有一定的混乱性，我们对网络的认知更需要结合青少年的需求。互联网现今高速发展，大量的信息每天通过网络被我们所吸收、了解，其中存在许多积极向上且对青少年的发展具有积极作用的信息，但同时也不免有一些负面信息。我们在利用互联网进行教研实践活动的同时，要对互联网上的资源进行合理的选择、整合、利用，做到取其精华，去其糟粕。

2020 年的新冠肺炎疫情让绝大多数学生实现在线视频听课，传统的教育工作加入了互联网这一成分，先不说这张互联网与线下结合的答卷是否能够拿到更高的分数，但这的确提供给人们更多的机会。我们想要让网络在青少年科技教育中发挥强大的作用，可以充分结合线上与线下的教育工作来实现。一些传统的教育工作载体可以被青少年科普网络学习代替，将知识性的项目与技术性项目分开来进行针对性教学，可将知识性项目投入网上，通过互联网进行实验操作、知识讲解，甚至通过虚拟现实技术达到原有目的，将真正的精力和资源放在实际操作的线下活动。这样分开可提高效率，减少损耗，使线上、线下互相结合，互相补充，更好地推进青少年创新实践教育活动。

（四）高校与中小学关联对接

人才的传递、知识的分享是这个时代的可贵之处。一代青少年走向大学校园，走向社会，他们更加知道，在年少时能够接受科普教育会对未来的发展起到什么样的作用，这不只是为了应试教育的学科分数，更是为了今后思想的拓展。可以通过帮助小学以短期支教的形式，通过进行中小学生科学知识的指导与教育，通过有组织的联结，将课程提前准备、分配给大学校园内的同学，并与周边的小学对接，通过团队协作进行有力的科普教学，这样既节省教学资源，也能使青少年真正接触到高校的资源，使他们提前对大学生活有所了解，了解到未来发展的不同方向，更是普及科学知识的一个好机会。当多次尝试与试验成立之后，便可成立定点服务项目，这样也能保证资源的高效利用以及团队优势的发挥，使青少年对科学技术有更深的理解，并且掌握一定的科学知识。也可以通过向家长进行宣传的方式，让他们明白当代青少年担负的责任与科技发展时代下的需求。除此之外，还可以通过参加院士报告会、专家学科前沿讲座等与科学家、名校和名师的交流等高层次的科普活动，让青少年感受到学科前沿技术的发展，激起他们的兴趣。在一些志愿者的带领下，通过"中小学生进校园"等活动使他们产生对科学知识的兴趣。而这种活动的成功便来源于中小学生与国内高校的关联与资源的共享，可更直观地让他们感受到科学知识的用处和重要性。

现如今，国家越发重视对青少年创新创业能力的培育，比如近几年开展的众多科技创新型大赛，许多工科学校已经开展了众多创新创业类课程，这种课程的开展更进一步促进了青少年科技能力的提升，并依托于科技创新型大赛进一步渗透中小学的相关领域，形成创新创业教育体系。

四　检验科普实践创新活动的成效

科普实践活动层出不穷，有许许多多的方式。如何判定每一次的科普实践活动是否能真正做到将科学知识、科学兴趣赋予青少年，需要考察以下几点：青少年是否参与其中进行互动实践；青少年是否能有效地参与进不同的科普活动环节，并从中学习到知识。青少年只有将自身置于科普活动之中，才可以达到真正的实践目的。可以通过一些科普实践活动，让青少年增加对科学知识的兴趣，开阔视野，了解到更多科学行业以及科学对社会的贡献作用，让他们打开对科学知识的认识大门，让青少年感到学有所得，提高科学在他们心中的价值，让他们有以后从事科普相关工作的意愿。通过不同的讲解、不同的活动，青少年会慢慢了解到更多的知识，有自己的收获，接触更多身边的科技发展成果，探索发现并且了解身边的新事物。随着时代发展，互联网技术逐渐变得成熟，通过互联网进行一些网上实验或者通过虚拟现实了解科普知识，会让青少年在进行科学普及的同时，也认识到当今社会的特点。只有紧跟新时代的步伐，探索更多的技术与知识，才能成为一个真正有用的未来之星。

五 结语

社会的发展要求我们注重对高质量人才的培养，在这一环境背景下，对青少年进行科普教育的重要性逐渐显现出来。对青少年的科普教育应该得到国家、学校等相关机构的更多重视。要认识到时代发展下青少年科普实践活动的局限性，并据此进行改进。为了给青少年科普实践活动提供良好的环境，社会以及各种科普机构要努力营造科学文化学习的良好氛围。在形式上要创新科普形式，紧跟时代步伐，探究青少年科普实践活动与互联网发展互相结合的方式。通过研究成功案例并以此为标准进行创新，找到适合青少年的活动形式，推动高校与中小学关联，进行人才知识的传递与分享。采取多样化的方式，提高青少年的动手能力，增强其创新意识，努力为我国今后实现社会经济高质量发展奠定坚实的人才基础。相关部门在负责科普活动的设计中，要用更细致敏锐的手法进行探索，了解科普活动的真正内涵，精心设计科学探究活动的流程和环节，在不同的阶段，用不同的方式引领青少年思维及其全面发展，在实践探究的各个环节中为青少年提供更多探究的机会和环节，以培养青少年的科学思维，通过全社会的共同努力最终实现青少年科普活动的发展。

参考文献

［1］李娜：《青少年科学素质提升工作模式研究》，硕士学位论文，天津大学，2010。

［2］刘霞、陈文辉：《新形势下青少年科普教育模式的探索分析》，《科技与创新》2020 年第 12 期，第 76 ~ 77 页。

［3］杨吉慧：《青少年科普教育实践创新研究》，《大众标准化》2020 年第 4 期，第 230、232 页。

［4］郭叶铭：《浅谈青少年人工智能科普活动的实践和探索——基于浙江省青少年人工智能科普活动分析》，《科技通报》2019 年第 8 期，第 231 ~ 235 页。

［5］严博：《基于 STEM 的青少年科普教育活动实践研究》，硕士学位论文，福建师范大学，2018。

［6］张俊、申晓丹、王春晓等：《对青少年科普教育活动的实践与探索》，《才智》2016 年第 24 期，第 126 页。

［7］郑坚：《青少年科普教育活动的实践研究》，《教育教学论坛》2016 年第 21 期，第 187～188 页。

新冠肺炎疫情中利用移动通信媒体科普传播的实战与策略

田超然　乔爽益*

（郑州科学技术馆，郑州 450000）

摘　要： 突如其来的新冠肺炎疫情，让科技馆的教育活动由线下转换至线上。其中，移动通信媒体以其灵活性强、辐射范围广、形式多样等优势，在线上科普中发挥着重要作用。本文通过分析新冠肺炎疫情期间全国部分科技馆开展线上科普活动的内容、传播形式、宣传效果，总结了线上科普的经验，并提出策划、实施线上科普的建议，为科普场馆后续的线上科普提供参考。

关键词： 移动通信媒体　科普传播

Actual Combat and Strategy of Science Popularization by Mobile Communication Media in COVID – 19

Tian Chaoran，Qiao Shuangyi

（Zhengzhou Science and Technology Museum，Zhengzhou 450000）

Abstract： The sudden outbreak of the Science Museum's education activities

---

* 田超然，郑州科学技术馆科学教师；乔爽益，郑州科学技术馆科学教师。

from offline to online, in which mobile communication media play an important role in online science popularization because of its flexibility, coverage and diversity. Based on the analysis of the content, spread form and propaganda effect of the online popular science activities carried out by some national science and technology museums during the period of the new coronavirus, this paper sums up the experience of online popular science, and puts forward some suggestions on the planning and implementation of online popular science, for Popular Science Venues follow-up on-line Popular Science to provide reference.

Keywords：Mobile Communication Media；Emergency Science Popularization

新冠肺炎疫情的暴发是人类与病毒较量史上的一场恶战，由于其突发性、复杂性，对我们的生产生活造成了严重影响。疫情最严重时正值节假日，为了避免病毒传播，中国做出了快速的反应，令所有工厂停工，学校停学，商场、电影院、各大景点关闭，有效地控制了病毒的蔓延。但是疫情隔离对整个社会造成的影响却是非常大的，包括本该在这关键时刻发挥价值的科普场馆，几乎全国所有场馆都被按下了暂停键。在这期间，科普常用的传播媒体（如书刊、电视、广播、挂图、展览等），在普及性、时效性、接收性等方面大多受到不同程度的阻碍，譬如所有科普场馆都面临无法在线下开展科普活动的困境。这时所有人的目光都转移到了线上。线上科普顾名思义就是利用网络平台开展科普活动，已经成为很多科技场馆开展教育活动的一种辅助形式。就目前的线上载体而言，手机是最普及且随身携带的。移动通信基站或线路即使因灾害发生损坏，也是优先修复的，同时手机本身已经具有广泛的普及性，利用移动通信媒体进行科普，具有最快速、最便捷、最普及的特点。而由于这次突发疫情的特殊性，已经普及的手机更加成为不可缺少的线上社交纽带，随着各类 App 出现了更多受众群体，移动通信媒体成了此次线上科普的最主要载体。接下来就向大家分享一些各科技馆在此次疫情中的线上科普经验，以及对移动通信媒体科普后续发展的思考。

一 多元化的线上科普形式

（一） 选择合适的渠道，考虑平台多元化

移动通信媒体种类有很多，如客户端、微信公众号、微博、短视频平台等，多种渠道特点各有不同，在面向的受众群体、适用的内容形式等方面均有较大差异，因此，科技馆在选用媒体渠道之前，应该把握各个渠道的特点，使科普发挥出最大效力。

在此次疫情期间，我们主要选择的是抖音平台、微信公众号、微信群聊、钉钉直播群。如此多的线上渠道，我们应不局限于一个平台并尽可能发挥每个平台的优势。拿抖音来说，它属于各线上平台中开放性最强的一个，形式偏向娱乐化。疫情期间我们成立了"请叫我开心老师"的抖音号（见图1），累计发布科学视频61个，获得3万余次播放量，并在固定时间开展直播，便捷的分享方式和开放的平台可以让视频在更广的范围实现其科普价值。但是将抖音作为科普平台也有它的局限性，抖音的开放性和娱乐性决定了其受众群体少年儿童偏少，而科技馆最大的受众群体是少年儿童，这一特点需要我们选择有明确受众的平台，于是我们也开放了钉钉直播群。

钉钉软件为阿里巴巴旗下的一款智能移动办公平台，其涵盖在线组织、在线沟通、在线业务和钉钉教育等功能，其中网络直播功能属于钉钉教育下的功能模块之一。钉钉群操作简单，单个群聊容量大，可以添加999名群成员，基本可以满足场馆教育的直播需要。[1]同时，其功能设定也非常地人性化，比如可以自动保留直播视频，错过直播时间的群成员可以观看"直播回放"；直播过程中主播可以通过观众们的及时留言选择性回答问题以增加互动，有"连麦"功能，在直播的过程中还可以申请连麦，直播讲师和观众连麦成功后，可实现视频语音通话，为直播增加了很大的灵活度，拉近了主播和观众之间的距离，提升了互动感，最大限度地还原了线下场馆科普活动的形式。

图1 郑州科学技术馆在疫情期间的抖音号

从目前的经验来看，抖音和钉钉各有优势：抖音是在开放的环境中，有个人主页及短视频，任何人都可能看到视频或者通过直播间关注其科普内容；钉钉是一个闭环，只有在群内才可以收看直播，适合在固定时间进行直播。郑州科学技术馆数学实验室就是利用钉钉的此类功能，在疫情期间已经建立7个钉钉群，通过将郑州科学技术馆微信公众号粉丝拉入钉钉群进行粉丝转化，并在固定的时间进行群联播，维持了大量的粉丝，每次观看直播的人数已经可以稳定达到1000人以上，基本实现直播群的科普价值。这样看来，钉钉最大的优势是它可以专门针对学生群体，这点和科技馆科普活动的主要对象少年儿童是一致的。大量的受众让钉钉在特定直播内容下有一定的优势，再加上适合科普教育活动的一些直播功能，钉钉在直播上略胜抖音一筹。

场馆在线上科普的过程中能够根据自己的科普内容、科普对象进行相应的渠道选择是至关重要的，不局限于一个渠道，不局限于一种形式，利用平台的多元化，对号入座才能将科普内容最好地呈现出来并传播出去。

（二）借助传统媒体的"新形势"

大象新闻客户端是河南广播电视台的唯一官方客户端，郑州科学技术馆魅力科学课堂联合大象新闻于大象新闻客户端推出了《魅力科学课堂》（见图2）、《T博士讲科学》两个精品系列课程视频，视频推出后就受到了学生和家长的欢迎，总计播放量已经达到了5万次以上。

图2　大象新闻客户端的《魅力科学课堂》精品课程

"央视频"是中央广播电视总台推出的总台综合性视听新媒体旗舰平台，也是中国首个国家级5G新媒体平台，手机下载央视频App即可纵览最新、最全面的资讯与视频，为线上科普提供了官方的有力支持。其中科普直播栏目——"博物馆奇妙yeah"（见图3）更是场馆人员联手央视少儿和科普节目主持人毛毛虫、龙洋等开展的线上直播场馆教育活动，这些主持人作为嘉宾分别逛遍中国科技馆、北京天文馆、观复博物馆等各个教育场馆，每次直播，观看人数过万，因突发疫情，各个场馆都无法对外开放，跟着熟悉的主持人一起"云游"参观，加上适当的明星效应，必然有很多观众为其买单。

由此可见，电视台等传统媒体也在积极拓宽传播平台，融入移动通信媒体，作为社会公共教育机构的各大场馆借助其官方的宣传能力，利用移动通信媒体等新渠道，将线上科普活动进行多层次、立体化的推广，扩大了受众的覆盖面，也使内容更具公信力。

图 3　"央视频"科普直播栏目"博物馆奇妙 yeah"

（三）比赛、评选为线上科普添加一份参与互动感

"科学实验挑战赛"由中国科技馆微信公众号"中国数字科技馆"最先发出，各地参与活动的科技馆也将通过微信公众号平台推出自己制作的科学实验视频，使青少年通过进入相关科技馆线上科学课，在家也能学着做科学实验，以实现在全国范围内联合传播科学实验教学的效果。由于选题宽泛，材料简单易得，亲子互动性强，"科学实验挑战赛"一经推出，各个科技馆就收到了大量的优秀作品（见图 4）。这样的活动在一定层面上打造了线上"永不闭馆"的科技馆，促使科普对象化被动为主动，进一步激发了公众爱科学和学科学的热情。

图4 "科学实验挑战赛"优秀作品

与此同时，长三角科普场馆联盟80家场馆与粤港澳大湾区科技馆联盟联动打响的科普战"疫"——线上竞答活动，由上海科技馆、上海中国航海博物馆、江苏科技馆等11家场馆牵头发起，并且陆续吸引了14家以上的场馆共同参与，果壳网、弘博网等加盟支持。内容涉及病毒知识、传染病防疫、动物生态保护等科学益智竞答题，并设置了丰厚的福利奖品，如免费门票、电影票、科普图书等，一定程度上使公众的参与积极性更强，举办联合对象也不局限于科普场馆，扩大了线上科普答题的影响力。综上所述，线上活动无论是投稿评比类还是答题竞赛类，能够使受众主动参与进来的才是最有价值的活动，科技馆与公众的关系从"我对你进行科普"变成"我要参与科普"才是最好的状态。

二 提供有价值、有意义的线上科普内容

（一）提供和当下突发事件有关的科普内容

为了稳定整个社会情绪，增强公众在疫情期间的自我保护、科学防疫意

识，在疫情期间，郑州科学技术馆的线上科普内容也有所调整，在保留其寓教于乐的科普风格的前提下大体偏向于防疫知识。例如，通过于官方网站科普漫画"没有特效药！新冠肺炎患者到底是怎么治愈的？"让公众科学理性地认识了解什么是新冠肺炎，向大家提供了通俗易懂的新冠肺炎疫情科普知识；"戴口罩的时候，如何让眼镜不起雾？"通过简单的物理实验，让公众亲身体验，利用生活中的物品，轻松掌握抗击疫情的小窍门；馆员也积极响应社会号召，策划并拍摄了抗击疫情的微电影——《口罩风波》，通过轻松幽默的剧情进行抗疫精神宣传；及时驳斥扰乱社会秩序的谣言；等等。科技馆具有一定的社会公信力，在突发事件上的科普具有一定的可靠性，线上科普的内容更应该结合当下突发情况，着手于公众自身，辅助维护社会秩序，更好地发挥其社会科普价值。

（二）提供大众喜闻乐见、简单易学的科普内容

所有线上科普一直以来有一个短板，即参与性有所欠缺，在此次疫情中，这样的问题依然存在并且被更加放大化。疫情期间我们策划了"科学·造起来"的科学实验线上活动，以微信、钉钉视频与直播的形式鼓励大家亲手实验，旨在帮隔离在家的每个人树立学科学、爱科学的意识，但在实施过程中常常得到的反馈却是没有合适的实验材料和试验场地，线上科普的短板开始逐渐显露出来，于是我们得出结论，在抗击新冠肺炎疫情这个特殊的时期，科普内容选题上应该尽可能地贴近生活，尽可能地简化实验材料，将实验材料替换为方便于家中可得的材料，做到让科普"源于生活，高于生活""以生活影响生活"，果然受到了不同受众群体更加积极的响应，进而实现了线上科普提高受众参与感的目的。

（三）充分结合学校，实现线上的"馆校结合"

馆校结合已经是各科技馆一项趋于成熟的教育形式了，中央文明办、教育部、中国科协联合开展"科技馆活动进校园"工作，明确要求将科技馆资源与学校教育特别是科学课程、综合实践活动结合起来。[2]应该添加与学

校科学课程相关的科普内容，填充丰富学生的课余学习，也增加学校对于馆校结合的积极性。同时，新冠肺炎疫情期间学校有一套相对完善的网络教学模式，值得我们借鉴参考。而学校庞大又有针对性的学生受众群体，也可以弥补场馆线上活动受众人群较少的短板。各场馆在线上活动刚起步的时候加强与学校的联系，将线下已经稳定化的合作关系复制转移到线上，可以更快地扩大活动辐射面。

三　移动通信媒体应成为一种长期性、必要性的科普载体

（一）丰富线上科普资料库

现今移动通信媒体已经成为最为便捷的线上科普传播媒介，可以说是"随手转发即科普"。这更需要我们做好线上科普资料库的充分储备。郑州科学技术馆拍摄了"科学小达人"科学实验情景剧及 T 博士讲科学、扫码看展品等科普视频，方便了来馆参观的观众，也在疫情期间为各移动通信媒体补充了线上科普资源。当然，手机里的活动并不能局限于看，系统的直播课程与活动配套资源包是线上科普的有力支撑，可以拉近与手机屏幕前观众的距离，增加互动感。

（二）维护各媒体平台受众群体

固定的受众群体是线上科普顺利实施的必要条件。对于移动通信媒体方面而言，每个科技馆都有自己的微信公众号平台以及固定的平台粉丝，那么这些粉丝就是最稳定的科普受众，因为这批受众可以第一时间在手机上收到公众号发布的消息，这就是为什么我们要积累并维护各媒体平台受众。然而单纯积累受众是不够的，为了保证粉丝不会流失，保持其活跃程度也是非常重要的。

此次疫情期间开设的各平台科普号、群聊将在后期的维护下演变为科普

群，与科普场馆线上活动并行。目前抖音科普号"请叫我开心老师"还在持续更新科普作品，并在抖音、钉钉同步定时直播，持续不间断地更新有意义有价值的内容才能维持并吸入更多的受众，保持其活跃性。

疫情的缓和不是线上科普的结束，而是其开始，线上科普还有更大的发展空间与特有的优势。郑州科学技术馆魅力科学课堂也在五一推出了新的线上科普活动形式——邮寄材料到家，观众可以用手机观看直播做实验，活动一经发出即有近150人订购了实验材料包。钉钉收看直播参与实验，这给了我们莫大的鼓励和信心，线下几十人的活动转移至线上竟然有了十倍的人数增长，而也正是移动通信设备跨越活动空间与地区的独有优势让越来越多的人体会到了线上科普的便捷，这也是即使疫情结束，线上参与人数仍增不减的原因，而受众的持续积累也是对开展线上科普最大的支持。

四 结语

突如其来的疫情让我们发现了线上移动通信媒体与科普的契合点，并看到了这二者联合的后续发展空间。移动通信媒体科普传播在今后是需要我们作为常态化科普去落实的，所以无论是内容、开展形式，还是平台选择，都需要我们根据实际情况做多角度的考虑。在这次实践中留下的思考与经验则需要我们在接下来的科普工作中持续不间断地落实到位，发挥出科技馆最全面的社会科普价值。

参考文献

[1] 高欣、李明、吴海平：《网络直播在远程教学中的应用探索——以钉钉直播为例》，《办公自动化》2020年第6期，第21～23页。

[2] 俞学慧、方家增：《馆校结合的科学教育实践与探索》，《科协论坛》2012年第5期，第45～48页。

跨学科教育视角下科普服务发展路径与实施策略探讨

王梦倩　崔　鸿*

（华中师范大学，武汉 430079）

摘　要： 科普服务是创新驱动发展的重要阵地，其自带的教育功能与社会属性为跨学科教育提供了实践的基石。本文首先从我国科普服务现状入手，探讨现阶段跨学科教育在科普服务中落实的困境，并基于泰勒的经典课程模式，从目标、内容、组织、评价四方面入手探讨跨学科教育视角下的科普服务发展路径。然后，通过案例分析展览服务、活动服务、资源服务三类科普服务应如何实现跨学科化。最后，提出规划跨学科视角下的科普服务政策、提升基础设施中跨学科教育元素、制定跨学科科普人才培养方案等实施策略。

关键词： 跨学科教育　科普服务　发展路径　实施策略

---

* 王梦倩，华中师范大学教师教育学院博士研究生；崔鸿，华中师范大学生命科学学院教授。

Discussion on the Development Path and Implementation Strategy of Science Popularization Service from the Perspective of Interdisciplinary Education

Wang Mengqian, Cui Hong

(*Central China Normal University, Wuhan 430079*)

Abstract: Science popularization service is an important front for innovation-driven development, and its inherent educational function and social attributes provide the cornerstone for the practice of interdisciplinary education. This paper starts with the current situation of science popularization service in China, discusses the dilemma of interdisciplinary education in science popularization service at the present stage, and based on Taylor's classic curriculum model, discusses the development path of science popularization service from the perspective of interdisciplinary education from four aspects: target, content, organization and evaluation. Then, through the case analysis of exhibition service, activity service, resource service three types of popular science services to achieve cross-disciplinary approach. Finally, the paper puts forward implementation strategies such as planning the science popularization service policy from the interdisciplinary perspective, improving the interdisciplinary education elements in infrastructure, and formulating the training plan for interdisciplinary science popularization talents.

Keywords: Interdisciplinary Education; Science Popularization Service; Development Path; Implementation Strategy

2014 年，国务院印发《关于加快科技服务业发展的若干意见》，将"科学技术普及服务"纳入科技服务业之中；2016 年 5 月，中共中央、国务院印发《国家创新驱动发展战略纲要》，将科普作为创新驱动发展之一；同年 5 月 30 日，习近平总书记在全国科技创新大会、两院院士大会、中国科协第九次全国代表大会上发表重要讲话时指出："科技创新、科学普及是实现创新发展的两翼，要把科学普及放在与科技创新同等重要的位置。"这些文件和讲话均体现出我国对科普服务工作完善、全民科学素质提升的宏图。[1]

跨学科（Interdisciplinary，亦译为"交叉学科"）最早出现于20世纪20年代中期的西方文献中，指的是超越一个单一的学科边界而进行的涉及两个或两个以上学科的知识创造与传播活动。[2]伴随着人类文明从"机器工业文明"时代转入"信息智能文明"时代，日常生活情境逐步复杂化，教育也步入4.0时代，学科之间融合势头涌现，全球越来越多的高校开设跨院系、跨专业课程，众多本科生教育、研究生教育的科技创新教育指向了跨学科融合，实现创新人才的稳定输出。在中小学方面，美国《下一代科学课程标准》（NGSS）中提出了跨学科概念，对各学科中的通用知识进行了总结，其中提倡的 STEM 教育在我国的发展更是如火如荼，主张将科学、技术、工程、数学进行整合。可见，跨学科教育的势头已从高等教育逐步转向基础教育，逐步落实并全方位衔接。科普服务作为大众理解科学的重要途径，对跨学科人才的培养起到极为关键的作用。

现阶段国内对科普服务的相关研究主要涉及科普产业发展、科普志愿服务、场馆教育等，在新冠肺炎疫情影响下，应急科普的相关研究受到重视，但对于如何在跨学科视角下实施科普服务教育的相关研究较少。本文将从跨学科教育视角，审视科普服务中的现状与困境，并围绕目标、内容、组织、评价四部分探讨科普服务的发展路径，并提出实施对策，为提升科普服务质量提供思路。

一　科普服务中跨学科教育落实的现实与困境

（一）我国科普服务现状

科普服务是政府为满足公众科普和科学素质提升的需求，面向全体公民或某类社会群体，组织协调科普相关机构、企业和社会组织等或直接提供的科普产品和服务的系统与制度的总称，包括科普服务设施、服务内容、服务手段、服务提供者，以及资金、技术和政策保障机制等。科普服务也应跟随正规教育的脚步，重视跨学科教育在其中的落实。[3]

从科普基础设施来看，自 2010 年以来，我国科普基础设施建设逐渐进入全面发展阶段。截至 2017 年底，中国科协命名的全国科普教育基地有 1193 个，全年参观人数达 2.6 亿人次；省级科协命名的省级科普教育基地有 4366 个，全年参观人数达 3.3 亿人次；各级科协命名的农村科普示范基地有 15821 个。[4]

从科普服务内容来看，伴随着各类型科普场馆与设施的设立，科普服务内容更加丰富多彩。其中涉及兼容并包的综合科学中心、自然博物馆以及天文、地理、航空航天、汽车、农业、建筑等多种专业性极强的科普场馆，还有关乎民生的国土资源馆、当地特色博物馆、各地的国家森林公园、自然保护区。此外，各大科研院校也尝试面向大众开放学习，如武汉的中国科学院测量与地球物理研究所、安徽省林业科学研究院等，都为大众提供学习的基地。

从科普服务标准化来看，2017 年 6 月 12 日，全国科普服务标准化技术委员会经国家标准化管理委员会批准正式成立，主要负责科普基础设施设备、科普展教品、科普服务质量与评价、数字科技馆、科学素质测评领域的国家标准制修订工作。[2]科普服务标准化委员会将科普服务标准体系按照层次结构划分为科普服务基础通用标准、科普服务提供标准、科普服务资源标准、科普服务评价标准四大类。

可见，随着我国对科普服务政策的层层推进，科普服务建设已在祖国大地百花齐放，逐步走上正轨，为更深入规划科普服务的发展、提高科普服务质量奠定了良好的基础，同样也为跨学科教育在各大科普服务基础设施中的落实提供了保障。

（二）科普服务中跨学科教育落实的困境

抓住科普服务的现状为跨学科教育落实带来机遇的同时，需要审视现阶段科普服务跨学科教育落实的困境。主要困境在于科普服务中跨学科教育的定位不明确。其主要原因在于跨学科教育研究在我国起步较晚，更多研究来源于国外的相关理念，如杜威的"做中学"、NGSS 中主张的 STEM 教育理念及其中主张的跨学科概念，而导致国内对其内涵不求甚解。国外对跨学科教育的概念界定、思维需求、团队建设以及各学科中跨学科的教育内容与方式均做了较为深入的实证研究。赫克豪森（Heckhausen）依据跨学科在研究中所扮演的角色将跨学科分为六种不同类型[4]，如表1所示。跨学科教育的不同类型便代表着教育实践者对跨学科的不同理解程度，这六种类型的跨学科教育在落实过程中的教学效果也是极为不同的。

表1　六种不同类型的跨学科

种类	特征
随意性跨学科	在相关学科知识领域四处出击，浅尝辄止，不求甚解
虚伪性跨学科	所谓跨越的部分实则无学科区别性特征
辅助性跨学科	运用一个学科的方法所产生的结果为另一个学科提供佐证
合成性跨学科	运用不同学科的知识、方法共同求解同一疑难问题
增益性跨学科	多个学科围绕同一主题聚合起林林总总的见解与事实
统整性跨学科	多个学科聚合在一起发挥出解决统一复杂问题的突出作用

对于跨学科教育来说，科普服务将是其落实的重要阵地。在正规学校教育中，学科分科是课堂教学的一般模式，为学生带来的是面向分层考试的教育方式；而在科普服务阵地，主要目的在于提升科学素质，让公众了解必要的科学技术知识，掌握基本的科学方法，树立科学思想，崇尚科学精神，并具有一定的应用它们处理实际问题、参与公共事务的能力。因此，重视跨学科教育的落实极为重要。

二　跨学科教育下科普服务的发展路径分析

跨学科教育与科普服务均带有鲜明的教育属性，结合两者的共性更易探讨发展路径。本部分依据拉尔夫·泰勒的经典课程模式，从目标、内容、组织、评价四个维度探讨"跨学科视角下科普服务应达到什么目标""应设计什么样的教育内容才能达到这些目标""怎样有效组织这些教育内容"以及"如何确定这些目标得以实践"等问题。

（一）跨学科教育目标视角下的科普服务发展

在跨学科教育视角下的教育目标可以划分为两类。第一类指向培养学生面向未来复杂情境的问题解决能力，有学者总结出相应的跨学科能力，如创新创业能力、财经素养、计算素养、全球胜任力等。这一思想与我国近几年对 STEM 教育相关研究的理念一致，如余胜泉等指出跨学科意味着教育工作者在 STEM 教育中，不再将重点放在某个特定学科或者过于关注学科界限，而是将重心放在特定问题上，强调利用科学、技术、工程或数学等学科相互关联的知识解决问题，实现跨越学科界限、从多学科知识综合应用的角度提高学生解决实际问题的能力的教育目标。[5]第二类则认为跨学科教育是为了培养未来一线的科研人员，在面向未来的科研世界中，跨学科研究同样将成为主流，专精一门学科的高等教育培养已逐渐式微，此时我们要培养跨学科的人才对接，这对于未来储备科研人员具有极高的价值。[6]

对于科普服务来说，对象从幼儿到老年均有涉及，面向不同的群众需设计特定的教育目标，进而实现精准科普。因此，结合跨学科教育的思想，科普服务目标的发展将从面向提升公民科学素质，转向提升幼儿与义务教育阶段学生的知识迁移能力，将课堂中的知识转向生活中的实际问题；提升高等教育人才的跨学科思维、批判性思维，开阔其国际视野；提升成年公民与老年人适应快速发展的现实生活能力。

（二）跨学科教育内容视角下的科普服务发展

跨学科教育在教学内容上的限制较少，更多的是基于问题情境组织相关学科的学习，实现在潜移默化中的知识学习，如日常生活中缺少不了的设计思维。曾经设计在创新过程中往往发生在下游，专注于使产品在美学上具有吸引力，但随着社会趋于复杂化，人们的需求日益多样，设计渐渐不再是简单的包装，而是需要通过跨学科的视角来完成。此时，设计人员在必要的情境中主动学习跨学科相关知识以解决现实中的问题。[7]

科普服务的内容同样涵盖广泛，将跨学科教育的视角融入科普服务中，将是对科普服务的一种新的拓展。最典型的是上海自然博物馆将摆放陈列的藏品、展品与科学知识相结合，完成令人惊艳的一场场涉及课内、课外科研知识的科普活动，让学生、科学家等都乐在其中。

（三）跨学科教育组织视角下的科普服务发展

跨学科教育的组织形式的最大特点在于真实情境。传统的认知学习理论认为，专业知识是科学的、理论的、客观的，它们被现有的学科分类法和图书馆分类法毋庸置疑地预先分类，学生如果记住了这些知识，并在需要的时候将其反刍，就代表获得了知识。因此，教育工作者、教育理论家、研究者都专注于解决如何让一名学生在学校中更好地吸收知识这一问题。新时代的科学知识本身具有情境，因此，跨学科教育在情景学习理论的指导下，将专业知识根植于社会与物质环境，让学生在实践中去暂时地、偶然地获得与巩固知识。国外跨学科教育研究案例中，最为典型的便是护理医学教育。出发点为患者的护理，是一项极为复杂的活动，要求卫生和社会护理专业人员协同工作，但合作效果不佳，由此展开一系列跨专业教育研究。[8~9]

科普服务因其实施环境为非正式环境，且本身具备一定社会属性，故为提供跨学科视角下的组织形式提供了极为有利的条件。面向跨学科教育组织形式的科普服务，应重新审视现阶段科普服务中局限于课堂、授受的教学形式，提升科普服务教育质量。

（四）跨学科教育评价视角下的科普服务发展

教育评价是对教育目标达成情况的评价，跨学科视角下的教育目标从知识、技能的传授转向能力的培养。因此，跨学科教育评价也将转向对科普服务受众各方面能力的评估，如科学理解能力、探究能力、思维能力、工程设计能力等。现阶段，国内面向科普服务效果的相关研究较少，主要原因在于其受众的广泛性、内容的多样性、服务时间的不可控性等。因此，更多研究的是局限在场馆教育活动的效果评估。若从跨学科教育视角来看科普服务的评价，则将评价的视野变广，转向的是一个正在发展中的人。

综上，从跨学科教育视角审视科普服务教育的未来发展，将为科普服务发展提供新视角，具体表现如表 2 所示。

表 2 跨学科视角下的科普服务发展路径

目标	面向不同的群众设计的跨学科能力目标
内容	跨学科知识
组织	具有真实情景的问题解决过程
评价	面向"正在发展中的公众"的能力评价

三 例析跨学科教育视角下的科普服务

结合上述总结的跨学科视角下的科普服务发展路径，可以尝试对不同类型的科普服务进行跨学科化设计。我们通过文献梳理总结得出，科普服务包括展览服务、活动服务、资源服务等，下文将通过案例分析各类型科普服务应如何实现跨学科化。

（一）跨学科教育视角下的展览服务

展览服务是指科普场馆依托常设展览、展品及临时展览，为观众提供导览、辅导等科学普及教育服务。科普场馆依据自身场馆特点，设立长期展览与短期临时展览，通过各项展品、展项的展览陈列，让观众身临其境。展览陈列在一定程度上决定了观众对此科普场馆的第一象限，相较于传统科学课堂中脱离真实生活情境的知识传授，精心设计的展览陈列可实现单一教材知识向跨学科知识应用转变。[10]

中国科技馆的科技与生活展厅中的展项设计全面体现了从真实情境中设计的教育思想。展厅的展览内容从衣、食、住、行四个方面展开，展示科技源于生活，影响和改变人们的日常生活。以"衣食之本"展区为例，展区以衣食的来源作为展览切入点，设置"种植天地""养殖乐园""遗传先锋""食品加工"四个分主题。由于展览主题的跨学科性，对不同类型的观众均有教育意义，观众在此过程中了解关于农林牧副渔的一些基本知识，体验生机勃勃的温室作物，感受农业生产的艰辛与成就，激发对于农业问题的关注与深层思考。

（二）跨学科教育视角下的活动服务

活动服务是科普场所利用自身优势设计与开发的系列科普活动服务，制造场馆品牌的同时，促进场馆与公众之间的交流。全国青少年科技创新大赛中的科技辅导员教育创新成果竞赛中，专门设计了科教方案类比赛，要求科教方案具有科学性、教育性、创新性、示范性、完整性与可行性。其中，示范性便要求教育活动具有鲜明的时代特征，体现当代科技发展方向和教育理念，着重解决青少年所面临的现实生活中的具体问题。科普活动服务的跨学科化是科普教育活动发展的必然追求。

不同类型的科普场所根据场馆中的展品、藏品特色，设计跨学科活动。以上海自然博物馆为例，场馆以"自然·人·和谐"为主题，展示陈列了来自七大洲的11000余件标本模型，其中珍稀物种标本近千件，是一所涉及古生物学、植物学、动物学、人类学、地质学、天文学多种自然科学的综合性博物馆，利用场馆特色设计了100余个教育活动。其中单鸟类就设计了13个活动，利用展厅内的各种鸟类标本藏品，让人从鸟喙、卵、性别、食性、巢、迁徙、叫声等方面全方位认识鸟类，在探究、实践中学习。每个活动的活动效果评价，没有从观众的视角出发进行，而是对整个教育活动实施复盘，通过现场观众反馈调整活动设计，实现面向观众发展的活动设计与评价。[11]

（三）跨学科教育视角下的资源服务

资源服务并无明确的定义。科普资源涉及科普场馆中的展藏品、信息化的科普资源、科普读物、科普学具等。可以通过展览服务与活动服务结合的方式提高服务质量。对于信息化科普资源，众多科普场馆正在探索建设网络课程平台、网上数字科技馆。科普中国、果壳网等科普企业和社会力量也融入科普资源的建设当中。科普读物、科普学具的开发并未形成系统的规划。科普资源的服务可以摆脱地理位置的限制,实现科普服务的公平化发展。科普资源的科学开发可以提高科普服务质量。

以中国数字科技馆为例,中国数字科技馆是中国科协、教育部、中科院共建的一个基于互联网传播的国家级公益性科普服务平台,汇集了丰富的图片、动漫、音像、报告、展品等数字化科普资源,并设计了多种多样的线上活动。图1为中国数字科技馆中科普游戏界面,可以看出,数字科技馆正尝试开发具有跨学科情境的、不同难度的互动游戏,让学生在知识闯关、剧情探索中进行学习。

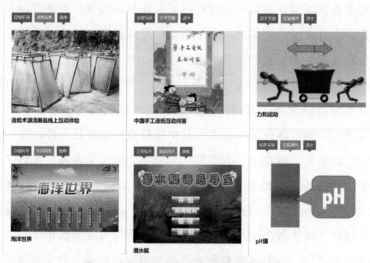

图1 中国数字科技馆中的科普游戏界面

四 跨学科教育视角下的科普服务实施策略分析

基于上述分析,跨学科教育可以通过各角度渗透实现科普服务的跨学科化,但要落实上述发展路径,仍需进一步提出相应科普服务的实施策略,包括规划跨学科视角下的科普服务政策、丰富基础设施中的跨学科教育元素、制定跨学科科普人才培养方案等。

（一）规划跨学科视角下的科普服务政策

科普政策是实现科学技术普及任务的行动准则，其中的指导思想将对科普服务起到鲜明的导向作用。有研究运用内容分析法对我国科普政策中的政策工具进行分析，每一种工具都是决策者和实践者所采用的实现政策目标的手段。研究发现，我国科普政策的政策工具大致可以分为三类，即供给型、环境型与需求型。[12]其中环境型工具（包括目标规划、金融支持、税收优惠、法规管制、策略性措施等）占比最高，为52.49%，而人才培养、信息支撑、基础设施、资金投入、公共服务等供给型工具则占比46.18%。我国科普服务发展迅猛，下一阶段可以尝试规划跨学科视角下的科普服务政策，提高科普服务质量。

（二）提升基础设施中的跨学科教育元素

如前文所述，我国科普服务基础设施已较为完备，内容丰富，既有综合性科普场馆，也有专业性科技馆，更有科研机构。但科普服务基地类别划分鲜明，带来的是学科之间的难以交融。针对综合性科普场馆，可设计具有深刻内涵的展项场景，让观众身临其境的同时，实现跨学科的交融、实践、学习。面对专业性较强的科普基地（如专业科技馆、科研机构），可挖掘内部藏品、展品的文化底蕴，结合现实场景，开发跨学科活动，丰富基地内的跨学科教育元素，让公众经过系列参观、互动具有更直观、可迁移的感受。

（三）制定跨学科科普人才培养方案

科普人才的跨学科培养已经不是一个新鲜的话题，却仍是需要深入探讨的话题。我国很多高校招收数量不少的科学教育与科学传播方向的硕士研究生，如北京师范大学、华中师范大学、华中科技大学等，但跨学科科普人才供不应求的现状仍然明显。此外，对这一专业的学生如何培养，不同学校之间仍存在争议。[13]华中师范大学科学传播与科学教育专业研究生培养计划中涉及课程与教学论、教育学原理等教育基础知识，科学史与科学哲学、科学教育与科学传播、STEAM与创客教育、非正式科学学习等科学传播与科学教育先进教育理念与相关知识，新媒介与科学传播、信息技术教育应用、学习科学与技术、数字科普资源创作等先进教育技术知识。若说能够满足科普人才的培养需求，似乎也不尽然。跨学科科普人才需具备一定的跨学科相关知识（或可称博学），具备批判性思维能力，具备一定的国际视野。这些仅仅从一张课表中难以体现与落实，如何制定跨学科科普人才培养方案仍需进一步思考。

五　结语

科普服务是政府公共服务的重要组成部分，是公民提升科学素质的重要平台。面对教育4.0时代，增强科普服务的时代性、实现科普服务的跨学科化对提升科普服务质量具有极高的价值。本文首先探讨了科普服务的发展现状为跨学科教育的落实带来了机遇，但由于对跨学科教育定位不明确，跨学科教育在科普服务中的落实存在困境。其次，从目标、内容、组织、评价四个角度，梳理了跨学科在科普服务中的定位及其发展路径，得出跨学科教育视角下科普服务的教育目标应转变为面向不同的群众设计的跨学科能力目标，内容应转为跨学科知识，组织应为具有真实情景的问题解决过程，评价应为面向"正在发展中的公众"的能力评价。结合总结得出的发展路径，然后又对展览服务、活动服务与资源服务三类经典科普服务进行案例分析，为科普服务的进一步落实提供指导。最后，总结跨学科教育下科普服务进一步落实时需要注意的实施策略，包括规划跨学科视角下的科普服务政策、丰富基础设施中的跨学科教育元素、制定跨学科科普人才培养方案等。

跨学科教育在科普服务中的落实的相关研究仍处于初步阶段，本文仅为跨学科教育视角下科普服务的一些浅薄思考，希望可以为科普服务在新时代的落实与发展做出贡献。

参考文献

［1］ 任福君：《新中国科普政策 70 年》，《科普研究》2019 年第 5 期，第 5～14＋108 页。

［2］ 张炜、魏丽娜、曲辰：《全球跨学科教育研究的特征与趋势——基于 Citespace 的数据分析》，《高等工程教育研究》2020 年第 1 期，第 123～130 页。

［3］ 齐欣、侯非、刘琦等：《科普服务标准体系构建研究》，《科普研究》2020 年第 3 期，第 61～68＋75＋112 页。

［4］ 李朝晖：《新中国科普基础设施发展历程与未来展望》，《科普研究》2019 年第 5 期，第 34～41＋109 页。

［5］ 余胜泉、胡翔：《STEM 教育理念与跨学科整合模式》，《开放教育研究》2015 年第 4 期，第 13～22 页。

［6］ 郑石明：《世界一流大学跨学科人才培养模式比较及其启示》，《教育研究》2019 年第 5 期，第 113～122 页。

［7］ T. Brown, "Design Thinking," *Harvard Business Review*, 2008：84－86.

［8］ S. Reeves, L. Perrier, J. Goldman, D. Freeth & M. Zwarenstein, "Interprofessional Education：Effects on Professional Practice and Healthcare Outcomes（update），" *Cochrane Database of Systematic Reviews*, 2013, 3（3）.

［9］ R. Brumley, S. Enguidanos, P. Jamison, R. Seitz, N. Morgenstern, S. Saito, J. McIlwane, K. Hillary & J. Gonzalez, "Increased Satisfaction with Care and Lower Costs：Results of a Randomized Trial of In-home Palliative Care," *Journal of the American Geriatrics Society*, 2007（55）：993－1000.

［10］ 聂海林、王梦倩、刘茜等：《科学技术馆建设标准化途径探索与实践——以实体科技馆系列规范研制过程为例》，《科学教育与博物馆》2019 年第 2 期，第 85～91 页。

［11］ 李雪梅：《论单个教育活动的研发与实施——以上海自然博物馆"一起聊聊吧"〈甲骨文里的动物世界〉为例》，《课程教育研究》2020 年第 17 期，第 2～3 页。

［12］ 孔德意：《基于内容分析法的我国科普政策工具分析》，《科普研究》2019 年第 3 期，第 19～25＋109～110 页。

［13］ 潘文：《浅谈科普人才的跨学科培养》，《科技创业家》2014 年第 4 期，第 236 页。

学会组织科学素质国际化建设路径探索

——以中国公路学会为例

王娜 梅君*

（中国公路学会，北京100011）

摘　要： 本文分析了学会组织在推动科学素质国际化方面的作用与优势，通过总结中国公路学会科学素质国际化建设的主要案例，对学会组织科学素质国际化建设提出了五点建议，包括充分认识提高公众科学素质对构建人类命运共同体的重要意义，发挥科学家在向公众传播科学知识方面的作用，通过"请进来"与"走出去"扩大国际合作，发起或策划国际交流活动与国际奖项评选，以及围绕世界一流学会目标加强自身素质建设等。

关键词： 学会　科学素质　国际化　路径

---

* 王娜，中国公路学会学术与科普中心副主任、编辑；梅君，中国公路学会副秘书长、研究员。

Exploring the Path of the Internationalization of the Organization's Scientific Quality

—Take China Highway and Transportation Society as an Example

Wang Na , Mei Jun

(China Highway and Transportation Society , Beijing 100011)

Abstract：This article analyzes the role and advantages of the society organization in promoting the internationalization of scientific literacy. By summing up the main cases of the scientific literacy internationalization construction of the China Highway and Transportation Society, it puts forward five enlightenments for the organization of the scientific literacy internationalization of the society, including recognize the importance of improving the scientific quality of the public in building a community with a shared future for mankind, play the role of scientists in disseminating scientific knowledge to the public, expand international cooperation through "inviting in" and "going out", initiate or plan international exchange activities and international awards, and revolve around the goal of a world – class society to strengthen its own quality building, etc.

Keywords：Society；Scientific Quality；Internationalization；Path

在科技革命日新月异、全球化日益深入的今天，提升公众科学素质，增进公众理解和参与科技，有助于人的全面发展和经济社会可持续发展，有利于更好地应对科技与人类社会发展的全球性问题，共同建设持久和平、普遍安全、共同繁荣、开放包容、清洁美丽的世界，这已经成为国际社会的高度共识。学会组织作为公众科学知识传播的主要组织机构之一，应以提升世界公众科学素质为己任，积极探索科学素质国际化建设路径，促进科技与社会良性互动，促进世界各国在开展科学教育、传播和普及方面的经验互鉴和资源共享，共同提升公众科学素质，促进人类社会可持续发展。

一 学会组织推动科学素质国际化发展的重要意义

按照中国科学技术协会章程,学会组织是按自然科学、技术科学、工程技术及其相关科学的学科组建或以促进科学技术发展和普及为宗旨的学术性、科普性社会团体。科技工作者是科技创新的主体,学会组织作为科技工作者自愿结合在一起的组织形态,是国家创新体系中不可或缺的重要力量,在促进科技知识的生产、扩散和应用方面发挥着独特作用。

科学素质是公民素质的重要组成部分,公民具备基本科学素质一般指了解必要的科学技术知识,掌握基本的科学方法,树立科学思想,崇尚科学精神,并具有一定的应用科学处理实际问题、参与公共事务的能力。学会组织国际化发展有利于推动全球科技的协同创新、科学知识的普及、科学思想的传播,促进社会组织不断完善发展,促进科研与科普有机结合,也有利于展现我国科学家的风采,提升我国的外交形象与国际影响力,促进世界公众科学素质的稳步提高。

党的十九大开启了我国现代化发展的新征程,对学会也赋予了新使命,提出了新要求。在决胜全面建成小康社会、实现第二个百年目标的新时代背景下,科学认识学会发展的新方位,正确制定具有全局性、战略性的发展目标与思路,意义重大。根据行业科技发展的需要和学会自身发展的定位,部分学会把建设世界一流学会、扩大国际交流与合作、推动科学素质国际化作为学会发展的战略目标,这已成为学会系统服务行业高质量发展的客观需求和推动学会持续健康发展的内在需要。

二 中国公路学会科学素质国际化建设路径

(一)以学术发展带动科学素质提升,打造"世界舞台",发出"中国声音"

1. 举办世界交通运输大会

世界交通运输大会(World Transport Convention,简称WTC),是经国务

院批准，由中国科学技术协会、交通运输部、中国工程院共同主办，中国公路学会承办，国内外交通运输科技组织共同支持的国际性会议。2017年至2019年，连续三年在北京举办，交流新理念、新技术，展示科技创新成果与发展成就，引领世界交通科技合作共赢。

三年来，世界交通运输大会的规格、规模、质量、范围、影响和效果稳步发展，涵盖了"会、展、赛、服"四种基本形式，已成为交通运输国际交流合作的重要平台。大会共举办专题论坛411场，有2266个报告；主题论坛162场，有1185个报告；墙报报告727个。交通科技博览会场占地7万余平方米，500余家科技企业、高等院校、科研机构参展。20余个国家的交通部部长、嘉宾，2万余位代表参加了世界交通运输大会的各项活动，国际道路联盟、铁路合作组织、世界道路协会、美国交通运输研究会、欧洲智能交通协会等40多个国际组织代表出席大会。

世界交通运输大会在国内外产生重大而深远的影响，国际化、综合化、品牌化正在形成，为推进国际交流合作与"一带一路"交通基础设施互联互通，引领世界交通高质量发展，提升世界公众科学素质发挥了积极的作用。

2. 推荐行业科学家在国际组织任职

2019年5月29日，在希腊迈锡尼亚举行的国际道路联盟（IRF）2019理事会上，中国公路学会副理事长兼秘书长刘文杰当选为副主席，是IRF成立70多年来首位华人副主席，中国工程院院士郑健龙当选执委会委员。自2009年中国科学家首次担任IRF执委以来，在IRF的平台上积极推广宣传中国交通运输发展的先进成果和创新技术，逐步提升中国交通在国际交通领域的形象和话语权，为提高中国在IRF成员国中的地位和影响力，向世界交通同行普及中国先进的交通技术和交通建设成就做出了积极贡献。

IRF成立于1948年，是一个非政府非营利性的国际组织，共有70余个国家的政府和私营会员，在鼓励与推动道路和交通技术的发展，不断深化和拓展国际交通运输各领域的交流与合作，建立更加实用、安全和可持续的交通网络等方面产生了持续作用。

3. 组织行业代表参加国际会议与科学素质展示展览

为促进国际交流与世界公众科学素质的提升，中国公路学会组织中国代表团参加美国交通研究委员会年会、国际桥梁大会、世界道路大会、智能交通世界大会等重要的国际会议。组织中国－西班牙高速公路运营管理研讨会并赴葡萄牙专题调研，赴日韩专题调研。利用国际道路联盟第18届世界道路大会和国际道路联盟第24届国际博览会等平台举办"一带一路交通专题论坛"及技术产品展览会。在尼泊尔举办了两次以山区公路建设和旅游交通融合为主题的研讨会，得到了尼方政商各界的高度重视和关注。

4. 与相关国际组织建立合作伙伴关系等

组织行业相关单位和人员参加美国交通研究委员会年会、欧洲交通大会、国际智能交通大会等多个国际会议，与美国交通研究委员会建立了合作关系，还接待美国交通研究委员会、欧洲ITS协会、希腊交通研究院、英国ITS协会、美国土木工程学会交通分会、加拿大土木工程学会、日本ITS协会等国外组织的专家到访中国公路学会。受中国科协委托，开展了工程能力国际互认土木工程专指委的筹建工作，并试点开展国际工程师互认工作，有效促进了专业工程师群体的科学素质提升。

（二）创设国际组织和奖项，推动中国特色世界一流学会建设

1. 成立"一带一路"国际交通联盟

2016年9月，在中国科协"一带一路"国际科技组织合作平台建设项目的支持下，中国公路学会发起筹备"一带一路国际交通联盟"（Belt and Road International Transport Alliance，简称BRITA）。该联盟是世界综合交通领域第一个国际交流合作平台，由42个国家和地区的183家政、产、学、研机构和单位组成，致力于促进成员单位间共享发展机遇，拓展合作领域，秉持以和平合作、开放包容、互学互鉴、互利共赢为核心的丝路精神，为促进不同国家和地区之间人民的理解与互信、交流与合作发挥建设性作用。

伴随着BRITA的筹建和推广，中国公路学会致力于整合多年来形成的

国际交流合作资源，多方沟通协调，并充分尊重各方利益、反映各方诉求，携手推动在交通运输领域的技术交流、人才培养、标准融合、成果转化、科学普及等务实合作。三年多来，BRITA 足迹遍布"一带一路"共建俄罗斯、巴基斯坦、南非、阿联酋、西班牙、希腊、印度 20 多个国家，合作举办技术交流、项目合作、人才培养等活动。

2. 主办世界大学生桥梁设计大赛

中国公路学会自 2017 年起，每年主办世界大学生桥梁设计大赛，得到国内外高校大学生及社会各界的欢迎和认可，国际影响力不断提升。大赛旨在引导高等学校培养大学生的创新设计意识、综合设计能力与团队协作精神；加强学生动手能力的培养和工程实践的训练，引导学生针对实际需求，通过创新思维进行桥梁设计；吸引、鼓励广大学生踊跃参加课外科技实践活动，为优秀人才脱颖而出创造条件；发现、培养并造就更多的创新型、实用型、复合型人才，为推动世界桥梁建设进步提供更多人才储备。

大赛举办三年来，呈现以下特点。一是国际影响力不断提升。参赛选手来自美国、德国、意大利、日本、比利时、巴基斯坦等多个国家。二是宣传力度逐步加大。中央电视台《朝闻天下》、《央视财经》、搜狐视频、腾讯视频、优酷视频、科普中国、《北京科技报》、新华网、交通运输部网、中国公路网等媒体对大赛现场总决赛进行专门报道，点击量和转载量逐年攀升。三是专家团队结构合理。聘请多位国内外知名专家担任评委，聘请院士、全国工程勘察设计大师、大学教授及教授级高工等。四是大赛流程设计规范。注重高科技的运用，完善专家评审与打分系统；注重现场总决赛流程设计，穿插知识问答、现场采访、专家点评等环节，活跃现场气氛，富有节奏感。

3. 设立世界人行桥奖

为促进世界人行桥的创新和发展，鼓励世界桥梁新技术的试验和进步，大力普及人行桥建设知识，中国公路学会和张家界大峡谷旅游东线有限公司2019 年共同设立"世界人行桥奖"，主要奖励对象为建设、设计、施工单位及主要技术人员。每两年评选一次，奖励等级分为金奖、银奖、铜奖 3 个等级。2019 年 6 月 16 日，首届世界人行桥奖颁奖典礼在北京国家会议中心举行，对获得金奖、银奖、铜奖的 6 个项目以及特别贡献奖进行隆重表彰，对获奖项目的建设成就进行了广泛普及。中国公路学会将致力于把"世界人行桥奖"打造成世界人行桥领域的最权威奖项。

（三）丰富文化载体，促进国际交通文化传播

1. 创办《国家交通（英文）》期刊

为了打造世界顶级交通运输类期刊，在国际交通学术领域争夺话语权，中国公路学会联合交通运输类社会组织，在各种交通运输方式融合发展的趋势下，联合多位院士及交通行业产、学、研各领域专家，拟创办《国家交通（英文）》期刊，旨在展示和普及世界（尤其是我国）交通前沿研究和热点研究的最新进展和代表性成果，引领交通技术发展。重点关注交通技术发展战略、技术政策研究；分析中长期规划、交通经济学、区域（城市群）交通一体化、物流运输全球化、新模式以及技术发展趋势等宏观层面及交叉学科研究，以及各领域工程技术进步，包括在公路、轨道、水运、航空、物流等基础设施工程、结构工程、交通控制、载运工具、材料等领域具有重大突破性、影响力的单项技术；加强交通数据与智慧城市、交通环境、车联网技术、人工智能等技术研究，促进各先进技术成果的普及与应用。

2. 出版中英文科普图书

中国公路学会非常重视公路文化研究与传承，近年来陆续编辑出版了《中国桥谱》《中国路谱》《桥文化》《路文化》等著作，积累了丰富的科普图书出版经验，为让世界走近中国，让中国呈现世界做出积极的努力。2019年 11 月，由中国公路学会主编的大型文献类交通科普图书《中国廊桥》正式出版，中英文对照，资料翔实，内容丰富，图文并茂，精彩纷呈，跨越三千年，展示了中国廊桥发展的历史长卷，具有较强的史料研究、艺术欣赏、收藏保存价值，并成功入选 2019 年度国家出版基金资助项目。该书集中展现了中国廊桥遗存的整体面貌，是国内第一部全面系统、从理论高度总结研究中国廊桥的著作，堪称当前国内廊桥研究的集大成之作，必将鼓励更多的有识之士投身于廊桥的研究与保护，为世界交通文化知识的普及身体力行。

三 学会组织科学素质国际化建设的启示

（一）充分认识提高公众科学素质对构建人类命运共同体的重要意义

科学素质已经成为当代人基本素养的一个标志。没有全民科学素质的普遍提高，就难以建立起高素质创新大军，难以实现科技成果快速转化。2018年9月17日，国家主席习近平在致世界公众科学素质促进大会的贺信中强调，当今世界，人类正成为"你中有我、我中有你"的命运共同体，国际合作正成为科技创新与科学普及的重要推动力，世界各国应该建立全球视野，聚集创新资源，分享经验做法，以科技合作为纽带增强人类命运共同体意识。习近平主席的谆谆教诲，充分体现了中国对提高公众科学素质的高度重视，代表我国向世界发出了积极交流互鉴、共同提高公民科学素质的真诚倡议。全国学会应充分认识提高公众科学素质对构建人类命运共同体的重要意义，积极同世界各国开展科普交流，分享提高人民科学素质的经验做法，以推动共享发展成果、共建繁荣世界。

（二）发挥科学家在向公众传播科学知识方面的作用

现代科学家越来越意识到有责任也有必要向公众传播科学知识，通过向公众普及研究成果提升人们的科学素养，从而实现与科学研究的良性互动。英国皇家学会会士科林·布莱克莫尔认为，提升公众科学素质，有助于为经济发展提供扎实的科技基础，也有助于提高公众应对新技术带来的挑战的能力。面对一些重大挑战，政府、产业界和公众之间需要相互信任与合作，其中，科学家应当充分发挥黏合剂的作用。学会组织的广大会员主要是来源于高等院校、科研院所的专家学者及各界中的广大科技工作者，学会组织的活力不仅取决于学科发展的水平和地位，而且与学科带头人的学术造诣和社会名望紧密相关，科学家应当向社会倡导科学的价值观和方法，让公众充分了解科学的价值，从而支持有关科学发展的公共政策决策。当前，科学否定主义及一些伪科学观点的传播，给科学基本价值观带来挑战。在这种背景下，科学家更有责任向全社会阐明科学的方法和价值观，赢得公众对科学活动的信任和支持。

（三）通过"请进来"与"走出去"扩大国际合作

学会组织应加强与相关国际组织的合作，促进成员单位间共享发展机遇，拓展合作领域，以和平合作、开放包容、互学互鉴、互利共赢为核心，为促进不同国家和地区之间人民的理解与互信、交流与合作发挥建设性作用。坚持科研与科普相结合，开展高端研讨交流活动与联合研究，定期在境内和境外举办专题会议，组织派遣科技工作者赴国外进行交流，组织会员单位中的科研院校就技术领域的新方向、新战略、新思维、新路径、新技术进行联合研究，并实现科普化。建立区域合作中心，搭建国际双边交流机制平台，强化定期交流机制，逐步带动区域中心周边国家相关科研机构参与产学研合作。

（四）发起或策划国际交流活动与国际奖项评选

通过加强与国际科技社团和科技组织的交流与合作，积极搭建国际化交流合作平台，主办或邀请国际组织联合举办国际论坛、科普展览等交流活动，提升学会的国际影响力。主动参与并维护运用好中国发起的世界性组织和论坛倡议，强化与多国的定期交流机制。既要推荐国内项目、技术、工艺等申报国际奖项，又要牵头设立国际奖项供国内外相关单位参与申报，奖励为国家和区域做出杰出贡献的项目和个人。建立国际专家资源库，与相关国际组织建立合作伙伴关系，邀请国际专家在我国相关组织中任职，并组织我国相关领域的专家学者在国际舞台上亮相发声。

（五）围绕世界一流学会目标加强自身素质建设

建设世界一流学会要牢牢把握的基本要义是"基础良好、社会认可、会员满意、影响广泛"。围绕打造世界一流学会的目标，学会组织应切实发挥国际交流与合作的平台作用，服务行业科技工作者走向国际，服务国家创新驱动发展战略，打造国际技术服务平台，服务高端智库，搭建国际合作机制，着力拓展双面、多边国际科技交流与合作。

基础良好，就是要建立一个与世界一流学会相适应的基础保障体系，形成符合现代科技社团发展规律和适应国际化发展方向的体制机制，稳定、可持续的资金筹措机制，以及高效精干、职业化、专业化的办事机构。社会认可，就是要做到为国家所用，为行业所依，在业内声誉良好。会员满意，就是要打造一个适应会员和科技工作者需求的服务体系，建设会员满意的学会，真正做到学会发展为会员、学会建设靠会员、学会成果由会员共享、学会服务让会员满意。影响广泛，就是要使学会综合发展并进入世界一流科技社团行列，学会参与国际国内相关科学素质活动的活跃度、影响力显著提升，拥有影响力广泛的高端的科学素质交流平台和相关机制。应将促进公众理解、支持、参与科技创新，全面提高公民科学素质，作为科普工作的重点工作，凭借学会组织的组织优势和动员优势，扩大科普活动覆盖面和增强科普活动实效性，积极开展科学普及传播活动，肩负起科技和文化国际传播的责任。

四　结语

促进各国开放合作，是让科学知识为人类社会进步发挥更大作用的重要途径。无论是科技创新还是提高公民科学素质，学会组织都应以更加开放的心态，积极交流互鉴。当今世界，人类正成为你中有我、我中有你的命运共同体，国际合作正成为科技创新与科学普及的重要推动力，学会组织应该建立全球视野，聚集创新资源，分享经验做法，探索科学素质国际化建设路径，大力推动科学素质国际化建设进程。

参考文献

［1］崔维军、齐志红：《科技社团国际化：概念界定与推进建议》，《今日科苑》

2019 年第 14 期，第 75 ~ 84 页。

［2］齐志红：《以国际化建设促学会健康发展——中国力学学会案例》，《学会》 2019 年第 1 期，第 38 ~ 42 页。

［3］《2019 年世界公众科学素质促进大会》，2019 年 10 月 17 日，新华网，http：// www.xinhuanet.com/science/2019 – 10/17/c_ 138478636.htm。

［4］马骁、王晓珊：《简析我国社会组织国际化的意义》，《企业科技与发展》2018 年第 8 期，第 310 ~ 311 页。

浅谈"智慧＋科普"在提升公民科学素质中的经验及路径

——以天津科学技术馆智慧化支撑建设为例

王 莹*

（天津科学技术馆，天津 300201）

摘 要： 近年来，我国公民科学素质建设取得显著成效，但科普之路仍然任重道远。科普场馆作为服务于公众，传播科学知识、科学方法和科学精神的重要场所，肩负着重要责任。本文以天津科学技术馆为例，分享"互联互通、线上线下、共建共享、全智全能"的建设理念，概括"智慧＋科普"主要建设内容、关键问题、取得的成效，为智慧场馆建设提供思考。探究了智慧化支撑下，科学普及在厚植公民科学素质、促进科学成果共享中的经验及路径。

关键词： 公民科学素质 科学普及 智慧场馆 信息化智能服务

---

* 王莹，天津科学技术馆科普资源和信息部员工、信息系统项目管理师，主要研究方向为信息化、智慧场馆建设。

The Experience and Path of "Intelligent + Science Popularization" in Improving Public Scientific Literacy

—Take Tianjin Science and Technology Museum as an example

Wang Ying

（*Tianjin Science and Technology Museum*，*Tianjin 300201*）

Abstract：In recent years，the construction of public scientific literacy has achieved remarkable results，but the road to popular science still has a long way. As an important place to serve the public and disseminate scientific knowledge，scientific methods and scientific spirit，takes on important responsibilities. This paper takes Tianjin Science and Technology Museum as an example. Share the construction concept of "interconnection，online and offline，sharing and intelligent". Summarize the main construction contents，key problems and achievements of "intelligent + science popularization"，and provide thoughts for the construction of intelligent venues. Under the support of intelligence，this paper explores the experience and path of science popularization in improving public scientific literacy.

Keywords：Public Scientific Literacy；Science Popularization；Intelligent Venues；Information Intelligent Service

习近平新时代中国特色社会主义思想是我们工作的重要遵循，建设世界科技强国、"两翼同等重要"重要指示精神，是我们做好科技创新和科学普及工作的根本遵循。近年来，我国公民科学素质建设取得显著成效，公民科学素质水平稳步提高，公共服务能力明显提升，科学教育、传播与普及立足长远、持续发展。天津科学技术馆充分发挥市级科技馆的龙头核心作用，通过对科普资源的整合、开发、集散，保证科普内容的高质量供给和传播能力，为区级科技馆、基层科普设施、公共文化设施和社会机构提供资源更新和技术服务，带动了天津公共科普服务能力的跨越式提升。信息科学和技术发展方兴未艾，天津科学技术馆以智慧化为支撑，对如何实现科学普及与科技创新两翼齐飞进行了积极探索，对厚植公民科学素质、促进科学成果共享进行了有效尝试。

天津科学技术馆自2018年启动智慧场馆建设，致力于提升科普服务能力和信息化管理水平，全面构建"智慧＋科普"体系，在决策服务上水平有所提升，在科学普及上创新升级。以"互联互通、线上线下、共建共享、全智全能"的建设理念，形成以信息化配套为支撑，以信息资源共享为主线，依托软件系统应用平台，建立以公众服务为核心的包含制度、标准、应用、管理、安全等保障的智能综合科普服务平台。实现科技馆信息的高度系统化整合和深度融合，运用新一代信息技术，建立包括大量可信息的数据库、高性能的传输网络、强大的计算应用系统及核心数据中心[1]，真正把科学普及放在与科技创新同等重要的位置。

一 加强顶层设计，完善网络科普智慧化支撑建设

加强顶层设计，以需求为导向，从系统工程的角度考量端、网、云全方位体系结构，突出建设效能，有效提升对公众的服务水平。坚持以网络建设为基础，以智慧科普为方向，以技术创新为主线，以信息安全为保障。

（一）高速度：加快网络部署

从技术开发层面构建开放融合、有效共享且覆盖各区级馆的公共服务平台，遵循"统一规划、有效集成"的原则，实现数据标准统一、接口统一、平台管理统一和维护统一，进而为宏观调控与决策提供科学依据。整合各层级科技馆的信息资源，同时以基层科普阵地专栏为智慧化网络系统建设的延伸和补充，实现平台之间的互联互通、协同运行，提供集基础设施、资源、平台、服务、应用于一体的解决方案，创新"智慧＋科普"的建设模式、应用模式和服务模式。

1. 建设市级数字科技馆。数字化时代的到来对科技馆来说既是机遇也

是挑战，在科技馆展教中将采用越来越多的数字技术，这样不仅可以适应广大公众现代的需求，而且也是科技馆有益的延展和补充。整合各层级科技馆的信息资源，打造"24小时不闭馆、覆盖全市"的网络科技馆，使其成为重要的资源集散平台、输送渠道和信息中心。

2. 区级馆建立科普网站，作为二级子站。在统一技术架构的基础上，形成以市级馆（数字科技馆）为核心、以区级馆网站为支撑的科技馆体系数字化网络系统，实现各层级科技馆的互联互通、信息共享、协同应用。

3. 基层科普设施阵地开设专栏，作为数字化网络系统的延伸和补充，实现精细分类、精准推送、普惠共享，畅通科普服务群众的"最后一公里"，形成"一级建设、三级应用"的数字化网络科普格局。

（二）高效率：建设智慧科普平台

搭建以云计算平台、共享服务基础平台、智慧协同管理平台、智慧资源管理平台、智慧服务平台等为支撑的技术体系，应用感知技术、新型数字化采集技术、海量数据处理技术等现代技术手段，为各层级科技馆的智慧化转型提供强大后盾。建设智慧科普平台需要实现"六集中""一中心""六平台"，如图1所示。

1. 实行"六集中"。统筹展品信息、展教资源、科技信息、研发管理、工程技术、人才队伍，从源头上统一规划、规范标准，助力科技馆管理、运行、研发、科普、服务工作的全方位智慧化转型，为科学决策服务提供有效支撑。

2. 建立"一中心"。形成统一高效、互联互通、线上线下、全智全能、安全可靠的数据中心。基于安全策略管理、安全审计、身份与权限控制等攻防技术，加强网络、主机应用与数据安全，重视网络边界安全（安全域隔离、数据中心微隔离、出口边界安全等），确保应用和数据、网络和通信安全。数据中心的建立有利于大数据应用的支撑、落地，提高数据质量和数据可信度，强化合规监管和安全风险控制，助力提升管理和决策水平，深入促进科学普及和价值创造。

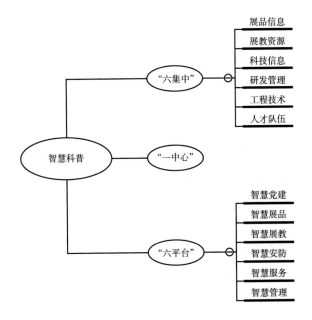

图 1 智慧科普平台

3. 构筑"六平台"。搭建"开放型、枢纽型、平台型"智慧体系，建设智慧党建、智慧展品、智慧展教、智慧安防、智慧服务、智慧管理平台。党建引领，从活动研发、内容分发、技术支撑、资源共享等方面进行全方位赋能，形成渠道丰富、覆盖广泛、传播有效、可控可管的智慧体系平台，实现信息内容、技术应用、平台终端、管理手段的共融互通。

（三）高质量：创新智慧化科普服务载体

发展基于互联网与物联网的科普展教资源创造和传播渠道，推进信息技术与科技教育、科普活动融合发展，促进科技馆科普资源的虚实结合以及科技馆与公众之间的互动交流，使公众在智慧体验中感受科技魅力。加大科技惠民成果宣传推广力度，面向公众普及新技术、新产品，举办融科技创新与科学普及于一体的前沿科技展示活动，营造爱科学、讲科学、学科学、用科学的良好氛围。

加强研判，统筹谋划，协同创新，稳步推进。以 5G 网络为基础，利用大数据、物联网等现代信息技术，研发智慧科技馆技术支撑体系，建设智慧科技馆云计算中心、公共服务支撑平台和业务管理支撑平台，形成智慧科技馆标准、安全和技术支撑体系。针对公众服务需求，不断丰富内涵，融合新科技，快速迭代，加速创新。通过提供"物、人、数据"三者之间的双向信息交互通道，以多维的展示互动形式，实现科技馆与公众需求的高度融合，为公众提供无处不在的智慧体验与管理服务。

（四）高标准：强化安全保障

树立正确的网络安全观，加强网络基础安全防护，建立监管保障应急机制，建设网络安全态势感知、威胁治理、事件处置、追踪溯源的安全防控体系，实行事前计划预防、事中落实监管、事后追溯总结的全链条数据安全体系，形成一个网络安全的闭环，如图2所示。

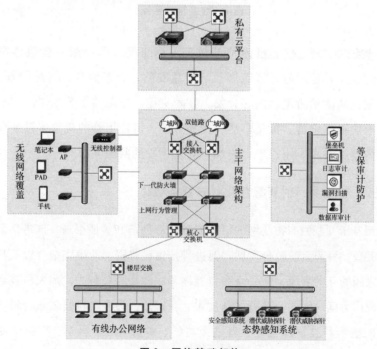

图2　网络基础架构

二 夯实基础建设，推动科普事业高质量发展

坚持政府主导和市场运作有机结合，加强科普基础设施建设，发挥市级科技馆的辐射引领作用，增强科普资源集约化和有效供给，调动全社会力量共同参与，提升公共科普服务能力。加强市级科技馆核心能力建设，整合各类数据资源，实现科普场馆行业间的设施智能化、数据融合化、管理高效化、服务精准化、安防协同化。在科普资源（开发、集散、共享）、科普产品（创造、传播、推广）、科普市场（培育、拓展、融合）等方面，通过畅通渠道和集约化管理，统筹联动、协同增效。

（一）推进公民科学素质监测智能化

建设集"科普教育宣传、科学素质监测、科普工作指导管理"于一体的"科普天津云"平台，统筹涵盖今日头条、新浪微博、喜马拉雅FM等在内的科普矩阵平台，把关科普内容源头，强化优势互补、分工侧重的网络化管理，发挥集群矩阵效应。

带动全域科普、全民参与共享，依托"科普天津云"微信小程序开发的公民科学素质网络大赛和公民科学素质预测试，得到了公众的积极响应。公民科学素质网络大赛参与次数超百万；预测试对天津市公民科学素质实施了摸底测试，实现了16个区的街道（乡镇）、社区（村）、园区全覆盖，日访问量过万，参与人数稳步攀升，仅7月份就有18万人参与测试。

（二）搭建协同创新科普平台

建立健全全领域行动、全地域覆盖、全媒体传播、全民参与共享的全域科普工作体系。依托大数据、云计算、人工智能、区块链等先进技术优势，搭建协同创新平台，推进科学普及工作高速、高效、高标准、高质量发展。充分利用科普平台，增加科普资源有效供给，创新科普形式，丰富学习方式，同时亦可采集公众的学习行为信息，提供个性化、精准化、专业化服务。

开展龙头场馆、骨干场馆和基层场馆展品、展览、教育活动的数字化资源建设，打造天津市现代科技馆体系的数字展品/展览库，促进各科普场馆间的互联互通、信息共享、协同应用。通过"移动 VR 科技馆"、远程实时互动展厅、"直播＋科普教育"平台等网络新技术，创新科普资源的内容和表现形式，不断增强数字科技馆的互动性，使之成为交互式学习体验中心。[2]

（三）集约化开展优质资源建设

挖掘实体馆展教资源，对经典内容进行整合、再现，转化为符合网络传播特点的优质网络科普资源，发展"线上到线下（O2O）"、线上服务与实体馆服务相结合（O2S）等新型模式，提升公众参观体验。开展"网上科普游"活动，让公众足不出户便畅游国内外先进科技场馆，看遍全球风景，打造智慧科普品牌。创作一批适合网络传播、多门类、贴近生活的科普短视频和以科学实验、高新科技成果为主要内容的科普精品视频。与网络游戏企业合作，加强对经典科普展品的游戏化创作和对传统科普教育活动的游戏化改造，开发多种形式的手机科普轻游戏。

引入"用户产生内容（UGC）"的模式，吸引公众个人参与网络科普资源开发。疫情期间，天津科学技术馆承接"众志成城　战'疫'有我"新冠肺炎全域防疫科普作品征集活动，40 余天内吸引了广大科技工作者、科普创造者、新闻传媒、高校学院及公众的广泛参与，收到了来自全国 9 个省市提交的优秀科普作品 2724 组，优秀作品陆续在科普天津云、今日头条、抖音等媒体平台向社会发布，收益人次达 2715 万。进一步向广大公众宣传解读有关政策措施，提供权威科普知识，帮助公众正确认识疫情发展态势、增强自我防护意识、提高自我防护能力，筑牢战"疫"科普防线。

（四）打造全媒体传播的科普服务体系

党的十九届四中全会提出建立以内容建设为根本、先进技术为支撑、创新管理为保障的全媒体传播体系，为建立全媒体传播体系提供了根本遵循。

　　推动媒体深度融合，优势互补，发挥迭代效能。加强以"互联网＋"、移动通信终端、传统媒体终端和新媒体终端等为途径的科普信息化建设，拓展科普途径和方式，大力发展"微科普"，推动传统媒体和新兴媒体融合发展。[3]天津科学技术馆早在 2013 年即开通了微信公众号，开始了微阅读、微学习的有效尝试，实现了发布信息、展现技术、应用终端的共融共通。曾策划筹办"科普暖童心　互动汇欢乐"系列活动，以及通过扫码关注公众号、组织航天知识问答、朋友圈点赞、发布抖音话题等活动。后又开发了微信小程序，开通了官方抖音号、快手号，与线下科普活动相结合，与科技馆品牌活动相结合，与重要节点活动相结合，构筑"网上网下同心圆"，丰富了全媒体传播的科普途径，扩大了科普辐射范围。天津科学技术馆的微信科普宣传平台如图 3 所示。

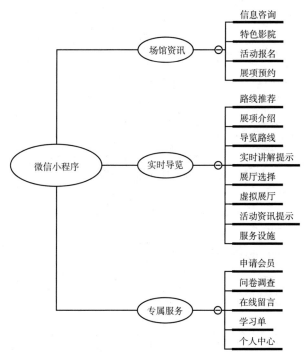

图 3　微信科普宣传平台

三 点亮"智慧",仍需补齐"短板"

（一）打通平台，拔掉"数据烟囱"，避免系统间的"信息孤岛"

推进各平台、各系统之间数据的互联互通，进行系统无缝对接、平台切入、数据融合，实现业务、管理、服务能力整体提升。从源头上避免重复建设和"信息孤岛"，做到网络通、系统通、应用通、数据通，杜绝"数据烟囱"。

例如，建立数字资源管理系统（见图4），实现统一管理、分权开放调

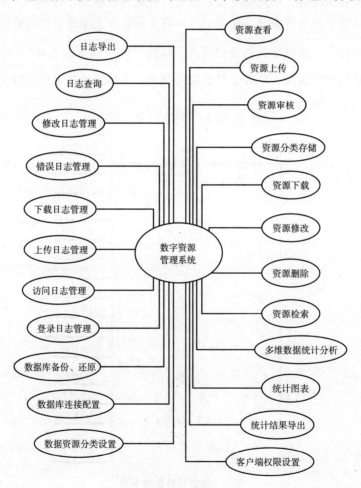

图4 数字资源管理系统

用，支持音频、视频、文本、图片、三维数据等多媒体资源，项目文件、工程文件、Word、Excel、PDF办公文件等一系列系统应用的结构化、非结构化、半结构化数据资源存储。

（二）规范数据使用，增强功能韧性、灵活性

硬件设施渐趋完善，未来更需规范数据使用，增强功能韧性、灵活性。第一，在数据合规性上，必须严格遵守国家标准、行业标准，在架构上与业务功能相匹配。第二，在大数据共享、处理、分析、应用的基础上，变抽象为具体，综合利用多种数学模型，深入挖掘数据之间的相关性和依赖度，增强系统功能。[4]大数据统计分析管理系统如图5所示。

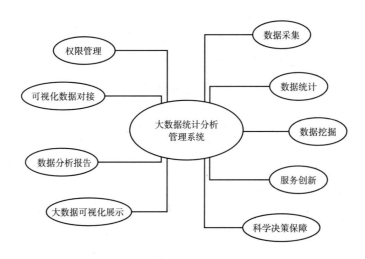

图5　大数据统计分析管理系统

（三）拓展公众参与、互动、体验渠道

"上下协作，横向联合。"鼓励、支持社会多方参与，通过政府和市场"牵手"、公益和产业并行，提供高质量科普供给，满足公众多元化需求。探索"馆院合作"，与院士团队签约，在市级馆成立院士专家工作站，支持科技专家参与科技馆体系建设，促进前沿科学知识传播。深化"馆校结

合"，加强与教育主管部门沟通，联合制定《天津市科普教育"馆校结合"工作中长期规划》，使科技馆为中小学科学课提供教学服务和实践体验场所，中小学为科技馆展教活动提供师资与教学资源服务，实现互补与共赢。加强"馆企协作"，与科研院所、企业等建立合作关系，尝试与企业合作建设"天津科普展教资源创新和研发中心"，探索"科普展览＋教育活动＋网络科普＋衍生科普产品"的综合型项目开发与实施，促进科普产业发展。加大"馆媒联合"，建立全方位、深层次、宽领域的"馆媒"合作关系，全媒体、多渠道、常态化开展科普教育宣传。

四 结语

科学素质是公民素质的重要组成部分，反映公民的文明素养，体现社会的文明程度，影响社会、经济、文化和科技的发展。应坚持把科学普及作为基业，充分发挥其在全民科学素质建设中的不可或缺的作用。[5] "智慧＋科普"在普及科学知识、弘扬科学精神、传播科学思想、倡导科学方法方面做出了积极探索，且收效颇丰。特别是在新冠肺炎疫情期间，在智慧化科普的支撑下，科学普及在提升我国公民科学素质方面的优势充分发挥了出来。

中国科协印发的《面向建设世界科技强国的中国科协规划纲要》指出："建设智慧科技馆，全面提升展览展品、教育活动、观众服务和管理运行等方面的信息化水平，实现场馆的智能化管理和公众的个性化服务。"明确了发展方向和路径，智汇八方，博采众长，从数字化到智能化再到智慧化，加强"智慧＋科普"体系建设，利用现代信息技术，更加合理高效地利用科技馆内外的资源，拓展科技馆服务社会和提供教育、传播科普的功能，更好地发挥科技馆激发科学兴趣、启迪科学观、以物化人的教育功能，快速提升科学普及效能，扎实推进公民科学素质的提高。

参考文献

［1］邵小龙:《以互联网思维推进智慧博物馆建设》,《中国博物馆》2015 年第 3 期,第 78～81 页。

［2］周荣庭、黄钺、丁献美:《基于沉浸式媒介的科技馆科学传播模型建构与对策》,《自然科学博物馆研究》2016 年第 3 期,第 22～27 页。

［3］陈洁:《科普场馆数字化信息服务的应用分析——以浙江省科技馆 App 为例》,《科普研究》2018 年第 6 期,第 86～90＋113 页。

［4］唐小川:《大数据相关关系挖掘的若干关键问题研究》,博士学位论文,电子科技大学,2018。

［5］《国务院关于印发全民科学素质行动计划纲要（2006—2010—2020 年）的通知》,2006 年 2 月 6 日,中华人民共和国中央政府网站,http：//www. gov. cn/gongbao/content/2006/content_ 244978. htm。

移动网络背景下科普动画的传播趋势研究

王子倩　姜颖道*

（青岛黄海学院，青岛 266000）

摘　要： 移动网络作为互联网的重要组成部分，随着移动智能设备的普及和受众接受度的提高，顺势而起。而以科普内容为核心，动画内容为载体的科普动画，以当下移动网络为媒介环境，在当前仍处于快速发展时期，有着很大的发展空间。本研究立足于中国移动网络快速发展的时代背景，结合中国科普动画在移动网络传播的变化，首先，简要阐述了移动互联网时代中国科普的发展历程，其次，探讨了移动网络时代中国科普动画的媒体传播方式，最后，概括中国移动网络下科普动画的发展趋势，希望为中国科普动画的发展提供一些理论基础。

关键词： 科普动画　移动网络　碎片化　大众传播　超视频

---

* 王子倩，青岛黄海学院艺术学院数字媒体艺术系助教、硕士研究生；姜颖道，青岛黄海学院艺术学院数字媒体艺术系讲师、博士研究生。

Research on the Dissemination Trend of Popular Science Animation Based on Mobile Media

Wang Ziqian, Jiang Yingdao

(*Qingdao Huanghai University, Qingdao 266000*)

Abstract: As an important part of the Internet, mobile networks have emerged in time with the popularity of mobile intelligent devices and the increase in audience acceptance. The popular science animation with popular science content as the core and animation content as the carrier, relying on the current mobile network as the media environment, is still in a period of rapid development and has a lot of room for development. This paper based on the background of the rapid development of China's mobile network, combined with the changes of Chinese popular science animation in mobile network communication, this article first briefly describes the development process of China's science popularization in the mobile Internet era. Secondly, it discusses the media transmission mode of popular science animation in China in the mobile network era. Finally, put forward the development trend of popular science animation in China mobile network, hoping to provide some theoretical basis for the development of Chinese popular science animation.

Keywords: Popular Science Animation; Mobile Network; Fragmentation; Mass Communication; Hypervideo

一 研究背景

随着科学技术的飞速发展，科学普及的重要性日益提高。公民科学领域的素养水平影响着中国进入创新型国家的步伐。科学的普及是提高公民科学素养最有效的方法。2018 年 9 月，首届世界公众科学素质促进大会在北京召开。会议围绕科学素质与人类命运共同体这一主题，把科普知识与科技创新放在同等重要的位置进行讨论。中国科学院院士怀进鹏在大会的报告中提到："科学普及和科技创新同等重要,二者都是集中体现人类智慧的创造性劳动,都关乎人民幸福、国家发展和人类文明进步。"[1]中国科学技术部副部长侯建国在人民政治协商会议"大力发展加强科普教育"双周协商座谈会上发言:科普创作方面,中国将综合运用政府鼓励、引导、市场激励等手段,推出一批高水平、高质量、多元化的科普作品和产品,繁荣科普创作,推动最新科技创新成果向科普产品的转化,并引导社会力量参与。[2]

在现代网络技术的作用下,在线媒体已开始取代传统的报纸、杂志、广播、电视和其他媒体,发展成为一种新的媒体形式。同时,随着互联网技术飞速发展,科普动画的媒体传播方式也在不断变化和发展。中国大力推进新媒体、自媒体等基于移动网络的"互联网+科普"新技术、新形式的运用,逐步提升科普影视、科普动漫等科普原创能力。从电视到电脑再到智能手机、平板电脑、可穿戴设备等,以新技术为主导的新动画媒介不断更新着科普动画的传播方式。在线动画用户的快速增长得益于移动网络在小型化、便携化、实时访问、互动共享等方面的优势和特点。移动网络的优势和特点也使科普动画传播非常方便,渗透到人们日常生活中。人们可以利用更短、更琐碎的时间来获取和欣赏动画并获取科普知识,满足了大众随时随地观看的需求和愿望。

二 移动互联网时代中国科普的发展历程

从2G数字时代到4G移动互联时代,再到万物互联的5G时代,中国科普传播随着移动网络技术的更新换代而飞速发展,改变了人们获得科普知识的途径,带来了大众娱乐观念的转变。正如麦克卢汉所说:"我们塑造了工具,此后工具又塑造了我们。"[3]移动网络已经渗透到现代人的生活、学习、工作等各个方面。

通过对移动网络革新带来的互动模式变化(见图1)的分析可以看出,中国科普宣传借助移动网络媒体的革新在不同的时期有着不同的变化。

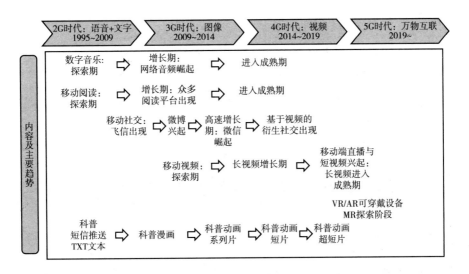

图1　移动网络革新带来互动模式变化

2G 时代标志着手机上网的开始，但是由于信息传输技术落后，中国科普宣传主要以政府相关部门、科学技术协会及科普教育基地等进行短信推送。2000 年左右，科普小说伴随着移动阅读开始以 TXT 形式出现。2004 年以后，电子杂志和数字报纸开始流行，电子阅读人群开始快速增长。随着第三代通信技术的发展，图像传输成为可能，并且数据传输速率越来越高。"中国科普漫画第一人"缪印堂说："发展科学也要发展科普，发展科普就要将科学与艺术相结合，这样艺术才能为科学插上翅膀，它才能飞得更高更远。我们不仅仅要用文字来搞科普，也要更多地使用图像。"[4]这一时期大量科普漫画由书本转移到移动网络上。同时，由于微博等社交软件的兴起，科普漫画进入了大众传播的时代。如新浪微博中漫科普、医学科普漫画、"科普＋漫画"等大量科普漫画博主出现。他们的微博主要以科普漫画为内容。第四代通信技术大大提高了基于 3G 的传输速度，并且可以快速传输网络视频。"运动，是最容易引起视觉强烈注意的现象。"[5]动态影像比文字和图片更容易使大众接受科学知识。科普宣传借助手机 App 软件，使得科普动画系列片从电视、渠道及固定网络等快速地移植到移动网络。同时，许多科普动画短片出现，如《飞碟说》《壹读君》《冷知识》，以及科普微动画《飞碟一分钟》等。通过各阶层的创作传播，相关科学知识得到了快速普及。随着 5G 技术的推广，更高的传输速率、更大的容量和更短的延时为万物互联提供了可能性，VR/AR 可穿戴设备的深入研发让科普动画更为广泛地传播，同时让更多的人接触科学知识，从而促进科学知识的普及。

三　移动网络时代中国科普动画的发展趋势

（一）移动化趋势

在移动网络时代，电视广播是大众获取信息的一种被动方式。通过传统有线电视，大众只能观看电视台上播放的节目，被动地接收电视发送的信息，自主选择性较差。随着中国网络的发展，播出平台发生了很大的改变，大众由电视转向 PC 网络端，传统有线电视用户逐年减少。到了 4G 网络时代，移动网络的传输速度有了很大提高，这为用户观看视频提供了有力的保障，大众开始逐渐选择更为方便的移动端。2015 年后中国的移动端资费大幅度下调，更多用户有了在非 Wi-Fi 环境下观看视频的条件。同时视频网站在移动端的发展步伐加快，适时推出更好的软件为视频播放服务，改变了用户移动在线视频观看习惯，使视频用户从固定设备向移动设备发展。以中国哔哩哔哩网站为例，该网站的月均活跃用户数在 2019 年第三季度达到 1.28 亿，其中移动端月活跃用户为 1.14 亿。[6] 手机和平板电脑等移动工具已成为大众获取信息的重要平台，也成为大众获取科学知识的重要渠道。

移动网络的普及，一方面给大众提供了更加便利的科普动画获取渠道，丰富了人们的业余生活。海量知识的数据资源，给大众提供了更多的选择，相对于传统的固定时间、固定节目的播放，大众获得了观看科普动画更大的自主选择的权利，可以利用移动终端主动获取自己感兴趣的科普内容。另一方面，网络覆盖区域的扩大使随时随地为人们提供信息资源成为可能，大众获取信息摆脱了地域和时间的限制。在传统的科普知识传播环境中，科普动画只能在家庭、学校、科教基地等固定场所进行观看，而在移动网络下，科普动画可以随时随地地观看，满足了大众对于科学知识学习的探求与需求。

（二）由儿童化到全民化趋势

中国早期科普动画创作的受众主要是儿童。从早期的《母鸡搬家》（1979 年）、《小兔陶陶系列》（1980～1982 年）、《黑猫警长》（1984 年）、《小数点大闹整数王国》（1987 年）到《海尔兄弟》（1995 年）、《蓝猫淘气3000 问》（1999 年）、《科普中国之乐乐熊奇幻追踪》（2013 年）等，这一系列科普动画都被深深地打上了儿童片、幼儿节目的烙印。随着移动网络的普及，观看科普动画的用户群体不再局限于儿童。大众对科普知识的需求越来越趋向成年化。

2019 年 3 月，中国科学院科学传播局发起名为"DOU 知计划"的全民短视频科普行动[7]，通过"DOU 短视频科普知识大赛"覆盖主要的科学领域，以短动画、微视频推动实现科学知识普及的丰富性、专业性、全民性。17～35 岁的当代中国青年是移动互联网的原住民。对于他们来说，追求科普知识有着与传统认知不一样的新形态，学习科普知识的方式正在颠覆。需要有让这个群体有兴趣、有意愿、有动力，使得自主学习、深度学习成为可能的科普动画片。

《飞碟说》、《壹读君》、《冷知识》和其他针对年轻人的科普动画出现在移动网络上。以《飞碟说》为例，该动画的主题范围很广，涵盖了五个部分——常识知识、两性知识、专业知识、婚姻技巧和热门事件；在选择标准上，坚持知识、话题、共鸣三大选择标准；从内容上看，形式丰富多样，除了其本身动画的形式特点外，还坚持科学普及的严谨性，引用大量数据。"博观而约取，厚积而薄发"，大量专业且制作精良的自然科普和社会通识类科普动画，为当代青年提供了博览各类知识的途径，也符合中国对全社会进行科普宣传的要求。科普动画以个人创作和公共创作的方式，用易于理解的动态画面讲解生活的科学知识，让普通青年也可以获取与自身发展相关的科学知识。随着这群青年人的成长，移动网络端科普动画内容越来越趋向全民化。

（三）生产大众化与传播简易化趋势

麦克卢汉认为媒介有三个时期的不同类型，即"部落社会时期"的口语媒介、"脱离部落社会时期"的文字印刷媒介、"重归部落社会时期"的视听电子媒介。[8]在传统的信息传播方式中，信息传播是以传播者为中心单向流动的。传播者控制着绝对的主导权，大众只能被动地接收信息。电力的发展可以恢复参与强度高的一种"部落模式"[3]。在移动网络时代，每个用户既是传播者，同时又是接收者。从文字到微动画，科普知识已经从精英生产传播转变为大众生产传播，知识的生产关系发生了变化，大众具有了更强的主动性和参与意识。这种以个体主动性为前提的交互传播，使得科普动画可以自发地建立个人和个人、个人和群体、群体和群体之间的传播，并形成网络状传输结构，每个人都可以成为网络的一个节点，参与科普知识的产生和传播。移动网络时代具有代表性的传播趋势是它不再由一个权威的中心引领受众的选择和走向，它是节点与节点之间、大众与大众之间的相互影响，从而形成一个开放式、扁平化、平等性、非线性的网络结构。

在数字动画技术尚未出现的时候，动画始终是一门技术要求较高且需要多人协作的学科，一部优秀动画的创作需要大量的时间成本以及大量人员的努力。随着计算机技术的发展，3D、Flash、H5 等信息技术出现，全面降低了动画创作的门槛，使得人人都有机会成为动画创作者。网络微动画的兴起主要是由于数字软件的普及，尤其是手机和平板电脑等 App 动画创作软件技术的普及，推动了大众化创作的发展。科普动画《工作细胞》在"B 站"每集播放量约为 70.3 万次。而 ID "果厨果厨果"根据《工作细胞》剪辑的45 秒动画《工作细胞·血小板真可爱》的点击量达到了 292.6 万次。不单看商业目的而发表的作品或企划的业余性质的二次创作，这种特征被认为具有后现代的特质。法国社会学者尚·布希亚认为，"后现代的社会，作品与商品、原创和复制之间的区隔将日趋模糊，并预测介于两者之间的中间形态，亦即'拟象'将成为主宰"[9]。电子媒体是后现代文化的代表，电子信息时代的计算机作为"后现代媒介"破坏了世界原有的集中化与都市化，促使世界由集中向分散发展。[3]在这种由集中到分散传播的时代，科普动画可以让更多的人参与到科学知识的加工及生产中来，科学知识普及的边界也随之扩大。不同背景的人可以发挥自己的优势，传递科学经验和知识，使过去不易用语言表达的科学经验和知识也能呈现出来。科普动画生产大众化、传播简易化趋势顺应了移动网络时代发展的潮流，满足了大众分享科普知识的需求。

（四）碎片化趋势

20世纪80年代开始，"后现代主义"研究文献中常出现"碎片化"一词，原指破碎的、零散的意思。如今，碎片化已应用于许多不同领域，如政治学、经济学、社会学和传播学。碎片化的科普动画已经成为大众科普的趋势。在移动网络下，大众观看科普动画碎片化趋势有两种含义：一种是大众观看科普动画选择性的碎片化趋势，另一种是大众观看科普动画时间性的碎片化趋势。

1. 大众观看科普动画选择性的碎片化趋势

"人总是关注自己想关注的内容，对任何与自己没有直接利益和生存关系的事情都不容易在乎"[10]。在人们的物质生活不断改善的过程中，传统的社会关系、社会结构乃至社会观念都开始瓦解。不同的利益群体有不同的需求，每个人都有自己的人生观和价值观，在政治、经济和文化领域的需求也多种多样。在这种社会背景下，大众对科普动画的内容也出现了碎片化的需求。这种科普动画的碎片化信息传播主要针对不同的、具有一定接受和理解能力的群体。老年人、成年人和学龄儿童都是传播目标。中国是一个人口众多的国家，相应地，接收并传播科普信息的目标人群也很多。虽然所有群体对科普信息都有需求，但不同群体由于其所处的环境、受教育程度、兴趣爱好等不同，也表现出很大的需求差异，如城市白领更关心职场、科技、环保等方面的信息，学生更关注考学、专业学习等方面的信息，年轻女性更关心美容、健身等方面的信息，家庭主妇更关心育儿、烹饪、生活小技巧等方面的信息，农民更关心如何科学种植、养殖等方面的信息。受众在自身利益需求的驱使下结成带有"部落"性的群体。这种非集中化和众多小型中心的每个不同群体都具有其参与者共同的需求。因为受众群体是不同的，所以在传播过程中也要针对不同人群，抓住不同群体的特点，整合传播的内容，将其划分为不同碎片，以便每部分碎片都有明确的目标受众，并根据目标受众的信息需求进行有针对性的传播。

2. 大众观看科普动画时间性的碎片化趋势

在移动网络时代，过量的信息使大众注意力不足。科普动画的碎片化表现为篇幅短小的微动画模式，这种形式有利于产生知识伴随状态。大众在零散的空闲时间里不经意间实现大量阅读，科普微动画模式所带来的科普信息传播广度是传统媒介时代难以想象的。

"在信息碎片化的趋势下，用户越来越没有耐心看一篇超过 140 字的推广软文，软文逐渐失去了市场，填补这个空白的是短视频、微广告。"[11]科普微动画能在碎片化的时间内传递大量信息，减少了用户的阅读时间与观看时间，符合当今时代发展的特点。科普微动画的简短性并非长动画的简单缩短。由于长度的变化，科普微动画在信息传播方面呈现独特的节奏和规律。在 1 分钟到 3 分钟的有限时间内有效地传播知识，需要科普知识更加凝练。科普微动画非常适合运用有限的时长和丰富的表现力展现知识最精华的部分，篇幅短小但信息量丰富的科普微动画通过画面、文字、音效等多种元素相结合的表现方式以及电影叙事技巧，能够承载大量信息，提供更加丰富、有趣的画面，更有利于引起用户的注意，可以轻松表达所需要科普的动画内容。例如，科普微动画《壹读君》的每集时长控制在 3 分钟，科普微动画《飞碟一分钟》以每天更新一集、每集一分钟的体量，使大众随时随地学习科普知识，这样人们可以充分利用零碎的时间来获取新知识，这些科普微动画也获得大众的喜爱。

（五）超视频化趋势

近年来，随着 4G 移动网络的普及应用，以个人为中心的消费娱乐领域发展到了全方位视频化的阶段。而 5G 的出现使得超视频化成为一种新的动画观影媒介，各种头戴式设备也逐渐进入了人们的生活。5G 的发展将助推 VR、AR 的无绳化，用户可借助移动终端随时随地进行 VR、AR 体验。正如麦克卢汉所说：经过一个世纪的电力技术发展之后，就我们所处的世界而言，时间差异和空间差异已经不复存在。虚拟与现实结合的超视频化已经成为未来科普动画发展的一个趋势。科普动画在超视频化趋势下会具有以下三点特性。

1. 科普动画的交互叙事特性

新媒介的产生都是对旧媒介的一种弥补与更新，在技术的支持下，新兴的互联网媒介的发展会越来越注重满足受众的需求，主动与受众互动。依托计算机技术和网络的发展，科普动画的创作与传播已经不再借助传统的电视、电影等媒介，而是向着更大受众群体的方向发展。未来或者就是现在，科普动画已经无处不在。《科普中国·故宫》是目前中国动画市场交互性叙事创作的一个代表性手机 App 作品，动画受众可以通过 App 对想了解的关于故宫建筑、历史动画的故事发展进行反馈，创作者及时反应，在后期剧集中进行修改。

2. 科普动画的沉浸性

沉浸性是科普动画超视频化的重要特点。它使用仿真系统为科普动画创设虚拟环境，超视频化使大众与现实世界隔离，完全陷入虚拟现实世界中，以获得沉浸感。目前在 VR 体验中备受关注的就是公众博物馆教育。2019 年 3 月，HTC 携手美国自然历史博物馆推出了《霸王龙：终极捕食者》VR 体验动画，从 2019 年 3 月中旬到 2020 年 8 月初向公众开放，公众可以见证由骨架搭建成的一只恐龙行走的过程，通过一系列的互动体验了解恐龙的故事。[12]超视频化独特沉浸感可以创造出逼真的场景，使大众具有高度的现场感，就像在现场一样。尤其是沉浸式科普动画，将大众置于一个完全虚拟的环境中，充分利用自然的互动、独特的"现场感"使体验更加真实，有助于建立科普知识与大众之间的联系，有利于大众体验科普动画内容与情境的关系，为大众学习科普知识提供具有吸引力的环境。

3. 科普动画与游戏融合

"游戏是我们心灵生活的戏剧模式，给各种具体的紧张情绪提供发泄的机会。"[3]游戏的独特乐趣一直是科普传播领域的独特切入点。《爱探险的朵拉》《米奇妙妙屋》等早教类、儿童类科普动画对与游戏融合进行了早期的探索。未来虚拟现实技术的加入，将更加强化科普教育与游戏融合的优势。中国企业小熊尼奥利用增强现实 AR 技术，针对 2～10 岁儿童开发的《口袋动物园》《口袋交通》等互动智能产品应用程序将儿童教育类科普动画与游戏融合到儿童早教领域，将虚拟现实技术应用于早教基础认知领域，发展孩子的逻辑思维等多项能力。中国重庆交警通过 VR 动画游戏，模拟酒后驾车的情形，以娱乐的方式向大众普及交通安全知识。相对于传统的动画，动画游戏给予受众的沉浸度会更高，这种依靠新媒介的"交互动画"在未来将是科普宣传发展的一个趋势，科普动画与游戏融合也是探索科普知识传播新形势的开始。

四　结论

移动网络进入中国已有二十多年的历史，尤其是 2009 年后移动网络的发展对大众生产方式和生活方式都产生了深远的影响。移动网络向大众提供了丰富而多样的信息，而科普动画借助移动网络时代发展和创新也越来越受到大众的重视。紧随移动网络时代发展而发展的科普动画具备了上述发展趋势，只有在创作中重视这些趋势，制作符合这种发展趋势的动画，才能促进中国科普动画的快速发展。相信在不久的将来，伴随着移动网络技术的不断发展，科普动画的传播将更加实时化，科普知识的解读将更加通俗化，获得科普知识的人群将更加广泛化，科普知识的呈现将更加人性化，而科普动画也将展示出它强大的生命力。

参考文献

[1] 怀进鹏:《共促科学素质建设 共创人类美好未来——在世界公众科学素质促进大会上的报告》,《科协论坛》2018年第10期,第4~6页。

[2] 《加强科普教育 助力创新发展》,《人民政协报》2016年3月28日,第3版。

[3] 〔加〕马歇尔·麦克卢汉:《理解媒介——论人的延伸》,何道宽译,商务印书馆,2000。

[4] 王渝生:《追忆"科普漫画第一人"缪印堂》,《中国科学报》2017年8月4日,第3版。

[5] 〔美〕鲁道夫·阿恩海姆:《艺术与视知觉》,滕守尧译,四川人民出版社,2019。

[6] 格隆汇:《哔哩哔哩2019年Q3财报》,2019年11月19日,新浪网,https://finance.sina.com.cn/stock/relnews/us/2019-11-19/doc-iihnzahi1814703.shtml。

[7] 冯白云:《科普类抖音账号的运营策略——以"科普中国"为例》,《青年记者》2019年第26期,第100~101页。

[8] 〔加〕马歇尔·麦克卢汉:《谷登堡星汉璀璨——印刷文明的诞生》,杨晨光译,北京理工大学出版社,2014,第59~62页。

[9] 〔日〕东浩纪:《动物化的后现代化——御宅族如何影响日本社会》,褚炫初译,台湾大艺出版事业部,2012,第44~45页。

[10] 叶小鱼、勾俊伟编著《新媒体文案创作与传播》,人民邮电出版社,2017,第43页。

[11] 于雷霆:《IP打造和营销实战手册》,人民邮电出版社,2016,第7页。

[12] 郭秀敏、吉永兵、刘惠丛:《虚拟现实在现代教育教学中的融合应用分析》,《河北广播电视大学学报》2019年第4期,第26~31页。

浅谈科学小品的思想性

吴 双[*]

（广西壮族自治区科学技术协会，南宁 530022）

摘 要： 科学小品是科学文艺中的一个特殊文体，它融科学性、文学性和思想性于一体。优秀的科学小品以优美、趣味的文学性和哲理、诲人的思想性而成为跨越时代的科普佳作。科学小品的思想性可以体现科普作家的人格魅力、思想境界和社会责任。

关键词： 科普创作 科学小品 思想性

On the Ideological Nature of Scientific Essays

Wu Shuang

（Associatron of Science and Technology of Guangxi Zhuang
Autonomous Region，Nanning 530022）

Abstract： Science essay is a special style of science literature and art，it is scientific，literary and ideological. Excellent science essay have become popular science works across the times with their elegant and interesting literariness，philosophy and thoughts. The ideological nature of science essay can reflect the

---

* 吴双，广西壮族自治区科学技术协会少数民族科普工作队高级工程师，中国科普作家协会理事。

personality charm, ideological realm and social responsibility of popular science writers.

Keywords：Popular Science Creation；Scientific Essay；Ideological Level

科学小品是以科学为题材的小品文，是科普说明文与散文小品"联姻杂交"而产生的一种文学体裁，它既推崇科学的真，又追求文学的美。[1]短小、精悍的科普短文并不都是科学小品，报刊和网络上很多平铺直叙的讲述体科普短文，缺乏文学情趣，因而不属于科学小品。[2]

科学小品的文体规范是追求科学性、文学性和思想性三者的完美统一。[3]首先，科学小品和所有的科普作品一样，以科学性为根本，不仅要普及科学技术知识，还要倡导科学方法、传播科学思想、弘扬科学精神。其次，文学性是科学小品的灵魂，体现为以散文的笔法写景抒情、叙事记游、言志说理，还可以夹叙夹议，从通俗和趣味两个方面使科学内容深入浅出、引人入胜。最后，科学小品的思想性则体现为作者在传播科学知识的同时，表现出鲜明的思想倾向，将科学原理与社会政治联系起来，引导读者用唯物主义的观点去认识自然，树立正确的世界观，对读者产生教育和宣传的作用。

回溯科学小品近百年的发展历史，它的思想性在不同的历史阶段有不同的时代特征，以不同的方式产生不同程度的社会影响，很多经典作品在读者的脑海中激起过思想共鸣的浪花。

一　新中国成立以前的科学小品思想性重在表现社会责任感

小品文是 1919 年五四运动后兴旺起来的一种文体，当时的中国外忧内患、积贫积弱、社会矛盾突出，人民大众既需要鲁迅先生所说"是匕首、是投枪"的战斗性小品文（杂文），也十分需要科学知识。一些作家以小品文的形式写科学，形成小品文的一个分支，直至 1934 年《太白》杂志首先打出了"科学小品"的旗号。最初的科学小品的思想性表现在与社会生活、政治时局密切相关的社会责任感上。正如柳湜在《我对于科学小品的一点浅薄的认识》中总结的："偶然谈一只蚤，一个啄木鸟，我也以为它一定要通过一种现世的'社会感'的，听了啄木鸟的啄木之声，难道竟会联想不到日本最近对中国的侵略就叫做'啄木外交'吗？"[4]

贾祖璋的《萤火虫》通过回忆幼年时乡下看萤火虫的情景，讲解萤火虫发光的原理，再结合当时家乡干旱的年景，表达自己的忧民思想："我那辛苦工作的邻舍们已经无工可作，他们可以作长期的休息了，但是在纳凉的时候，在他们的谈话中，未知还能闻到多少笑声。因了萤火虫我记着了遭遇旱灾的故乡了。祝福我辛苦的邻人们，应该有一条生路可走。"[5]

周建人在《讲狗》中介绍了狗的种类，说明自己不喜欢狗的原因，最后从狗的习性引申到做人的道理："狗的性质如果单单存留在狗身上，那倒还没有什么要紧，如果被人学去，事情将更糟糕。狗性质一经跑进人体，他不但学会了摇头摆尾，而且他会得把无论什么都很爽气地卖掉或送掉！"[6]每个人读后都会将自己和身边的人做一番对照。

高士其在《我们的抗敌英雄》中写道："白血球，这就是我们所敬慕的抗敌英雄。这群小英雄是一向不知道什么叫无抵抗主义的，他们遇到敌人来侵，总是挺身站在最前线的。"[7]艾思奇的《斑马》讲解世界上没有人能骑斑马，马戏团也没有斑马的表演，"据说斑马不易驯服，是因为它容易受惊。但受惊与受惊也有种种的不同，抱不抵抗主义的人们，给别人一声威吓，受了惊，就连忙屈服讨饶；斑马受了惊，却一定要拼死抵抗的。就这一点来说，斑马比人高尚多了"[8]。董纯才的《麝牛抗敌记》描写一群麝牛遇到狼群围攻的时候，"大家应联合起来，一面护卫着后代，一面抵御敌人的攻击。只有联合抗战，才有胜利的希望"[9]。显而易见，这些科学小品借物喻人，针砭时弊，抨击国民党政府对日本侵略的不抵抗政策，表明了作者抗日救国的思想，这种"国家兴亡，匹夫有责"的社会责任感自然会引起广大读者的共鸣。

叶至善在《卧看牵牛织女星》中通过解释牛郎、织女星不会在七夕相会的科学道理，科普了银河、恒星、光年等天文知识，使读者认识到宇宙之广袤，感受唯物主义的世界观和人生观："看了这些天文上的时间和空间的数字，常会使人想起人生在世，真有'寄蜉蝣于天地，渺沧海之一粟'的感觉。可是从另一方面想，那悠久的时间和广阔的空间，都不能逃出自然法则的支配，我们人研究各种自然科学，能够发现那些自然法则，这就是人的高明处。凭这点高明处，我们就不必叹息生命的短暂和貌小了。"[10]

以上这些经典名篇，其作者结合社会现状有感而发，思想性通过情感表达显得亲切自然，与科学性、文学性水乳交融，没有矫揉造作之感，读者在阅读中会产生精神认同，这应该是科学小品在那个时代得以盛行的重要原因。

二　新中国成立后至 20 世纪七八十年代的科学小品思想性倾向于政治教育

新中国成立后，共产党领导下的人民群众展现了社会主义建设和改造大自然的新面貌。科学小品在传播与工农业生产有关的科学知识的同时，也注意进行爱国主义思想和共产主义思想教育。

黄树则在《反对束胸》中，通过云南一个女学生因为束胸 23 岁的时候就患肺病去世的事例，在讲科学道理的同时进行破旧立新的思想教育："束胸和缠足一样，是摧残戕害身体的一种做法，从剥削阶级以劳动为辱和轻视妇女的思想出发，就产生了以病态为美的观点，青年们唯有从剥削阶级思想影响中把自己解放出来，才能在身体健康上得到保障，才能在工作上学习上走上正轨。"[11]

庄学本的《麝香和麝》介绍了作为中药和香料的麝香，提到要捕杀雄麝才能割下它的香囊，而且猎人在狩猎中不分公母老幼、有香无香，一律捕杀，全国每年要捕杀麝二三十万头。"这种消极的大量滥杀，给这项祖国重要特产带来很大的损失。这是一个值得重视的问题。"[12]文章作者在 20 世纪

50 年代就有保护野生动物资源的理念，堪称可持续发展思想的预演，而我国 2003 年才将麝科动物从国家二级保护升为一级保护（国家林业局令第 7 号）。

陆敏的《两个太阳》先说明太阳通过植物提供给人类食物，是水力发电的最终能量来源，最后写道："我们常常在歌曲中把共产党比做太阳，一点也不错，我们有两个太阳。我们在两个太阳那里获得两种生命的热能：自然的太阳供给我们生存的条件，社会的太阳充实我们生命的意义。"[13]富士的《瘴气是怎么回事?》从三国时代诸葛亮七擒孟获说到云贵诸省的瘴气之害，解释这其实是疟原虫寄生在人体血液中引起的疟疾："云南思茅一带，解放前瘴气特别猖獗，有些村庄几乎找不出一家是夫妇双全的；解放后抗疟队深入扫除'瘴气'，疟疾大减，思茅人民纷纷称道：'毛主席来了，瘴气也消了。'"[14]在传授科学知识中嫁接政治教育，或者婉转歌颂革命领袖的手法，是那个时代科学小品的思想性特色。

《燕山夜话》是邓拓 1961～1962 年在《北京晚报》发表的知识小品文，其中不少属于科学小品。《堵塞不如开导》讲述古代鲧和禹父子治水的方法，鲧用堵塞的方法，以致洪水越闹越大；他的儿子禹不用堵塞而用开导的方法，使洪水畅流入海，从中归纳出"一切事物都有不停地运动的力量，人们对待事物运动的力量，有两种态度是正相反对的。一种是堵塞事物运动发展的道路，一种是积极开导使之顺利发展。前者是错误的，注定会失败；后者是正确的，注定会胜利"的结论。

可见，在特殊的年代里，一些科学小品文风的改变，使思想性与科学性、文学性分离，影响了作品的可读性。

三　改革开放以后的科学小品思想性重
在传播科学思想和科学精神

实行改革开放后，中国迎来了科学的春天，科学研究和科技普及都重新受到了重视，科普创作也开始复兴，科学小品的思想性也回归到传播科学思想和弘扬科学精神的正轨。

白忠懋的《懒猴》通过介绍懒猴这种野生动物的生活习性，对改革开放初期一些人习惯吃大锅饭的等、靠、要思想进行了鞭挞："我们形容一个人懒，说是懒得要出蛆。而懒猴呢？却懒得生出了绿藻哩！……懒猴的风格和当前飞速发展的形势多么不协调啊！在当前，这种风格是否无影无踪了呢？不，依然存在！我们用懒猴的风格去讽刺生活中存在的某些现象，是多么发人深思啊！"[15]

黎先耀的《莼鲈之思》借用一个成语作题目，谈到杭州的鲈鱼和莼菜从大众食品变成了稀罕佳肴，是由于工业对河流的污染，以及江上修建挡潮闸，导致鲈鱼苗很难洄游。从传统美食的失落道出自己对环境的忧患思想："我不免引动了对江南'莼羹鲈脍'的深切思念。可是，我这并不是乡愁，而是生态之忧。我希望'莼鲈之思'这句古老的成语，不要真的变成忧怀濒危生物的新谚语。"[16]

20世纪末期十几年，全国许多科研单位、科学家曾参与"人体特异功能"和气功研究。邓伟志在《在玻璃瓶子面前》中，通过在一次人体特异功能的表演现场，用瓶子密封字条，令表演者无法耳朵"认"字的实例，对"人体特异功能"笃信者进言："科普书、科教片、科学报告以及科学幻想作品中不姓'科'的事不少，不可轻信。"[17]当时，作者勇于坚持科学实证精神，敢说实话，难能可贵。石敬原的《可悲的"风水科学"》从某气功师称"阴阳家讲的风水也是科学，只不过是多年被蒙上一层迷信的色彩"说起，列举"风水"只是一种迷信，与科学风马牛不相及的事例，直言不讳地指出："气功师的气功是值得尊敬的，但如果对科学并未有研究却也来指指点点，其实是给迷信披上科学的外衣，就难以使人信服了。"[18]反对伪科学和破除愚昧迷信一直是科普工作者弘扬科学精神的责任担当。

吴光照的《你有毛发五百万》在叙述了人体长毛、短毛、汗毛三种毛发的作用后，针对改革开放初期，街头流行喇叭裤、披肩长发的现象，表达了自己对流行风尚的人生观："发型得当不仅可改变头之大小、脸之宽窄、颈之长短，而且还有扬长避短、弥补缺陷之效。是故，少林寺式彻底刮剃，有违生发原意，似不可取；清一色的长发垂肩，男女莫辨，亦未必美观；应根据年龄、性别、职业、体型状况、生活习俗等项遴选发型，做到发尽其用。切勿盲目仿效，以免东施效颦，污染生活。"[19]

郭继志的《跳进黄河洗不清》，从"跳进黄河洗不清"的谚语开始，引出黄河"一石水，六斗泥"的水土流失现状，展望治理黄河的美好前景："未来的黄河，将随着黄河中上游水土保持工作的开展，泥沙含量还会逐年减少，黄河水会逐年变淡而达到相对而言的澄清。'跳进黄河洗不清'的这句古老谚语，终有一天会改为'跳进黄河洗得清'。"[20]林蒲田的《莫让长江步黄河后尘》有异曲同工之妙。作者从乘船见长江"江水共泥土一色"，结合自己从事土壤监测20年，得出没有树木保护的土地，每年被雨水冲蚀0.5厘米的经验，发出感慨："治水之根在治山，广为植树种草，使荒山绿化，已迫在眉睫！有山该青呀，有水皆绿呵！但愿郑板桥的诗句'潮平浪花逐沙鸥，歌笑山青水碧流'能成为神州处处的画面。"[21]两篇作品都抒发作者保护大江大河的思想情怀，展望祖国山清水秀的愿景。

四　新时期科学小品的思想性彰显科学求真精神

21世纪网络媒体异军突起，读者进入了"读图时代"，随着我国全民科学素质的提高，有的读者不再需要通过文学性去理解科学，纯文字的科学小品在报刊上陷入了窘境。[22]但是在科学松鼠会、果壳网等网络平台上，一些有志于做科学传播的学者，善于抓住新闻热点，利用博客和微信公众号等自媒体推出大量类似科学小品式的文章，有时图文互补，使用幽默诙谐的网络语言，及时向人们推介科技的新知，传播科学的思想，令广大网民喜闻乐见。

2018年3月1日，一篇题为《张杨导演，我爱你》的求爱信传爆网络，其中写道："科学研究说，世界上有量子纠缠这个说法，从我出生起，我便开始与你有了纠缠，我们都知道，我们就是前世的夫妻。因为相处仅仅只有一个月，却有极其强烈的信心，我们就是对方的彼此……"果壳网当天发表了 Revolucion 写的《刷爆朋友圈的量子纠缠究竟是什么》及时跟进："这种跨越空间的联系听起来十分浪漫，被拿来用作爱情的比喻很可以理解。如果你也想效仿这个比喻，那么它有几个隐患：量子纠缠并不限定在 2 个粒子之间，完全可以涉及 3 个甚至更多的粒子。量子纠缠是一种很脆弱的关系，一束光子打过去做一下观察就能定下粒子的状态同时打破它的纠缠，如果爱情关系也是这样的话，那真是字面意义上的见光死。"读者在会心一笑中得到了量子纠缠的科普，作者也在调侃中宣泄了自己的科学求真精神。

2018 年 4 月 29 日，科学松鼠会发表云无心写的《你要吃"纯天然"的玉米？对不起，这个真没有》，讲解从人类开始栽培玉米，就一直在利用遗传的变异进行选种驯化，它早已不是"纯天然"的食品。但是人们"已经习惯了它们的存在，也就当作'传统技术'而顺理成章。而以'转基因'为代表的现代生物育种技术则不同，人们面对产品之前，关于它们的讨论已经铺天盖地。对于人们来说，它们是陌生的，也是可有可无的，于是'违反自然'就成了它们的原罪"。作者针对社会普遍关心的转基因食品安全问题，委婉地讽刺了人们对于传统的人工诱导突变和生物技术转基因（两者均为通过改变基因改良作物品种）两种方法的不同态度，引起读者的反思。

在信息化时代，互联网上的科普创作不再是科普作家对公众居高临下的科学知识的单向灌输，而是作者与网民以"亦师亦友"的平等方式进行科学知识的双向交流，灌输式的传统科普正在向互动式的科学传播转变，探索创新的科学思想和求真务实的科学精神，是当今网络科学小品思想性多元化表现的主要内涵。

五　结语

科学小品这种科学文艺体裁自问世以来，应和了"文章合为时而著"的古训，其整体的文风一直随着历史变迁和社会发展发生自觉演化。每篇科学小品的科学性、文学性、思想性三者比重各有不同，它的思想性在字里行间均渗透着时代的烙印。纵观近百年来的优秀科学小品，其科学性可能会因为科技进步而变得浅显，但它的文学情趣能让读者反复回味，它的思想意义还闪烁着穿越时代的亮光。当前，科普作家或科技工作者在创作科学小品的过程中，要确保科学性，增强文学性，并注重提炼思想性，使自己的作品能够更好地服务于中国特色社会主义的新时代。

参考文献

[1] 程民主编《科学小品在中国》，科学出版社，2009，第 1 页。

[2] 章道义、陶世龙、郭正谊主编《科普创作概论》，北京大学出版社，1983，第 144 页。

[3] 董仁威主编《科普创作通览》，科学普及出版社，2015，第 284 页。

[4] 转引自陈望道编《小品文和漫画》，上海生活书店，1935，第 177 页。

[5] 贾祖璋：《萤火虫》，《太白》第 1 卷第 1 期，1934。

[6] 周建人：《讲狗》，《太白》第 1 卷第 4 期，1934。

[7] 高士其：《我们的抗敌英雄》，《读书生活》第 2 卷第 3 期，1935。

[8] 艾思奇：《斑马》，《读书生活》第 2 卷第 7 期，1935。

[9] 董纯才：《凤蝶外传》，东北书店，1948。

[10] 叶至善：《卧看牵牛织女星》，《开明少年》1945 年第 2 期。

[11] 黄树则：《反对束胸》，《中国青年》1953 年 4 月。

[12] 庄学本：《麝香和麝》，《人民日报》1956 年 8 月 19 日。

[13] 陆敏：《两个太阳》，《中外少年》1951 年 8 月。

[14] 富士：《瘴气是怎么回事？》，《人民日报》1958 年 3 月 29 日。

[15] 白忠懋：《懒猴》，《科学文艺》1979 年 3 月。

[16] 黎先耀：《莼鲈之思》，《光明日报》1981 年 11 月 13 日。

[17] 邓伟志：《在玻璃瓶子面前》，《中国青年报》1981 年 12 月 19 日。

[18] 石敬原：《可悲的"风水科学"》，《科技日报》1988 年 6 月 7 日。

[19] 吴光照：《你有毛发五百万》，《北京晚报》1983 年 10 月 26 日。

[20] 郭继志：《跳进黄河洗不清》，《郑州晚报》1984 年 1 月 23 日。

[21] 林蒲田：《莫让长江步黄河后尘》，《长沙晚报》1986 年 3 月 2 日。

[22] 姚义贤、陈晓红、李正伟主编《百年中国优秀科学小品赏析》，中国科学技术出版社，2017，第 232 页。

浅议科技馆展品说明牌

向东海　金克军 *

（荆门市科技馆，荆门 448000）

摘　要： 展品说明牌是展品的组成部分，是联结观众与展品的桥梁，能帮助观众了解展品，引导观众操作，向观众解释科学原理和现象，通常被理解为展品的辅助教育手段。说明牌设计若有问题，则起不到提升学习效果的作用，进而降低观众预期和感知质量。本文从展品说明牌的内容设计和展示艺术两个方面进行探讨，希望能对科技馆的展示设计工作有所启示。

关键词： 说明牌　辅助教育　引导

A Brief Discussion on the Exhibition Description Board of Science and Technology Museum

Xiang Donghai，Jin Kejun

（*Jingmen Science and Technology Museum，Jingmen 448000*）

Abstract： As an integral part of the exhibits and a bridge between the visitors

---

* 向东海，湖北省荆门市科技馆基建工程师、制作部主任；金克军，湖北省荆门市科技馆助理研究员、馆长。

and the exhibits, the exhibition board can help visitors understand the exhibits, guide interactive operations, and explain scientific principles and phenomena. It is often understood as an educational aid to the exhibits. If there is a problem with the design of the illustration board, it can not improve the learning effect and reduce the audiences expectation and perception quality. This paper discusses the content design and the display art of the exhibition description board, hoping to draw lessons from the display design work of the Science and Technology Museum.

Keywords：Instruction Board；Supplementary Education；Guide

科技馆为观众提供了在实践中学习科学技术的情境，与其他教育机构最大的区别是有实物展品，且大部分展品可以进行操作体验，观众在动手操作展品的实践活动中获取直接经验。直接经验和间接经验是知识结构的两个部分，人类就是把这两种经验结合起来，获得比较完全的知识，得到相对真理。

观众在科技馆体验科学，获取知识，这个过程应当是轻松、愉悦和自由的，应是主动参与，而不是被动参与，体验主要是靠自己来感觉，而不是主要靠讲解员的讲解。这并不是说不需要讲解员，在团队参观，或者是观众有需求时，讲解员就应该出现。笔者在科技馆的长期工作中观察到，大多数情况下，观众参观展品遇到困难时，通过阅读说明牌就能解决问题，这时它的辅助教育作用就显现出来了，成为联结观众与展品的桥梁。有的观众不知道怎么操作展品，胡乱鼓捣几下，失望之余很快转移到下一件展品，展品旁边就有说明牌，可是有的观众就是不看不问，这里面当然有观众自身的原因，可是科技馆的从业人员更应该思考的是观众为什么不看说明牌，是不是展品说明牌安装位置有问题，或者是版式、内容设计不够吸引人，没有起到引导观众深入探索的作用。当然，即使安装位置恰当，版式、内容设计吸引人，也会有个别观众没有阅读说明牌的习惯或者耐心，但科技馆首先要把自己的事做好。

一 展品说明牌概述

（一）展品说明牌的内容

说明牌的内容一般包括展品名称、操作说明、原理介绍、拓展应用、注意事项、警示等。

（1）展品名称是展品标志的符号，是展品内涵的提炼。展品名称可以是对概念的直观表达，也可以是对内容现象的反映，名称要简单、明了。一个好的展品名称可以吸引观众的注意力，使观众产生兴趣。

（2）操作说明，即指导观众如何正确操作，并观察现象，将观众引入探索阶段。最好采用图文结合的方式。

（3）原理介绍，即对展品演示的科学原理和现象进行解释。观众可将操作体验展品获取的直接经验与这些知识相互对照验证，从而获得两方面的经验。从这个角度思考，原理的介绍是展品说明牌的重要组成部分，观众从展品中获得直接经验要靠这一部分内容扩展和提高，以学到较为全面的知识。

（4）拓展应用，即通过应用案例，加深观众对科学原理、相关概念的理解。

（5）提示或警示，即提示观众在操作展品时应注意的事项。

此外，说明牌通常还会加注展品编码、单位名称等，便于馆方内部管理。

展品说明牌的文字表达要深入浅出，通俗易懂，采用易于理解的词语及表达方式。把抽象复杂的科学原理以生动有趣的文字表述出来，使学习过程变得轻松有趣，才能引起观众的阅读兴趣，进而引导观众更深入了解和探索展品所蕴含的奥秘。

说明牌文字内容不能有缺失，但也要控制字数，不能太长，小小的说明牌版面不可能无限放大。若文字过长，很少有人愿意去阅读。这就需要精心推敲，用最简洁的语言把展品介绍清楚。

说明牌的文字一般选用较大号字体。阅读说明牌不同于阅读书籍，若字体过小，观众阅读就会很吃力，会大大降低阅读的兴趣。

（二）展品说明牌的版式、安装

1. 说明牌是展品的一部分，也应当具有艺术性。说明牌若缺乏美感，风格混乱，随意张贴，则不利于观众识别。但并不是要求全馆每件展品说明牌的大小、造型、选材、色彩、安装位置等都一模一样。科技馆各展区主题不同，展品差异较大，即便是同一展区的展品一般也大小形状各异，需要区别对待，比如儿童展区说明牌的色彩、文字表达等与机器人乐园、电磁力学等展区就有所差异。可从各展区不同主题特点出发，同一展区内说明牌的色彩、材质、版式等方面寻求一致性，在各展区一致性的基础上提炼相似元素，做到异中求同，形成整个展厅风格。

2. 说明牌是给人看的，安装位置要醒目，要在观众容易看到的地方，同时还要便于阅读。一般安装在展柜、展台、附近墙体上等，不能离展品太远，否则观众有可能张冠李戴，混淆展品。有的实物展品没有适合安装的位置，可以采取独立支架的方式，安装展品说明牌。

3. 说明牌是观众经常接触到的地方，材料既要环保，同时又要耐磨损，早期有用印刷品直接贴在展柜、展台、玻璃或者附近墙体上，既不美观也容易损坏，不提倡这种"小广告"式的说明牌。现在多使用亚克力、金属、PVC 等材料制作说明牌，这些都是可以的，具体选用哪一种材质，要结合展览主题、环境来确定，做到安全、美观。

（三）智能化设计

在现代科学技术广泛应用的背景下，可以增加智能化设计，比如二维码、视频导览、语音讲解等，更多方式、更便捷、更深入地引导观众与展品进行有效互动。展品说明牌作为展品的一部分，可与其他方式互补共同发挥作用，如可以把二维码印制在展品说明牌上，方便观众阅读时扫描。

二 目前存在的主要问题（以某地级市科技馆为例）

（一）内容方面教育功能不够完善

1. 对观众引导作用不强，有的展品说明牌内容有缺失。

2. 原理部分有的直接照抄课本定律，拗口难懂，观众看一眼就离开，完全没有阅读的兴趣。

3. 内容不够严谨，有的含糊不清，有的甚至出现错误，直到观众投诉，才修改。设置说明牌的目的是传播信息，引导探究，传递给观众的信息一定要准确无误，不能传播错误的信息。

4. 基本上以纯文字描述为主，少有配图。对于操作较为复杂的展品，图文结合更有利于观众理解，同时，图文并茂使版面看起来不至于灰暗，是观众乐于接受的方式。

5. 文字排版不符合视觉规律，格式呆板。有的说明牌尺寸够大，但字体较小，寥寥数行，堆积在说明牌中上部，下部留下大量空白，不成比例，且色彩单一，毫无美感，阅读起来也相当费力。

（二）艺术性不强

1. 缺乏统一性。说明牌风格整体性较差，给人混乱的印象，也不利于观众识别。

2. 缺乏美感设计。未考虑观众的美感需求，说明牌尺寸比例不合理，与周围环境不协调，未体现以人为本的设计理念。

3. 安装位置不恰当，随意性较强。展品说明牌一般安装在展柜、展台上，或安装在展品附近墙面最明显的位置。安装位置过高或过低，都会给观众阅读带来困难。例如，机器人乐园有一件展品有围栏，说明牌贴在围栏下方玻璃上，形同隐形。

你一定见过这样的说明牌（见图 1）。

图1　几种说明牌

左图：观众踮起脚仰望也不一定能看清说明书的内容。中图、右图：阅读说明牌观众需要蹲下身体。这样的说明牌只会令观众敬而远之。

如图2所示，这两个展品说明牌，您更喜欢看哪个呢？

图2　原展品说明牌和改进后的说明牌

注：左图是改进后的说明牌，选用了较大号字体。

三　国外科技馆展品说明牌探析

（一）说明牌的设计内容

美国旧金山探索馆在科技博物馆中有着非常高的知名度，该馆非常重视文字的内容编写，以"探究学习"为理论指导，将观众引入情境，有助于观众对展品的理解，更好地提升观众的学习效果。

以探索馆"下落的羽毛"展品说明牌为例。说明牌标题下面第一行字是典型的现象描述："如果你在真空中释放一根羽毛和一块石头，两者将同时落地。"提出问题情境，引发观众认知冲突，是吸引观众对学习产生兴趣的很好方法。说明牌中描述的这一典型现象，是观众在日常生活中不能观察到的，与观众头脑中已有的经验知识出现分歧，如此，观众就要做出各种猜测，要想办法寻找问题的答案，参观过程自然地进入探索阶段。接着是操作方法和注意事项。引导观众将展品作为实验工具动手操作，对实验现象进行观察，自主探索实验现象发生的原因，提出问题。该展品的操作包括两方面内容：一是向左旋转真空泵阀门，透明塑料管中将充满空气，再旋转透明塑料管，观察羽毛和塑料鸡模型从隔板顶部落下；二是向右旋转真空泵阀门，清空管中的空气，再一次旋转透明塑料管，观察羽毛和塑料鸡模型的下落。在该展品演示的实验现象中，观众通过操作和观察会发现，减慢下落羽毛的空气阻力要大于减慢塑料鸡模型的阻力，因为羽毛相对其自身重量来说具有更大的表面积。在真空中，消除了空气的阻力，两个物体便具有相同的加速度，并同时落到塑料管的底部。大家通常生活在周围都是空气的世界里，很容易就会忘记空气的存在对于下落物体的影响。于是，观众便在原有知识体系的基础上自行修正，形成新的认识，建构起新的知识框架。接下来，说明牌对该展品演示的科学原理以及现象的本质规律进行了解释。最后，以铅球比棒球更难投出，也更难接住为例，介绍了该科学原理在其他生活情境应用中的现象，拓展观众对概念的理解，扩充概念的基本内涵，同时用新的概念解释新的情境或新的问题。这样观众从中可以加深或拓展对概念的理解，获得更多的信息。

发达国家的科技博物馆非常重视展品说明牌的辅助教育功能。从2008年开始，美国博物馆联盟推出"展品标签写作卓越奖"，每年评选出十佳说明牌，借此激励更多专业人士写出自己的最佳作品，从而为高质量的说明牌写作提供标准与启迪，可见其对说明牌文字编写工作的重视。

（二）说明牌的版式、安装位置等

澳大利亚昆士兰科学中心的说明牌，其外观形状为竖长条形，安装使用固定支架较为普遍，色彩、版式基本固定，特征明显，观众能够一眼识别。美国旧金山探索馆展品说明牌的形状、色彩、方式，根据展品设计，与展品结合，精彩纷呈，形状、色彩各异，不拘一格，与展品融为一体，安装的位置、距离等使展品非常方便观众阅读，可以说只要参观展品，就一定能看见说明牌。上述两个展馆的展品说明牌的版式和安装位置各有千秋，体现了艺术性与实用性的统一。

四　改进说明牌的建议

1. 展品说明牌是给人看的，说明牌写得好不好，观众最有发言权。可以在馆内开展观众随机问卷调查。说明牌如果大部分观众都看不懂，肯定不是一个好的说明牌。

2. 说明牌是展品的一部分，要将说明牌当成展品一样重视，在设计之初，就将说明牌纳入整个展项的规划之中，合理设计说明牌的造型、版式、安装位置等，以避免考虑不周带来的后期麻烦。

3. 说明牌是引导观众更深入探索展品内涵的辅助手段。科技馆面对大众科普知识，激发大众的兴趣很重要，提问式说明牌已获得共识。此外，还可以借鉴探究式教育理念，将其融入展品说明牌的内容设计之中。

4. 提高文字的吸引力，避免枯燥无味，可以尝试鼓励员工自己编写说明牌，进行评比。

5. 不能忽视展品说明牌的照明，说明牌若光线不足，不仅影响关注度，还会造成阅读困难。可以选择合适方式保障说明牌的阅读效果。

五　结语

展品说明牌设计坚持以人为本的理念，艺术表现形式要得当，能够吸引观众的注意，激发观众的兴趣，进而引导观众实现自主体验和探索科学的奥妙。观众在科技馆的参观体验具有一定的随机性，观众操作某件展品进而探索展品所蕴含的科学也是不确定的，基本上取决于观众是否感兴趣，展品本身是最重要的因素，说明牌在辅助展品信息传达方面的作用也不可小觑，要将其放在整个科普教育活动规律中去认识它的重要意义。

参考文献

［1］王恒：《科学中心的展示设计》，科学普及出版社，2018。

［2］〔美〕雷蒙德·布鲁曼、美国探索馆：《美国探索馆展品集》（三），中国科学技术馆编译，科学普及出版社，2000。

天文科学课程教师发展

——天津科学技术馆天文科学课程教师培训案例分析

许 文[*]

（天津科学技术馆，天津300201）

摘 要： 近年来，我国的航天事业飞速发展，国家对航天、天文人才的需求已是必然，具有创新思维和能力的相关人才将更为可贵。目前，天津市很多学校建有小天文台和天文社团，并且很多学校有开设天文科学课的愿望，但是由于师资问题，大多数学校局限于简单、不系统的活动。天津科学技术馆作为校外天文科普机构，有责任推动正规天文教育的发展，搭建天文科学教师的学习平台。

关键词： 天文科技 教师培训 教育发展

---

* 许文，天津科学技术馆文博系列馆员，主要研究方向为天文科普教育。

The Development of Astronomy Science Teachers

—Case Analysis of Teacher Training for Astronomy Course in Tianjin Science and Technology Museum

Xu Wen

(*Tianjin Science and Technology Museum*, *Tianjin 300201*)

Abstract: In recent years, China's aerospace industry has developed rapidly. Therefore, China's demand for talents in aerospace and astronomy is inevitable, and relevant talents with innovative thinking and ability will be more valuable. At present, many schools in Tianjin have built small observatories and astronomical societies, and many schools have the desire to offer astronomical science courses. However, due to the problem of teachers, most schools are limited to simple and non systematic activities. Therefore, Tianjin Science and Technology Museum is responsible for promoting the development of regular astronomy education and building a platform for astronomy teachers to learn.

Keywords: Astronomical Technology; Teacher Training; Education Development

天文科学课程教师培训由天津科学技术馆和天津市天文学会联合举办，自 2010 年开始，已成功举办七届，曾得到中国青少年科技辅导员协会、北京天文馆、天津市科协及天津市教研室等单位的大力支持。通过前期的调研，我们发现天津市的很多学校建有小天文台和天文社团，但由于师资问题，大多数学校的天文活动形式简单且不系统，无法满足学生更广泛的天文知识需求，所以较多学校关注该培训。最初几届参加培训的教师大多仅抱有了解与尝试的心态。总结多年的天文科普经验，学校天文教育的关键是教师，教师的兴趣与积极性影响了天文活动的发展。随着每年一届培训的进行，更多教师参加培训的目的由最初的兴趣，转变为对自有知识的更新换代，从而带动学校更系统地开展天文课程和天文活动。因此，培训内容设计主要以激发老师兴趣，了解天文教育状况、形式和如何开展天文活动为目的，希望通过培训发挥科普场馆的天文科普优势，激发教师对天文科学的学习热情，激励教师在中小学开展天文教育活动甚至教授天文课程。

天津科学技术馆作为大型公益科普场馆，多年来，在中国天文学会、北京天文馆和各级科协的支持下，与天津市天文学会一起，举办过"大、中、小学天文节"和"遨游太空之夜"等系列科普活动，面向中小学，开办过天文特长班、天文奥赛班，培养出不少优秀天文爱好者、天文奥赛选手，已经有多名爱好者进入大学天文专业学习并投入天文科研工作。2007年，中国科协在全国范围内开展"科技馆活动进校园"项目，天津科学技术馆成为试点单位之一，取得了显著的成绩。2009～2020年，天津科学技术馆已出版了6本天文科学教材，这不仅在天津市是首创，还在全国引起了广泛的影响，更为推动校内天文教育打下了基础、积累了经验。经过多年的组织活动，已吸引来自全国十余个省市的多个科技馆及青少年科技中心前来参加培训，累计上百所学校上千名教师参与活动。通过培训，天津市的天文教育水平上了一个新的台阶，各校也提高了对天文教育的重视程度。

在天文科学课程教师培训的设计安排上，包括天文热点内容形式分析、天文科学讲座、天文基础知识讲解、天文实践技能培训及天文教师论坛五个部分，以激发兴趣为切入点，层层引入，回归教学本质，带领教师进行切实可行的天文实践活动，有利于教师将活动带入学生当中，更好地开设天文课程。

一 有效合理地设置天文科学课程

经过七届天文科学教师培训，天津科技馆总结活动经验和不足，充分调研教师需求，根据教师反馈，合理制定培训内容，力争使教师在培训后扎实推进校内天文科学课程教育，在我市范围内开设更多的天文科学课。

（一）抓住天文热点话题，引领教师关注天文学前沿

经过多年的组织活动经验，以天文热点话题为切入点，如2019年的天

文科学教师培训以《2019 年诺贝尔物理学奖与地外文明》为开篇，邀请到北京师范大学天文系教授，以生动易懂的语言，通俗地剖析诺贝尔物理学奖，激发了广大教师对天文的热情。前来培训的老师大部分不是天文专职教师，对天文的认知和理解不足，也几乎没有天文专业背景，因此，以天文热点话题导入，目的在于提高教师的天文兴趣，激发兼职天文教师对天文学科的热情，更有利于培养科学教师的天文素养，为更好地开设天文课程或开展天文社团活动奠定坚实基础。

天津科学技术馆作为校外科普机构，在天文教师的培训方面，为更好地体现学科的专业性，曾邀请到国家天文台、北京师范大学天文系、北京天文馆等从事天文教育方面的专家前来指导，让教师可以更好地感受到天文氛围，有利于在培训后进行更深层次的沟通，并为后期天文活动合作建立桥梁。因此，本活动不只在于提高教师的天文教学水平，更是为我市的天文科学课程教师与天文专业人员搭建了一个良性的沟通联络平台。

（二）夯实天文基础知识，共建校内外天文科学课程

为让天文科学教师更好地掌握天文基础知识，具备承担天文课程的能力，在培训期间会有针对性地开展天文基础知识的教授。科技馆曾围绕太阳系八颗行星、中国古代天文等基础天文知识，邀请到国家天文台研究员、古观象台研究员等天文专家，从基础的天文知识入手，让科学教师能更轻松地掌握学生感兴趣的天文知识。

由于培训时间有限，基础天文知识量大，每次培训以简单的天文知识引入，目的在于引领教师在培训结束后自主探究其他天文知识。例如，在讲解太阳系八大行星时，只简要讲解行星的整体运动和概况，每颗行星的物理属性、运动等需要教师在后期自主了解。此外，教师可根据学校及自身特点，自主配合开发其他相关活动，不局限于培训期间的固有知识，可引申适合本校学生及本校条件的天文课程及活动。

此外，培训会邀请从事天文学科教育的专业教师讲授示范课的形式，让入门级的教师学习如何上好一堂天文课，包括如何引入，如何抓住学生的兴趣点，快速激发学生对天文的兴趣，以及如何导出课程等。同时，我们会结合学生感兴趣的话题，列出大纲，教师可参照大纲完成知识点的完善和补充，进行授课。从未涉猎过天文学科的教师，可结合自身已有知识及多媒体手段开展天文科学课程及天文活动。

（三）回归天文学科本质，了解开展天文实践活动的方法

天文作为一门观测学科，实践观测活动是必不可少的。因此，在培训期间，我们会回归天文学科本质，从室内到室外，开展一系列相关的天文活动。经过多年的培训活动总结，发现该环节是参加培训的老师最为感兴趣的一部分，也是在校内外开展活动最容易操作的内容。因此，在后续几年的培训中，我们加大了对实践活动的开发与分享力度。

多年来，在培训期间，我们举办过蓟州区室外观测活动，邀请到北京天文馆专业的大篷车科普教师前来指导野外观测，使很多教师通过专业的天文望远镜第一次感受到星空的魅力，由此激发了教师开设天文课程的意愿，引起了一大批科学教师对天文的关注与重视。

随着科普单位及学校制度改革，实现野外观测不再是一件容易的事，因此，我们转变思路，将室外的观测活动改变为室内的动手实践技能培养。野外观测对于大部分的学校、教师、家长及学生都存在一定的风险与考验，而室内的动手操作更容易实现，也避免了很多的安全问题及其他隐患。根据天津科学技术馆多年开展小学生天文班、中学生奥赛班等活动的教学内容和经验，并结合近几年天津科学技术馆编写的《天文活动手册》《天文》等教材，设计开发了与中小学科学课教学大纲相关的系列天文实验，既可以充实校内科学课程的活动内容，又丰富了天文活动的形式。例如，关于室内动手制作内容，我们开展了圭表的制作、简易日晷的制作、天文与大气、太阳恒星演示器等一系列易操作、易理解的活动，受到了广大师生的一致好评，方便了教师开发单次或多次天文活动，而不局限于系统的天文课程。经过调查，发现很多学生家中已经购置简易的天文望远镜及单反相机，但出于家长天文知识储备不足等原因，很多小型天文望远镜已在家中闲置，而学生对用

望远镜观察星空的愿望又非常强烈，这个问题常常不能解决。因此，在以往的培训中，我们开设了天文望远镜的操作与观测培训课程，深度剖析望远镜的工作原理，让教师可以在学生提出关于望远镜的问题时，给出相应的解答。在2019年培训课程中，又增加了城市夜空摄影专题报告，改变了广大师生对天文观测的认知，在灯光明亮的城市中也可以感受到天文的魅力，体会在城市中拍摄星空的感觉。

二　在充分交流中开展天文教师论坛

鉴于各校、各场馆开设课程的时间、形式和内容相对不一致，我们设计了天文教师论坛活动，教师可根据自身情况开展活动，设定主题，以现场报告的形式交流。活动中可让教师充分交流活动开展的情况，并通过此活动提出合理化建议，可达到互相借鉴、相互学习的目的。通过此活动，教师可在培训中相互认识，相互交流。天津科学技术馆作为组织单位，也起到了搭建平台的作用。

天津科学技术馆多年来重点支持拥有天文社团、天文校本课程的学校，帮助梳理天文课程，并安排馆内专业天文教师授课，经过多年的积累，已经有很多学校教师可独立承担教学任务。在论坛中，我们会邀请活动开展丰富的学校教师交流经验，在此过程中，可带动其他学校教师开设本校天文课程，并可邀请经验丰富的教师进行指导教学。在天文教室的设计、天文社团的组织方面，论坛中进行展示的教师也做了充分交流，为其他有意愿开发天文教室、成立天文社团的教师提供了宝贵的经验。

为激励更多的教师参与活动，在培训中，我们会组织教师进行天文场馆的考察学习活动，曾组织参观过国家海洋博物馆天文展厅、国家天文台兴隆观测基地、北京天文馆等专业的天文单位，让教师充分感受天文的氛围，营造轻松愉快的培训气氛。另外，在培训班结束时，我们还对学员的培训情况进行综合考察，对成绩合格者会颁发"天津市天文教师培训结业证书"，对于教师评定职称、考核业绩方面也起到了积极的促进作用。

三 合理系统地完善培训内容

在每次培训后，我们会对参加培训的教师进行问卷调查，对课程内容的设置、主讲教师的能力以及培训组织情况等都进行了系统细致的调查，并在回收调查问卷后，撰写调查报告，方便日后对整体活动的了解和梳理，并在此基础上进行总结分析，弥补活动的不足之处。

（一）参训人员组成方面

自 2010 年开办第一届天津市天文科学课程教师培训以来，从最初的 35 人到 2019 年的 101 人，在人员数量上有了逐步的增加。之所以没有大范围地召集更多的科学教师，一是因为活动场地有限，二是因为不同地区天文课程的普及度及活动开展的活跃度不同。培训从最初的面向全国范围，到后几届的只面向我市天文科学教师进行。

在总结前几届培训成果的基础上，2019 年转变参训教师的组成架构，从最初的号召科学课程教师到号召各区教研室的科学教研员参训，这样便达到了以点带面的活动效果。参训教师为学校科学教师的情况下，只能扩展本校的天文特色活动，辐射范围不够广泛。若面向市区教研室的科学教研员进行培训，可带动区级范围内感兴趣的中小学校开展天文课程。鉴于对我市中小学天文课程及天文活动的统计调查，发现绝大部分的学校并未系统地开展课程，只是针对某一知识点或某一具体的活动展开。天津科学技术馆经过多年的天文班教学工作，并结合出版的教材，已经将天文课程分类，并具备相应的课件、材料等。因此，我们在后期的天文科学教师培训中，计划以某一天文课程活跃区为试点，将天文课程打造得更为系统、完善。除此以外，可发展京津冀一体化的天文科学教师培训，在京津冀地区将天文课程标准化。

（二）培训课程效果方面

经过几年的摸索，对于课程培训，我们根据教师反馈的结果进行改进，并且经过教师反馈，我们发现在培训中，教师更希望增加实际的观测培训。由于教师的天文背景及整体水平参差不齐，可适当增加天文基础知识培训。培训面向我市全体科学教师进行，因此在中学和小学阶段上区分不足，未来计划将中小学分阶段培训，并根据各校及各科学教师的不同水平，增加从低阶到高阶的培训。

系统的天文课程在学校内的开展情况并不乐观，大部分学校更偏向于开设天文社团及单次的天文活动，因此，更多的教师关注培训中的天文实践部分，这部分更容易操作并激发学生的兴趣。由此，后期计划组织我市活跃的天文科学教师进行动手类活动的开发，并结合天津科学技术馆出版的《天文活动手册》及科学课程标准，将天文活动在校内推广得更深、更远。

四 馆校结合方面的合理化建议

天文作为六大自然学科之一，是唯一没有被纳入考试科目的学科，因此，科技馆应利用自身优势，充分实现与学校资源的共享互补，更好地发挥其天文科普阵地的作用。

（一）利用场馆特色，充分挖掘馆校结合的契合点

在原有天文活动的基础上，充分发挥科技馆的场馆优势，利用场馆展项资源，与学校常规科学、地理、物理等相关学科联系，结合课程课标，对接场馆展览及实践活动。科技馆展品衍生出的科普活动，恰恰能弥补校内课标难以动手实践的不足。在科技馆中，学生可通过展品呈现的科学现象，以及外观形态、运行状态、亮度、声音等外在感触，联系学校内的课标及科技馆内的展品展项进行体验式互动及探究式学习。

利用科技馆校外科普阵地资源，通过对展品的理解、展教活动的参与，利用身边现有的简单材料，可以直观地将最原始的科学原理展示出来，并可进行多学科的交叉式学习，使科学知识融会贯通，摆脱了校内枯燥抽象的教学模式，这种通过亲自动手实践展现科学原理的形式，可以让学生对科学知

识的理解更深刻，提高对科学的兴趣，深化对科学的认识，培养学生关心科学和技术发展、尊重科学的科学态度；可培养学生的探究与创新意识，使学生敢于依据客观事实提出和坚持自己的见解，初步养成善于与人交流、分享与协作的习惯，形成良好的相互尊重的人际关系。

（二）总结教师培训经验，形成品牌活动链条

经过七届天文教师培训，科技馆积累了很多经验。第一，为调动学校教师对天文学科的兴趣，应实时关注天文热点话题，广泛收集天文领域专家信息，更好地搭建天文领域专家与学校教师之间的桥梁。第二，注重加强天文实践活动项目，更好地服务于学校开展的实践观测等活动，方便教师开展系列天文课程。第三，开发完善的课程体系，加强天文课程资源包的开发与广泛利用，提高教师及学生对天文学科的兴趣。

天文课程教师培训实用性强，能提高教师对天文的兴趣，增加教师的专业知识，对于在学校中开展天文教育有积极的推动作用，可对天文课程系统性、专业性方面进行加强。作为一个非校内正式学科，天文课程的标准化建设有利于天文教育发展，并可结合其他学科，实现多学科的交叉融合。

参考文献

［1］许文：《天津科技馆天文科普活动中的探索与实践——以"天文与大气"活动为例》，中国自然科学博物馆协会 2017 年年会暨 2017 年全国天文馆发展论坛论文，2017，第 42～45 页。

［2］廖冬梅：《生活中的教育——探究传统的教育形式》，中国书籍出版社，2012。

［3］〔美〕马西娅·C. 林、〔以〕巴特－舍瓦·艾伦：《学科学和教科学 利用技术促进知识整合》，裴新宁、刘新阳译，华东师范大学出版社，2016。

关于新冠疫情防控中典型科普
公众号平台的分析与建议

杨智明　郑 念*

（中国科普研究所，北京 100081）

摘　要： 为了研究科普类公众号在疫情防控期间的传播力及影响力，本
文对国内 10 个科普类微信公众平台疫情防控期间的数据进行
了研究，通过计算微信传播指数 WCI（WCI 从"整体传播力"
"篇均传播力""头条传播力""峰值传播力"四个维度进行评
价），对 10 个微信公众号在疫情发生以来的整体传播力进行了
系统的分析。最后，基于 10 个典型科普公众号的特点，对微
信公众号在本次突发疫情中的科普内容及方式提出相关建议。

关键词： 新冠疫情防控　微信公众平台　WCI 指数　问题与对策

---

* 杨智明，中国科普研究所研究员，博士后，主要研究方向为科学传播；郑念，中国科普研究
所研究员。

The Analyses and Suggestions on the Typical WeChat Account of Science Communication during the Outbreak of COVID – 19

Yang Zhiming, *Zheng Nian*

(*China Research Institute for Science Popularization*, *Beijing 100081*)

Abstract: In order to study the science communication power and influence of WeChat accounts during the outbreak of COVID – 19, the data of ten typical WeChat official accounts have been studied. Meanwhile, the communication power of the ten accounts have been systematic calculated by WCI (WCI is evaluated by four dimensions: "the communication power of the whole account", "the communication power of the article", "the communication power of the headline" and "the top communication power"). Finally, the suggestions of science popularization WeChat accounts are proposed.

Keywords: The Outbreak of COVID – 19; WeChat Accounts; WCI; Problems and Methods

自新型冠状病毒性肺炎（COVID – 19）疫情发生以来，全国人民同舟共济、众志成城，打响了一场没有硝烟的疫情阻击战。科学防控新冠疫情，需要充分发挥科普的作用，增强疫情防控的科学性和有效性。在疫情抗击过程中，新媒体技术的发展对疫情知识传播起到了重要作用。微博、微信和短视频等新媒体媒介，为疫情期间大众的知识获取提供了宽松便捷的网络环境，数据流量资费的下调和无线网络的广泛覆盖则为人们随时随地浏览相关资讯提供便利，为信息的快速传播与广泛扩散提供了可能。众多新媒体传播方式中，微信公众号传播信息具有高效、精准的特点，并能以视频、语音和图片等多种形式进行高效传播；同时，利用微信公众号进行科普，用户还可在朋友圈分享高质量的科普作品，实现科普知识的二次扩散。因此，以微信方式进行公众科普是网络新媒体时代科普工作的一个重要方面。

疫情期间，根据新冠肺炎疫情的发展形势和公众需求，相关微信公众号科普平台加大了科学普及力度，积极科普了社会关切的问题，充分发挥了科普在疫情防控方面的重要作用。本文首先选取了大量和疫情科普相关的微信公众号平台，再结合活跃粉丝数、文章平均阅读量以及科普平台过去的专业排名[1~2]（其中包括中国科普网站评审委员会 2019 年对我国科普网站的综合排名，以及 2018 年科普中国十大科普自媒体排名），选取了以下 10 个具有显著影响力的科普平台作为案例进行研究。对 10 个公众号疫情暴发后几个月发布的科普信息的数据进行跟踪记录，其中以疫情暴发后的 1 月 20 日到 2 月 20 日为主要研究时间段。清博大数据平台的 WCI 指数是公众号研究中常用的数据，许多论文都按照 WCI 指数来分析公众号的影响力。[3~8]本文通过计算微信传播指数 WCI（WCI 从"整体传播力""篇均传播力""头条传播力""峰值传播力"四个维度进行评价），对 10 个微信公众号的整体传播力进行分析。

一 疫情科普平台开展现状分析

（一）关于疫情科普传播主体方面

表 1 是 10 个科普公众号的相关资料，从表中可以看出，本次疫情的科普平台运营主体既包括政府单位，也有企业和个人。从第一次发布疫情相关文章的时间来看，事业单位公众号发布的时间普遍早于企业和个人自媒体公众号，这表明以政府职能、公益服务为主要宗旨的事业单位更能够关注到民生焦点问题，在处理突发事件时反应更加迅速，具备更强的时效性。此外，10 个公众号中有 8 个运营主体在北京，表明相比于其他城市，北京具有科普资源优势和人才优势。

（二）关于公众号疫情科普内容方面

关于公众号的疫情科普内容方面，如表 1 所示，在疫情发生后，各科普微信公众号的内容方向发生了明显的变化，开始倾向于发布疫情相关的科学

表1 10个科普公众号的相关资料

排名	公众号	功能介绍	平台单位	单位属性	单位地区	疫情发生后公众号主要内容	内容形式特点	第一次发布疫情相关文章时间
1	科普中国 Science_China	公众科普，科学传播	中国科学技术协会	政府单位	北京	时事政策、疫情医疗、疫情辟谣	文字、图片	2019年12月31日
2	丁香医生 DingXiangYiSheng	专业医生团队为大众用户科普医学健康知识	杭州联科美讯生物医药技术有限公司	企业	浙江	健康医疗、疫情辟谣	文字、图片	2019年12月31日
3	果壳 Guokr42	科学和技术，是我们和这个世界对话所用用的语言	北京果壳互动科技传媒有限公司	企业	北京	疫情资讯、健康医疗、美食科普、健身科普	文字、图片	2020年1月20日
4	健康中国 jkzg-nhfpc	卫生健康信息发布	中华人民共和国国家卫生健康委员会	政府单位	北京	疫情资讯、健康医疗	文字、图片	2020年12月31日
5	健康时报 jksb2013	因专业而信赖！人民日报社主办、主管，权威！科学！	《健康时报》社有限责任公司	企业	北京	疫情资讯	文字、图片	2020年1月20日
6	环球科学 huanqiukexue	《环球科学》杂志官方帐号	《环球科学》杂志社有限公司	企业	北京	疫情资讯、健康医疗、科技资讯	文字、图片	2020年12月31日
7	科学网 sciencenet-cas	圈内大事、行业洞察、偶尔八卦	中国科学报社	政府单位	北京	疫情资讯、健康医疗	文字、图片	2020年1月21日
8	iNature Plant_jihuman	专注前沿科学动态，传递科普信息	个人	个人自媒体	—	疫情资讯、健康医疗、科技资讯	文字、图片	2020年1月21日
9	中国科学报 china_sci	关注科教重要事件、网罗学术新鲜趣事	中国科学报社	政府单位	北京	时事政策、疫情资讯、健康医疗	文字、图片	2020年1月22日
10	狂丸科学 kuangwanplay	一个边玩边学的知识星球	北京狂丸科技有限公司	企业	北京	疫情资讯、健康医疗、趣味科普、生活知识科普	文字、图片、视频	2020年1月22日

技术主题。如科学网和《中国科学报》，在疫情之前发布的多是前沿的科研资讯和最新的科技成果，在疫情发生后开始集中发布疫情相关科普文章。总体来看，各科普微信公众号对疫情资讯、健康医疗报道较多。在资讯方面，多为国家政策、疫情病例播报。在健康医疗领域，主题发布数量最多，内容包括病毒预防和健康生活方式，具体关键词包括疫情、预防、病毒等。在内容形式特点方面，各个公众号的内容形式较为单一，以文字和图片为主。

各个科普微信公众号内容也有自身的特点，如科普中国的科普内容最为宽泛，除了聚焦于疫情资讯、健康医疗等主题外，同时也包含疫情辟谣、抗疫相关散文等大量信息，内容发布及时且全面；果壳网和狂丸科学趣味性较强，内容较为生活化，且结合了商业性内容；环球科学和 iNature 更侧重于科技资讯等主题。对此，本研究认为各科普公众号应进一步明确自身的科普定位，细分阅读群体，实现真正精准化的科普信息推送。

（三）关于公众号疫情科普传播效果方面

国内疫情发展的高峰期主要集中在 2020 年 2 月，因此，本文选取 2020 年 2 月各个平台的科普数据进行分析。

表 2 是 10 个科普公众号 2020 年 2 月的数据，横向对比可以发现，科普中国作为我国科普品牌平台，在 10 个公众号里，文章平均阅读数、头条文章阅读量以及 WCI 指数均排名第一（其中，微信传播指数即 WCI 为 1509.94，文章平均阅读数为 95755），丁香医生和果壳网的 WCI 指数次之，分别为 1472.07 和 1417.88。丁香医生作为一家专业的线上医疗机构，其公众号平台也在疫情科普工作中起到了良好的医疗知识科普作用，其文章阅读总数排名第一，为 2625 万。

此外，对 10 个公众号平台 2 月的发文数量进行分析。其中狂丸科学的发文数量最少，为 84 篇，健康中国的发文数量最多，为 1008 篇，而排名第一的科普中国发文数量为 224 篇，这表明发文数量与公众号平台的传播效果之间没有必然的联系。笔者认为，公众在浏览公众号上所用的时间是有限的，各个科普平台应当精简发文数量，保证发文质量，以确保公众在有限的时间内接收到更多高质量的疫情科普信息。

表 2　2020 年 2 月 10 个科普类公众号的周数据

排名	公众号	文章总数（篇）	阅读总数	平均阅读数	头条文章阅读量	WCI
1	科普中国 Science_China	224	2144W +	95755	1435W +	1509.94
2	丁香医生 DingXiangYiSheng	282	2625W +	93085	800W +	1472.07
3	果壳 Guokr42	281	1752W +	62368	815W +	1417.88
4	健康中国 jkzg-nhfpc	1008	2016W +	20008	1664W +	1383.21
5	健康时报 jksb2013	116	634W +	54706	544W +	1300.55
6	环球科学 huanqiukexue	93	323W +	34778	244W +	1183.22
7	科学网 sciencenet-cas	96	292W +	30498	156W +	1066.62
8	iNature Plant_ihuman	232	268W +	11594	88W +	1017.25
9	中国科学报 china_sci	106	101W +	9563	331918	888.90
10	狂丸科学 kuangwanplay	84	83W +	9938	54622	874.82

　　将科普类的 10 个公众号与微信中所有公众号在疫情期间的传播数据进行对比，可以发现，科普类微信公众号在疫情发生后的 WCI 指数排名显著提升。2020 年 2 月的微信公众号总榜排名如表 3 所示。从表中可以看出，科普中国的 WCI 指数在 2 月总排名为第二。以科普中国为例继续进行分析。图 1 和图 2 是科普中国的 WCI 指数排名走势。从图 1 中可以看出，从疫情暴发前到疫情发生后（2019 年 9 月～2020 年 2 月），科普中国公众号在所有微信公众号中的 WCI 指数月排名从 15 名上升到了第 2 名。从图 2 中可以看出，疫情发生后的 6 周（2020 年 1 月 19 日到 2 月 29 日），科普中国的 WCI 指数排名稳居前五名，并从 2 月 16 日以后，连续两周 WCI 指数在所有公众号中排名第一。这表明疫情发生后，以科普中国为代表的科普类公众号平台，在疫情科普中发挥了显著而有效的信息传播普及的作用，为公众普及了疫情相关知识，加强了公众对疫情的重视程度。

表3　2020年2月的微信公众号总榜排名

排名	公众号	文章总数（篇）	阅读总数	平均阅读数	头条文章阅读量	WCI
1	观察者网 guanchacn	712	4945W+	69460	884W+	1510.35
2	科普中国 Science_China	224	2144W+	95755	1435W+	1509.94
3	新闻联播 cctvxwlianbo	362	2139W+	59094	2012W+	1488.89
4	洞见 DJ00123987	282	2625W+	93085	800W+	1487.07
5	有书 youshucc	231	2285W+	98940	290W+	1484.40
6	十点读书 duhaoshu	232	2300W+	99144	290W+	1482.01
7	微泰州 wtz0523	232	2250W+	97013	290W+	1480.73
8	冷兔 lengtoo	322	2076W+	64492	1380W+	1477.87
9	占豪 zhanhao668	232	2301W+	99219	290W+	1476.87
10	大众网潍坊 weifangdzw	62	469W+	75688	760W+	1475.84

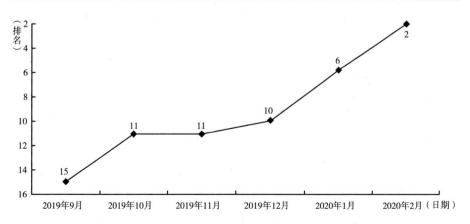

图1　科普中国公众号在所有微信公众号中的 WCI 指数月排名

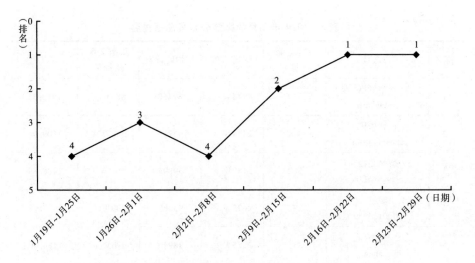

图 2　科普中国公众号在所有微信公众号中的 WCI 指数周排名（2020 年）

二　疫情科普平台存在的问题与对策

本文分析的 10 个典型科普微信公众号，在新冠肺炎疫情发生以来，加大了科普工作力度，充分发挥了广大科普工作者的专业优势，有效发挥了科普作用，但也存在一些不足。下文基于本文分析的 10 个典型科普公众号的特点，对微信公众号在本次突发疫情中科普的内容及方式，提出以下几点建议。

（一）缺少疫情事件爆发前的有效科普

本文所分析的 10 个科普公众号平台多在疫情暴发后发布了大量科普信息，鉴于疫情突发事件易加速及易爆发的特性，科普平台应在事件发生之前加强公民科普意识，做好公众科学普及。从传播的角度而言，当科学议题未被非专业组织或伪科学传播者挖掘之前，提前主动进行介入是十分必要的。可以将其中可能存在歧义或误解的科学问题梳理清晰，提前解疑释惑，抢占报道的主动权和话语权，让公众第一时间获取有用信息。同时，有必要设立应急科普热点的侦测与预警机制，并针对社会舆论热点进行信息交换和舆情推送，把握应急条件下科普介入的最早时机。

（二）科普内容缺乏权威性和统一性

疫情发生以来，疫情科普公众号平台的科普内容和观点存在一些分歧，很多问题没有统一的结论，也导致了在部分议题上，无法在公众心中建立权威。

例如，能不能用酒精给口罩消毒这个问题，科普公众号上的科普声音就有三种以上：第一种，口罩可以用酒精消毒，而且最好酒精消毒；第二种，口罩不能用酒精消毒，因为消毒后，酒精会破坏口罩过滤层，口罩会失去防护功能；第三种，口罩不能用酒精消毒，用酒精喷洒口罩表面，酒精挥发时会将里面的水分一起带走，再使用时，被分离出来的病毒有可能被吸入；等等。

再例如，在"病毒是否通过气溶胶传播""高温能否抑制或消灭病毒""双黄连口服液是否可以预防或治疗病毒感染"等诸多问题上，各个科普平台也无法给出一个统一且权威的答案。

针对上述问题，要保证科普平台科普内容的科学严谨，应当对答案已经确定的问题和答案存在争议的问题进行分类，对于答案已经确定的问题，要给出权威的、严谨的确定性结论；对于答案存在争议的问题，应当给出存在的多个争议答案，供公众讨论。此外，国家应联合以科研人员为主体的学者力量，统一建设科普专家库，让专家库成员针对热点、焦点和谣言问题进行专业化的解答。

另外，要加强对除专家人员以外的科普人员的监管。对全国范围内从事科普的人员实行备案准入制度，定期开展各种形式的培训，确保科普人员掌握正确的应急知识，从源头上保障科普内容的科学性。

此外，平台主体应当加强科普内容发布制度的规范化建设。各个平台在科普内容发布之前，都应当广泛查阅资料，对即将发布的科普知识进行一次大梳理，严格把握住科普信息发布出口，推广科学权威的科普内容。

（三）科普平台缺少联动，科普内容难以有效整合

在疫情应急状态下，各个科普平台存在的数据隔阂使得平台间科普各行其道，基本上是平台与平台间单枪匹马。各个平台会发布重复冗余的信息，如疫情现状、钟南山讲话等新闻，大量平台都发布类似的甚至同样的内容，容易混淆视听。

针对上述问题，各个科普平台之间应当相互联通，消除科普的数据藩篱，通过社会化的合作，建立融合新媒体和传统媒体的应急科普联盟，形成政府、媒体、科学家等多元主体的联盟。同时完善联盟各个部门的信息共享机制，在科普平台建设、科普数据库建设等各个方面展开合作。

（四）科普方向模糊，难以精确地划分

对本文分析的 10 个公众号而言，平台在疫情期间的文章多是将相关资源重组后转发，原创文章较少。各个科普平台文章覆盖范围广而不精，缺少精确的科普内容划分。而且，公众科普方向需求是随着疫情阶段的变化而变化的，强调科普的精准性需要考虑到这一动态变化。因此，科普平台发布的内容应当因事而异、因时而异、因平台而异。

针对上述问题，事业单位科普平台可以牵头推动在线科普资源库建设，发挥科普平台的科普资源整合功能。例如，在"科普中国"网页上建立类似"百度百科"式的科普资源库，按照主题进行分类汇总，编列条目，形成开放式科普资源"信息中心"或"数据超市"。各地方政府也可根据本地区的疫情情况，整合形成适合本地区的疫情科普资源，并在线开放。公众可以根据自我防疫科普需求，在线进行科普资源的检索和学习，提升自我科学素养，加强自我应急保护意识。

（五）科普内容多为文字和图片，内容形式较为单一

科普平台应当丰富科普宣传作品的种类。作品是科普知识的载体，作品的好坏关系着应急防疫工作开展的成效和难易程度。目前多数科普公众号的

防疫科普内容形式多为文字、图片，科学性和专业性较强，但缺乏趣味性、艺术性和感染力，可以更多地采用微视频、微电影、动漫、长图、H5 等形式进行创作，结合科技前沿技术，制作或开发 VR 视频等，进一步丰富科普平台在疫情防控中的科普宣传作品的类型。

此外，应加强公众号与公众的互动。当网络媒体与传统媒体形成强烈聚合和交互传播时，往往舆情的焦点议题和公众关切已经基本呈现，这时候应及时围绕焦点问题进行科普，引导科学议题向正确方向"螺旋式"发展，理性化防控舆情。公众号依托于微信这一庞大的社交媒体，具有天然的互动优势。微信科普公众号平台应当定期开展与网友的互动交流活动，充分开发并拓展防疫社会服务功能，进一步满足公众对防疫服务的需求。

三　结语

本文针对疫情防控中的典型科普公众号平台进行了研究，相关数据表明，公众号平台在本次疫情科普中起到了至关重要的作用，其中科普中国公众号 WCI 指数更是多次在公众号周排名中总排名第一，成为全社会的科学传播品牌，不仅充分显示了科普的知识价值，而且彰显出了科普的社会价值，对疫情期间公众防疫科学知识的学习及相关信息的获取起到了重要作用。但也有需要进一步改进的问题，如需要加强科普平台在疫情期间的联动，增设专家库，发挥科研人员在科普中的先锋作用等。相信本次疫情后，微信公众号科普传播平台的内容和工作机制均会不断完善，在以后的应急科普事件中将发挥更大的科普作用。

参考文献

[1] 王晓萍：《我国网络科普的媒体形式及特征研究》，硕士学位论文，大连理工大学，2019。

［2］ 姜春林、王晓萍：《基于典型微信公众号的科普计量研究》，《科技管理研究》
2020 年第 2 期，第 252～261 页。

［3］ 叶灵、钱永江：《传媒行业微信公众号传播效果分析研究》，《广播与电视技
术》2020 年第 1 期，第 26～29 页。

［4］ 梁少怡：《基于清博指数的"两微"用户心理及行为差异分析》，《媒体融合新
观察》2019 年第 6 期，第 58～61 页。

［5］ 王梦茵、高晴：《基于 WCI 的福建省旅游微信公众号影响力研究》，《旅游论
坛》2019 年第 5 期，第 55～62 页。

［6］ 胡开胜：《微信公众号评价指标分析》，《电脑知识与技术》2018 年第 34 期，
第 276～278 页。

［7］ 薛丽荣：《基于 WCI 的高校图书馆微信阅读推广效果研究》，《四川图书馆学
报》2017 年第 6 期，第 61～64 页。

［8］ 张明鹏：《基于 WCI 指数探究高校校史微信传播现状及发展对策》，《新媒体研
究》2017 年第 17 期，第 31～33 页。

从非典到新冠：网络应急科普在突发公共卫生事件中的传播策略*

弋玮玮**

（重庆工程学院，重庆 400056）

摘　要： 2019 年末，一场由新型冠状病毒引发的肺炎疫情在全球蔓延，在这一突发公共卫生事件中，我国网络应急科普借助网络优势，按公众所需，及时发布信息，帮助公众科学应对疫情，渡过难关。本文通过对比应急科普工作在非典与新冠这两次突发公共卫生事件中的表现，明确了网络应急科普的传播优势，并结合事件的阶段性特征，对网络应急科普在不同阶段的传播策略进行研究，提出面向公众舆论引导的网络应急科普路径，为接下来的工作提供策略。

关键词： 非典型性肺炎　新型冠状病毒性肺炎　突发公共卫生事件　网络应急科普

---

　*　本文系 2020 年重庆市社会科学规划项目一般项目"基于社会心理疏导视角的疫情期应急科普网络传播策略研究"（项目编号：2020QNCB56）研究成果。

　**　弋玮玮，重庆工程学院副教授、科普讲师，重庆市院士专家，主要研究方向为网络与新媒体传播。

From SARS to COVID – 19: the Role and Communication Strategy of Network Emergency Science Popularization in Public Health Emergencies

Yi Weiwei

(*Chongqing Institute of Engineering, Chongqing 400056*)

Abstract: At the end of 2019, a pneumonia epidemic caused by a new type of coronavirus spread across the world. In this public health emergency, China's network emergency science popularization took advantage of the network to release information in a timely manner according to the needs of the public to help the public respond to the epidemic scientifically, overcome obstacles. By comparing the performance of emergency science popularization work in the two public health emergencies of SARS and COVID – 19, the study clarified the advantages of network emergency science popularization, and combined with the phase characteristics of the incident, the network emergency science popularization strategy at different stages was carried out. Research and propose a network emergency science popularization path oriented to public opinion, and provide strategies for the next work.

Keywords: SARS; COVID – 19; Public Health Emergency; Network Emergency Science Popularization

从 2019 年末开始，一场由新型冠状病毒引发的肺炎疫情在全球蔓延，每个人都深受其影响。面对这场疫情防控大战，习近平总书记在中共中央政治局常务委员会会议上提出"疫情防控要坚持全国一盘棋"。网络应急科普在这场战役中，通过增强社会公众的安全卫生应急意识，提高公众的自救互救能力，为赢得战役胜利提供了重要支持。

一 突发公共卫生事件与网络应急科普的概念

从 2003 年的非典到 2009 年的 H1N1，再到 2020 年的新冠肺炎疫情，在这些突发公共卫生事件中，应急科普所扮演的角色越来越重要，通过网络渠道的大范围传播，对配合防疫工作、稳定后方发挥了关键性的作用。

（一）突发公共卫生事件

国务院 2003 年 5 月 9 日公布施行《突发公共卫生事件应急条例》，把突发公共卫生事件界定为：突然发生，造成或者可能造成社会公众健康严重损害的重大传染病疫情、群体性不明原因疾病、重大食物和职业中毒以及其他严重影响公众健康的事件。[1]

（二）网络应急科普

关于应急科普，从不同的角度有不同的界定。中国科普研究所的王明等人，将其归纳为通过普及、传播和教育，使公众了解与应急相关的科学技术知识，掌握相关的科学方法，树立科学思想，崇尚科学精神，并具有一定的应用及处理实际突发问题、参与公共危机事件决策的能力，实现在紧急状态下沉着冷静、科学应对的目标。[2] 在众多传播渠道中，我们将以微信、微博、网站、数字电视等网络渠道进行的有针对性的应急科普活动称为网络应急科普。相对于传统应急科普，网络应急科普带给公众的信息更及时、更广泛、更丰富。

二　网络应急科普的内容性传播策略

从非典到新冠，应急科普最大的不同就是对网络的应用。对比中国互联网络信息中心（CNNIC）在 2003 年和 2019 年发布的《中国互联网络发展状况统计报告》，2003 年，我国网民规模为 6800 万人，到 2019 年，我国网民规模已达 8.54 亿人，网民使用手机上网的比例达 99.1%，新冠肺炎疫情期间网民数量已达非典疫情时的 12.5 倍。同时，中老年网民占比明显提高，网民的年龄分布更加广泛，促使新冠肺炎疫情期间网络应急科普受众面远大于非典时期。因此在设计网络应急科普信息内容时，应充分考虑网络平台特征，以更合适的形式、内容来满足公众需求，助力疫情防控工作的有效开展。

（一）发布更加权威

要做好科普工作，必须强化党的领导权，任何时候，官方的权威声音都不能缺席。非典发生初期，政府信息传播障碍重重，应急科普工作开展迟缓，新闻媒体"失语"的状况屡屡出现。民众对相关信息是有强烈需求的，但又缺少获取信息的正规途径，在无法分辨信息准确度的情况下，极易受到不实消息影响，导致社会矛盾集聚。例如，2003 年 2 月中旬，广东地区出现盐、板蓝根能防治非典的谣言，于是出现抢盐、抢板蓝根等现象，部分商人囤积居奇，导致市场出现不同程度的混乱，给防疫工作制造了新的难题。此次新冠肺炎疫情期间，政府公开信息，通过官方媒体发声，通过有公众影响力的渠道权威发声，对公众进行正向引导，让老百姓在海量信息中能准确找到最权威、最科学的信息，加强自我保护，增强社会信心。同时，通过网络平台，加大了科普辟谣力度，如微博平台的"微博辟谣"、今日头条的"鉴真辟谣"，每天定时汇总谣言信息，科普辟清了"预防普通肺炎的疫苗能防止新型冠状病毒感染""75% 的消毒酒精 + 风油精雾化可杀死体内新型冠状病毒"等疫情相关谣言，保证正本清源，凝聚社会正能量。

（二）内容更加细化

非典时期的应急科普主要围绕非典的传染源、传播途径、易感人群、临床表现、诊断标准、治疗方案等方面展开。而此次新冠肺炎疫情中，科普内容更加细化。国家卫健委办公厅发布的《关于印发新型冠状病毒感染的肺炎诊疗方案》不断更新，以专业的角度向公众普及冠状病毒病原学特点、临床特点、病例定义、鉴别诊断、病例的发现与报告、治疗、解除隔离和出院标准、转运原则和医院感染控制等。《人民日报》也发布了"关于新冠肺炎的 30 个真相""新冠肺炎 12 问""新型肺炎 10 个新判断"等信息，让民众了解病毒，正确对待。针对高危人群、易感人群，分别发布了"老年人防疫 9 大热点答疑"和"儿童防疫 10 问"，解答健康相关问题。2 月 10 日，部分工厂、企业恢复运转，针对上班族，推出"上班后如何做好防护"专题信息，提醒上班族在不同场景应该注意的问题。针对隔离、防护，发布了"9 种口罩错误戴法""7 种错误居家消毒方法"等应急科普信息。因家庭储备大量酒精，使用不当，造成火灾事故频发，《人民日报》发布了"酒精消毒必知注意事项"等科普信息。网络阵地的广泛性、网络传播的通达性，为应急科普内容更加丰富、细化提供了保证。

（三）形式更加新颖

非典期间，政府对相关信息统一口径，控制信息传播导向，媒体多数报道内容直接引用政府发布的新闻公告。新冠肺炎疫情期间，政府相关部门充分利用各大网络媒体平台，根据载体特点，设计不同的形式，以图片宣传、疫情直播、科普视频等简单、易懂的形式公开信息，帮助公众更快、更好地理解，做出相对理性的反应。例如，新浪新闻根据各级卫健委提供的权威数据，每日实时更新新冠肺炎全国疫情地图，直观体现全国各地疫情的发展程度，开辟疫情快讯、患者求助、小区疫情查询、病患同行查询等专区，充分满足公众需求。地方政府、地方媒体也积极配合，实时报告最新确诊病例活动轨迹，如各地与百度地图合作的附近疫情查询小程序，让民众随时掌握离自己最近的疫情病例，以更具用户体验感的科普形式，极大地提升了百姓对疫情的抗击效果。2 月 10 日部分单位复工，大规模的返程潮给疫情防控工作带来巨大压力，针对这一情况，网易在微信公众号上，以 H5 的形式设计了一份"返程复工防护试卷"，以选择题、判断题、应用题三种形式来检验大家对防护知识的掌握情况。针对儿童群体，国家卫生健康委员会官方微信——健康中国，推出了《泡沫战士保护我》数字绘本，帮助儿童预防新冠肺炎。

（四）互动更加及时

非典时期，应急科普更多依赖传统媒体，自上而下的信息传播形式使公众只能被动接收信息，缺乏互动反馈，政府在制定措施时就很难做到有针对性。公众关心的问题得不到解决，负面情绪积聚，矛盾问题激化，给疫情防控工作增加难度。新冠肺炎时期，得益于互联网的互动性，公众通过媒体与政府充分互动，政府及时地了解公众需求，有效引导事件走向。例如，2月8日的疫情防控工作发布会上，专家指出新冠肺炎存在气溶胶传播途径，引发公众焦虑，以《人民日报》为代表的媒体，通过微博、抖音等平台发布图文讲解、专家视频，让公众在第一时间了解相关知识，掌握应对措施，及时、有效地安抚了恐慌情绪。当疫情防控从二级响应升级到一级响应时，老百姓对响应升级可能会带来的影响充满疑问，针对这些问题，《人民日报》发布"12项疫情防控惠民政策"，解读关于存款到期处理、受影响行业扶持、个人住房按揭、信用卡还款、疫情防控人员待遇保障、确诊患者医疗费用、火车票退票等政策。2月3日，又发布"疫情防控中的12个新政策"，解读民众关心的延长假工资、复工期工资、隔离治疗期工资、停工停产期工资、水电费、房租、养老金、社保等政策。实现了以公众需求为导向，群众需要什么，关心什么，就科普什么，解读什么的目标，真正做到群众有需求，政府有回应。

三　网络应急科普的阶段性传播策略

除了考虑科普内容的权威、细化、新颖、互动以外，网络应急科普工作还应考虑事件的阶段性特点，每一阶段的传播重点都应充分体现事件当时的特点和规律，以达到最优的效果。新冠肺炎疫情从发现首例到疫情控制稳定，近5个月的时间里，网络应急科普工作不是静止的，而是根据不断出现的新情况，不断动态调整，有针对性地向社会公众传播信息，做好公众舆论引导。

（一）事件初期的传播策略

突发公共卫生事件初期是网络应急科普工作开展的困难阶段。这一阶段，事件的性质尚不明确，数量不多的几个病例无法为事件定性，对其后续的发展趋势也很难预判，所以各类突发公共卫生事件在早期预警阶段很难引起有关部门的足够重视。很多突发公共卫生事件带来的都是新问题，之前没有相关积累，对于社会大众来说，他们渴望了解更多，但此时来自正规渠道的应急科普信息往往不足，普通民众很容易受到来自非正规渠道的各种真假难辨的信息的影响，所以，疫情初期往往也是谣言不断滋生，社会舆论不断发酵的时期。这一时期，如果针对大众的应急科普工作不及时跟进，就会增加社会的不稳定因素，给防控工作带来困难。因此在突发公共卫生事件发生初期，还无法判断事态严重性的时候，相关部门应提高警惕，平稳地推进网络应急科普工作，不能避而不谈，也不能大规模地过度渲染，避免引发公众恐慌情绪。应针对卫生事件本身、病理、症状、基本预防等知识，建立公众对事件的初步认识，防止谣言大量出现，有效稳定公众情绪。

（二）事件中期的传播策略

突发公共卫生事件中期是网络应急科普工作开展的重要阶段。公众的科普需求和事态发展曲线成正比。随着疫情发展，确诊病例、疑似病例、死亡病例、治愈病例不断攀升，事件受到的关注度越来越高，造成的社会影响越来越大，与之同步的是各种新发现、新情况、新政策、新进展，公众对事件的关注度和对事件相关科普信息的需求不断上升，到事态被控制，局面趋于缓和，科普信息的需求才开始呈现下降趋势。这期间的网络应急科普工作与初期相比，对科普信息在时效性、针对性、传播性上提出了更高要求。时效性要求科普信息的发布速度紧跟事态发展变化，尽可能缩短时间差，不给谣言滋生留时间，缓解社会公众在突发事件初期时产生的恐慌和质疑。针对性要求科普内容进一步细分，发布针对不同问题、不同人群的信息内容，保证最大化发挥科普的作用。传播性要求此阶段的科普形式充分考虑民众的接受能力，保证信息易读易懂、简单明了，充分发挥图片、图表、视频等多媒体形式的传播优势，充分满足公众的科普需求。随着所接收科普信息的逐渐饱和，公众最终会摆脱谣言的影响，恢复理智，为突发公共卫生事件的应对处理营造有利条件。

（三）事件后期的传播策略

随着疫情控制加强，医学研究进展，事件逐渐趋于缓和，公众关注热度减退，网络舆情逐渐平缓，事件进入后期。治愈病例增加，疑似病例、确认病例、死亡病例大幅度减少，直到消失，公众对疫情的关注热度持续减退，开始逐渐被其他新闻热点事件吸引。与突发公共卫生事件初期、中期的应急科普内容比较，后期的应急科普内容呈现很大差异性。在这一阶段，公众对该起事件的科学认知已基本饱和，已经具备较全面的事件应对能力，对科普信息的需求度下降，防范意识也有所松懈。所以，事件后期，网络应急科普工作应继续跟踪事件发展，并解读相关后续政策，提醒公众在一定程度上继续做好防护措施，防止事件反弹。到了事件末期，做好总结工作，借助事件，强化大众防范意识，完善大众在传染病防范方面的科学知识，从源头上防止再次出现类似事件。

四　结语

在此次新冠肺炎疫情中，互联网媒体为网络应急科普提供了更多样化的展现形式，延展了传播空间，为有效提高公众科学文化素养提供了新的平台，同时，也为网络应急科普带来更多挑战。相关部门应以此为契机，建立专门的网络应急科普人才队伍，拓展网络应急科普传播方式，完善网络应急科普机制，切实增强网络应急科普实效。

参考文献

［1］《突发公共卫生事件应急条例》，2003 年 5 月 9 日，中国政府门户网站，http：// www．gov．cn/banshi/2005－08/02/content_ 19152．htm。

［2］王明、杨家英、郑念：《关于健全国家应急科普机制的思考和建议》，《中国应急管理》2019 年第 8 期，第 38～39 页。

科普项目与高校专业实践融合模式研究[*]

弋玮玮　李　波[**]

（重庆工程学院，重庆400056）

摘　要： 当今高校专业教育与科普教育发展不均衡，呈现重专业、轻科普的态势，认识不够、经费不足、手段单一是困扰高校科普发展的主要原因。为了解决上述问题，推动科普创新工作有效开展，本文提出了基于科普项目与高校专业实践教学融合的三段式融合模式。该模式将科普项目按照所涵盖专业能力范围的大小，划分为三级，分别与专业课程、工作室、毕业论文（设计）三个阶段逐级融合。该模式在本校网络与新媒体专业经过为期一年的实践，学生学习的积极性与系统性显著提高，一方面，学生对科普知识从被动了解到主动接受教育的同时，具备了科普项目创新能力；另一方面，科普项目的引入，使专业教育步入了"合理引导、自主选择、深入挖掘"的良好态势。

关键词： 科普　项目驱动　专业教育　三段式融合模式

---

* 本论文系2020年重庆市高等教育教学改革研究项目一般项目"媒体融合背景下网络与新媒体专业人才培养模式的探索与实践"（项目编号：203538）研究成果。

** 弋玮玮，重庆工程学院科普讲师、副教授，主要研究方向为网络与新媒体传播；李波，重庆工程学院讲师，主要研究方向为科普动画。

Research on the Fusion Mode of Popular Science Project and College Professional Practice

Yi Weiwei, Li Bo

(*Chongqing Institute of Engineering, Chongqing 400056*)

Abstract: Nowadays, the development of professional education and popular science education in colleges and universities is unbalanced. The main reasons for the development of popular science in colleges and universities are insufficient understanding, insufficient funds and single means. In this model, science popularization projects are divided into three levels according to the scope of professional competence, which are integrated with professional courses, studios and graduation thesis (design) step by step. After a year of practice in the digital media art major of our university, students' enthusiasm and systematicness in learning have been significantly improved. On the one hand, students' knowledge of popular science has changed from passive to active to receive popular science education, and they also have the ability to innovate popular science projects. On the other hand, the introduction of popular science projects makes professional education enter a good situation of "reasonable guidance, independent choice, in-depth excavation".

Keywords: Science Popularization; Project Driven; Professional Education; Three-stage Fusion Mode

一 高校科普现状

青年学生是推动创新发展的时代先锋,高校是培育创新人才的摇篮,专业教育和普及教育同为高等教育不可分割的重要组成部分,但很多高校因学科专业性而忽视了科普教育,导致科普创新工作无法得到有效开展。主要原因有以下几点。

（一） 对其重要性认识不足

在各大高校竞争日益激烈的大环境下，高校管理者将教学精力集中在对学科专业素质的提升上，对更偏向公益性质的科普教育投入明显不足。中科院的一项调查显示，近八成科技工作者认为科普和自己关系不大，缺乏对科普重要性的基本认识。对大学生而言，他们接受的是过于精准的专业化培养，缺乏对科普知识的基本储备。

（二） 专项资金较少

中国科普经费从资金筹集渠道来看，主要有政府拨款、社会捐赠、自筹资金以及其他收入四个部分。[1]其中，政府拨款是科普经费的主要来源，大多数高校的科普经费都依赖于此。一项《基于典型相关分析方法的中国科普投入产出研究》的报告指出：从载荷各要素的数值大小及分布看，经费方面的指标更集中、数值更大，说明经费投入对科普产出影响最为重要，平均相关性达到81.77%。[2]经费不足导致有科普能力的教师对科普工作热情不高，有影响力的科普活动无法延续开展。

（三） 形式手段单一

近年来，虽然全国科普活动的数量和质量都有了质的提升，但绝大多数科普活动内容、形式和手段并没有质的飞跃，仍旧是以图片介绍、文字说明、少许实物展示的方式为主，偶有一些多媒体手段为辅助，但依然是单向传递信息，完全把科普对象当作外行，参与互动性低，无法满足大学生的科普需求。

近年来，在保证全面建成小康社会，保证2020年进入创新型国家的大目标背景下，科普工作迎来了黄金时代，各大高校要紧跟时代步伐，切实发挥文化创造和传播作用，积极探索科普在高校的创新模式。

二 科普项目与高校专业教育实践融合

在高校，科普教育结合专业特点和专业需要，是创新科普形式、促进高校专业教育与普及教育融合的有效途径，且具备可实践性。首先，高校拥有大量优秀科研人才和科技资源，是开展科普活动的重要力量。其次，要短时间内解决高校科普经费不足的问题困难重重，改变思路，将科普项目作为教学资源，植入适合的专业教育，能有效绕开资金问题，实现专业教育效果和科普教育效果双赢。最后，科普项目周期较灵活，能与教学安排吻合，让教学与实践更成体系。

（一）"科普＋专业"三段式融合模式

"科普＋专业"三段式融合模式根据完成科普项目所需要的能力范围，将项目分成三个等级。三级科普项目是最基层的项目，它与单门课程对接，对学生能力的要求比较单一，主要作用是通过项目实践，使学生掌握该门课程的知识点，让学生在实践中掌握新知识，增长新能力。二级科普项目与课程群对接，是包含一组相关核心课程群知识要求和能力要求的项目。如专业工作室项目，其目标是在老师的引导下，培养学生解决较复杂问题的能力，而不只是单门课程能够实现的单一能力。一级科普项目是最顶层项目，与专业对接，要求学生综合运用本专业的知识来完成一个项目，强调专业综合能力、表达能力、团队合作能力等诸多能力的综合，如毕业设计。

上述三级科普项目与三个阶段的专业教育递进融合，逐级支撑，构建出一体化的专业项目体系，让学生与科普、专业之间的关系发生了两个维度的变化：一方面，学生对科普的认知从第一阶段的了解，到第二阶段的跟随老师理解、运用，到第三阶段的自主挖掘、创新，实现了对科普内容的真正理解；另一方面，学生对专业的掌握不再是简单地单向接受，而是真正实现了合理引导、自主选择、深入挖掘，无论对专业教育模式还是科普工作模式来说都是一次重大创新。

（二）"科普＋专业"三段式融合模式的运用实践

该模式在我校网络与新媒体专业已进行了为期一年的实践，实现了与专业教育的深度融合。

1. 三级科普项目引入专业课程

项目驱动教学是应用型人才培养的重要模式，课程项目资源库的建设质量直接影响该门课程的教学质量。科普项目研发是一个阶段性、持续性的实践过程，周期较长，具备与课程内容、进程、成果融合的条件，也为学生提供更多信息了解途径。此次融合，将市级科普项目"传统川剧文化的数字可视化设计与传播"子项目"川剧脸谱设计"引入专业课程《色彩构成》。

首先，判断"川剧脸谱设计"是否适合作为网络与新媒体专业大二专业课程《色彩构成》的三级项目。《色彩构成》要求学生把复杂的色彩现象还原为基本要素，利用色彩在空间、量与质上的可变幻性，按照一定的规律去组合各构成之间的相互关系，创造出新的色彩效果。"川剧脸谱设计"项目要求从造型、色彩、情感表达等方面对戏曲脸谱进行研究和再设计。两者之间有很多共通之处，如色彩的对比统一，对基色的稳定性要求，强调色彩的形式感、感情规律等，因此将"川剧脸谱设计"融入《色彩构成》课程非常适合。

其次，思考将该项目作为专业教学哪一部分知识点的实践支撑。不同颜色的川剧脸谱代表了不同的角色和人物性格，如黑色表现正直、坦率、鲁莽，白色表现奸诈、阴险，红色代表忠义、正直等。因此"川剧脸谱设计"可作为《色彩构成》课程第四章第二节——色彩情感的对应实践项目，让学生用色彩赋予川剧人物丰满的形象和深刻的寓意。最终，学生完成一套关于川剧脸谱色彩知识普及的科普作品。在课程的项目实践过程中，学生对知识的掌握更加透彻，项目参与积极性明显提高，其作品一改以往零散无章的状态，更加系统性。

2. 二级科普项目引入工作室

学生在完成了某一阶段课程组内所有课程的学习后，具备了相对于单门课程来说更综合的能力，此时可进入工作室进一步锻炼提高自己。工作室的项目选题从市场需求出发，通常有社会商业项目、学科竞赛项目、科研训练项目几种形式。将科普项目引入工作室，实现科普研究与运用实践充分融合，是对学生能力的补充提升。此次融合，将国家级科普项目"川剧形象科普动漫短片研发与制作"引入 N1 三维动画工作室，主要任务是制作川剧动漫短片，利用三维动画表现形式，将传统戏曲动漫化，把人物形象、动作表演等进行艺术再创作，使传统戏曲和现代艺术形式结合，制作出符合现代审美需求的动漫短片。工作室从不同年级不同专业招募学生，使学生在老师的带领下，一步步学习如何去深入研究中国传统文化、运用中国传统文化、创新文化形式。

（1）素材收集。川剧和京剧的人物造型有什么区分，这是学生在进行设计时遇到的最大困难。老师从资料搜集开始，指导学生运用文献检索法将线上线下的文字资料、图片资料、视频资料等搜集起来，运用比较分析法从音乐、唱腔、化妆、脸谱等方面进行比较分析，理清两大剧种之间的区别。

（2）剧本创作。剧本创作时，为了不失艺术本真，老师带领学生观看代表性川剧剧目，现场感受真实舞台和戏剧人物，寻找创作灵感，打开突破口。观看后，带领学生对优秀传统剧目进行整理分析，从中找出具备较强故事性、趣味性、艺术性的剧目，去繁就简，去粗存精，在保持故事完整性的同时，让语言通俗易懂，结构严谨紧凑，情节跌宕起伏，突出人物性格和戏剧冲突。

（3）角色设计。梳理出川剧和京剧在形象造型上的差异特点后，根据剧本安排，以"生、旦、净、末、丑"五个角色为原型，用卡通角色的设计手法和造型语言对川剧角色进行再设计，设计出既符合川剧特色又兼具现代美学思想和审美趣味的动漫形象。

（4）动画制作。戏曲表演中，演员按照美的规律，对客观动作进行归纳、夸张、创造，形成相对规范、固定的舞台角色程式化表演动作。手、眼、身、步都有相应的程式，不同的程式化动作可以表现出人物不同的年龄、性格。老师鼓励并带动学生在做动画的时候，站起来自己表演一段，将自己投入角色中，用心体会不同的角色在不同情景、不同状态下的不同演绎，真正将自己融入川剧的氛围里，体会川剧的精髓和魅力。通过这种形式，学生将理论层面的认识理解转化为实操方面的体会演绎，多层面、多维度地对传统戏曲进行深入学习。

通过在工作室跟随老师一起学习、实践，学生掌握了科普项目的创作方法，特别是如何对传统文化进行梳理总结，找出符合自身创作所需的元素，利用这些元素，结合所学的专业技术知识，将传统文化视觉化、现代化。该阶段更加注重如何挖掘、提取和处理，无论是专业知识运用，还是科普项目创作，相对于上一阶段的表层了解，都实现了质的提升。

3. 一级科普项目引入毕业设计

毕业设计是对学生大学阶段学习成果的概括与检验，毕业选题作为毕业设计的第一环节，直接决定了毕业设计的方向和深度，它是高质量完成毕业设计的前提和条件。学生在前面阶段的课程学习中，已在广博的中国传统文化里找到了自己感兴趣的方向，在工作室的学习与实践中，又掌握了深入研究文化、创新运用文化的方法。因此，在毕业创作中，有创作组将校级科普项目"巴渝民间地域性亚文化研究"融入毕业设计，自主完成对科普与中国传统文化的挖掘、研究、创新。其中，《巴渝袍哥》动画短片就具有较强的代表性。

该项目通过对"袍哥"这一特殊群体进行科普宣传，让广大青少年及对民俗文化感兴趣的社会人士了解巴渝文化，了解袍哥文化，进而形成"仁""义""礼""智""信"的传统道德观念。如何对"巴渝袍哥"的文化科普形式做出创新，是整个毕业设计的重难点，创作小组在与老师充分交流后，决定以目前流行的、青少年易于接受的碎片化短视频形式来进行成果展示，这符合当代学生的观影习惯和信息接收方式。视频内容采用真实人物及环境和虚拟数字人物之间互动表演这种新的表现形式，将"巴渝袍哥"这一特殊群体形象艺术地加工为三维卡通形象，利用卡通角色幽默夸张的表现手法，展示袍哥在现代社会下的生活片段，呈现袍哥独有的文化特质、道德规范、价值观念、行为模式等。通过该作品的创作，小组成员对巴渝民间地域性亚文化的分支——袍哥文化有了较为深刻的了解。组员根据自己的具体研究方向进行毕业论文的撰写。毕业设计是技术表现阶段，属于表象研究，毕业论文是理论写作阶段，属于深层研究，从技术层面上升到理论层面，是对传统文化的再一次挖掘研究。毕业设计阶段更加注重学生创作的独立性和创新性，相对于前面两个阶段，该阶段呈现出质的飞跃。

三 结语

科普与专业的三段式融合，让学生对科普知识从了解照搬到自主创新，完成主动接受科普教育的同时也具备了对中国科普工作创新推动的能力条件。此外，学生对专业的掌握不再是简单地单向接受，而是实现了合理引导、自主选择、深入挖掘，无论对科普教育还是专业教育来说，都是教育教学模式的一次重要创新。中华民族正处于伟大复兴的关键时期，青年学生肩负重任，是推动中国传统文化开拓创新的先锋，高校在教授学生专业知识的同时，应不忘对其进行文化引导，只有将专业理性教育和中国传统文化普及教育两者结合，才能培养出合格的新时代人才。

参考文献

［1］佟贺丰：《科普投入的国内外对比研究及对策分析》，《科普研究》2006 年第 4 期，第 3~8 页。
［2］董全超、胡峰、马宗文：《基于典型相关分析方法的中国科普投入产出研究》，《科普研究》2019 年第 2 期，第 61~67+109 页。

关于提升密云区中小学科技活动
辅导教师培训实效性的研究

尹　玉*

（密云区青少年宫，北京 101500）

摘　要： 近年来，密云区中小学科技活动辅导教师培训普遍存在实效性
不强的问题。为切实提高培训的实效性，笔者开展了"提升
密云区中小学科技活动辅导教师培训实效性"的课题研究，
在研究的一年中，笔者了解了当前密云区中小学科技活动辅导
教师培训的现状，并提出针对性策略。就目前策略实施的情况
来看，已取得较为明显的效果，本文将从现状分析、策略实
施、取得的成效以及下一阶段的研究思路几个方面对已有研究
进行梳理。

* 尹玉，首都师范大学科学与技术教育专业硕士研究生，北京市密云区青少年宫科技活动组织
教师，中学二级教师。负责密云区科学建议奖、科技辅导员论文、创新伴我成长等十余项科
技活动及教师培训工作，多次获得优秀组织奖。近三年，获得 27 届科技辅导员论文国家二等
奖，北京市一等奖；获 26 届科技辅导员论文国家三等奖，北京市二等奖；创新大赛中科技实
践活动获得国家级一等奖；科教方案获得市级一等奖 1 次、二等奖 2 次；校本教材《创客造
物》在校外教育资料评选中获得二等奖；在北京校外教育理论与实践研究征文活动中案例获
得市级一等奖，并发表于书上；海洋征文获得市级一、二等奖；负责的课题"关于提升密云
区中小学科技活动辅导教师培训实效性研究"在北京教育学院成功立项。多次辅导学生在市
区级竞赛中获得一、二等奖 30 余次。

关键词： 科技活动　辅导教师培训　实效性　学习共同体

Research on Improving the Effectiveness of Science and Technology Activities Tutor Training in Miyun District

Yin Yu

（*Miyun District Youth Palace*，*Beijing 101500*）

Abstract：In recent years, the training of science and technology activity tutors in Miyun District is not effective. In order to improve the effectiveness of training, we have carried out the research on "improving the effectiveness of the training of tutors for science and technology activities in primary and secondary schools in Miyun District". During the year of the study, the author understands the current situation of science and technology activities tutor training in Miyun District, and puts forward the corresponding strategies. In view of the current situation of the implementation of the strategy, it has achieved more obvious results. This paper will sort out the existing research through the current situation analysis, strategy implementation, achievements and the next stage of research ideas.

Keywords：Scientific and Technological Activities；Tutor Training；Timeliness；Learning Community

科技教育是科技发展的基础，强化科技教育对实现科技强国梦有着重要的作用。在中国学生发展核心素养中，"科学精神""实践创新"是学生适应未来生活的必备素养，参加科技活动是实现培育学生素养的有效途径。而科技活动辅导教师是指导学生参加科技活动、培养学生必备素养的关键。因此，提升科技活动辅导教师的能力至关重要。然而，对当前密云区中小学科技活动辅导教师培训的现状进行调查，发现每次培训耗时费力，但培训效果仍然不理想。在课题的引领下，笔者开始对密云区中小学科技活动辅导教师培训进行研究，寻找问题根源，提出针对性策略，以提升教师培训的实效性。通过一年的调查研究以及策略实施，截至目前，培训取得较为明显的效果，接下来，本文将从现状分析、策略实施、取得的成效以及下一阶段的研究思路几个方面进行梳理。

一 密云区中小学科技活动辅导教师培训现状

通过近两年在科技活动组织工作中的调查研究发现，目前密云区每年关于科技活动的培训近50项，可以说几乎每项活动都有培训。然而学生科技活动的参与率和参与成绩提高并不显著。深入挖掘问题根源，发现有部分原因源于教师，教师普遍存在以下三种情况：第一，参加培训的积极性不高，每次面向全区51所中小学发布培训通知，收到的报名表却寥寥无几；第二，教师参加了培训，却出现了"培训时心动，培训后一动不动"的尴尬情况，并没有带领学生参加活动；第三，教师参训后虽然辅导学生参加了活动，成绩却没有提升。也就是说，我们虽然每项科技活动都组织培训，但实效性并不强。面对这样的现状，笔者面向全区科技活动辅导教师，通过问卷和访谈的形式进行调查，以了解真实原因。

为了更加了解教师参与培训的现状，笔者在本课题成立之初，便面向全区中小学科技活动辅导教师发放了"密云区中小学科技活动辅导教师培训现状"的调查问卷，以进一步了解情况。共收集到有效问卷119份。

通过问卷调查的数据可以看出，大部分教师参加培训的积极性不高，大多教师表明的原因是"学校教学及管理任务比较繁重，精力有限"，而"单位不提供便利条件"和"培训内容和个人需求不对口"也成为较为主要的原因（见图1）。

在回答"您参加培训后没有辅导学生参加比赛的原因是什么？"这一问题时，"不感兴趣"这个选项没有人选，所以说教师对于辅导学生参加活动还是有兴趣的，而现实中没有辅导的主要原因是"没有合适选题思路""不知如何入手"，还有部分被动型老师是因为"学校没要求"（见图2）。

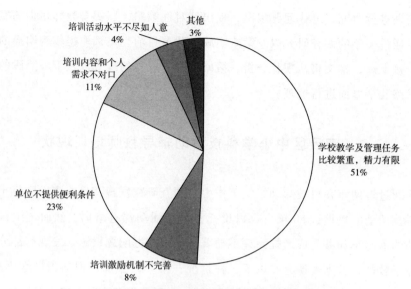

图1 "您认为阻碍参加教师培训活动的主要困难是什么?"
这一问题各选项的所占比例

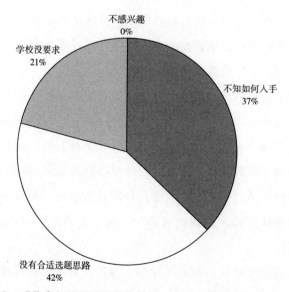

图2 "您参加培训后没有辅导学生参加比赛的原因是什么?"
这一问题各选项的所占比例

在回答"您认为造成学生参赛成绩不高的原因是什么?"这一问题时,"缺乏专家专业指导""学校支持力度不够""教师辅导能力有限"成为教师们提到的主要原因（见图3）。

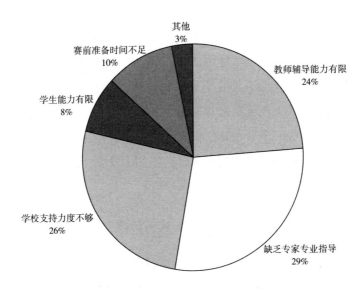

图3　"您认为造成学生参赛成绩不高的原因是什么?"
这一问题各选项的所占比例

根据调查结果,深挖背后真正的原因,笔者认为存在三方面问题:一是学校对于科技活动的重视和支持问题;二是教师对于辅导学生参与科技活动的工学冲突和内动力问题;三是培训者的培训策略问题。因此采取什么样的策略解决学校的问题和教师自身的问题,就成为提升培训实效性的关键。

二　提升培训实效性的策略

我们作为培训活动的组织者,通过挖掘问题的根源,了解了培训活动的现状以及教师真正的问题和需求,在课题研究的第一阶段创造性地提出以下四个策略,以此来切实提高培训的实效性。

（一）加强顶层设计，科学合理地规划全年培训

教师培训管理部门的顶层设计具有方向性和引领作用，能够指导学校、教师抓住矛盾的主要方面，确保培训工作科学合理进行。针对密云区科技活动辅导教师培训现状，培训部门专门出台了一套完整的培训文件。依照要求，各部门及学校都要做出整体的规划和年度实施计划，应目标清晰，安排合理，加强沟通，达成共识。引导基层学校认清本校科技项目的优势与需求，做到在优势项目上积极选派教师参与培训，合理安排教师的教学任务、培训任务和辅导任务，争取辅导学生取得好成绩；在待发展的项目上，指定项目负责教师，积极与上级部门联系，表达具体需求，鼓励负责教师积极参与培训学习，合理安排教学任务和培训学习。

（二）建立订单式培训课程，确保按需培训

只有培训内容与参训教师的实际需求相符合，参训教师从中获取知识与技能、过程方法的积极性才能提升。因此，应针对教师不同的专业发展阶段、不同的培训实际需求，分类别、分阶段、分层次地设计培训课程，以最大限度地满足参训教师的需求。在设计课程之前，还需要更加深入地了解参训教师，通过培训前向参训教师发放培训需求调查问卷、进行访谈、建立微信群等多种形式，加强培训教师之间、培训教师与组织者之间、培训教师与专家之间的沟通与交流，以发现参训教师的真正需求所在，并精心设计课程。精心设计培训课程，是培训走向专业、规范的必经之路，是提升教师培训实效性的关键因素。在培训中、培训后进行调查问卷，积极了解参训教师的培训效果和满意度，组织者将数据反馈给培训专家，专家根据参训教师反馈的新问题与新需求，调整下一阶段的培训内容、培训形式，使培训更有针对性。

（三）分层培训，建立学习共同体

几年来积累的培训经验与教师问卷结果表明，教师的辅导水平存在差异，有些培训不适合采取集体培训的方式。发挥区域内的专家型科技活动辅

导教师的引领作用，对提升区域内科技活动辅导教师的主动参与性和辅导能力有显著作用。因此，我们通过查阅近五年的教师辅导成绩以及与学校领导积极沟通，了解教师的科技辅导能力，根据参训教师的水平差异，采用分层培训的方式，并建立学习共同体，让辅导能力强的经验型、专家型教师与经验不足的新教师结对子，组建学习共同体，各自发挥优势，一同完成培训学习和辅导任务。

（四）多种培训形式相结合

在对教师进行问卷调查时发现，参与问卷调查的教师中，有80%以上的人更喜欢参与性强的培训形式，对于传统的"讲授法"，教师们都认为较为枯燥。因为教师培训属于成人教育，他们参与学习的实践性取向十分强，更有老师是带着问题来学习的。因此，多元化的培训方式，如探究式、案例式、参与式、研讨式等，更能够充分发挥参训教师的能动性，让参训教师积极、主动地进行合作、探究。中小学生科技活动本就是手、脑相结合的活动，因此在组织科技活动辅导教师的培训时更应该注重多元化的培训方式。通过一年的实践，总结出以下四种适合科技活动辅导教师的培训方式。

1. 参与式培训

参与式培训是指在参与的氛围中，使参训教师亲身体会主动、合作、探究学习的喜悦和困惑，改变自身观念、态度和行为，并能将所学知识和方法运用于后期的实践中。

2. 案例式培训

案例式培训是指培训者选择较具代表性的科技活动案例，在培训中为参训教师分析、提出问题，引导参训教师共同讨论，最后培训者进行总结，通过具体案例概括出抽象的理论。

3. 探究式培训

探究式培训注重交流与互动，是指以培训者为主导、参训教师为主体的培训形式。参训教师积极主动地参与，有利于增强自身的探究意识，提高自身的探究能力。

4. 研讨式培训

研讨式培训是指培训者与参训教师，或是参训教师与参训教师共同研讨，来解决疑难问题的培训形式。

（五）四种策略的实施方法：以"密云区中小学生科学建议奖教师培训"为例

对于以上四种策略，我们已经在具体的培训中开始采用。以"密云区中小学生科学建议奖教师培训"为例，我们的具体做法如下。

第一，在新学期开始前，面向全区中小学校外主管召开科技教育工作会，布置新学期的相关培训工作。在会议中，负责教师对该项活动的时间、地点、可参与教师范围等基础问题进行说明，并出示微信群。学校针对各校情况安排负责教师，每所学校此项活动的负责教师进群，形成"密云区科学建议奖活动教师团队"。

第二，培训前，组织者通过调查问卷的形式，对教师进行需求调查，并对部分教师进行电话或当面访谈，切实了解教师的需求与问题，根据数据结果，聘请合适的专家进行培训，并将教师的问题反馈给专家。同时，要求专家进群，与教师进行沟通、交流，增进了解。接下来就是正式培训。通过深入了解，根据培训教师的问题与需求进行有针对性的课程设计。在培训开始后，同样需要多与参训教师沟通，以动态调整课程内容。培训结束后，及时通过调查问卷的形式了解教师对于培训的收获或问题、建议等。

第三，为了发挥参训教师在培训活动中的主体作用，调动教师学习的积极性，本次培训采用了案例分享、讨论、参与等多种方式，邀请区域内优秀教师进行案例分享，拉近教师们的距离。同时，对于有思路的教师，为其提供与专家面对面交流的机会，专家对其进行深入指导，这样也能启发现场暂时没有思路的教师深思。

三　培训成效

在 2019 年这一年的时间里，通过实施上述四种策略，区域内科技活动辅导教师无论是在参与培训积极性、个人能力还是辅导学生参与活动的数量和成绩上均有显著提升。在组织的培训中，基本上每一次培训各学校都能至少派出一名相关负责教师参与。同时，在 2019 年，区域内通过中国青少年科技辅导员协会的专业认证人数逐渐增多，2018 年仅 1 名教师获得中级科技辅导员认证，到 2019 年，有 2 名教师获得中级科技辅导员认证，5 名教师获得初级科技辅导员认证。这是科技活动辅导教师专业能力提升的体现。

培训的目的是提升教师的辅导能力，使教师能够辅导更多学生参加科技活动并取得成绩。通过整理 2016～2019 年密云区整体成绩以及创新大赛、科学建议奖两项重点科技活动成绩，可以看出，2018～2019 年，在活动数量没有增加的情况下，全年总获奖人数增加近 200 人次，2019 年取得最好成绩（见表 1）。在科学建议奖活动中，2017 年、2018 年两年基本没有人参加，在实施培训策略后，参与学校、参与学生以及获奖人次都明显增加（见表 2），密云区还因此荣获优秀组织奖。青少年科技创新大赛的数据更是让人眼前一亮。该项活动是科技活动中含金量最高的，活动难度自然也稍大一些，因此在前几年，很多教师和学生都是望而却步。实施前文提到的四种策略后，效果显而易见。2019 年，无论是参与学校、参与学生还是获奖人次都达到历史新高（见表 3），多名教师都在活动中被评为优秀辅导教师。还必须要提到的是学生们经过教师的辅导，也逐渐在市赛中崭露头角，不局限于三等奖，市级一、二等奖的获奖率也在提高。

通过这样一系列数据可以看出，我们在实施四种策略后，科技活动辅导教师培训的实效性有了较为显著的提升，教师的个人辅导能力也有所提高，学生参与活动的成绩也有所提高，在此基础上，学生的科技素养也就能进一步提升。

表 1　2016～2019 年北京市密云区科技活动情况

年份	科技活动（个）	市级获奖（人次）	国家级获奖（人次）	集体成绩（个）
2016	30	1507	0	7
2017	39	2629	9	9
2018	45	2689	19	11
2019	45	2850	部分未回	18

表2 2017~2019年北京市密云区中小学生科学建议奖获奖统计

年份	参与学校 （所）	参与学生 （人次）	区级获奖 （人次）	市级获奖 （人次）
2017	0	0	0	0
2018	1	3	1	1
2019	7	39	36	28

表3 2016~2019年北京市密云区青少年科技创新大赛获奖统计

年份	参与学校 （所）	参与学生 （人次）	参与教师 （人次）	市级获奖 （人次）	国家级获奖 （人次）
2016	19	245	51	58	3
2017	26	330	77	75	7
2018	31	458	97	84	9
2019	35	665	113	115	未回

四 下一阶段的研究思路

在研究"提升密云区中小学科技活动辅导教师培训实效性"课题的一年中，我们对密云区中小学科技活动辅导教师培训现状有了一个较为清晰的认识，尝试探索并建构出适合密云区中小学科技活动辅导教师培训的有效策略，培训实效性得以提升。第一阶段的研究进展得较为顺利。总结这一阶段的策略与成效，在此基础上，笔者认为下一阶段应该先做实以下三个方面。

（一）加强与科技活动辅导教师的沟通，积极了解他们对于实施新策略的看法以及新的需求

从活动参与的数量和质量上看，上一阶段的策略收到了良好的效果。但培训的主体——教师对这些策略有什么新的看法或是在整体培训实效性提高后，又有哪些新的需求，这些都是作为培训的组织者、管理者需要了解的。因此，接下来，我们会继续采用调查问卷、访谈等多种形式，

积极与教师沟通交流，进一步挖掘他们的真看法、真需求，提出更有效的培训策略。

（二）以专家引领，凝聚地区骨干力量，沿袭学习共同体

近年来组织科技活动，在不同的科技项目中积累了多种类型的专家资源，也就形成了专家团队。接下来，应该将专家资源进行整合，形成专家资源库。同时，着重培养地区科技骨干力量，以骨干带动周边科技活动辅导教师发展。将第一阶段中的"学习共同体"沿袭到培训之外。将专家资源库分享给教师，教师便可以在资源库中对比专家的特点、研究领域，选择适合自身的专家做指导，形成"专家＋区域骨干＋科技活动辅导教师"共同体，以这样的形式参加科技活动。这样的策略更符合密云区科技教育发展的路线，有利于提升密云区整体科技活动辅导教师能力。

（三）积极开发线上培训课程

未来，线上线下相结合的培训手段一定会成为培训学习的新样态，因此我们应该及早准备，积极利用好线上培训手段，开发培训课程，组织线上专业理论学习和共同研讨，实现"云培训"。这种线上线下相结合的培训，首先能够为教师提供一个公平的培训机会，只要有网络，人人可学、时时可学、处处可学，不再像线下培训一样受择优遴选培训和培训时间的限制，有利于解决工学矛盾，实现教师培训的公平化。同时，线上培训能够更好地形成教师培训学习一体化的学习模式。我们要做的是将线上线下相结合，而不是将线上、线下培训相分离。培训同样应设计包括培训前的需求分析、培训内容规划、实践应用、培训评价以及培训结束后的指导等内容，以此提升线上培训的实效性。

五　结语

科技活动辅导教师培训不仅关乎科技教师自身的业务能力发展，也与密

云区的科技教育工作、密云区的学生科学素养提升紧密联系。作为区域内科技活动辅导教师培训的组织者和管理者，要不断更新培训理念，完善培训模式，寻找有效策略，提升教师的专业能力，促进教师将培训中所学知识应用于辅导学生参与科技活动的实践中，以有效促进密云区的科技教育发展，提升学生的科技素养。

参考文献

［1］齐兰芬、金燧然：《中小学科技辅导员培训重点与培训设计》，《天津科技》2014 年第 7 期，第 41～43 页。

［2］李茜：《中小学科技辅导员培训项目的设计与实施》，《中国成人教育》2014 年第 24 期，第 113～116 页。

［3］李小宁：《基于培训迁移理论视野的教师培训实效性研究》，《成都师范学院学报》2014 年第 7 期，第 57～59 页。

［4］李竹：《小学生科技活动：现状·问题·策略——基于重庆主城区部分小学科学教师的调查》，《现代中小学教育》2017 年第 7 期，第 64～69 页。

［5］崔捷：《青少年科技辅导员培训策略探索》，《科技与创新》2016 年第 21 期，第 44 页。

［6］沈艳春：《新加坡中小学教师培训现状带给我们的启示》，《现代教育科学》2014 年第 2 期，第 77～78 页。

［7］曹梦：《英国教师培训政策的变革历程及对我国的启示》，《当代继续教育》2014 年第 2 期，第 38～40 页。

［8］张碧芬：《基于"互联网＋"的中小学教师培训新思考》，《新课程研究》2019 年第 13 期，第 133～134 页。

［9］张小佳：《互联网＋教师培训的新特征》，《中国教育技术装备》2019 年第 1 期，第 18～20 页。

［10］李少元：《农村教育论》，江苏教育出版社，1996，第 149～150 页。

我国科技成果转化服务人才
培养的实践探索

——以北京市科协科技成果转化平台为例

张兰英*

（北京科技社团服务中心，北京100101）

摘　要： 加快科技成果转化是促进我国产业优化升级、经济发展方式转变的重要举措，必须要有专业化的服务机构和专业人才作为有力支撑。本文通过梳理我国科技成果转化服务人才的培养现状，结合北京市科协科技成果转化平台的人才培养方式，提出了推进我国科技成果转化服务人才培养的建议。

关键词： 科技成果转化　服务人才　培养方式

---

* 张兰英，北京科技社团服务中心职员，主要研究方向为信息宣传。

Practice and Exploration of Personnel Training for the Transformation of Scientific and Technological Achievements in China

—Take Beijing Association for Science and Technology Achievements Transformation Platform as an Example

Zhang Lanying

(*Beijing Service Center for Science and Technology Societies，Beijing 100101*)

Abstract：Accelerating the transformation of scientific and technological achievements is an important measure to promote the optimization and upgrading of industries and the transformation of economic development mode in China. The implementation of transformation of scientific and technological achievements must be supported by professional service organizations and professionals. Through combing the current situation of personnel training for the transformation of scientific and technological achievements in China，combined with the talent training mode of the Beijing Association for Science and Technology Achievements Transformation Platform，this paper puts forward some suggestions to promote the cultivation of talents.

Keywords：Science and Technological Achievements Transformation；Service Talents；Training Mode

科普推动了科技成果转化的加速实现，科技成果转化是实现科普的社会需求的重要途径。科技成果转化是一项专业化程度高、与市场联系紧密的社会活动，具有涉及领域广、周期长、过程复杂、风险高等特点。科技成果转化服务人才在科技与市场的精准对接中发挥着知识普及、资源配置、协调促进等诸多重要作用，在科技转化为生产力的过程中具有十分重要的地位。

一 我国科技成果转化服务人才培养现状

我国技术市场建设初期，国家提出了"放开、搞活、扶植、引导"的发展方针，有力促进了技术市场的蓬勃发展。20 世纪 80 年代中期至 21 世纪初，我国针对科技成果转化服务人才在培育、管理和运作等各环节存在的问题，从国家到地方各级政府及相关部门先后出台了各种政策，逐步突破了制约技术经纪和技术转移发展的制度性瓶颈。据统计，至 2015 年初，全国通过接受正式培训，经考试合格，分别获得国家和省级"技术市场经营与管理人员资格证书"的各类人员已达 7 万余人。按照国务院发布的促进科技成果转移转化行动方案，"十三五"期间要培养 1 万名专业化技术转移人才。

目前我国对科技成果转化服务人才的培养，按教育类型可分为两种：学历教育和非学历教育。学历教育的人才培养方式的授课对象是高校在校学生，包括高职生、本科生和研究生。早在 2000 年，海淀走读大学（现北京城市学院）就在北京市甚至全国首次设立了"科技成果转让及中介服务"这一高职教育专业，该专业是设在市场营销下的一个专业方向，通过理论与实践相结合的培养方式培养懂科技、会经营、善中介的复合型人才，以满足高新市场的需求；在 2003 年，北京大学设立了研究生层次的"科技传播"专业，以培养高级科技传播人员为目标。这两次尝试的培养目标为初中级职业技术经纪人，但由于科技成果转化工作不只要求知识面广，更是实用性很强的职业，在学历教育学制限制和课程体系不健全等因素的影响下，这些尝试都未能持续。2015 年上海市技术转移协会成立后，积极联合上海有关高校开设了《技术经纪人实务》选修课程，学生通过对课程的学习，了解技术经纪人的工作特点，理解知识产权、技术合同、技术经纪实务等基本原理，掌握技术经纪人的必备知识，具备一定的技术中介能力，认识到科技中介在构建国家创新体系方面的重要意义，从而促进大学生参加创新创业，拓展就业渠道，这是科技成果转化服务人才培养在学历教育中的一次有益尝试。

非学历教育的人才培养形式是目前我国科技成果转化服务人才培养的主要方式，包括资格认定、高级研修班、不定期培训等方式。1997 年，国家科委颁布了《技术经纪资格认定暂行办法》和《全国技术经纪人培训大纲》，对科技成果转化服务人才和科技成果转化服务人才的资格认定做了明确的规定。国内自 2015 年开展的"注册国际技术转移经理师认证（RTTP）

培训"以具有两年以上相关从业经历的人员为培训对象，聘请国际专业师资，以理论与实践相结合的方式开展深度跟踪式培训，课程设置围绕科技创新成果的商业化、知识转移、技术转让技能与技巧提升四个模块。该培训有效推动了国内创新资源向国际化、高端化的发展。

笔者在互联网搜索关键词"科技成果转化培训"，将搜集到的相关培训情况进行了统计（见图1、图2）。2011～2019年，全国共组织各种类型的科技成果转化相关培训170余场/次，历年培训次数总体呈上升趋势。涉及地区从东南沿海地区逐渐向东北、西北、西南等全国范围内扩展。培训组织单位主要有三类：一是科技部、各级科技局等政府部门；二是高校、科研院

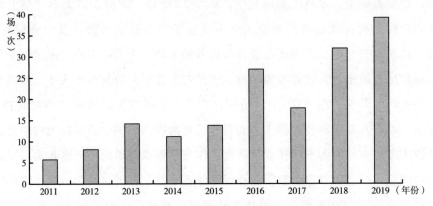

图1　2011～2019年全国科技成果转化相关培训数量

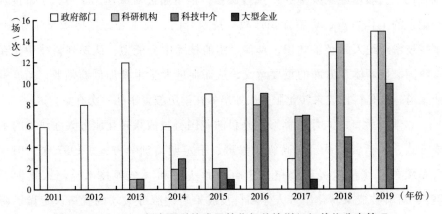

图2　2011～2019年全国科技成果转化相关培训组织单位分布情况

所等科研机构；三是科技中介，包括政府、科研机构等参与的科创中心、技术转移中心等。其中政府部门主导的培训一直占据重要地位，2016年以来科研机构和科技中介所占比例总体逐渐增加。组织方式上从单一的政府部门宣传逐渐向政府部门与科技中介、政府部门与科研机构、科技中介与科研机构结合等多种方式转变。培训内容涉及政策解读、法律法规、知识产权、商业策划、项目评价、投资融资等科技成果转化的各个方面，从政策解读不断向科技成果转化中的创新理念等具体问题深入。

目前制约我国科技成果转化服务人才发展的主要是实际操作中的问题：一是现有的科技成果转化服务人才的理论基础水平不高、跨专业知识科普能力不强，整体素质不高，通过培训较难迅速提高其专业水准和服务能力；二是科技成果转化服务人才服务行业的内部认同感不强，行业自律机制尚不健全，科技成果转化服务人才往往单兵作战，必要的行业监督和自律有待建立和完善；三是保障科技成果转化服务人才发展的外部宏观环境尚未形成，知识商品的概念尚未形成，技术交易市场空间有限，导致科技成果转化服务人才无法获得相应的发展空间和社会地位，同时服务科技成果转化服务人才成长和发展的保障制度尚不完善，科技成果转化服务人才得不到应有的社会服务和制度保护。

二　北京市科协科技成果转化平台的实践探索

2015年5月北京市科学技术协会依托中关村天合科技成果转化促进中心（以下简称"天合转促中心"）搭建了"北京市科学技术协会科技成果转化平台"（以下简称"平台"），旨在提升科技社团开展科技评价、专家咨询、市场挖掘等科技中介服务的能力和水平。平台依托北京地区的优势资源和天合转促中心辐射全国的分中心，汇聚了政府、科研机构、市场等各类资源，在实践中逐步探索出一套促进科技成果转化落地的全链条服务模式。

科技成果转化作为一个产业在我国刚刚起步，还缺乏较成熟的理论研究和实践模型，与之相关的规模化、专业化、职业化的人才培养体系也尚未形成，但作为一个新兴产业，其对服务人才数量和质量的需求又十分迫切，而科技社团作为推进科技成果转化的一支重要力量，其作用有待进一步发挥，其中人才是一个重要限制因素。为不断推进这些问题的解决，促进科技工作者成为科技成果转化的重要力量，在市场实践和广泛调研的基础上，平台于2017年8月底成功举办了第一期"科技成果转化服务专业人才培训"，以初、中级科技成果转化服务人才的培养为目标。培训对象包括北京市科协所属科技社团及会员单位、各区科协、各大高校、科研院所、企业等的科技工作者，采取集中授课、实案操作、专家点评相结合的方式，通过理论学习和项目参与，使学员系统了解科技成果转化的服务过程，掌握服务平台建设、项目策划、转化体系评价等内容，从而培养了一批"懂流程、会操作、有经验"的专业型科技成果转化服务人才。

截至2020年7月底，该培训班共举办了13期，累计培训人员740余人次。为了不断适应市场需求，培训内容从最初的政策法规解读、实操经验介绍、科技成果转化系统评价体系介绍、科技服务平台体系构建、实战演练5个板块增加到现在的7个板块，增加了科技成果数据信息服务技能培训和产权及金融服务技能培训两个板块。2020年为适应新冠肺炎疫情防控需要，采取了线上培训方式。

此外，为加强高素质科技成果转化服务领军人才的培养，使平台在科技成果转化中的实践为我国的科技成果转化服务人才培养制度建设做出更大贡献，2017年，平台还与中国科学院大学、北京航空航天大学、清华大学、北京科技进修学院等高校和继续教育机构合作，开办了面向企业、高校、科研机构、政府、科技园区等相关机构从业人员的技术转移与商业化运营（TTCO）高级研修班。课程包括基础课、专业课和实践课，聘请政府、科研院所的资深专家授课，采取定期集中授课、俱乐部沙龙活动、合作项目和课题研究、实地考察与参观等方式将理论与实践相结合，取得了良好效果。

经过三年多的探索和实践，平台的科技成果转化服务人才培训已形成了较完善的课程体系、师资队伍和培训组织形式等，服务于中国科学技术协会、北京市科学技术协会、天津市科学技术协会等全国性和地方性科协及其所属学会，以及全国各地科转平台和高校等单位的人才培训活动共计 50 余场/次，培训人数约 5000 人次。平台在逐渐建立非学历系统培养科技成果转化服务人才体系架构的同时，开始尝试与有关院校联合开展本专业学历教育，以培养高起点科技成果转化服务人才，促进我国科技成果转化服务人才培养体制的建设。

三　推进我国科技成果转化服务人才培养的思考

科技成果转化人才应该是具有多学科知识背景，熟悉市场，能够为科技成果转化提供全面、周到服务的高端复合型人才。具有扎实的理论知识和丰富的实践经验是高素质科技成果转化服务人才成长必不可少的两个阶段，这两个过程单纯依靠学历教育或非学历教育的培训都难完成，因此要积极借鉴国内外先进做法，探索两种教育模式的有效衔接。一是将技术转移的基础知识教育逐步融入高等教育体系中，通过科普宣传、课程设置等培养学生的兴趣，使学生逐步完成基础知识的积累，培养储备人才；二是以非学历教育为主，在继续教育和后期培训中依托各种社会资源着重增加人才的实践经验和提升人才的综合能力，将学历教育与非学历教育有机结合，充分发挥各自的优势；三是注重理论与实践的结合，加强高校与创新创业园区、科技中介服务机构等的联系，通过"理论—实践—理论"的良性循环锻炼、提升人才的各种综合能力。

根据目前我国科技成果转化服务人才培养的现状和市场需求情况，现阶段应继续以非学历教育为主，尽快补齐短板以满足市场需求，同时在实践中推动配套政策等的制定和完善，促进学历教育体制机制的建立，为我国科技创新、科技强国的建设做好人才储备。

（一）明确培养对象，确定培养目标

目前，科技成果转化服务人才培养对象主要有三类：一是科研院所

和有自己研发部门的大型企业中从事科技成果转化工作的管理人员；二是科技中介机构中的从业人员；三是有转化需求的科研人员。科技成果转化服务人才属于高端服务人才，应该具备"冰山模型"分析的人才的显性素质和隐性素质。具备这些素质的人才不仅能够对技术本身有较深入的理解和认识，能够用市场化的语言讲好技术本身的故事，促进技术与市场的对话，还能够运用技术经营的理论知识与实践经验对庞杂的技术成果和市场需求信息进行有效挖掘和判断，对技术的市场成熟度和经济远景做出合理判断，同时具有较强资源整合和调动能力，以及对科技成果和经济市场的严谨认真的科学态度，能够科学有效地推进科技成果的市场转化。

（二）发挥社会组织优势，培养科技成果转化急需人才

充分发挥社会组织，尤其是科技社团横向联合、跨学科、跨部门的优势，挖掘现有技术市场中的优势资源，发现潜力人才，在干事创业中培养一批理论知识扎实、实战经验丰富的高素质科技成果转化服务人才。2020年5月30日，中国科协推出了"科创中国"品牌，旨在通过构建资源整合、供需对接的技术服务和交易平台，实现技术与市场的精准对接，从而推动科技与经济深度融合，这对于科技成果转化人才的培养是一个不可多得的机会。建议以各级学会为目标，发挥其人才联系的优势，挖掘、培养一批专业领域的科技成果转化服务人才。

（三）创新工作方式方法，保证人才培养质量

培训是培养的基础，可通过对课程体系、组织实施方式等的不断改进不断提升培养人才的质量。与时俱进，根据人才需求和环境变化，满足多样化人才培养需求。充分发挥继续教育等培训机构的优势，结合不同层次的人才需求，制定有针对性的培训课程和培养方式，满足个性和共性需求，不断提升人才培养水平，推进人才培养体系建设。线上和线下、个性与共性相结合的方式将为科技成果转化人才培训带来巨大的社会效益。2020年4月22

日，由科技部成果转化与区域创新司、科学技术部火炬高技术产业开发中心、国家科技评估中心联合主办的"2020年全国知识产权宣传周科技成果转化'云培训'"活动在全景网信息平台首播，针对近期的要素市场化配置、高校科技成果转化、知识产权与科创属性等热点问题，十名专家学者以线上授课的方式开展在线培训，共有92.9万人次观看。

（四）提升人才待遇，扩大潜在培养目标人群

不断完善科技成果转化服务人才的资格认定标准，开展资格认定、职称评审等人才评价工作，并制定配套的人才流动和就业政策，为人才拓展就业渠道、提供晋升机会、改善社会待遇、实现社会价值营造有利于科技成果转化服务人才快速发展的良好环境，从而激励更多人才加入科技成果转化的事业中。2019年北京市科学技术协会在全国率先增设科学传播专业职称，并完成了北京市首批科学传播专业高级职称75人的评审认定工作，不仅畅通了科学传播专业技术人员的专业晋升通道，规范了行业人才的评价标准，更重要的是激发了他们干事创业的主观能动性。

（五）学历与非学历教育相结合，促进人才培养制度的逐步完善

目前我国的科技中介服务体系尚不完善，但科技成果转化服务人才需求潜力巨大，所以仍要以建立完善的学历教育体系为目标，充分发挥学历教育和非学历教育的优势，不断增强科技成果转化服务人才的储备力量。一是学历教育与非学历教育相结合，通过对科技成果转化服务人才市场前景、社会价值等的科普，营造科技成果转化服务人才发展的良好社会环境。二是高素质服务人才培养和领军人才培养相结合，领军人才必须是既有深厚的理论功底，又有丰富的实践经验，既做出过优秀的业绩，又能带出一支优秀队伍的人才，这样的人才无论在市场实践还是人才培养中都是必不可少的。三是人才培养与师资队伍建设相结合，通过人才培养实践逐步总结出一套适合我国国情的课程体系，培养出一支有能力、有影响力的教师队伍，为未来科技成果转化服务人才培养体系建设积蓄力量。

四　结语

科技成果转化服务人才的培养是一项长期而艰巨的任务，在关注人才培养本身的同时，需充分调动政府、高校、社会等各种资源，才能逐步实现人才培养与人才发展的良性循环，为科学技术转化为社会生产力源源不断地注入新鲜血液。

参考文献

［1］苏建华、张兰英：《科普助推科技成果转化》，中国科普理论与实践探索——第二十三届全国科普理论研讨会论文集，2016，第 332～337 页。

［2］张兰英：《科技社团参与科技成果转化实践的促进机制探索——以北京市科协所属科技社团为例》，《学会》2020 年第 4 期，第 36～40＋59 页。

［3］郑念、张义忠、孟凡刚：《实施科普人才队伍建设工程的理论思考》，《科普研究》2011 年第 3 期，第 20～26 页。

［4］陈小琼、谭绮球：《对技术转移专业人才培养模式的反思和探索》，《职业时空》2010 年第 6 期，第 61～63 页。

［5］吴寿仁：《科技成果转化若干热点问题解析（二十八）——关于技术转移人才培养的思考》，《科技中国》2019 年第 9 期，第 72～78 页。

［6］舒小琴、凌磊：《技术经纪人队伍建设的思考与建议》，《科技日报》2015 年 1 月 28 日，第 6 版。

［7］胡明花：《科技成果转让专业应努力培养大批高级技术经纪人》，《海淀走读大学学报》2003 年第 1 期，第 82～84 页。

［8］《我国科技成果转化服务体系及其运作机制研究》课题组：《我国科技成果转化服务体系建设的若干问题与对策》，《中国科技论坛》1999 年第 4 期，第 49～52 页。

浅谈科技馆的科普教育发展

张丽霞　黄桂花[*]

（江西省科学技术馆，南昌 330038）

摘　要： 科技馆是国家的科普基础设施工程，承载着面对公民进行科学普及的重任。历经三十多年的蓬勃发展，科技馆作为非正规教育的科普阵地，科普教育功能也逐渐得到社会的肯定和重视。在新的发展形势之下，如何更好地发挥科技馆的教育功能，向社会公众普及科学知识、传播科学思想和科学方法，值得我们探讨和研究。本文就科技馆的科普教育发展及其现状进行分析，提出开展创新科普教育的几点建议。

关键词： 科技馆　科学教育　科普活动

A Discussion on Development of Science Popularization Education of Science and Technology Museum

Zhang Lixia，Huang Guihua

（*Jiangxi Science and Technology Museum，Nanchang 330038*）

Abstract： As the nation's infrastructure of science and technology

---

* 张丽霞，江西省科学技术馆群众馆员；黄桂花，江西省科学技术馆初级群众馆员。

popularization, science and technology museums have played a key role in popularizing science among citizens. With the booming development in the past 30 years, science and technology museums have acted as a science popularization battlefield for informal education, and its education function has also been gradually valued by the society. Facing the new development situation, it is worthwhile to discuss and research how to better exert the educational function of science and technology museums, popularize scientific knowledge, spread scientific ideas and scientific methods to the public. This article discusses the development and status quo of science and technology popularization of science and technology museums, gives suggestions on carrying out innovation and science popularization education.

Keywords: Science and Technology Museum; Science Education; Scientific Popularization Activities

科技馆作为国家的科普基础设施工程，是面向社会公众普及科学知识、传播科学思想和科学方法的科普宣传教育基地，通过常设和短期展览，借助参与、体验、互动性的展品及辅助性展示手段，以激发科学兴趣、启迪科学观念为目的，对公众进行科普教育。在提高全民科学素质的倡导和公众对科学文化的需求下，科技馆的科普教育工作尤为重要，从我国20世纪80年代兴建科技馆到目前，科技馆的科普教育事业也跟随时代的变化而发生着转变。

一 科技馆开展科普教育的意义

科技馆作为非正式性的教育基础设施，拥有丰富的互动式科学类展品和设施，在科学教育方面有着得天独厚的优势，可以为参观者提供更多动手实践的机会，尤其对学生的动手能力、科学思维、科学精神的提升是显而易见的。当下科技馆更要以适应时代需求的学习方式、学习形态来开展科普教育活动。科技馆的展品展项应更加贴近生活，把自然科学与人文科学进一步有机结合，以适应公众的需求，逐步从单纯的知识传播向更加注重对公众科学文化素养的培养方向发展。

二 科技馆科普教育发展及其现状

（一）科普教育的形式转变

纵观我国科技馆发展历史，建馆初期，在科技馆建设与管理方面普遍有欠缺，尤其是在科学教育活动方面，最初建设的科技馆普遍存在"有展无教、重展轻教"的现象，只是简单地把科技馆里面的展品按学科陈列，成了展览陈设馆，科技馆里开展的科普活动也不多，作为公益性的机构没有实现应有的社会效益。通过不断摸索与改进，目前科技馆科普教育已从"重展轻教"的现象逐步转变为"以人为本"的科普教育方式，从简单的知识点灌输方式转变为引领探究式的学习模式，以观众为服务主体，以满足观众的需求为目标。

（二）科普教育在国家政策的支持下蓬勃发展

为提高我国全民科学素质整体水平，我国相继出台了《科普法》《全民科学素质行动计划纲要》等法律措施。为贯彻落实党的十八大提出的"普及科学知识，弘扬科学精神，提高全民科学素养"精神，充分发挥科技馆在提高公民科学素质中的重要作用，2015年中央财政投入3.5亿元补助资金，推动全国92家试点科技馆于5月16日之前实现对公众的免费开放；2016年2月印发的《全民科学素质行动计划纲要实施方案（2016—2020年）》中，明确指出"增加科普基础设施总量，完善科普基础设施布局，提升科普基础设施的服务能力，实现科普公共服务均衡发展"。从20世纪80年代初建馆到现在，全国已有科技馆400多座。科技馆作为非正规教育的科普场所，已深受广大人民群众尤其是青少年的喜爱。基于国家在政策上的大力支持，每年到各个科普场馆参观的总人数都在增加，科普事业也呈现蓬勃发展的态势。

（三）科普教育的核心内容发生了转变

当今时代，科学技术发展日新月异，科技馆作为展示科技水平和科研成果的场所，就是要把人类发现和总结的科学知识、科学方法，以及融入其中的科学思想和科学精神，通过多种途径传播到社会上，使之为公众所理解，提高公众科学素质。科技馆的科普教育核心内容应随着科学教育理念的改变而转变，在传播科学知识的同时，注重培养青少年的科学思维方法、科学态度和综合实践能力；运用先进的教育理念和教学方法，开发集科学性、趣味性、实践性等特性于一体的活动形式，激发青少年对科学的兴趣。

三　科技馆科普教育中存在的若干问题

（一）科普人才匮乏

目前科技馆科普人才匮乏，制约了科普活动的开展。科技馆的展教人员承担着科普教育活动的主要工作，而展教人员的自身科学素养也有待提高。从展教人员的学历层次来看，以本科和大专毕业生为主，更高学历的人才往往没从事科普教育，并且出于工资薪酬方面或是岗位晋升等多种原因，展教人员流动性比较大，这样不利于教育活动的延续性发展。

（二）科普展品缺乏创新性

科技馆的展品展项是场馆的灵魂，是开展科普教育活动的基础，具有参与性、互动性、可操作性的展品才能受到观众的喜爱。但就目前国内科技馆的展品而言，由于受到科技馆自身科研能力不足、展品企业对展品研发的投入产出比大等因素的影响，展品的创新研发效果不足，所以很多科技馆的展品展示形式都是大同小异，没有创新，同时一些展品过分关注外观，一味追求视觉和装饰上的效果，本末倒置，忽视了展品的科学本质，不能启发观众的好奇心，达不到科普教育的目的，所以科技馆在科普展品的创新方面可以深挖潜能。

(三) 科普教育理念有待更新

科技馆开展科普教育活动普遍都是在展厅开展讲解、科学小实验等活动，在活动中还是以传统的教育方式为主，直接把展品展示的科学知识告诉观众，缺少引领观众思考、探究的过程，没有传播展品所涉及的科学家的精神思想和科学研究历程，观众在参观的过程中只是游玩，所以科技馆的教育理念还要进一步改进。

四 科技馆开展创新科普教育的几点建议

(一) 依托科技馆科普基础设施，做好科普教育活动

1. 围绕科技馆常设展厅展品开展科学教育活动

展品是科技馆内丰富的教育资源，涵盖了基础科学、工业制造、高科技技术等内容。科技馆可发挥展品资源的优势，把一些有相关知识的展品结合成展品组，为观众进行深度讲解，并结合实验活动模拟再现科技实践的过程，营造从实践中进行探究式学习的情境，从而使观众获得"直接经验"。来馆参观的受众群体以学生为主，可以让学生互动参与进来，通过聆听、动手实践来探索科技馆里面的奥秘。

2. 结合社会热点开展临时展览科普活动

临时展览作为科技馆常设展品的内容补充，也是科技馆进行公众科普教育的重要形式之一，而且具有更新速度快和选题灵活等优点。科技馆可以紧跟社会热点举办专题展览，从科学的角度对热点话题进行深入解读，引导公众用科学知识看待一些问题[1]，并且围绕临展来开展教育活动，以保持观众对临展的新鲜感，提升临展的丰满立体度。例如，我馆根据垃圾分类的时事热点开展了《塑料狂想曲》临展，并相应开展了导览讲解和科普知识竞

答等活动，吸引了很多观众前来参观，不但满足了公众的文化需求，而且提高了科技馆的社会效益。

3. 利用科技馆特效影院开展科普活动

科技馆内的特效影院有 4D、穹幕、环幕等，与普通影院存在较大差别。具有超强特效的科普电影，有真实的视觉、听觉以及触觉效果，在内容上更多表现为自然和科学。在长期的影院运营过程中，如果只是单纯地放映电影，根本无法发挥科技馆科普教育的功能，可以组织观众来了解、学习特效影院的播放知识，并且根据影片的内容适时开展科普教育活动，揭开特效影院"神秘的面纱"，以实现科技馆科普教育功能的深度开发。目前我馆已经在影院开展了系列科普教育活动，相关特效影片包含天文、光学、植物学方面的科普知识，包括手工制作、课堂讲解等活动，这些科普活动的开展又为观众了解科普知识提供了新渠道。

4. 加大流动科技馆投入力度，促进基层科普发展

流动科技馆是主要通过科普大篷车和车载展品等科普资源，为基层地区（特别是贫困、边远地区）的学校、社区、农村提供科普服务的公益性流动科普设施。其在通过流动展品、流动穹幕影院为基层群众提供基本的科普服务的同时，把科普扶贫下乡工作带动起来，把科普实验剧、科普课堂和小实验都一起送入基层，开展了全方位、多层次的科普服务。

（二）开展丰富多彩的科普活动

1. 结合一些重大纪念日和历史事件开展形式多样的科普活动

人民的物质生活水平提高后，对精神文化上的追求更丰富了，节假日去科技馆参观的游客也在逐年增加。科技馆可以在展厅内结合展品把历史事件与知识脉络串联起来，开展主题讲解、科学实验演示、科普剧放映等科普教育活动；在节假日开展亲子活动和科普角色互换等系列活动，这样不仅可以倡导积极向上的先进文化和科学、健康、文明的文化活动，还可以在寓教于乐中传播科学知识，帮助观众理解展览或展品的科学内涵。例如，我馆目前已在航空、交通、防灾减灾等大型活动日适时推出系列科普教育活动，并且

在儿童馆推出了"空气炮""小小建筑师"等系列亲子活动。

2. 结合新课标深化开展科技大赛

科技馆应根据教育部颁布的《科学课程标准》所规定的教学目标，在现有展览演示的基础上，与教育局、学校等单位合作，积极开展多项科技大赛活动，通过组织青少年参加比赛活动，如青少年机器人大赛、创新大赛等活动，为培养青少年的科学态度和综合实践能力、提升青少年的科学素质提供更多的机会。

3. 依托"馆校合作"深入做好科学教育工作

科技馆的主要目标群体是中小学生，而"馆校合作"也是主要针对在校学生的，与科技馆提高青少年的科学素质的目标相契合。"科技馆进校园"是由中央文明办、教育部、中国科协2006年共同倡导的一项重要工作，"馆校合作"开展十多年来通过"请进来、走出去"等形式取得了一定的成效。但是其也存在一些问题，如在热闹的合作参观之后没有进行评估与反馈工作。科技馆要对"馆校合作"科学教育活动进行总结和分析，对于活动中出现的问题都查清楚，找到解决的方法，并与学校的科技老师密切沟通，以"馆校合作"的持续开展为共同目标，围绕展品和科学课程策划系列科普活动，把科普教育活动长期有效地开展下去。

（三）借助数字化发展开拓科学教育的新渠道

随着科技的不断进步及大数据时代的到来，数字化和信息化已给人民的生活带来了多方面的改变。科技馆作为普及科学技术知识的基地，从传统的科普教育转向多元化的数字化科普教育，通过科技馆的官网、微信公众号数字平台，把科技馆的实体展品通过虚拟现实技术、特种视效技术、4D技术等生动形象地展现在网络上，使更多的人足不出户便可以云游科技馆。将科普教育通过互联网进行拓展，有助于科学知识的进一步普及，知识的传播效率将有很大的提升，范围将扩大，对民众科学素养的提升有良好的促进作用。

（四）创新科技展品设计，为科普教育夯实基础

展品是科技馆展览的基础，科普活动都是围绕展品开展，展品有着举足轻重的作用，所以在科技馆的更新改造和建设中都要努力研发创新展品，避免出现"新瓶装旧酒"的状况，要以工匠精神来探索和思考。在展品的创新方面，可从参与互动、视觉、听觉、触觉等多角度出发，融入科学元素，进一步展示展品所表达的科学内容。从展品的布展到创新都要进行科学的设计，一个展区有一个特定的主题，展示的内容围绕主题展开，展品的设计围绕内容发展的线索进行，展品与展品之间有明确的关联，通过成系列的展品来传播一种科学知识、表达一种科学思想或一种科学方法。[2]这样可以明确参观主题思想，为今后科普教育活动的开展做好前期准备工作。

（五）加强科普人才队伍的建设

随着科普场馆建设的步伐加快和科普教育活动形式的多样化，科技馆的人才队伍素质已经远远满足不了公众的科普需求和科技馆事业的需要。《国家科普能力发展报告（2006～2016）》指出，截至2016年，我国科普专职人员达到22.2万人，比2006年增长10.8%，但科普专职人才仍然紧缺。[3]科技馆要对开展科普活动的科学教师开展多种形式的培训活动，以赛代练，加强其业务学习；引进具有策划、组织能力的有科学教育背景的高学历人才，全面提升科普教师的科学素质和业务水平，并且要建立有效机制和实施相应的激励措施，保障科技馆科普教师人才队伍的稳定性，激发科普教师的工作热情，有计划地建设一支高素质的科技馆管理型、研究型、开拓型专业人才队伍。

五　结语

科技馆作为科普教育基地，在提升公众科学文化素养和促进精神文化建

设方面发挥着重要作用。科技馆通过对科普教育活动形式的创新和改进，给公众的文化生活带来丰富的科学体验，有助于科学普及和提升公众科学素养。

参考文献

［1］邱洁萍：《浅析如何开展科技馆临时展览的相关教育活动》，论文联盟。

［2］黄凯：《工匠精神与科技馆展品设计的创新实践——以"力与旋律"展项的概念设计为例》，《科学教育与博物馆》2015 年第 3 期，第 162～165 页。

［3］王康友主编《国家科普能力发展报告（2006～2016）》，社会科学文献出版社，2017，第 32 页。

应急科普展览模式研究

——以广东科学中心新冠肺炎主题科普展览为例

张　娜*

（广东科学中心，广州 510006）

摘　要： 本文以新冠肺炎主题展览的策展为考察对象，探索科技馆在应对当下热点现象进行策展时的响应策略，开拓科技馆展览思考现在的策展形式，提出应对现在进行时内容题材的展项进阶模式，分别对应科学传播的公众接受科学、公众理解科学、公众参与科学三种形态，在此基础上提出下一阶段的展项策展模式应为寄身性和思辨性展览，并提出与之相对应的公众与展项之间的互构范式，对提升科技馆展览的时效性做出了基于实证的模式分析，丰富了应急科普的形式，对应急科普展项媒介矩阵平台研发机制进行了有益的探索。

关键词： 应急科普　科技馆　科学传播　新冠肺炎疫情　展示模式

---

* 张娜（1986~），女，朝鲜族，北京人，广东科学中心副研究员，博士，主要研究方向为科技文化与叙事。

On Emergency Science Popularization Exhibition Model

—Case Study of Guangdong Science Center's COVID – 19 Thematic Exhibitions

Zhang Na

(*Guangdong Science Center*, *Guangzhou 510006*)

Abstract：Targets at COVID – 19 themed exhibitions in sci-tech museums as a means to explore the sci-tech museums' reactive strategy to present tensed issues, so as to develop the exhibiting model for sci-tech museums' present tensed theme exhibitions. The exhibiting models include tutorial, visual and embodied, correspond to science communication's public reception of science, public understanding of science, and public participation science modes. Furthermore, exhibiting model in next phrase is put forward, i. e. embedded and philosophical exhibition corresponding to public construction of science mode. To improve sci-tech museum exhibitions' time-effectiveness, empirical based model analysis is made to enrich the form of emergency science popularization, exploration of emergency science popularization exhibition media matrix platform's R&D mechanism is thereby fruitfully explored.

Keywords：Emergency Science Popularization；Science and Technology Museum；Science Communication；COVID – 19；Exhibiting Model

一 引言

新冠肺炎疫情牵动亿万人民的心，在疫情防控过程中，应急科普在宣传疫情防控政策、普及疫情防控科学知识、传播正确应对措施、增强人民群众防控意识、提高人民群众的防控能力、增强打赢疫情防控阻击战信心方面发挥了极为重要的作用。作为致力于提高社会公众应对社会突发事件及处置自然灾害的能力而开展的相关科学技术普及、传播和教育，应急科普近年来受到了国家的高度重视。2017 年科技部、中宣部联合制定的《"十三五"国家科普和创新文化建设规划》就专门强调了应急科普能力建设问题，要求各级政府针对环境污染、重大灾害、气候变化、食品安全、传染病、重大公众安全等群众关注的社会热点问题和突发事件，及时解读，释疑解惑，做好舆论引导工作。[1]

与此同时，应急科普主体和平台的权威性及时效性依然欠缺。公众的科学素养仍有待提高。应急科普的参与主体一般包括政府、科学共同体、各类媒介和公众。[2]在应急状态下，科技馆也可以成为科普应急平台，负责社会热点科学议题的研判与会商，联络协调智库专家开展应急科普供给，并以专题展览的形式将应急科普纳入常态化轨道。以科学传播与普及为己任的科技馆，在应急状态下，应主动作为，勇担应急科普的重任，避免应急科普的碎片化和分散性，形成合力，汇聚科普内容资源，寻求解决当代社会问题和社会冲突的创造性方法，讨论和缓解全球性问题，积极应对当前社会面临的挑战，提供一个让地方性的需求和意见转换到全球语境的平台。针对公共突发事件，提倡构建包括临展、常设展在内的科普展览传播矩阵，通过展项互动，把科学、专业、深奥的内容，以观众喜闻乐见的方式传播给更多的人，开展基于展览的疾病文化构建与传播，使公众科普需求的表达与科普服务有效对接，以科学防疫内容为核心叙事，让观众参与新冠科学，并在科学传播过程中逐步提高全民健康科学素养。

疫情防控期间，广东科学中心充分利用线上线下的科普资源，发挥展项媒介矩阵的平台作用，开展系列应急科普，筑起科普抗疫防线，助力打赢疫情防控的总体战、阻击战。按照响应时间划分，可将科技馆新冠肺炎主题展览的研发大致分为三个阶段——以图文、实物为主要形式的宣教式展览；以布展、模型为主要形式的视觉式展览；以场景、装置为主要形式的互动式、即身性展览。同时提出迈向的第四阶段应是以剧场、动态雕塑为主要形式的沉浸式、寄身性、思辨性展览的构想，及传染病/病毒主题常设展项化的设想。

二　以图文、实物为主要形式的宣教式展览

应急科普是针对突发事件，根据公众关注的热点问题所开展的公众科

普，其关键是第一时间用通俗的语言发出科学之声，从而消除恐慌[3]，是各级党政机构、媒体等对科普对象的特点以及对广大民众情绪的认知和对舆论的把握[4]。应急科普受突发事件驱动，是一种在应急语境下开展的非常态科普活动。[5]以政策普及为主要内容的图文版式应急科普主题展可以对当下正在发生的事件以展览形式做出第一时间的快速响应。

为更好地向广大公众特别是青少年学生科普广东省科技在防疫抗疫方面的创新成果和科学知识，广东科学中心推出了"广东科技支撑打赢疫情防控阻击战"主题展，以"科学防治、精准施策"为主题，以防疫抗疫科研和科普为主要内容，以文字、图片和实物为展示形式，分为"疫情防控科研攻关""科技惠企　助力复工复产""应急科普宣传行动"三个板块，展示广东省在疫情防控科技攻关方面取得的阶段性重要成果和应急科普为公众防范疫情提供的及时指引。[6]

在紧急公共卫生事件等非常规状态下，这种单向的宣教式展览依然是必要的，可以让公众迅速获取有针对性的科学知识，但这类以图文和实物为主要展示形式的展览并不是科技馆展览的常见策展手法，而是为了追踪社会热点，对公众关切的问题第一时间做出快速反应的应急之策，展示形式较为单一，对观众的吸引力较低，科学传播的效果不高，适用于政策宣传类主题的展示。展览虽然涉及广东省在疫情防控科技攻关方面的阶段性重要成果，但却没有实现科技成果的科普化展示。观众更多看到的是科技成果名称的罗列和最新抗疫科技产品的外观展示，这虽然增加了公众的抗疫信息，但由于科技成果的原理、科技产品如何使用等更多信息观众无从得知，不利于观众形成对新冠科学知识、方法、思想、精神更加深入的认知。

三　以布展、模型为主要形式的视觉式展览

应急科普虽然是一种非常态科普，但却可以借鉴科技馆常态化科普展览积累的大量科普资源中能够直接对应突发事件相关知识和技能的部分，在突发事件发生后高效地完成科普内容开发流程，及时、准确地发布具有权威

性、科学性的信息。[5]在新冠肺炎疫情应急科普的第二阶段，可以将以往关于传染病或病毒的主题展示内容和形式框架作为展览原型，在展览原型的基础上进行变形，通过布展和模型等展示形式快速响应当前疫情，研发设计出新冠肺炎主题展，借助科技馆自身的影响力积极正确地引导舆论，帮助观众在各种信息面前做出科学的判断与决策。

以病毒、细菌为主题的展览并不多见，尤其在国内，在新冠肺炎疫情暴发之前，几乎没有此类主题的科技馆展览。国外科技馆以病毒、细菌为主题的展览也并不多见。2018 年美国国家自然历史博物馆推出了"爆发：互连世界中的传染病"展览展示我们生存的星球处在前所未有的互连中，通过全球旅行、贸易、技术甚至是病毒。展览向观众介绍人类如何战胜传染病，甚至如何抑制病源爆发。观众可以在展览中探求人类、动物以及自然卫生之间的关联，深入了解不同的个案以及世界各地与传染病对抗者的故事，和流行病学家、兽医、公共卫生工作者以及普通市民一起去发现和应对不同的传染病。展览传递了"健康一体"的信息，即人类健康、动物健康和环境卫生是紧密关联的理念。[7]2017 年，美国疾病控制与预防中心推出了"埃博拉：人 + 公共卫生 + 政治愿景"展览，对 2014～2016 年西非、美国和世界各地的历史性流行病进行了观察，展览包括文物、第一人称音频、创新的健康交流材料和纪录片、照片，以对疾病控制与预防中心及其合作伙伴的"经验教训"进行内省式考察，并努力建立一种公共卫生和社会基础设施，以在疾病成为国际公共卫生紧急事件之前征服埃博拉等疾病。[8]1999 年，美国国立卫生研究院和辉瑞公司联合开发的"微生物：看不见的入侵者，神奇的盟友"巡展在穿越微生物的隐秘世界进行互动之旅，揭开从维持地球生命的生物到威胁我们健康甚至生存的生物的微观世界的神秘面纱，让人们在交互式展览中体验前所未见的微生物世界。[9]香港医学博物馆——非典型性肺炎展览，展示了 2003 年 SARS 时期的包括爆发、国际合作以查明引发 SARS 的元凶和抗疫英雄；香港的科研人员如何率先辨认出 SARS 病毒，并调查社区爆发的原因；短期和长期的影响和教训；如何避免 SARS 再次爆发四个部分[10]，开启了国内对于应急科普展览的建设实践。

　　而近年来更加受到国内科技馆关注的病毒/细菌主题展览原型是"超级细菌：为我们的生命而战"展览，该展览由英国博物馆策划，辉瑞公司、日本盐野义制药株式会社资助，英国研究与创新署、东英吉利大学支持，于2017年11月开始在英国伦敦博物馆展出，同名中国巡展由广东科学中心联合英国科学博物馆集团共同策划研发，英国惠康基金支持，2019年7月首站在广东科学中心开幕。展览旨在探索人类对抗生素耐药性这一全球性威胁的应对措施，加深公众对超级细菌及其耐药性的认识和理解。展览分为微观视野、人类视野、全球视野三个部分，展示超级细菌的抗生素耐药性的生成、延续与影响，呼吁全球社会公众在自身层面上采取行动，齐心协力抗击超级细菌，保护人类健康的未来。[11]

　　广东科学中心结合疫情和公众科普需求，自主研发了"病毒——人类的敌人还是朋友？"科普主题展览，视角上延续了"超级细菌"微观、人类、宏观的分区布局，从微观到宏观，阐释病毒的相关科学概念、病毒的防治方法和中国抗击新冠病毒的故事。第一部分"病毒的自白"以第一人称的视角展开微观世界的展项叙事，以病毒的口吻展开"病毒"这位亦敌亦友的"他者"的自叙事。第二部分"病毒和人类的演化博弈"包含个体人类视角和宏观世界视角，讲述人类与病毒旷日持久的演化博弈。第三部分"我们的未来"将时空设置在未来，视角也超越了人类视角，衍化为后人类视角，倡导一种人与动物之间的和谐生态观。

　　在展示形式上，以图文、视频、小型互动展品、实物（标本、模型）、漫画等为主，现场展出包括中华菊头蝠、果子狸标本，以及多种病毒、细胞模型、检测试剂等实物展项。[12]展览布设以展墙为主，通过明快的展墙色彩吸引观众前来观展，展墙内嵌多媒体视频设备、模型、多材质展板。这种展墙的设置与绿色家园展厅的"绿色危机"板块更新改造展项的思路风格相仿，突破了图文版的"图文"藩篱，打造多介质融合的叙事墙。展墙不再仅是图文载体，而成为展项叙事的重要组成部分，打破了展墙作为第二图文版的传统设计模式。除文字、数据、图片外，更将实时视频、标本实物等媒介纳入了背景墙中，甚至将一些展项直接植入墙体，展墙也由此被赋予了更强的叙事能力，带给观众更多多元化的信息。

四　以场景、装置为主要形式的即身性展览

在新冠肺炎疫情应急科普的第三阶段，可在历时性和共时性两个维度下延伸新冠主题框架，以创意为核心，以互动为手段，开发科技馆互动式展览，构建病毒科技文化，并加以传播。广东科学中心"战疫——抗击新冠病毒专题展"是全国首个互动体验型新冠专题展览。整个展览内容层层递进，全方位展示了病毒的知识与危害、新冠疫情的发展与影响、全民抗"疫"的感人事迹、科学防治以及科技在抗"疫"中的支撑作用，并期望通过疫情警示引起社会反思与进步。

展览设置"病毒来袭"、"共克时艰"、"科学防治"和"'疫'情警示"四个分区。新冠病毒长什么样？病毒有多小？冠状病毒家族成员有多少？新冠病毒可能从哪里来？……"病毒来袭"展区通过提出问题的形式，让公众通过互动体验，系统学习新冠病毒的基本知识、传播途径以及了解历史上大瘟疫的情况。"共克时艰"展区通过讲故事的方式，和公众一起回顾那段波澜壮阔的时光，讲述了一个个医务人员和基层工作者感人的事迹。"科学防治"展区从科学防控、诊治利器、科技攻坚三个层面普及新冠肺炎的科学防护、科学诊断和治疗方法，让公众了解科技在这场抗"疫"中的支撑作用，坚定通过科技创新攻坚克难的决心。"'疫'情警示"展区则通过系列互动展项，让公众学习了解人、野生动物和传染病之间的关系，并反思我们人类的不足，以及保持自然生态平衡的重要性。

在展览设计上首次大面积采用非接触互动方式，所有按键型互动装置均设计为感应启动，公众无须触碰按键，将手悬空在感应按键上方稍作停留即可启动，人性化设计减少了公众与展项之间非必要的手部接触，降低了公共场所的传染风险，保障了观展公众的健康与安全。有别于以静态图文为主的

展览，该展览运用了机电互动、体感互动、新媒体交互等展示技术，结合具有视觉冲击性的氛围，营造出沉浸式体验环境，并以"方舱医院"为概念原型进行布展设计，通过采用模块化展架和通透材质图文，组合堆叠，模拟营造"方舱医院"氛围，使公众在观展时，宛如置身方舱，激起情感共鸣。[13]

五　以剧场、动态雕塑为主要形式的寄身性展览

广东科学中心探索了应急科普主题展览研发的"三部曲"路径，开发了三个抗疫展览，分层次、分阶段在疫情蔓延的不同时期推出了不同的新冠病毒主题展，让公众参与新冠科学，在疫情防控中提升了公众健康素养，增强了公众的抗疫信心，在国内外科技馆行业中做出了很好的示范。本文总结了广东科学中心在应对新冠疫情中进行展项开发的不同阶段的策展模式，认为广东科学中心研发的三个新冠科普展览分别呈现了历史上与科学传播缺失模型（Deficit Model）、语境模型（Contextual Model）、民主模型（Democratic Model）相对应的三种科学传播形态[14]：宣教式展览体现了公众接受科学（Public Reception of Science）形态，视觉式展览体现了公众理解科学（Public Understanding of Science）形态，交互式展览体现了公众参与科学（Public Participation of Science）形态，并认为按照展览进阶度，策展模式不应止步于此，而应向更高阶的思辨性展览演化，即主题上更加倾向于科技哲学的批判式思考，在展示方式上采用即身性和寄身性的交互式展示形式，以实现公众与科学之间动态互构的新型科学传播模式，即以剧场、动态雕塑等为主要形式的寄身性展览，同时在观众体验层面而言，以感知、体验为主要形式的思辨性展览，实现科学思想的探究化和体悟化，以及科学精神的场景化与艺术化。

四种策展模式对观众的吸引力、观众满意度、科学传播模式、科学传播效果和研发周期的比较分析见表1。

表 1 应急科普展览模式及特点分析

展览进度	策展特征	展示形式	对观众的吸引力	观众满意度	科学传播模式	科学传播效果	研发周期
第一阶段	宣教式	图文、实物	较低	较低	公众接受科学	较低	较短
第二阶段	视觉式	布展、模型	一般	一般	公众理解科学	一般	中等
第三阶段	即身性	场景、装置	较高	较高	公众参与科学	较高	较长
第四阶段	寄身性	剧场、动态雕塑	最高	最高	公众互构科学	最高	最长

值得注意的是，目前国内没有相关主题的常设展厅，广东科学中心虽然在新建成的广东省食品药品科普体验馆的某些互动展项中加入了新冠内容，比如照方抓药中加入了"肺炎一号"配方，但仍未作为常设展馆内容对病毒主题进行开发。如何将病毒/细菌展览常态化，是值得科技馆策展人继续思考的。在这方面的先驱是荷兰阿姆斯特丹的微生物博物馆（Micropia），该馆于2014年对外开放，是世界上第一个微生物主题的博物馆，致力于建立微生物学的国际平台，将不同的群体聚集在一起，弥合科学与公众之间的鸿沟，鼓励公众与微生物之间建立更积极的关系，促进对"微自然"进行更多的研究。展览关注微生物在日常生活中的存在，既包括活微生物，又包括微生物的虚拟展示。该馆将生物和虚拟微生物结合，展示了活的微生物，并且具有媒体扩展功能，使用电影、图片和文字来深入了解微生物与人类的外观、行为之间的各种关系。[15]微生物博物馆策展的即身性和寄身性科学传播是值得国内科技馆在将病毒/细菌主题展览常态化，即开发该主题的常设展览/展厅/展馆过程中学习的。

六 结论

需要指出，四种展览模式并不存在优劣之分，而是具备各自的特点与适用情境，四种展览模式的并置与共存本身就具有重要的意义：基础地"接受科学"、普遍地"理解科学"、广泛地"参与科学"，加上积极地"建构科学"，将营造出有助于普遍尊重科学、崇尚创造的科技文化土壤，公众与科学之间的距离不断拉近，从旁观到涉入、介入，进而走向融合。思辨性展览的研发周期较长，需要科学共同体的深入参与（在主题架构上需要科技哲学方面专家的介入，在展项设计上需要机电工程人员的参加等），其对观众的吸引力强，观众满意度理想，科学传播效果好，值得科技馆将其作为常设展览进行研发，更为深入地思考疫情现象背后的科技哲学内涵，更为综合地建构并传播疾病/病毒文化。

正如历史学家贾雷德·戴蒙德所言，人类社会的差异来自被各种不同正回馈循环强力扩大的环境差异。[16] 每一次疫情，对于人类而言都是一次机遇，正回馈可以促进整个社会乃至人类文明的发展。新冠肺炎疫情给全球科技馆行业带来了一次冲击，国内外科技馆纷纷闭馆，在闭馆期间，大部分科技馆选择不再开发新展览，而采用线上虚拟的方式开发科普活动、课程，只有少数科技馆采取了更加积极的应对措施，肩负传播新冠科学的重任，在短时间内开发多个新冠主题展，促成了社会应对疫情挑战的正回馈循环，不仅为科技馆应急科普展览的研发提供了实证案例，更为人类社会战胜疫情、疫情防控常态化时期的平稳过渡提供了科学传播层面的有力保障。在疫情防控常态化时期，科技馆应回顾过去，立足当下，展望未来，实现第四阶段病毒主题思辨性常设展览/展厅/展馆的开发。展项作为实物媒介，将时空压缩，展示给观众；在媒介时空观下，人塑造了媒介，媒介也塑造着人[17]，人与媒介之间存在着互构与解构的多重关系。每次疫情都让病毒/细菌等微生物甚至动植物等非人类的"他者"更加深刻而广泛地对人类社会构成影响，促使人类反思自我与自然的关系。科技馆应更加积极地开展人类与非人类（包括机器、动植物、微生物等）之间的共生、共情、共病、共死的后人文主义展项叙事。

参考文献

［1］《"十三五"国家科普与创新文化建设规划》，2017 年 5 月 28 日，搜狐网，

https：//www.sohu.com/a/144237803_ 160257。

［2］王明、杨家英、郑念：《关于健全国家应急科普机制的思考和建议》，《中国应急管理》2019 年第 8 期，第 38 ~ 39 页。

［3］石国进：《应急条件下的科学传播机制探究》，《中国科技论坛》2009 年第 2 期，第 93 ~ 97 页。

［4］童兵：《"互联网 +" 环境下政府应急传播体系再造》，《当代传播》2017 年第 2 期，第 4 ~ 9 页。

［5］周荣庭、柏江竹：《新冠肺炎疫情下科技馆线上应急科普路径设计——以中国科技馆为例》，《科普研究》2020 年第 1 期，第 91 ~ 98 + 110 页。

［6］《广东科技支撑打赢疫情防控阻击战主题展》，2020 年 7 月 15 日，http：//www.gdsc.cn/kxzxsy/lz/202004/t20200409_ 21053.html。

［7］"Outbreak：Epidemics in a Connected World"，2020 年 7 月 15 日，Smithsonian，https：//naturalhistory.si.edu/exhibits/outbreak – epidemics – connected – world.

［8］"Ebola：People + Public Health + Political Will"，2020 年 7 月 15 日，Centers for Disease Control and Prevention，https：//www.cdc.gov/museum/exhibits/ebola.htm.

［9］"MICROBES：Invisible Invaders，Amazing Allies"，2020 年 7 月 15 日，Evergreen Exhibitions，http：//evergreenexhibitions.com/exhibits/microbes/.

［10］《香港医学博物馆 "非典型性肺炎（SARS）" 展览》，2020 年 7 月 15 日，https：//www.hkmms.org.hk/zh/event – exh/exhibitions/。

［11］《中英联合研发〈超级细菌〉巡展在广东科学中心开幕》，2019 年 7 月 4 日，http：www.gdsc.cn/dtzx/zxdt/201907/t20190705_ 20806.html。

［12］《新展｜病毒科普展览正式开放》，2020 年 5 月 15 日，http：//www.gdsc.cn/dtzx/zxdt/202005/t20200520_ 21093.html。

［13］《广东科学中心创新互动形式推出 "战疫" 科普专题新展》，2020 年 8 月 13 日，http：//www.gdsc.cn/dtzx/zxdt/202008/t20200817_ 21144.html。

［14］郭唢：《崭新科普：从理解科学走向参与科学》，《科技日报》2019 年 5 月 13 日，第 1 版。

［15］"ARTIS MICROPIA"，2020 年 7 月 15 日，https：//www.micropia.nl/en/.

［16］〔美〕贾雷德·戴蒙德（Jared Diamond）：《枪炮、病菌与钢铁——人类社会的命运》，谢延光译，上海译文出版社，2000。

［17］北大新媒体：《媒介时空观：是人塑造了场景，还是场景塑造了人?》，2018 年 3 月 16 日，搜狐网，https：//www.sohu.com/a/225734348_ 483391。

从内容叙事到传播渠道：医学科普的
传播策略探析

——以《宫颈癌和它的宿敌》为例

张 煊　王 珏　华克勤*

（复旦大学附属妇产科医院，上海 200090）

摘　要： 为了改变在新的传播生态下医学科普传播不利的局面，本研究以加强内容叙事和渠道整合为突破点，通过主人公的塑造、故事情节的设定、宫颈癌防治知识体系的重塑和诱惑性细节的设置，创作五集宫颈癌科普系列动画，并制作动画周边产品。通过精准匹配传播对象和传播渠道，确定各传播渠道投入力度，全网铺开上线后再通过网络科普讲座互动答疑、发布周边产品等进行系列动画的立体化传播，取得优异的收视效果。

关键词： 医学科普动画　科普动画创作　立体化传播

---

* 张煊，复旦大学附属妇产科医院助理研究员；王珏，复旦大学附属妇产科医院副主任医师、党委副书记；华克勤，复旦大学附属妇产科医院主任医师、教授、党委书记。

From Content Narration to Communication Channel: Analysis on Communication Strategy of Medical Science Popularization

—Take "Cervical Cancer and Its Old Enemy" as an Example

Zhang Xuan, Wang Jue and Hua Keqin

(*Obstetrics and Gynecology Hospital of Fudan University, Shanghai 200090*)

Abstract: In order to change the unfavorable situation of medical science popularization in the new communication ecology, this study focuses on strengthening the content narration and channel integration, and produced animation peripheral products through the shaping of the protagonist, the setting of the story, the remodeling of the knowledge system of cervical cancer prevention and control, and the setting of seductive details, and accurate matching of communication objects and communication channels, the investment intensity of each communication channel is determined. After the whole network is put into operation, through the interactive Q & A of network popular science lectures and the release of peripheral products, the series of animation was spread in three-dimensional way, which achieved excellent viewing effect.

Keywords: Medical Science Popularization Animation; Popular Science Animation Creation; Three-dimensional Spread

科普是科学普及的简称[1]，医学科普即指将专业、深奥的医学科学知识向人民群众进行传播和普及。由于医学具有专业性、严谨性和复杂性，在进行科普的过程中往往存在难以理解、难以形成"知信行"转化、难以规模化传播等问题。动画是把人、物的表情、动作、变化等分段画成许多画幅，运用逐格的方法拍摄，再通过连续放映而形成的活动影像。[2]长期以来，动画以其生动的形象、通俗的语言和轻松的展现方式深受大众的喜爱。在全媒体时代，传播内容、渠道日益丰富，如何利用动画这一形式更好地向大众传播和普及专业的医学知识，并在全媒体中寻找到最佳传播路径和渠道，扩大科普覆盖面并提升科普效果是值得思考和研究的问题。本文以《宫颈癌和它的宿敌》5 集系列科普动画为例，围绕其创作实践和传播策略，对全媒体环境下医学科普动画的作用和传播进行了探索。

一 新的传播生态与医学科普的传播困境

（一）传播生态的重构让"个人"被激活

全媒体时代，技术的革新不断改变着原有的传播生态，原有的以机构为单位打造的媒介生态被以个人为单位的媒介生态逐步取代，既往单向的、不对称的、局域式的传播生态格局被打破，传统媒体的社会议程设置权与社会话语表达权已日渐式微，曾经依靠传统媒体进行医学科普传播的模式陷入困境。同时，以个人为基本单位的传播能量被激活，集中表现为个人操控社会传播资源的能力被激活、个人湮没的信息需求与偏好被激活、个人闲置的各类微资源被激活。[3] 在新的传播生态中，医学科普传播如何适应这一新的传播生态是亟须解决的问题。

（二）医学科普知识"不普及"，个人传播的节点变成终点

在新的传播生态中，每个人都可以自由分享，每个人都成为一个信息节点，保证信息节点的通畅是传播的前提。但医学是一门具有高度专业性的学科，其知识涉及生理、病理的发生发展，涉及预防、筛查、诊断、治疗各个方面，对大众来说属于非常识性内容，往往难以理解。以医学动画为例，若将医学知识照本宣科，那仅仅是将呈现形式从文字变成动画，依然无法解决医学专业性和科学普及性之间的矛盾。在传统的传播生态中，由于信息传播路径是由点到面，所以当大众中的个体对医学知识无法理解时，只会造成单条线路的科普失效，而不会造成对其他人科普的影响。但在新的传播生态中，个人的不理解不光会造成对其本身的科普失效，还会导致"传播的节点"变成"传播的终点"，阻断继续传播的可能，使医学科普的传播陷入局限和低效的困境。

（三）医学科普"不匹配"，内容与传播渠道错位

从健康状态的角度来看，人群可简单分为"健康人群"和"患病人群"；从生命周期的角度看，人一生经历幼年期、童年期、青春期、中年期和老年期等，每个时期重点防治的疾病种类也有所不同。科普的对象是人，因此科普内容需要根据人的需求做出变化。首先，人在不同状态下所需求且所关注的科普知识有很大的不同；其次，不同受教育程度和科学素养水平的人群所能接受或偏好的科普内容和形式也有所不同。而对于媒体来说，不同的传播渠道都有其自身的风格和传播规律，没有绝对的"优"与"劣"，但目前医学科普的传播较少根据特定媒介的传播特点进行，如很多电视节目中的医学科普只是把医学书上的知识再读一遍，一些新媒体的医学科普只是报刊等纸媒上科普的"复制粘贴"等，这些"科普内容"与"科普渠道"没有精准匹配医学科普教育，在内容上追求"大而全"，试图用一篇科普将一种疾病的所有内容面向所有对象讲清楚，并未以医学科普内容与对象的需求为标准进行精准化管理和编辑，从而无法满足个人的需求和偏好，造成科普推广的效率降低，"知信行"的转化不足。

二 内容叙事：打造形象吸引和故事吸引两个抓手

（一）形象吸引

动画人物，顾名思义，就是指动画片中出现的各类角色的统称。角色的形象设计往往是一部动画作品的关键所在，在大众的认可程度、传播效果、知识传递等方面都起着不可替代的作用。[4]《宫颈癌和它的宿敌》共创作了3个动画人物，设计了4个动画形象，并分别进行了一定的性格塑造以增强动画人物的人格魅力。

1. 医生人物的塑造

动画主人公以复旦大学附属妇产科医院华克勤医生为原型，并创造了"天使"和"医生"两种形象（见图1）。华克勤医生是我国妇产科知名专家，在宫颈癌的精准微创治疗和生殖内分泌功能保护性治疗上有深厚造诣，同时她长期致力于医学科普的宣传和传播，并有良好的观众基础。这一原型使该动画人物具有专业性、权威性和亲和力。医生也被称为"白衣天使"，因此无论是"天使"形象，还是"医生"形象，都符合社会上对医生救死扶伤的期待，两个形象互相加持，进一步增强动画人物对观众的说服力。

图1　以华克勤教授为原型创作的动画主人公 DR. HUA "天使"和"医生"两种形象

2. 宫颈癌和 HPV 病毒的人物塑造

动画将宫颈癌和 HPV 病毒拟人化，分别创造"大恶魔"和"小恶魔"两个形象（见图2）。同时，将对人体健康危害最大，引起七成左右宫颈癌的 HPV16 和 HPV18 两种亚型的病毒设计成蓝色和黄色小恶魔，并在其身体上标注 16 和 18，区别于代表其他 HPV 亚型病毒的紫色小恶魔。将医学知识"高危型 HPV 病毒的持续感染是宫颈癌发生的明确病因"，通过"小恶魔" HPV 病毒先入侵人体，在满足一定条件后"大恶魔"宫颈癌就可以应召而来。这两个人物的出场设定，形象地展现了医学上宫颈癌的病因，帮助观众更好地理解宫颈癌疾病的发生发展。

图 2　宫颈癌和 HPV 病毒拟人化后"大恶魔"和"小恶魔"两个形象

3. 人物周边产品的定制

动漫周边是以动漫中的具体形象与故事情节为载体而制作的各类动漫衍生产品。[5] 与动画作品本身契合的周边产品是对动画作品进一步的传播推广，可以实现更深远的科普教育意义。在实物周边方面，在兼顾实用、美观和具有科普意义的原则下，选择并设计伞、U 盘、颈枕、便利贴等周边产品，并在产品上印制了宫颈癌科普小知识和动画人物形象。在虚拟周边方面，结合时下较为流行的微信"表情包"，制作并上线以动画人物为原型设计的微信表情包，包含时下热门的"哭笑""吐血""赞"等微信表情，更有"天使手持 HPV 疫苗武器扫射 HPV 小恶魔"等动画中的经典场景，兼具趣味性、科学性和社交性（见图 3）。结合时下较为热门的"挑战答题"，制作并上线包含系列科普动画中所有宫颈癌知识点的挑战答题微信小程序，包含"单人挑战"和"好友挑战"两种模式，并可查看排行榜。这样既增加了观看科普动画后巩固知识的途径，也增加了科普的趣味性和可玩性。

图3　微信表情包下载页截屏

（二）故事吸引

1. 剧情的塑造

在科普动画中，往往存在知识呈现与叙事推进的矛盾性，此时故事情节的设定至关重要。[6]为了解决这一问题，五集科普系列动画分别在每一集中设计了贯穿全集且有吸引力的剧情（见表1）。

表1　《宫颈癌和它的宿敌》系列科普动画主要情节

集数	片名	主要情节
1	抗癌天使与宫颈癌魔王	宫颈癌魔王带领麾下HPV小恶魔军团肆虐人间，天使为与军团对抗，化身华医生，在医院以一名专业医生的身份守护女性健康
2	HPV小恶魔——宫颈癌恶魔先锋军团	人类对HPV小恶魔束手无策，天使及其盟友发明并使用HPV疫苗与之对抗

续表

集数	片名	主要情节
3	宫颈筛查三阶梯	HPV 小恶魔和宫颈癌魔王向女性宫颈发动层层进攻,天使及其盟友不断使用各种先进"武器"与之对抗
4	宫颈癌魔王出现的前奏	HPV 小恶魔策反女性宫颈上的细胞,有的细胞不为所动,有的细胞变坏,HPV 小恶魔趁机召唤出宫颈癌魔王
5	天使与恶魔的宿命对决	宫颈癌魔王使出大招,在一名孕妇身上附身。面对棘手的妊娠合并宫颈癌,天使与其盟友用多科会诊的形式展开讨论,最终帮助孕妇转危为安

2. 宫颈癌防治知识体系的建构

在医学教学中,疾病常常被分为病因、临床表现、诊断方法、治疗等内容进行叙述,虽然严谨,但对于普通人来说,既无掌握所有医学知识的必要,也无理解专业和晦涩医学内容的能力。作为医学科普动画,其知识点需要紧紧围绕疾病展开,又必须打破既有的医学教学叙事架构。《宫颈癌和它的宿敌》动画对每集的科普内容和知识点进行了重构,根据知识的特点和大众对宫颈癌关注的热点和重点,对知识进行分解、整理、归纳、提炼并重新组合,最终形成能够系统展现宫颈癌知识的五集系列科普动画(见表2)。

表2 《宫颈癌和它的宿敌》系列科普动画主要内容与知识点

集数	片名	主要内容	知识点
1	抗癌天使与宫颈癌魔王	宫颈癌的概述	宫颈癌的发病率、死亡率;高危因素;病因;病程;筛查手段
2	HPV 小恶魔——宫颈癌恶魔先锋军团	宫颈癌的预防	HPV 病毒的类别;传播途径;感染 HPV 病毒后的应对;HPV 疫苗;筛查手段
3	宫颈筛查三阶梯	宫颈癌的筛查	第一阶梯:宫颈细胞学检查、HPV 检查;第二阶梯:阴道镜检查、醋酸白实验、活检、搔刮;第三阶梯:手术、化疗、放疗、结合疗法
4	宫颈癌魔王出现的前奏	宫颈鳞状上皮内病变	宫颈低级别鳞状上皮内病变;宫颈高级别鳞状上皮内病变;宫颈癌的癌前病变的症状、病程、治疗方式
5	天使与恶魔的宿命对决	宫颈癌的治疗	宫颈癌的常规治疗;宫颈癌的保育治疗;宫颈癌 MDT 会诊

3. 动画中诱惑性细节的设计

学者迈耶（R. E. Mayer）将诱惑性细节定义为有趣但与教学目标没有必要关系的内容。[7]有研究证实，与科普目标低度相关的诱惑性细节反而有利于科普目标的实现，情境兴趣在诱惑性细节与科普目标实现中起中介作用，可以提升观众记忆量和学习动机。[8]《宫颈癌和它的宿敌》在创作中为每一集都设计了若干个与科普目标低度相关的诱惑性细节。如第 1 集中设计一对青年男女走入"假日酒店"的场景；第 3 集中有以热门的塔防类游戏设计的"三座城墙"；第 5 集中设计"天使"从天而降安慰一名妊娠合并宫颈癌孕妇的场景，以及宫颈癌魔王多次行动被华天使击退后的委屈表现等。这些细节的设计对宫颈癌知识点的科普并无必要，但却能额外增加观众的情境兴趣，提升科普知识传递的有效性。

三 渠道拓展：优化渠道矩阵推动多元触达

医学科普并不像社会新闻那样具备与人群普遍相关的属性，尤其具体到某一疾病的医学科普，对该科普内容有需要或感兴趣的人群更少。为了在人力、精力和财力均有限的情况下获得最佳科普效果，该科普系列动画的传播创新性地进行精准科普的实践和实施媒体立体化传播策略，通过优化渠道矩阵推动多元触达。

（一）精准匹配目标人群和渠道，确定传播投入力度

首先，考虑媒体是否能播放动画。由于以动画为载体的科普无法直接在广播和纸质媒体中发布和刊登，因此在常见的医学类科普媒体平台中，筛选出"微博""视频类网站""短视频 App 平台"等几个可以播放视频，即媒体与动画形式契合度较高的渠道。其次，考虑科普的重点传播人群聚集于哪些媒体平台。宫颈癌的高危人群和已经有前驱病变的患者是宫颈癌科普的目标人群，因此将"青少年女性"、"育龄期女性"和"宫颈相关疾病患者"列为需要重点传播的人群，将无宫颈癌患病风险的男性和

因较少性生活而患宫颈癌风险降低的老年女性列为非重点人群。郭庆光认为，受众并非同质的孤立个人的集合，而是具备了社会多样性的人群，在大众传播面前，受众会主动进行媒介接触和内容选择。[9] 这意味着，每一个媒体平台都聚集了相对固定的具有某些相同特性的受众人群。以"媒体的受众"与"传播对象"的契合度作为考量，认为重点传播人群中的"青少年女性"与"微博""视频类网站""短视频 App 平台""医院官方微信"最为契合，"育龄期女性"与"微博""视频类网站""医院官方微信"最为契合，"宫颈相关疾病患者"与"医院官方微信""医学界微信""微医""好大夫"等渠道最为契合。最后，综合评估"媒体与动画的契合度"和"媒体受众与传播对象的契合度"，选出"微博"、"视频类网站"、"短视频 App 平台"、"医院官方微信"和"电视台"作为传播"主战场"，列为"重点传播"的媒体渠道（见表3）。对于重点传播的渠道，调动各类资源将动画通过首页展位、大 V 互推、限时置顶等形式，予以重点推广和宣传。同时，配备一名专业医生和资深医学科普专家进行实时互动答疑和评论区维护。

（二）递进式媒体传播路径

结合先期制定的各媒体平台投入传播力度的计划，打造递进式媒体传播路径，在上海电视台五星体育频道、微博和微信平台依次开展推广。选取上海电视台五星体育频道作为首发电视平台播出。微博平台的推广紧随电视之后，通过具有丰富短视频传播经验的"梨视频"进行推广。"梨视频"在发布视频的同时，创建与当期科普动画相关的话题，引入其他微博大 V 账号的转载和参与话题讨论，持续制造话题热度，加强与观众的互动。在新浪微博上，《宫颈癌和它的宿敌》制造的话题阅读量超过 4.5 亿次，5 集视频累计播放量超过 2501.9 万次。该视频在微博上创建的话题"哪些人易患宫颈癌"于当日冲上微博热搜第 4 位。5 集动画在微博上的视频播放量和话题讨论度如表 4 所示。在微博传播具有热度后，对科普动画的内容进行整理编辑，形成利于微信传播的形式，以文字、动图和视频

表 3　媒体与动画和传播对象的契合度及对各媒体平台的传播投入力度

	新媒体				传统媒体				专业平台			社区	院内平台
	微博	视频类网站	短视频App平台	医院官方微信	电视台	广播台	报纸	杂志	医学界微信	微医	好大夫	街道讲座	门诊电视机
媒体与动画的契合度	★	★	★	☆	★	—	—	—	☆	☆	☆	—	★
媒体受众与传播对象的契合度 重点人群 青少年女性	★	★	★	★	☆	—	—	—	☆	—	—	—	—
育龄期女性	★	★	☆	★	☆	☆	☆	☆	☆	—	—	—	—
宫颈相关疾病患者	—	—	—	★	☆	☆	☆	☆	★	★	★	★	★
非重点人群 男性	★	★	★	—	☆	★	☆	☆	—	—	—	—	—
老年女性	—	—	—	★	★	—	☆	—	☆	—	—	★	☆
传播投入力度	重点传播	重点传播	重点传播	重点传播	重点传播	一般传播	一般传播	一般传播	一般传播	一般传播	一般传播	一般传播	一般传播

相结合的形式由《宫颈癌和它的宿敌》原创单位复旦大学附属妇产科医院的官方微信进行微信上的传播。最后，近几年的多项调查发现，中国人获取科普知识的渠道越来越集中于网络（包括电脑端和手机端）以及电视广播、报刊图书。[10~11] 在5集系列动画在电视、微博和微信平台都首发播完后，将《宫颈癌和它的宿敌》系列科普动画全集广泛投放于"哔哩哔哩""优酷"等视频类网站，让科普动画传播至尽可能多的人群中，进一步扩大科普覆盖面。

表 4 新浪微博视频播放量及话题数据

单位：次，人

集数	片名	微博视频播放量	微博话题	话题阅读次数	话题讨论次数	原创人数
1	抗癌天使与宫颈癌魔王	1530.7 万	#哪些人易患宫颈癌#	3.4 亿	3.2 万	2673
			#全球每 1 分钟新增 1 名宫颈癌患者#	7835.2 万	1.3 万	422
2	HPV 小恶魔——宫颈癌恶魔先锋军团	386.4 万	#5 个女性就有 1 个感染 HPV#	1065.7 万	2091	199
			#哪些人需要打宫颈癌疫苗#	569.4 万	1199	69
3	宫颈筛查三阶梯	197.1 万	#错过 HPV 疫苗接种时机怎么办#	498.5 万	966	30
			#守护宫颈健康的三道防线#	497.3 万	965	30
4	宫颈癌魔王出现的前奏	302.2 万	#宫颈癌的前兆#	558.3 万	952	50
			#癌前病变不等于癌#	199.5 万	916	38
5	天使与恶魔的宿命对决	85.5 万	#孕妇得了宫颈癌还能做母亲吗#	94.8 万	100	20

注：阅读次数：#话题#在微博平台内各个场景下被阅读的次数和。
讨论次数：#话题#参与讨论的微博量总和；微博包括原创微博和转发微博。
原创人数：#话题#发布原创微博的用户量总和；每个原创用户只计 1 次。

（三）传播过程中持续推动热度

1. 召开媒体发布会

在第 1 集播出后和第 2 集发布前，借第 1 集播出带动的热度，邀请上海电视台五星体育频道、各类报刊等传统媒体，梨视频、各微信平台等新媒体召开全媒体新闻发布会，向各大媒体介绍该科普动画的主要特点，并进行媒体间的交流。会后根据不同媒体的特点进行分类全媒体传播，由网络媒体、新媒体平台主推动画，报刊等传统媒体刊登新闻宣传稿，持续带动系列动画的热度，提升大众知晓率和关注度。

2. 科普讲座互动答疑，提升人文情怀

通过微博平台发布一期动画主人公原型华克勤医生真人录制的科普采访视频，以番外篇的形式对动画的重点和亮点进行了回顾，同时集中回答了网友对宫颈癌科普比较集中的问题，并敞开心扉回顾从医之路的感悟和心路历程，进一步升华了医学科普动画背后的人文情怀。在5集动画全部发布后，多次开展科普讲座，分别通过微信、上海广播电台《活过100岁》节目和医生站App等大众类和专业类传播渠道，针对网友们较为集中的问题和宫颈癌科普重点知识进行讲解，开展互动答疑，增加受众的信任程度和对科普内容的进一步理解，提升科普效果和促进"知信行"的转化。

3. 发布周边产品，强化科普效应

在科普动画的传播过程中，利用实物周边产品和虚拟周边产品不断与观众开展互动，以奖品、游戏对战、社交等形式不断调动观众的注意力，提升科普作品的趣味性，达到增强科普效果的目标。

四 结语

宫颈癌是常见的妇科恶性肿瘤之一，2015年我国宫颈癌发病率为16.56/10^6，位居女性恶性肿瘤第6位[12]，且呈年轻化趋势[13]，给社会和家庭带来沉重的经济负担。但事实上宫颈癌病因明确，且已经研发出多种针对病因的预防性疫苗，通过医学科普将预防和诊治的相关知识及时有效地传达给大众，降低宫颈癌的发病率和死亡率是我们希望并正努力在做的事。总体来说，《宫颈癌和它的宿敌》系列动画不论从制作方面还是传播方面都进行了积极且较为成功的尝试和探索，但我们清醒地认识到仍有进步空间，如限于动画时长，未能进一步将医学知识与剧情融合等。未来期待有更多的同行加入，思考和探索如何进一步利用动画这一生动的表现形式与其他更多领域的医学科普做更深入的融合。同时，在全媒体环境下，基于目标人群、媒体渠道和疾病阶段的精准科普传播也是大势所趋，做好分级精准医学科普和全媒体立体化传播也将为医学科普事业做出更积极的贡献。

参考文献

［1］韩明安主编《新语词大词典》，黑龙江人民出版社，1991。

［2］阮智富、郭忠新编著《现代汉语大词典》（上），上海辞书出版社，2009。

［3］喻国明、张超、李珊等：《"个人被激活"的时代：互联网逻辑下传播生态的重构——关于"互联网是一种高维媒介"观点的延伸探讨》，《现代传播（中国传媒大学学报）》2015年第5期，第1~4页。

［4］卞云：《中日动画片中人物形象设计的比较研究》，硕士学位论文，东北师范大学，2014。

［5］李亚琴：《关于动漫周边的发展潜力及其对城市经济文化的影响——以蚌埠为例》，《现代商业》2016年第25期，第53~54页。

［6］曾文娟：《科普动画叙事策略与形象塑造研究》，《科普研究》2019年第1期，第20~29+105+107页。

［7］R. E. Mayer, *Principles for Reducing Extraneous Processing in Multimedia Learning: Coherence, Signaling, Redundancy, Spatial Contiguity and Temporal Contiguity Principles* (Cambridge: University of Cambridge, 2009): 183 - 200.

［8］王爱婷：《基于诱惑性细节效应的动漫科普短视频传播效果研究》，《科普研究》2019年第4期，第41~49+112页。

［9］郭庆光：《传播学教程》，中国人民大学出版社，1999。

［10］陈雄、马宗文、董全超：《基于受众匹配性的科普知识传播渠道研究——以长三角地区为例》，《科普研究》2018年第3期，第22~28+106页。

［11］任磊、张超、何薇：《公民的科技态度正成为新时代科学文化的重要表征——2018年中国公民科学素质调查结果分析》，《科普研究》2019年第5期，第85~91+113页。

［12］孙可欣、郑荣寿、张思维等：《2015 年中国分地区恶性肿瘤发病和死亡分析》，《中国肿瘤》2019 年第 1 期，第 1~11 页。

［13］刘萍：《中国大陆 13 年宫颈癌临床流行病学大数据评价》，《中国实用妇科与产科杂志》2018 年第 1 期，第 41~45 页。

线上科普教育活动直播与录播
传播过程分析

——以武汉科学技术馆"云尚探究"活动为例

张娅菲*

（武汉科学技术馆，武汉 430000）

摘　要： 新冠肺炎疫情以来，线上科普教育成为各大科普场馆应对疫情的积极探索和有效活动展开方式。线上科普教育活动一般有直播和录播两种播出形式，不同的播出形式具有不同的特点和传播过程。本文以武汉科学技术馆五一期间推出的"云尚科普"系列线上主题科普教育活动子栏目"云尚探究"为例，通过对活动直播和录播传播过程的对比，分析线上科普教育活动直播和录播各自的优势和劣势，并据此研究优化线上科普教育活动的传播策略。

关键词： 云尚探究　网络直播　网络录播　传播过程

---

* 张娅菲，传播学硕士，武汉科学技术馆助理馆员、培训部工作人员。

Analysis on the Communication Model of Webcast and Recording and Broadcasting of Online Popular Science Education Activities

—A Case Study on the Cloud Science Inquiry Activity in Wuhan Museum of Science and Technology

Zhang Yafei

(*Wuhan Museum of Science and Technology，Wuhan 430000*)

Abstract：Since the COVID – 19, online popular science education activities have become an active exploration and effective way to carry out activities in major science popularization venues. Webcast and recorded broadcast are two general patterns of online popular science education activities, which have different characteristics and communication process. This paper takes "Cloud Science Inquiry" which is a sub column of "Cloud Popularization of Science" series of online theme popular science education activities launched by Wuhan Museum of Science and Technology during May 1 as an example, we contrast communication model of webcast and recording and broadcasting, and analyze the advantages and disadvantages of communication model. With analytics, communication strategy can be significantly optimized.

Keywords：Cloud Science Inquiry；Webcast；Recording and Broadcasting；Communication Model

一 武汉科技馆线上科普教育活动

2020 年 4 月 28 日，《第 45 次中国互联网络发展状况统计报告》出炉。报告中显示，截至 2020 年 3 月，我国在线教育用户规模达 4.23 亿，较 2018 年底增长 2.22 亿，占网民整体的 46.8%；手机在线教育用户规模达 4.2 亿，较 2018 年底增长 2.26 亿，占手机网民的 46.9%。受新冠肺炎疫情影响，全国大中小学开学推迟，教学活动改至线上，推动在线教育用户规模快速增长。[1]

武汉科学技术馆在抗击疫情的同时，及时将科普工作重心由线下转到线上，积极开展各项线上科普教育活动，先后推出"科学实验 DIY 挑战赛"、"新冠肺炎科普系列漫画"、"云游·春光中的武汉：带您走进武汉科技馆"直播、"心理健康科普"等系列线上科普活动和科普资源，并于五一国际劳动节期间，通过官网、微信公众号等渠道启动"云尚科普"系列线上主题科普教育活动，让"宅"在家的孩子能够轻松学习科学知识，在实践中感受科学的魅力。

"云尚科普"系列线上主题科普教育活动包含"云尚观展""云尚讲堂""云尚探究""云尚心苑"等四个子栏目。其中，"云尚探究"依托武汉科学技术馆赛因斯科学探究中心的品牌科学探究课程，将线下的 3 个科学探究主题——科学 DIY、创意航模和科学多米诺搬至线上，在线进行科学探究活动，打造"自主性"科普教育线上"课堂"。

二 "云尚探究"直播与录播对比分析

(一) 概念

对于网络直播的含义，中国国家互联网信息办公室公布的《互联网直播服务管理规定》中有相关界定：网络直播，即互联网直播服务，是一种全新的互联网视听节目，它是基于互联网，以视频、音频、图文等形式向公众持续发布实时信息的活动。[2]通过钉钉等平台开展的"云尚探究"活动属于网络直播的范畴。

网络录播，指通过网络传播将影像及声音以硬件设备方式即时记录成标准的网络格式进行发布。[3]在线上科普教育活动中，网络录播一般分为实时录播和点播回放两种形式。实时录播，是在钉钉直播群内，将提前录制剪辑好的视频在直播时段内进行播放；点播回放，是在直播时段以外，通过官网和微信公众号、钉钉直播回放平台对已经播放的内容进行点播回放。

从概念中可以看出，网络直播具有实时性传播特点，而网络录播则是延时性传播。

　　"云尚探究"自"五一"启动至 7 月 31 日，通过官网、微信公众号、钉钉等平台，共开展了 54 期。主要播出方式包括网络直播和网络录播两种。

　　从表 1 可以看出，"云尚探究"54 期中近六成采用了网络直播的形式，40.7% 通过实时录播开展线上科普教育活动，所有活动的点播回放率达到 100%。

表 1　"云尚探究"网络直播与录播期数占比

	"云尚探究"网络直播	"云尚探究"网络录播	
		实时录播	点播回放
期数	32	22	54
平台	钉钉	钉钉、斗鱼	官网、微信公众号、钉钉
占比	59.3%	40.7%	100%

（二）基于传播过程分析"云尚探究"的直播与录播

　　传播学中，一个基本的传播过程是由传播者、受传者、信息、媒介和反馈等要素构成的。传播过程主要分为直线模式和循环互动模式。[4]本文将以"德弗勒的互动过程模式"[5]（见图 1）为基础对"云尚探究"直播与录播进行对比分析。

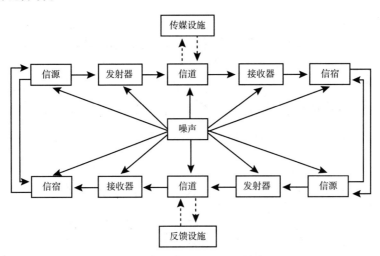

图 1　德弗勒的互动过程模式

"德弗勒的互动过程模式"明确了反馈的要素、环节和渠道,使传播过程更符合人类传播互动的特点。与此同时,这个模式还拓展了噪声的概念,认为噪声不仅对信息,而且对传达和反馈过程中的任何一个环节或要素都会产生影响,这一点加深了我们对噪声所起的作用的认识。不仅如此,这个模式的适用范围也比较广,包括大众传播在内的各种类型的社会传播过程都可以通过这个模式得到一定程度的说明。[6]

从表2可以看出,"云尚探究"线上科普教育活动中,无论是网络直播还是录播,传媒设施和反馈设施都是手机或电脑等电子设备,信道也都是基于互联网技术达成的,具有共同性。其他要素存在差异,对传播过程产生不同的影响。

表2 "云尚探究"网络直播与录播的传播要素

	"云尚探究"网络直播	"云尚探究"网络录播	
		实时录播	点播回放
平台	钉钉	钉钉、斗鱼	官网、微信公众号、钉钉
传媒设施	手机、电脑		
反馈设施	手机、电脑		
信道	网络		
信源	群主、小助手、参与者	群主、小助手、参与者	官网、微信公众号、钉钉
信宿	参与者、群主、小助手	参与者、群主、小助手	网友

1. 信源与信宿:直播 ≈ 录播

信源,又称传播者,指的是传播行为的引发者,即以发出信息的方式主动作用于他人的人。在社会传播中,传播者既可以是个人,也可以是群体或组织。[7]

信宿,又称受传者,即信息的接收者和反应者,传播者的作用对象。作用对象一词并不意味着受传者是一种完全被动的存在,相反,其可以通过反馈活动来影响传播者。受传者同样可以是个人,也可以是群体或组织。[8]

在"云尚探究"线上科普教育活动中,网络直播和实时录播的传播主体是作为群主的老师及其小助手,以及循环传播过程中参与互动的活动参与者——家长和孩子。在网络直播和实时录播传播过程中,老师和参与者同时承担了信源和信宿两种角色功能。通过网络平台介质,形成了一个循环互动闭环。

老师面对手机或电脑进行科学探究实验,向屏幕另一端的参与者提出问题、演示实验过程、解答参与者提出的问题……此时,老师进行信息输出,参与者则是信息输入,完成一次单向的传播过程。

同时,作为参与者的家长和孩子,在观看直播或录播视频时,可以通过评论弹幕的方式参与话题讨论、提出疑问、回答问题,还可通过点赞和作品分享等方式参与互动,完成一次向老师信息输出的反向传播过程。

点播回放属于网络录播,但它的传播过程与网络直播和实时录播不同。其信源是官网、微信公众号和钉钉等平台,信宿是广大网友。其属于一般大众传播过程,互动性和循环性较弱,周期传播过程也长于网络直播和实时录播,更具有开放性和非限定性。

基于以上分析,在传媒设施、反馈设施和信道都一样的情况下,信源和信宿兼具双重功能,"云尚探究"线上科普教育活动既可以选择网络直播,也可以进行实时录播。点播回放可作为前两种传播方式的必要补充。

2. 信息:直播＜录播

信息指的是由一组相互关联的有意义的符号组成,能够表达某种完整意义的信息。信息是传播者和受传者之间社会互动的介质,通过信息,两者之间发生意义的交换,达到互动的目的。[9]

在"云尚探究"线上科普教育活动传播过程中,信息即老师和参与者之间的传播内容。从表3中可以看出,网络直播和网络录播传播的信息都是科学探究活动。活动相同,但具体传播符号并不是完全相同的。

表3中,"云尚探究"网络直播传播时长要比网络录播长,这是由直播实时传播特质决定的。网络直播中,往往存在很多不确定因素,影响直播的展开。直播过程中更换实验器材等冗余信息都直接呈现在屏幕面前,耗时且不可逆转、快进和跳过。

表3 "云尚探究"网络直播与录播的"信息内容"

	"云尚探究"网络直播	"云尚探究"网络录播	
		实时录播	点播回放
平台	钉钉	钉钉、斗鱼	官网、微信公众号、钉钉
信息	科学探究活动		
传播时长	20分钟左右	10~15分钟	10~15分钟
环节设置	预告→引入（现象与问题）→启发→思考→探究实验→结论→拓展	预告→引入（现象与问题）→启发→思考→探究实验→结论→拓展	引入（现象与问题）→启发→思考→探究实验→结论→拓展
传播符号	语言、手势、视频、评论弹幕、图片、音频、点赞	视频、音频、字幕、转场、特效、音乐、手势、语言、评论弹幕、图片、点赞	文字、视频、音频、语言、手势、字幕、转场、特效、音乐、评论、点赞

而在网络录播中，活动视频是提前录制的，信源可以根据信宿的特征、活动的需要，对素材进行精心剪辑、制作，剪去传播过程中冗余的部分，使整个活动传播节奏更紧凑，影音效果更有冲击力。因此，录播的传播时长比直播短许多。

环节设置方面，"云尚探究"网络直播和网络录播设置几近一致。点播回放中缺少的"预告"环节，会在网络直播和实时录播前，在直播群内向家长和孩子播放，提示最新的实验主题和需要准备的材料。

传播符号是信息的载体。由于直播平台的特质，"云尚探究"网络直播的传播符号相比录播简单，传播符号呈现以老师为主、参与者的评论互动为辅的特点。而网络录播的传播符号运用更为丰富多样，如字幕、特效、配乐等，更加具有画面冲击力和戏剧呈现的张力。

3. 噪声：直播＞录播

传播不是在封闭的真空中进行的，过程内外的各种障碍因素会形成对信息的干扰，这对于社会传播过程来说也是一个不可忽略的重要因素。在这个过程中，信息可能受到噪声的干扰，产生某些衰减或失真。噪声不仅对信息，而且对传达和反馈过程中的任何一个环节或要素都会产生影响。[10]

表4列出"云尚探究"线上科普教育活动中可能会遇到的"噪声"干扰。这些"噪声"干扰出现在整个传播过程中，如信源传递信息、信宿接收信息、信源和信宿之间的互动等。

表4 "云尚探究"网络直播与录播中的"噪声"

	"云尚探究"网络直播	"云尚探究"网络录播	
		实时录播	点播回放
平台	钉钉	钉钉、斗鱼	官网、微信公众号、钉钉
传媒设施	手机、电脑		
反馈设施	手机、电脑		
信道	网络		
噪声	网络故障、软硬件故障、直播事故	网络故障、软硬件故障	网络故障、软硬件故障、活动关注度

在直播中，"噪声"的干扰力最强。如武汉7月连降暴雨，雨天空气湿润造成网络设备等传输媒介阻力大、传送数据时间延迟或是延误，其中一期直播被迫延后；直播过程中使用的手机，如果有来电或者短信、微信铃声，可能对直播产生一定干扰；在六一特别直播中，跟拍手持设备的稳定性较差，导致直播画面呈现效果不佳；其他直播事故包括老师口误、节奏把握不准等。

网络录播受"噪声"的干扰较小，但由于是实时播出，同样会遇到网络故障或者软硬件故障等问题。其中，点播回放不受时间的约束，网友对活动的关注度决定了传播过程的完成度和效果。

4. 传播效果：直播与录播各有所长

包括"云尚探究"线上科普教育活动在内的每一个具体的传播过程，都是由传播者、传播内容、信息载体、媒介渠道、传播技巧、传播对象等要素和环节构成的，每一要素或环节都会对传播效果产生重要的影响，传播效果实际上是作为这些环节和要素相互作用的结果体现出来的。[11]

以钉钉平台的"六一"和端午节特别活动为例。六一儿童节特别活动主要采取直播形式，端午节特别活动主要采取录播形式。

从表5中可以看出，六一"科学实验游乐场"三个探究小游戏之间的转场，以及直播过程中不可预见的"小插曲"，对屏幕另一端参与活动的观众来说极具冲击感。直播在带动观众参与线上互动与点赞方面具有积极作用。端午节特别活动实时录播，虽然观看人数整体上有所增加，但互动点赞数不如直播活动。因此，线上科普教育活动的传播形式对传播效果具有一定影响。在吸引观众参与度上，直播的传播效果优于录播的传播效果。

表5 "云尚探究"六一活动与端午节活动情况

	六一活动	端午节活动
传播平台	钉钉	
传播形式	线上直播	线上实时录播
期数	6期(5月30日~6月1日)	6期(6月25~27日)
平均观看人数	55人	66人
平均点赞数	3817次	722次
传播内容	探究活动:眼睛会骗人 耳朵听一听 六一"科学实验游乐场":穿越A4纸、挑战吹蜡烛、编程小游戏	端午科学挑战·你的龙舟能跑起来吗 为什么要垃圾分类 垃圾分类从我做起

此外，传播内容对传播效果同样也产生影响。六一活动侧重于现场的探究小实验，内容丰富活泼，而端午节活动则兼具探究小实验和科普主题活动，做到了活动形式和内容深度的统一，观众在学到科学知识和科学方法的同时，加强了环保意识，在科学思想上得到提升。因此，端午节活动的录播有利于挖掘传播内容的深度，传播效果优于直播形式。

(三)"云尚探究"直播与录播各自的优势和劣势

线上科普教育活动中，直播与录播有不同优势和劣势。

1."云尚探究"活动直播的优劣

直播的传播过程具有动态性和序列性，其优势在于以下几点。第一，高互动性的现场体验。屏幕两端的传受双方处于同一时空环境内，双向的传播过程更加流畅。直播削弱了双方之间的距离感，削弱了非面对面交流带来的隔阂感。老师的语言、动作可以第一时间准确传递给家长和孩子，而提问和答疑环节，则由评论弹幕功能完成。这种互动体验更接近于线下活动，受双方容易产生共鸣。第二，强针对性的定制体验。在直播过程中，传受双方建立了一对一的传播关系。课程内容和流程是直播定制的，老师策划的主题探究实验更具有针对性，家长和孩子也会在直播过程中有极强的归属感。

直播的劣势在于以下几点。第一，受制于"噪声"干扰。无论是软硬件上的故障，还是对直播过程中突发状况的难以把控，都会对直播传播过程产生较大影响。这是直播的硬伤。第二，直播进度和节奏难以把控。直播环节中可能会出现拖沓，或者某一环节出了问题，影响整个探究过程。另外，对于老师来说，每个孩子对实验的接受程度不一，一定程度上会影响整个探究的进度。

2."云尚探究"活动录播的优劣

录播的传播过程具有建构特征，其优势在于以下几点。第一，去粗取精。前期录制好的视频可以进行后期的剪辑、制作，添加字幕、转场、配乐，去除信息传播中的"噪声"和冗余，使内容呈现精致有趣、引人注意。传播过程的精简更容易吸引孩子的注意力。第二，老师将工作重心放在了探究活动本身，而不是应对传播过程调度上。

录播的劣势在于以下几点。第一，现场体验感差。孩子可以不参加实时录播，而是随时随地点播回放进行观看。第二，传受双方的互动交流衰减。在实时录播中，孩子可以和小助手进行文字交流，比起直接与老师互动的方式有一定距离，而点播回放，信息传递和网友评论的时空是错位的，互动机制相对较差。

三 "云尚探究"活动直播与录播传播策略

上文分析了"云尚探究"活动直播和录播的具体传播过程，以及它们各自的优势和劣势。因此，开展线上科普教育活动时，需要选择合适的活动传播方式，完善传播过程，发挥优势、规避劣势。

（一）建立以直录结合为主，点播回放为辅的传播模式

"云尚探究"活动直播和录播各有利弊，扬长避短才能达到最优的传播效果。根据探究活动对象以及活动内容，选择效果最佳的传播方式，即以直播和录播结合为主，点播回放为辅。

在具体活动实践中，动手制作探究类的活动更适合录播。画面取景以老师手部操作实验材料的特写镜头为主，辅之以老师解说的字幕和轻快的配乐，使实验步骤清晰地呈现在孩子面前。精练突出的传播过程抓住了传播对象的注意力，解决了孩子注意力容易分散的问题，一定程度上避免了孩子跟不上老师节奏，无法完成制作的情况。

而科普实验类的活动更适合直播。现场以一个现象或问题引发思考，然后通过小实验探究答案，画面取景以老师为主，老师和孩子可以相互提问、回答，有现场探究的既视感。

根据活动的类别选择具体的传播方式，保证了传播过程的完整性和流畅度。同时，点播回放成为传播过程结束后线上科普教育活动的必要补充。老师和孩子都可以从中温故而知新。

（二）建立特别活动的直录一体传播模式

针对特别活动，如六一儿童节和端午"天问"节，"云尚探究"采取了两种截然不同的传播方式。六一儿童节采取的是直播的方式，端午"天问"节则是录播方式。

六一儿童节，"云尚探究"特别企划，邀请小朋友参加科学实验闯关挑战赛。比赛设置3关，通过闯关的形式，让现场及屏幕前的家长和孩子共同探究3个科学小实验。无论是内容还是流程都非常适合直播的方式。

端午"天问"节，"云尚探究"活动以"赛龙舟"为主题，设计了DIY动力龙舟的环节。活动首次尝试了双主播，在老师们的相互配合下，屏幕上"赛龙舟"的氛围十分浓郁。录播过程中，加入了线下几组实验效果的视频，激发了孩子们的兴趣。

六一探究活动中，在闯关转场过程中存在直播线性传播的缺陷，节奏被迫慢下来，容易让孩子们分散注意力。端午节活动录播通过剪辑，节奏十分明快，却无法兼顾与孩子的互动。因此，特别活动存在信息量丰富和流程调度难度较大的特定情况，其传播模式不能仅仅是单一的直播或者录播，而应是直录一体。

在直播中，可加入可以有效带动节奏的元素，如提前录制好的串场花絮、字幕转场等进行画面的切换，避免拖沓，锁定孩子的注意力；在录播中，可运用直播思维，让老师的语言和整体的节奏都符合现场互动的情境，给屏幕前的家长和孩子预留参与互动和思考的空间。

四 结语

本文从对"云尚探究"活动直播和录播传播过程的分析中，充分了解了直播和录播在线上科普教育活动中的作用和优劣。两者无法相互取代，而是在线上传播实践中相互结合、相辅相成。线上科普教育活动传播策略，即须在直播中加入录播元素，录播中运用直播思维，对同时作为信源和信宿的活动参与者都是全新的体验和考验。对线上科普教育活动直播和录播传播过程中每一个要素如何发挥其功能，使传播效果最优化，将在以后的实践中做进一步学习和研究。

参考文献

[1] 第45次《中国互联网络发展状况统计报告》（全文），2020年4月28日，中华人民共和国国家互联网信息办公室官网，http：//www.cac.gov.cn/2020 - 04/27/c_ 1589535470378587.htm。

[2] 转自许向东《我国网络直播的发展现状、治理困境及应对策略》，《暨南学报》（哲学社会科学版）2018年第3期，第70～81页。

[3] 蒋志辉、赵呈领、李红霞等：《在线学习者满意度影响因素：直播情境与录播

情境比较》，《开放教育研究》2017 年第 4 期，第 76 ~ 85 页。

［4］郭庆光：《传播学教程》，中国人民大学出版社，1999，第 58 ~ 61 页。

［5］转自郭庆光《传播学教程》，中国人民大学出版社，1999，第 63 页。

［6］郭庆光：《传播学教程》，中国人民大学出版社，1999，第 62 ~ 64 页。

［7］郭庆光：《传播学教程》，中国人民大学出版社，1999，第 58 页。

［8］郭庆光：《传播学教程》，中国人民大学出版社，1999，第 58 页。

［9］郭庆光：《传播学教程》，中国人民大学出版社，1999，第 58 页。

［10］郭庆光：《传播学教程》，中国人民大学出版社，1999，第 61、64 页。

［11］郭庆光：《传播学教程》，中国人民大学出版社，1999，第 191 页。

历史视角下的科普定义、特征和社会功能

张昀京[*]

（中国科普研究所，北京 100081）

摘　要： 本文探讨了中国科普的历史学定义、特征和社会功能，提出了
几个研究科普或科学传播经常遇到的问题，给出科普的定义并
提出历史原因。从历史的角度合理解释科普，就必须考虑研究
的自反性，才能得出科普的特征。科普历史上具有很多社会功
能，当代也具有许多社会功能，这些功能将在长期内引导科普
的未来。

关键词： 科普　科学传播　科普历史

Definition, Features and Social Function of Chinese Science Popularization from a Historical Discipline Viewpoint

Zhang Yunjing

（*China Research Institute for Science Popularization，Beijing 100081*）

Abstract： This essay discusses the definition, the features and the social
function of Chinese Science Popularization from a historical discipline

---

* 张昀京，中国科普研究所助理研究员，主要研究方向为科普理论、科普历史。

viewpoint. The essay proposes several problems which may haunt the researchers of science popularization or science communication. Then the essay defines science popularization and explains the historical reasons. If a reasonable explanation should be found in a historical viewpoint, a research with reflexivity is needed to achieve the features of this discipline. The science popularization has many rich social functions in the history and in the contemporary times that guide to the long term future.

Keywords：Science Popularization；Science Communication；Popular Science History

一 问题和原因

研究科普历史，能够理清科普历史发展的脉络，为指导当今实践服务，建构科普发展的总体思路，为中国全社会科学素质的提升做出贡献。

然而在研究科普历史的过程中，经常出现以下几种问题：第一，用今天的定义寻找以前的科普；第二，用外国的定义寻找中国的科普；第三，没有定义，凭经验用实例代替定义；第四，事实俱在，却得不出什么有用的结论。

这些问题，归根结底，还是因为历史是一种自反式的学问，研究者本身也包括在历史这种研究对象中。如果把历史事件从背景中拉出来研究，结果就是不能得出有益的结论。对历史定位和背景的不清楚，才导致定义的不准确。历史研究得出的一个结论如果不能建立在历史背景的基础上，这个结论很可能是主观的、片面的、没有用处和不能启发思考的，因为自反导致研究者本身也处于研究对象中。

因此，逻辑上正确的研究，前提也可能是错的。对于科普的历史研究，最重要的前提是正确的科普定义，然后才能进行下一步研究。

为了产生历史学方面的科普定义，首先要广泛地阅读史料，结合研究者自己的经验进行定位，才能得出比较正确的定义。研究者自己的阅读和经验非常重要，这不仅是研究特色的所在，更由于研究者自己也是历史的一小部分，直接决定了历史的解读和取向。

出于上述原因，我们也可以把不怎么客观的历史研究看成历史的一部分，研究它的出现、历程和原因。这里，并不打算以此为重点，也不打算评价其他人的研究，而是通过历史实例，探讨较为客观的历史结论。

二　科普的定义

要想寻找科普的定义，首先从词源方面寻找。"普及"一词，是从清朝末年开始流行的一个词，含有大规模散布的意思。从历史上看，清朝末年的各种普及都可以说是社会改良的一部分，知识的普及、教育的普及、技术的普及、邮政的普及、电信的普及，以至科学的普及，究其原因，是清朝在1894年甲午战争中失败，1900年八国联军入侵，标志着部分改变社会的洋务运动和完全盲目排外的农民运动两种探索彻底失败，向全社会普及中国从未有过的各种西方引进事物，实现富国强兵，以图自救，成为封建朝廷也不得不采取的措施。在各种普及中，无疑包括科学的普及。

科学，并不是在清末才传入中国的，广义而言，中国古代也有自己的科学。而西方的科学和技术在明朝也曾经随着传教士进入中国，统治者既想利用西方的科技为自己服务，又不想接受传教士的传教和西方的各种人文事物，也不想过多引入科技导致民间的变化，加上几百年间西方科学直到19世纪才完全领先于东方。这样，西方科学和技术为明清两代朝廷小规模服务了几百年。

从鸦片战争到甲午战争前，西方列强彻底打破了这种局面，至少在被迫开放口岸和内地据点城市，科学和技术，尤其是技术，传入了中国，但是其规模和中国的人口或者土地面积相比，还不能说是普及，只能说是小规模的传播。洋务运动是封建朝廷"师夷长技以制夷"策略的一次标志性尝试，它的特点是注重技术，尤其是军事技术，目的是"制夷"，最终还是要驱逐洋人，这样当时有了两套官僚体系，一套是封建社会原有的体系，另一套是从西方引进来的技术体系，第二套显然是权宜之计。甲午战争证明了洋务运动的失败。

维新变法则提出在制度上改变中国，学习日本，过快的不理智的步伐导致守旧官僚反扑，也失败了。封建统治者能接受各种技术改变，但旧的官僚制度要想并入新的官僚制度，几乎是不可能的。

很快，农民自发的义和团运动，以及八国联军入侵证明了，制度不改变，会有被瓜分的危险。这样，清政府在最后十年被迫实行新政，要向全社会大规模散布这些新的事物，造就新的国民，以图富国强兵自救，其中包括科学的普及，这就是中国科普的开始。

普及的确是从清朝最后十年开始的，西方科学和技术虽然从未间断地传入中国，但是称得上普及的也只是 1900 年后。因此，中国的科普只能这样画线。

科学和技术的范围，尽管广义而言中国古代也有科学和技术，实际普及的只是源自西方的科学和技术，视情况需要偶尔会加入一些中国古代的医疗、数学、技术等，这些不算主要方面，无须在定义中特别指出。

社会的成员向另一个社会借用文化元素的过程，叫作传播，贡献文化元素的那个社会实际上就是此文化元素的"发明者"。[1]科学技术是构成现代社会文化的重要特征和元素，为了接纳传播来的文化元素，既有的文化也会发生相应变化。

因此可以得出定义，科普是"科学技术普及"的简称，是指科学技术作为文化元素在社会中大规模传播的过程，特点是影响、改变和扬弃，社会和人是主体，科学是客体。主体指认识者，即在社会实践中认识和改造世界的人。人生活在各种社会关系中，认识和改造世界的活动都是在一定社会关系中进行。客体指被认识者，是与主体相对应的客观事物、外部世界，是主体认识和改造的一切对象。这样看来，人既是科普的认识者，又是认识科普的人，也具有自反性。

三　历史性地看待科普的特征

上述定义将科普的开始时间、基本内容、历史背景、时代特点都做了明确划界。在这种定义下，可以确定，科普是随着时代的变化而不断变化的，在每个时代都有不同的特征。因此，只能用历史的、具体的观念，根据背景看待当时的科普，不能用现代的、外国的，脱离历史背景寻找的一个物理式的参照系，来看待历史上的科普。

例如，清朝末年到民国一直在推广识字教育，其是否可以算科普的内容？众所周知，清末的识字率是千分之七，民间绝大多数人连字都不识，要想进行科普几乎不可能。要想科普，必须先从识字做起，因此，无论是对各种年龄、各种性别的识字运动、识字学校、夜校、补习班，还是对文字和读音的统一标准、讲习所、培训班、简易师范等项相关政策，如果这些不算是当时科普的一部分，那么几十年后的科普如何能搞得起来？故此，研究这一时期的科普，必须把识字加入其中。

就此例子，有人提出，识字运动是成人教育，是科普的辅助基础，扫盲不属于科普。这是把当代社会的概念用于并不通行的过去时代。前文中已经提到，科普的范畴是不断变化的。识字运动是历史的产物，成人教育和扫盲是当代阶段的教育概念，当时并没有成人教育，也没有扫盲，有的是社会教育、知识的普及、识字运动，在多数人不识字的情况下，识字运动本来就是以促进知识的普及为目的，进而达到救亡图存的结果，这个历史阶段识字运动应当划到科普的范畴。并且如果科普不能包括教育中的目类，社会教育基本归民国北京政府教育部管辖，当时历史时期，科技社团做的一切知识的普及都算作社会教育，科技社团本身也是教育部管辖，并无科技部，即使中央研究院也归教育部管辖，中央研究院所做知识的普及也属于社会教育，如何解释科普不能包括教育中的目类？

至于南方红色革命老区、陕甘宁边区、西藏、新疆、西南边疆，这种识字率必须算作科普的情况恐怕还要向后延续很长时间。在陕甘宁边区等偏远地区，抗战开始后各地岗哨还在查哨的同时强制行人识字，这显然也是当时当地的特色科普。在南京、上海、重庆、成都，这当然已经不能算科普了，即使在这些地方，当时用得起收音机听科普节目的也并不多。

再如小学教育，清朝新政以前，除了传教士办的小学，本来是没有小学的，私塾和官学只是公务员考试的一部分，不是普及国民教育的一部分。清末把私塾和官学中的初级部分改为小学，学习内容里又有自然常识和卫生等，这本身就是一种普及科学的活动，是一种科学文化元素在社会中大规模传播的过程。在这种小学不普及的时代，不把小学教育算作科普，科普显然会缺少一大组成部分。几十年后，上过小学的人已经占了大多数，这时候小学教育仅仅是普通教育的一部分，不能再算作科普了。可见，科普的范畴随着时代的改变也在发生变化，最开始可能是初等的、低层次的各种普及，包括现在已经不属于科普范畴的，但是，不能否认这些内容就是当时的科普，不可能指望在中国特定历史的情况下，向民众普及物理化学生物等知识这种最纯粹的科普。

甚至在特定的历史阶段和特定的地点，科普的形式和内容必须服务于形势需要，必须以极富特色的方式进行。

例如在陕甘宁边区，《解放日报》社论《提倡自然科学》："我们认为要努力于通俗化的工作。不仅在一般的民众中间，而且在一般的干部中间，自然科学知识也是很贫乏的。为着普及并提高他们的科学知识，应该多组织一些通俗的科学演讲，编写一些初级的中级的自然科学读物。目前中宣部、大众读物社虽然已经开始了这一类通俗读物的编写工作，但是还有待于更大的努力。通俗化的工作是不容易做好的。如果做不好，往往会破坏了科学的系统，甚至破坏了科学的内容，而成为庸俗化。因此，和通俗化工作同时并进，还应该加强对于科学的高深研究。"[2]《欢迎科学艺术人材》："祖传老法已经不行了，必须让位给科学。自然科学家在这里有着最广大的活动地盘……我们并不把科学艺术活动局限在启蒙与应用的范围，我们同样重视，或者毋宁说更重视在科学艺术本身上的建树，普及和提高两个工作，在我们总是联结着的……"[3]

据此政策，陕甘宁自然科学研究会举办了纪念牛顿、居里夫人，普及天文知识的各种活动。随着边区经济形势恶化，疫病流行，为此开展了大生产运动和整风运动，科普的政策发生变化。"如果我们仅有挑也挑不起，拿也拿不动的所谓'理论'，而不去和群众的创造性结合起来，那我们的事业就不会成功。""我的意见认为首先要相信群众的创造能力，要打破'唯有读书高'的观点。我们知识分子出身的同志，总觉得自己读了些书，有专门的科学技术知识。这些知识只有和群众的创造性结合以后，才有力量，才是真正的了不起。"[4]"另一方面许多的自然科学家，专门家，或者是仍然住在学校中机关中尚未与边区广大的生产建设的实践接触，或者感觉无事可做，或者参加了生产建设的，仍然在摸索，在碰壁，这是什么原因呢？还有：一方面在边区的生产实践中遇着许多实际的需待科学解决的问题，未能解决；如梢山的柳根水，人吃了成'拐子'……如劳动模范的生产经验，是否可以科学的研究而又通俗的介绍给全边区农民；诸如此类的事，信手写来不知有多少；但另一方面，自然科学会，未闻研究讨论这些问题，自然科学院也未闻研究讨论这些问题，科学副刊也很少很少的解说这些问题，却以很大的篇幅去解说宇宙、地球，这又是什么原因呢？"[5]

由于形势的需要，陕甘宁边区的科普工作重点随着整风运动，转移到了防治疫病、人民卫生运动、揭露巫医、扫除文盲、科技工作者下乡解决生产生活实际问题上来，虽然时间不长，已经取得了很好的效果。这个例子充分说明科普的形式和内容是随着社会的变化而变化的。

中国科普的历史一直是和民族救亡图存以及振兴捆绑在一起的，这就是科普的独特之处。从清政府为了自救开始进行科学的普及，到民国北京政府教育部确定了社会教育（科普在当时的最正式名称）的地位，交通部、社会各界实际上大量进行科普活动，成立进行科普的社团，到南京国民政府开展科学化运动，建设民众教育馆，推广社会教育，中国共产党领导的苏区、抗日根据地和解放区大力发展社会教育，用人民运动的方式开展各种科普活动。无论自上而下由政府主导，社会名流和机构进行，还是自下而上由中国共产党主导，依靠人民大力开展，都是为了结合救亡图存的历史大势。

新中国成立后，中国共产党领导的科普和旧有的科普合并，共同为国家建设和民族振兴而进行科普，虽然在路线上每个阶段也有所变化，但是顺应历史的潮流这一点是不变的。

中国科普的历史是由浅入深、由近到远、由点到面进行普及的长期过程。如果从1900年开始比较，中国和西方列强相比，是半封建时代半殖民地社会和帝国主义的差距，在中国国内，地域差别、观念差别、民族差别、受教育差别也悬殊，无论什么样的普及都不会在短时间内完成。

随着科普的开展，各种社会教育机构和社团出现，社会名流在科普中的作用在逐渐减弱。在民国初年，包括第一批科学家在内的社会名流，为数很少，经常受聘政府公职，直接参与政策制定，对当时的科普起到了极为重要的作用。随着科普的发展，这些社会名流制定的政策已经逐步实施，培养出来的科技工作者数量增加，社会名流的作用相对减弱了。对于中国共产党的科普，党领导人民进行大规模群众运动，社会名流只起到号召的作用。

科普的形式和内容经常随着历史的特点发生变化，这在前面已经论述过了。

四 科普的社会功能

对于西方国家，科学传播的社会功能是确保其核心科技竞争力不被削弱。对于中国，科普除了和一百多年来国家民族的命运紧密相连，还有建设一种新型社会文化的需要，这种文化的自然客观知识基础是科学，包含科学文化但不仅是科学文化，是中国特色社会主义文化的组成部分。科普甚至是构建中国特色社会主义新型价值观不可缺少的一部分。这些功能在西方国家并不存在。

当然，不能要求科普解决一切问题，科普只是众多社会事业之一。在清末民初，救亡图存的科普的重要性比现在还要强得多。现在，自从普及和提高两个工作提出以来，科普仍然是科技的两翼之一，无疑显示了重要性，但并非一切问题都可以通过科普解决，甚至科技也不能解决中国面对的所有问题。因此，既不要贬低，也不要夸大科普的作用，历史和辩证地看待科普，才能更好地实现科普的现实意义。

参考文献

［1］〔美〕威廉·A.哈维兰:《文化人类学》(第十版)，瞿铁鹏、张钰译，上海社会科学出版社，2006，第 36 ~ 45 页。

［2］武衡主编《抗日战争时期解放区科学技术发展史资料》(第一辑)，中国学术出版社，1983，第 65 页。

［3］武衡主编《抗日战争时期解放区科学技术发展史资料》(第一辑)，中国学术出版社，1983，第 60 页。

［4］武衡主编《抗日战争时期解放区科学技术发展史资料》(第五辑)，中国学术出版社，1986，第 14 页。

［5］武衡主编《抗日战争时期解放区科学技术发展史资料》(第四辑)，中国学术出版社，1985，第 7 ~ 8 页。

疫情防控常态化时期北京市科技
教育培训模式探究

赵 茜*

（北京学生活动管理中心，北京 100061）

摘 要： 本文以北京市为例，通过对科技教育培训与教师专业发展之间
关系的探究，分析了线上教育培训的优势和不足。线上科技教
育培训打破了时间、空间的限制，呈现了自主学习的常态化特
点。在疫情防控常态化时期，应充分利用本地优势资源，优化
培训课程体系，优化在线平台系统性能，将线上线下培训有机
融合，助力教师专业成长，探索疫情防控常态化时期科技教育
培训的新模式。

关键词： 科技教育　教师专业发展　教育培训

---

* 赵茜，北京学生活动管理中心教师，硕士，主要研究方向为科技教育、群众活动的设计和开
发、心理疲劳。

Research on the Training Mode of Beijing Science and Technology Education in the Normalization of Epidemic Prevention and Control Period

Zhao Qian

(*Beijing Student' Activity Administration Center, Beijing 100061*)

Abstract: Taking Beijing as an example, this article analyzes the advantages and disadvantages of online education and training by exploring the relationship between science and technology education training and teacher' professional development. Online science and technology education and training breaks the limitations of time and space, and presents the normalized characteristics of autonomous learning. In the normalization of epidemic prevention and control period, we should make full use of local superior resources, optimize the training curriculum system, optimize the performance of the online platform system, integrate online and offline training organically, help teachers' professional development, and explore new models of science and technology education and training in the normalization of epidemic prevention and control period.

Keywords: Science and Technology Education; Professional Teacher Development; Education Training

2020 年伊始，一场突如其来的新冠肺炎疫情打乱教育领域正常的教学秩序，线上教育拉开序幕。2 月 12 日，教育部办公厅联合工信部办公厅就中小学延期开学期间"停课不停学"工作做出安排，在各地教育部门的周密部署和指导下，数十万所学校、2.8 亿学生、1700 万教师借助线上教学、网络直播、自媒体、公众号等手段开展教学。[1] 这对教师来说，是一场新的挑战，同时也展现了教师群体的巨大智慧。

经过医护人员和全国人民的共同努力，疫情防控形势趋稳向好，转入常态化疫情防控阶段。由疫情所产生的"蝴蝶效应"，使教育在云端逐渐成熟。在疫情防控常态化时期，如何做好科技教育工作，如何更好地实现教师专业发展，探索线上线下融合的教育培训新模式，是一项崭新的课题。

一 科技教育培训与教师专业发展

（一）科技教育培训

陈爽等人提出：提高青少年科学素质，主渠道是科技教育。[2]科技教育首先通过国家基础教育即各中小学相关课程和青少年科技教育活动实现，如科学课程、综合实践活动课程、通用技术课程等；其次是通过各类青少年校外科技教育机构实现；最后是通过开展科学普及的场所，如科技馆等来实现。而科技教育主要依靠科技教师来组织实施，因此教师专业素质就显得尤为重要，而科技教师的专业发展主要通过科技教育培训来实现。

科技教育培训主要有以下几个类型。一是由教育行政主管部门组织的培训，带有继续教育性质；或是依托于某项科技竞赛的专项教师培训，参与人员是中小学和校外机构教师。多是教委主办，也有购买社会服务，如北京市东城区百名科技教师成长计划——年度科技教师轮训；又如北京市科技教师继续教育，一部分培训由北京市科促会具体实施。二是由科协、科委等系统组织的对科技辅导员进行的培训，多与科协系统组织的活动相关，为了活动的推广和更好的开展，科技辅导员由科技教师和科技场馆的科技辅导员、科学讲师等组成。具体实施有科学中心、科学传播中心，还有其他二级单位，如全国青少年科技辅导员培训和北京市青少年机器人竞赛的教师培训。还有一类培训是科技企业的公益部门以及科技类社会组织举办的培训。比如，英特尔公司组织的公益活动或是索尼探梦科技馆组织的送科普下乡活动等。

（二）教师专业发展

教师专业发展（Professional Teacher Development）是指教师作为专业人

员,在专业知识、能力、思想等方面不断发展和完善自我的过程。[3] 1966年,联合国教科文组织与国际劳工组织在《关于教师地位的建议》中提出了"教师专业化发展"的概念。佩里指出,教师的专业发展,是与从业自信、技能提高、知识拓展和教学反思等方面的提高和进步密不可分的。英国已建立起多层次、多元化的针对教师可持续专业发展问题(Continuing Professional Development,简称 CPD)的教育网络,在专业品质、专业知识和理解、专业技能、团队合作等方面进行训练和发展。[4] 我国于 20 世纪 80 年代,针对教师专业精神、专业理论、专业知识及专业技能方面,提出了教师专业发展的问题。

(三)经验借鉴

英国一直将科学教师发展作为教育努力的重点,早在 21 世纪初,就优先关注教师专业发展。2003 年,英国就斥资 5100 万英镑创立了 10 个科学学习中心(Science Learning Center,简称 SLC),以促进全国科学教师的专业发展。[5] 伦敦科学博物馆结合自身优势,通过定制科学教师发展方案、规划专业成长课程,为科学教师打造了一个非常规教育下的专业成长平台,成为科学教师培训的一个重要基地。

随着互联网技术的日趋成熟和新业态发展的需求,以网络平台开展科技培训的模式已遍地开花,各级各类机构举办的科技培训也层出不穷,无疑给科技教师提升自身专业能力以更多的选择和发展空间。疫情防控常态化时期,网络科技教师培训打破了时间和空间的限制,我们有幸聆听了众多专家的讲座及各类直播课,节约了物理时间的同时,也节省了会议室场租人员劳务等费用,长篇累牍的会议自然而然地压缩了,短、平、快的培训模式成了疫情防控常态化时期的趋势,这无疑加快了网络培训平台的成熟和完善。

二 科技教育培训现状

2019 年中共中央、国务院印发的《中国教育现代化 2035》指出,广大教师要增强终身学习和专业自主发展意识，不断更新教育理念，提升信息素养，为落实立德树人根本任务不懈努力。[6]防疫期间，线上教育实践是一个教师专业发展的分水岭，善于学习的教师充分利用时间提升自我，反之，缺乏鞭策则停滞不前。

基于国家统计局的数据调查和分析，可以看出：北京市教育投入可观，2020 年基本支出预算为 2233539.35 万元，比 2019 年的 2185824.31 万元增加 47715.04 万元，增长 2.18%；项目支出预算为 597065.11 万元，比 2019 年的 872107.74 万元减少 275042.63 万元，下降 31.54%；事业单位经营支出为 46489.98 万元。

北京市拥有一支庞大的教师队伍，在科技教育领域不遗余力地发挥着巨大作用（见表 1）。而 2019 年中国科协系统就拥有专职科普工作者 6.9 万人，兼职科普工作者 83.3 万人，科技志愿者 172.1 万人。举办科技辅导员继续教育培训班 21004 场次，培训参训人数达 354.6 万人次。青少年科技教育方面，2019 年举办青少年科普宣讲活动 47394 场次。举办青少年科技教育活动和培训 43574 场次，参加培训人数达 1429.3 万人次。[7]发挥首都科技教育的引领和示范作用，充分给予专任教师专业发展的空间，提升科技教师的教育教学水平，发挥教育队伍的巨大作用，就显得尤为重要。

表 1　北京市近十年（2010~2018 年）教师数量统计

单位：万人

年份	普通高等学校专任教师数	中等职业学校（机构）专任教师数	普通高中专任教师数	初中专任教师数	普通小学专任教师数	特殊教育专任教师数
2018	7.11	0.61	2.09	3.56	6.69	0.10
2017	6.97	0.63	2.15	3.45	6.45	0.10
2016	7.00	0.67	2.11	3.35	6.18	0.10
2015	6.87	0.70	2.13	3.29	5.93	0.10
2014	6.84	0.72	2.11	3.25	5.69	0.10
2013	6.69	0.72	2.08	3.19	5.50	0.09
2012	6.09	0.73	2.06	3.11	5.25	0.09
2011	5.96	0.78	2.03	3.05	5.09	0.09
2010	5.92	0.84	1.96	—	4.95	0.09

三 疫情防控时期教育培训的现状分析

截至 2020 年 6 月，1400 多所高校的上百万名教师在 110 多个在线平台上开设了上百万门课程，服务于全国 1770 多万名大学生，23 亿人次在线学习。由此，在线教育的井喷之势从高校疫情期间的数据可见一斑。[8] 疫情期间，钉钉、雨课堂、学习通、腾讯会议等耳熟能详的平台都得到爆发式增长，在线教育平台快速迭代，持续创新。7 月 14 日，国家发改委等 13 部门提出"大力发展融合化在线教育。构建线上线下教育常态化融合发展机制"。

（一）线上教育培训呈现的特点

首先，从学到用。育人者先自育。未来的教育，一定是以学习者为中心的，是开放的、连接的，以能力为重、知识为基、德育为先的教育新生态。[9]线上学习，为教师专业成长提供了快车道，教师变被动学习为主动学习，因疫情防控的特殊性，教师专业研修开始了一场未经演习的实战。"停课不停学"举措，要求教师学以致用，将教师专业培训内容即学即用到教育教学活动中。

其次，从城市到乡村。打破时间空间限制，从青藏高原到南沙群岛，哪里有需要，哪里就有线上教育、线上培训。从鲜活的案例入手，从地域、学校、教师不同视角，通过主题报告、小组交流展示、经验分享、专家答疑解惑等形式，对疫情防控常态化时期的教师培训方式进行了探讨。远程协同教研，推送优质教学资源，云研修、云提升，促进城市乡村教师共同发展。

再次，从尝鲜到常态。利用继续教育培训将信息技术与现代教育相融合，因势利导地推进"互联网＋教育"常态化应用，促进教师专业素养不断提升，线上线下教育有机融合成为常态。[10]

（二）存在的问题

首先，目前还是简单地将线下课程搬到线上，缺乏重构，还需加强对培训质量、培训过程的监管，教师的在线学习能力、教学能力有待提高。

其次，网络培训对于教师在真实情境下的困难和挑战涉及甚少，不能真正助力教师专业发展，应从教师专业发展实际出发。

再次，线上教学对实操类课是一个挑战，缺乏动手实践的环境和条件。如何运用远程协作及虚拟现实仿真技术（Virtual Reality Simulation）提升培训效果，值得探讨。

最后，教育培训平台缺乏规范化管理，平台系统性能参差不齐，用户体验不稳定。疫情期间，在校教学的基本形态大致可以分为 4 类，MOOC 接近38%，录播教学占到37%，还有直播教学和远程指导教学。[11]虽然，部分老师进行了课堂翻转等创新教学，但各类课程资源分散在许多平台上，缺乏系统性。

四　疫情防控常态化时期科技教育培训的探索

（一）整合资源，优化培训教学模式

线上培训应是重构，而不是简单地从线下"搬家"到线上；它需要利用网络技术重新设计课程，将优化课程搬上云端，在培训中互动，开展创意性培训活动。[12]紧跟科学前沿的最新发展，结合国培计划、教师继续教育，建立基于大数据的项目学习系统，在科技教育培训中创设符合教育教学实践的情境，将 PBL 教学模式运用到教师培训中。[13]利用互联网技术，完成线上线下教师培训资源的有机整合，使教师投入全感官、全身心的沉浸式培训模式中。收集教师学习培训过程数据，运用能力模型进行智能化分析，形成参训教师可视化成长模式，使教师快速及时地获得新理念、新技巧，并应用于教学实际。

（二）搭建网络平台，实现资源共建共享

通过对教师科学思维、学科观念、社会责任和科学探究能力的培养，培养实践性教师。利用大数据、虚拟现实、云平台等技术提升科技教育培训的水平和层次。坚持问题和目标导向，结合地域特点，快速提升科技教师专业技能。[14]结合教师职业生涯规划，通过问卷调查、访谈等方式，及时掌握教师的培训动态、培训情况和培训需求，了解教师专业发展的实际需求，精准对接线上培训内容和方式，努力提升培训质量。尝试利用首都高校教育资源优势，将高校科学教育专业培养与在职科技教师培训有机结合。利用现代教育信息化，集中建设精品课程课例，促进教育均衡，搭建教师培训资源共享平台，实现教育资源共建共享。

（三）建立教师组群，夯实培训成果

运用前沿科技力量，利用 AR、VR、AI 技术打造沉浸式立体化学习体验，完善在线课程细节，助力教师专业成长。[15]使用互联网社交工具（微信、钉钉、视频会议等）组建学习组群，开展深层次、开放式的互动沟通交流。培训实施者要提高对交流平台的关注度，借助在线交互式平台的优势，共同研发，融合形成科技教育培训常态化新模式。开展基于学习组的互助学习模式，在线上举办微课竞赛、多媒体课件制作等竞赛，采取论文撰写、总结培训经验等方式不断夯实教师培训成果。

（四）优化系统设置，搭建展示交流平台

优化在线平台系统性能，构建平台用户满意度评价体系，提升用户体验。[16]基于在线平台实现常态化协同发展，通过规范高效的科技教育培训网络，以"项目＋人才"的模式，提升科技教师专业发展水平，进一步完善培训体系。充分挖掘和利用现有科技教师培训资源，建立公开透明的信息网络，搭建科技教师展示交流平台，拓展教师发展空间，开展线上交流展示活动，使教师在实战中成长，促进教师专业技能的提升。[17]

五 结语

青少年科学素养培养离不开科技教育，科技教育发展离不开科技教师专业水平的提升。本文通过探讨科技教育培训与教师专业发展之间的关系，分析了线上教育培训的优势和不足。在疫情防控常态化时期，应充分利用本地优势资源，运用前沿科技，打造沉浸式学习体验，优化在线平台系统性能。坚持问题导向、目标导向，优化培训课程体系，加强网络培训的实际获得。将线上线下培训有机融合，实现常态化协同发展，助力教师专业成长，探索科技教育培训新模式。

参考文献

[1]《中国教育的"线上迁徙"》，《中国青年报》2020年7月28日，百度网，https：//baijiahao. baidu. com/s? id = 1673435459881285310&wfr = spider&for = pc。

[2] 陈爽、王柳、崔万秋等：《基于在线平台融合高校资源实现科技教师培养培训的模式探索》，《办公自动化》2020年第9期，第45~46+41页。

[3] 杨柳：《反思从业教师培训，助力教师专业可持续发展》，2019年7月27日，中国日报中文网，http：//cn. chinadaily. com. cn/a/201907/27/WS5d3c3858a3106bab40a02d1f. html。

[4] 艾伦、赵秋晨：《英国教育科技的教师持续专业发展培训工具评析》，《中国现代教育装备》2017年第10期，第3~6页。

[5]《伦敦科学博物馆：科学教师的培训重地》，2019年12月2日，中国数字科技馆网，https：//www.cdstm. cn/gallery/gktx/202006/t20200615_ 1029156. html。

[6] 郝志刚：《线上教育：教师专业发展的新契机》，2020年5月7日，中国教育干部网络学院网，https：//www. enaea. cn/case/jcjy/2020/84087. html。

[7] 张莹：《陕西省科技人才继续教育培训对策探析》，《科技传播》2019年第20期，第184~185+191页。

[8] 李玉乐、李娜、刘洋等：《我国科技期刊编辑专业技术人员继续教育培训现状调查》，《中国科技期刊研究》2020年第4期，第447~454页。

[9] 刘杰：《将科技和创新作为内生动力 优化智慧教育发展路径——北京市海淀

区智慧教育向 2.0 时代迈进》，《中小学信息技术教育》2018 年第 9 期，第 18～19 页。

［10］《"云研修"拉开 2020"国培计划"大幕——全国教师培训管理者网络研修班办班纪实》，《中国教师报》2020 年 3 月 27 日，新华网，http：//education. news. cn/2020－03/27/c_ 1210533319. htm。

［11］汪志军、张少帅、高秀云：《农业科研事业单位科技教育培训产业化路径设想——以中国热带农业科学院为研究对象》，《农业开发与装备》2019 年第 8 期，第 45～46 页。

［12］《教育财务干部能力提升线上培训第一阶段圆满完成——为基层教育财务干部送来"及时雨"》，《中国教育报》2020 年 8 月 1 日，教育部官网，http：// www. moe. gov. cn/jyb_ xwfb/gzdt_ gzdt/s5987/202008/t20200803_ 476433. html。

［13］陈静、张敏：《PBL 教育模式在教师教育领域的应用》，《科教文汇（中旬刊）》2020 年第 9 期，第 60～61 页。

［14］杜春燕：《培科教沃土 育创新人才——北京市第三十五中学科技创新人才培养模式及课程建设》，《中小学信息技术教育》2019 年第 4 期，第 27～29 页。

［15］高敏、任芳芳、高宏伟：《科协系统促进科技工作者成长的方法路径研究》，《科技与创新》2016 年第 23 期，第 4～5 页。

［16］沈晓平、苗润莲、贺文俊：《科技人才继续教育的需求与对策研究——基于北京市科学技术研究院的实证分析》，2017 年北京科学技术情报学会年会——"科技情报发展助力科技创新中心建设"论坛论文集，2017。

［17］李昱、宋瑞雪、吴兰等：《校外科学教育逐渐兴起背景下的科学教师专业发展路径初探》，第十二届馆校结合科学教育论坛论文集，2020。

面向未来科学素质建设的
自然博物馆教育

赵　妍[*]

（北京自然博物馆，北京 100050）

摘　要： 我国正处于建设世界科技强国的关键时期，科教兴国、人才强国战略对国家发展具有重要意义，全民科学素质建设成为提升国家综合实力的必要之举。自然博物馆作为面向公众开放的社会教育基地，拥有良好的教育空间、资源与设施，对全民科学素质建设起到重要作用。面向未来的科学素质建设将进入新的阶段，也将对自然博物馆提出更多的要求和挑战。未来的自然博物馆教育应面向多元受众，推动城乡均衡发展，以观众为核心，注重互动体验与实践教育，培养科学思维与创新意识，提升全民科学素质，培养未来科技人才，为建设科技强国输送新鲜血液，为提高国家的综合实力贡献自身的力量。

关键词： 科学素质建设　自然博物馆　多元受众

---

* 赵妍，北京自然博物馆科普教育部助理研究员。

Education of Natural History Museum for the Construction of Science Quality in the Future

Zhao Yan

(*Beijing Museum of Natural History, Beijing 100050*)

Abstract: Nowadays, scientific education and personnel training are of great significance to building a powerful country with science and technology, and the scientific literacy construction of people is the basis of improving the comprehensive strength of the country. As a social education base, natural science museum has good educational resources and plays an important role in the construction of scientific literacy of the whole people. The construction of scientific literacy will enter a more important stage, and will put forward more requirements and challenges for the natural science museum. Therefore, in the future, natural science museums should provide more equitable education opportunities, organize participatory exhibitions and activities, and build online education mode to improve the scientific literacy of the whole people, train scientific and technological personnel, and contribute to the development of our country.

Keywords: Scientific Quality Construction; Natural History Museum; Diversified Audience

一 前言

为培养国家科技人才,提升国家科技竞争力,我国于 2006 年发布了《全民科学素质行动计划纲要 (2006—2010—2020 年)》(下称《纲要》),设定的目标是在 21 世纪中叶,我国成年公民具备基本科学素质。[1]自《纲要》提出以来,我国实施了一系列公众科学素质建设的办法措施,取得了显著成就。根据第十次全民科学素质调查,我国 2018 年具备科学素质的公民比例达到了 8.47%,为实现 2020 年"公民具备科学素质的比例达到

10%"的战略目标打下了坚实基础。[2]公民科学素质水平是决定国家整体素质的重要指标，至少10%的公民具备科学素养是该国家成为创新型国家的重要节点。[3]

2019年的统计结果显示，中国的经济增速在世界主要经济体中名列前茅，对世界经济增长贡献率达30%左右，成为持续推动世界经济增长的主要动力源。[4]而未来十五年是我国发展的关键时期，根据2020年7月30日中共中央政治局会议，我国将坚持结构调整的战略方向，更多依靠科技创新。[5]全民科学素质的提升对国家的进步与发展以及在国际上的地位等有着重要作用。目前，《全民科学素质行动计划纲要（2021—2025—2035年）》已经开启编制，面向未来十五年的新一轮科学素质建设工作拉开序幕，要提升国家综合实力，调整产业结构，建设科技强国，实现中华民族伟大复兴中国梦，全民科学素质建设也将面临更高的要求和更严格的考验。

二　自然博物馆在全民科学素质建设中起到重要作用

（一）全民科学素质建设需要社会阵地

在我国，科学素质是指公民对科学技术的理解和应用能力，是我国整体发展建设当中的重要一环。[6]《纲要》指出："公民具备基本科学素质一般指了解必要的科学技术知识，掌握基本的科学方法，树立科学思想，崇尚科学精神，并具有一定的应用它们处理实际问题、参与公共事务的能力。"[1]

目前我国公民的科学素质虽已呈现显著提高的趋势，但与发达国家相比仍然存在不小的差距，需要继续调动全体公民的积极性和主动性，提倡全民参与，特别是对于已经走出校园步入社会的公众而言，应加强社会教育，促进其科学素质提升，而社会教育机构也应成为公民科学素质教育的重要阵地。《纲要》中就提出了建设科普基地、发展博物馆、流动科技馆等科普基础设施工程任务[1]，可见全民科学素质建设需要社会科普基地、科普资源作为阵地和后盾。

调查显示，随着各地科普基础设施的建设，公民利用各类科普设施获取科学知识和科技信息的机会明显增多。公民在 2018 年参观动物园、水族馆或植物园的比例为 58.1%，科技馆等科技类场馆的比例为 31.9%，自然博物馆的比例为 29.5%；参加过科技展览和科普讲座公民的比例分别为 21.5% 和 18.7%，参加过科技培训和科技咨询公民的比例分别为 16.7% 和 14.3%；参加过科技周、科技节、科普日活动的比例为 15.3%[2]。这些社会教育单位所提供的科普资源和服务在公众当中得到最大程度的利用，有助于更好地实现公民科学素质的提升。

(二) 自然博物馆为提高全民科学素质起到重要作用

1989 年，美国科学促进会提出《面向全体美国人的科学》，该报告以未来的发展情况和未来工业化发达社会的需求为基础提出了科学素养的概念，建议当中包含自然环境与生存环境的章节内容[7]，与自然博物馆展示传播的科学内容息息相关。

而在《中国公民科学素质基准》中也有大量的自然科学内容，包括生态文明与自然和谐、可持续发展与有效资源利用、天文知识、地球科学、生命现象、生物多样性与进化、环境污染等[8]，这些是自然博物馆展览或教育内容中所蕴含的可以直接传播的科学知识。另外，通过对科学知识的引导和学习，公众还可以进一步获得科学方法与科学思想上的提升，可见自然博物馆在公民科学素质建设中的重要作用。

根据 2019 年的博物馆调查数据，北京自然博物馆参观人数达到 179.50 万人次，教育活动数量达到 6515 次，2015 年建成开放的上海自然博物馆新馆年参观量达 254.37 万人次，教育活动数量达到 23440 次[9]，各地的自然博物馆都根据自身情况不遗余力地承担自身社会教育的职责。自然博物馆在宣传生物演化理论中给人类带来了唯物主义的世界观，在展示生物多样性与生态系统保护中宣扬和谐发展、可持续发展的理念，在面临人口、资源、环境问题的今天显得尤为重要。[10]特别是在 2020 年，病毒在全球蔓延，自然灾害频发，自然科学知识的传播普及刻不容缓，而自然博物馆也正在为提升全民科学素质起到重要作用。

三 未来科学素质建设对博物馆提出更高要求

（一）未来科学素质建设的需求分析

1. 城乡均衡发展

2018 年的调查显示，城镇及乡村具备科学素质的公民比例分别为 11.55% 和 4.93%，相对而言，农村由于发展相对较为落后，传播普及受阻，较城镇的数值有一定的差距。而反观 2015 年乡村具备科学素质的公民比例仅为 2.43%[2]，三年来该数值几近达到了成倍的增长，这也说明乡村的科学素质建设已经取得了一定的成果，并且还将有更大的提升空间。我国是农业大国，乡村常住人口占 39.40%[11]，针对乡村的科学传播与普及仍然任重道远，特别是当面临疾病或灾难，具备一定的科学素质才能够选择科学方法理性应对，有助于保证公民的安全健康与日常生活的稳定。

2. 打造杰出科技人才，服务国家科技创新

有学者认为"科学素质具有时代性，培养科学素质的科学教育要与时俱进，要不断随着时代的需要向前发展，面向未来"[12]。分析我国未来发展形势，目标清晰明确，即改变产业结构，科技兴国，建设创新型国家，这就需要大量的创新人才，特别是培养科技创新发展的主力军。2018 年中国公民科学素质调查结果显示，具备科学素质的公民中 18～39 岁公民的比例达到了 71.7%，为我国科技发展奠定了人力基础[2]，可通过加强社会教育及培训选拔，培养创新人才，推动国家科技发展。另外，未成年人也将是未来社会前进的动力，应通过家庭教育、学校教育与社会教育使其认识到科学技术对人类发展的重要作用，培养创新意识与主人翁精神，致力于推动未来社会的发展。与此同时，科学素质建设的过程当中，不应只是单向地科学普及，还应该建立双向的反馈机制，对公民创新思维、科技思维的提升予以关注和跟踪，发现与挖掘具备科技潜能的人才进行储备并进行进一步的培养，从而推动我国科技进步与社会向好发展，进而提升国家的科技地位。

（二）自然博物馆面向未来科学素质建设的挑战

面向未来的科学素质建设，使我国具有科学素质的公民比例向发达国家看齐，这也需要社会科普教育单位能够提升自身的科学研究水平与展览教育能力，如此才能引导国民科学素质得到广泛而高效的提升。

据统计，2016 年美国公民参观自然博物馆的比例为 30%，而我国在 2018 年参观自然博物馆的公民比例也已经达到 29.5%[2]，这些走进自然博物馆的观众成为博物馆进行科学普及教育的重要对象，也对自然博物馆提出了更高的要求。

对于走进自然博物馆参观的公众，如何与时俱进地完善自身的展览展品与教育活动，让不同年龄段的观众都收获更多的参观体验与学习经验，在实践当中掌握科学方法与科学思维，是博物馆需要着力实现的。

而未能参观的公民比例也超过 70%，博物馆还应争取这些潜在观众。如何面向更广阔的群众，怎样把珍贵的展品和科研资源带到企业、乡镇，如何在网络信息时代与娱乐消息博眼球、抢空间，让科学以喜闻乐见的形式深入观众中间去，潜移默化地普及科学知识、提升科学水平，都是自然博物馆面向未来科学素质建设的挑战。

四　面向未来科学素质建设的自然博物馆教育

（一）面向多元受众的博物馆教育

在 2020 年的世界博物馆日，国际博物馆协会强调博物馆的价值在于为不同身世和背景的公众创造有意义的体验，期待平等、多元、包容的博物馆，使不同性别、年龄、种族、宗教、受教育程度的观众均能够享受到博物馆所带来的福祉。同时，博物馆的教育也应该面向更为广泛、多元的受众群体。目前我国自然博物馆的教育活动大多针对学龄阶段，而面向成人的活动在组织频率与方式上略显逊色，如何使各年龄段都能基于自身的经验在博物馆中有所思考、领悟并有所收获，促进全民科学素养的提升，是博物馆在未来的工作中需要着重考虑的。而在调查统计中已经具备科学素质的公民，也不应划分到博物馆教育服务的名单之外。其在良好的科学素质基础上，若能在博物馆得到自然科学的启迪，用于企业发展、科学研究或创新应用，推动科技进步，也是极具价值和意义的。因此，面向未来科学素质建设、推动科技创新发展的博物馆教育应面向不同年龄、不同知识背景的公众进行宏观规划。美国自然历史博物馆的教育项目就将学习对象划分为家庭系列、成人系列、不同年级的学生系列、高等教育系列以及教育者系列，再根据学习对象开发恰当的活动[13]，国内的自然博物馆可借鉴参考，打造面向多元受众的品牌教育活动，改变目前自然博物馆教育低龄化的局面。

（二）以观众为核心，注重互动体验与实践教育

进入 21 世纪，以观众为核心的理念和做法在博物馆界日渐清晰，并逐步付诸实践[14]，以学习者为中心也已经成为未来场馆教育发展的重要趋势[13]。对于自然博物馆而言，其展览与教育理念也正在发生改变，单向的灌输式的教育形式正逐步转向引导观众发现探索，在互动体验与实践中完成建构。当前已有一些博物馆做出了新的尝试。例如，美国自然历史博物馆提供了探索屋等实践场所，其中设计有一棵两层楼高的猴面包树，引导学习者探索其中的昆虫、鸟类及兽类标本。又如，美国史密森尼国家自然史博物馆的 Q？rius 实验室，其教育空间内有 6000 余件藏品可供公众观察、触摸、研究，实现了新形式的展教结合。[15]著名教育家泰勒认为"学习经验意味着学生是一个主动的参与者"[16]，公众基于实践所获取的经验更有助于知识内化，进而实现应用与创新。

目前我国自然博物馆的教育多以展柜中的标本为主，不能触摸，也难以实现对标本的观察、对比、分析研究，观众的真实体验感有所欠缺，主观能动性发挥不足，而面向未来全民科学素质建设，科学知识、科学方法、科学思想、科学精神的教育培养往往是寓于实践当中的，这还需要自然博物馆的工作者群策群力，设计新型的参与式、探究式、发现式的展览

及教育活动，鼓励公众在博物馆的参观过程中"反客为主"，实现科学素养的提升。

（三）场馆资源进乡镇，推动城乡教育均衡发展

自然博物馆的地理位置多是城市人口密集区，山区或乡镇享受教育资源并不如城镇居民便利。近年来，众多科普基地联合开展的科普大篷车等活动为贫困地区带去了展览和课程，为乡镇的学生带去了先进的科学知识和前沿的科学技术，在青少年的学习生活中播撒下科学的种子。在面向未来的科学素质建设中，自然博物馆也应更多地考虑城乡教育资源分布不均衡的问题，进一步提升对乡镇科学教育的频率，变单次为多次，与当地学校或社区共建，为他们提供系统的有关生命进化、农业科学、生态文明等相关的课程内容；同时将科普点、线联合起来，勾画自然博物馆—地方科普机构或部门—社区/学校的科学传播普及网络，打造针对偏远地区的博物馆教学资源包，结合展览、教具、课件、教案、音视频等资源，传递给乡镇的各个学校、社区，引导当地学生与城镇学生同步参与，以期达到更平等的博物馆教育，帮助乡镇人口提升科学素养，形成科学的生活生产观念，推动城乡均衡发展。

（四）充分利用网络媒体平台，扩大教育影响力

随着信息化的迅速发展，互联网已经成为人们获取信息的重要渠道，国内外的自然博物馆正不同程度地利用新媒体平台开展宣传教育活动，特别是受到 2020 年新冠肺炎疫情的影响，很多博物馆都将展览与教育活动搬到了线上，包括线上展览、讲解直播、活动视频、文字推送、互动答题等形式，在特殊时期，为公众提供足不出户享受博物馆资源的机会，受到公众的广泛好评。根据国家文物局统计，抗疫期间，全国博物馆推出 2000 多个线上展览，总浏览量超过 50 亿人次[17]，满足了公众的精神文化需求，也助力全民科学素养的提升。

未来，自然博物馆也应继续探索通过网络媒体平台实现教育的多种模式，丰富线上展教活动，拓宽教育半径。内容上注重与社会热点、重点话题

的结合，尝试新颖的传播手段和艺术形式，增强与公众的互动交流，使优秀的科普内容能够得到更加广泛的传播，使公众在利用网络获取信息的同时，实现科学知识的增长与科学思维的形成，从而使博物馆有限的空间与展品资源发挥无限的效能，助力社会的科学与创新发展。

（五）注重创新意识与科学思维，培养未来科技人才

在科学素质教育当中，对科学知识的传播普及已经能够较好达成，而科学思想、科学方法的传播相对较为薄弱，效果也难以跟踪评估。实际上，科学思想、科学方法并不是通过某一次教育活动就能够掌握的，需要在多次实践当中不断地思考、尝试、分析、领悟，由量变推动质变。特别是自然博物馆所依托的自然科学，是人类认识世界、改变世界的钥匙，博物馆面向公众的教育不仅仅停留在知其然，还要知其所以然，使公众能够对事物背后的本质原理形成科学理性的思考，进而实现其在人类社会中的创新应用，这是科学素质的重要体现，也是科技创新人才所需具备的要素。对此，自然博物馆可以充分利用自身优势，利用展馆与标本资源，与科技或教育领域的专家学者合作，针对不同年龄段的学生开发系列课程，使其能够熟练运用科学方法、科学思维分析与解决问题，激发其好奇心与想象力，形成创新能力，并对其进行长期的跟踪评估，争取到 2035 年，培养一批具备科学思维、掌握科学方法、拥有创新意识的青年，使其成为新时期国家科技发展的中坚力量。

五　结论

自《纲要》提出以来，我国科学素质建设取得了很大进步，自然博物馆也在其中发挥了自身的作用，但我国具备科学素质的人口比例较发达国家的差距仍然存在，面向未来创新型国家的发展建设，公民科学素质还有待进一步提高。这便对自然博物馆提出了更高的要求，即向更广泛的观众提供更多平等的教育机会，充分利用互联网平台完善线上的科普教育模式，在传播

科学知识的同时，引导公众在实践中得到思维与方法的提升等，这些都是自然博物馆在未来的全民科学素质建设中大有可为的。

博物馆虽然珍藏着年代久远的标本文物，但也应与时俱进，学习新的教育理念与传播方式，把握新时期社会发展的节奏，有针对性地培养未来科技发展人才，为建设科技强国输送新鲜血液，为提高国家发展的综合实力贡献自身的力量。

参考文献

［1］《全民科学素质行动计划纲要（2006—2010—2020 年）》，人民出版社，2006。

［2］中国科普研究所：《2018 中国公民科学素质调查主要结果》，2018 年 9 月 19日，中国科普研究所网，https：//www.crsp.org.cn/uploads/soft/180919/1－1 P919200S4.pdf。

［3］潘希：《我国具备科学素质公民比例达 8.47%》，《中国科学报》2018 年 9 月10 日，第 1 版。

［4］《〈2019 年统计公报〉评读：稳中上台阶　进中增福祉》，2020 年 2 月 28 日，中华人民共和国中央政府官网，http：//www.gov.cn/xinwen/2020－02/28/content_5484375.htm。

［5］《稳中求进　奋勇前进——从中央政治局会议看中国经济走势》，2020 年 7 月 30日，新华网，http：//www.xinhuanet.com/2020－07/30/c_1126306621.htm。

［6］刘华杰编《科学传播读本》，上海交通大学出版社，2007，第 139 页。

［7］美国科学促进会：《面向全体美国人的科学》，科学普及出版社，2001，第 33～58 页。

［8］《科技部　中宣部关于印发〈中国公民科学素质基准〉的通知》，2016 年 4 月 18日，中华人民共和国中央政府官网，http：//www.gov.cn/gongbao/content/2016/content_5103155.htm。

［9］国家文物局：《2019 年度全国博物馆名录》，2020 年 5 月 13 日，中央政府门户网站，http：//www.moe.gov.cn/jyb_xwfb/gzdt_gzdt/s5987/202008/t20200803_476433.html。

［10］孟庆金、杨德礼：《中国大陆地区自然博物馆现状及发展趋势》，《中国博物馆》2009 年第 1 期，第 72～81 页。

［11］国家统计局：《中华人民共和国 2019 年国民经济和社会发展统计公报》，2020。

［12］龚克：《未来社会的科学素质》，《科技导报》2019 年第 2 期，第 53 ~ 55 页。

［13］高茜、邵子航：《国外场馆教育实践探索与启示——以美国自然历史博物馆为例》，《开放学习研究》2017 年第 5 期，第 27 ~ 32 页。

［14］周婧景：《从"观众体验"视角规划博物馆教育——基于欧美自然历史博物馆教育活动之述评》，《自然科学博物馆研究》2018 年第 2 期，第 55 ~ 65 页。

［15］张昱：《探索博物馆"展教结合"新形态——美国史密森尼国家自然史博物馆 Q？rius 案例研究》，《自然科学博物馆研究》2018 年第 3 期，第 63 ~ 70 页。

［16］〔美〕泰勒：《课程与教学的基本原理：英汉对照版》，罗康、张阅译，中国轻工业出版社，2008。

［17］王华震：《"在家云游博物馆"——疫情提速中国文博线上展览》，《南方周末》2020 年 3 月 5 日。

科技馆应急科普研究现状
及常态化发展思考

郑　巍[*]

（上海科技馆，上海 200127）

摘　要： 本文先阐述科技馆应急科普的新挑战与研究现状，然后分析了科技馆应急科普实践的多样化演进以及新冠肺炎疫情下呈现的新趋势，针对当前科技馆应急科普面临的挑战，提出线上与线下常态化并进的策略与建议，积极探索科技馆应急科普的发展新路径。

关键词： 科技馆　应急科普　常态化发展

Research and Measures of Emergency Science Popularization in Science and Technology Museum under the Normal Development

Zheng Wei

（*Shanghai Science and Technology Museum，Shanghai 200127*）

Abstract： Firstly, this paper describes the new challenges of emergency

---

* 郑巍，上海科技馆更新改造指挥部副研究馆员，工程硕士，主要研究方向为科技管理、博物馆学及展示教育。

popularization in science and technology museum and the research status，then，analyzing the diversified evolution of emergency science practice in science and technology museum in recent years，and its new ways in combating COVID - 19. It will try to giving measures and actively explore the new path of the normalization of "online virtual and reality" parallel mode，in view of that the new problems faced by science and technology museums in emergency popularization.

Keywords：Science and Technology Museum；Emergency Popularization；Normal Development

一 科技馆应急科普研究的现状

2019 年 12 月暴发的新冠肺炎疫情产生了巨大的社会冲击力，给公众的安全健康造成严重威胁。突发公共事件往往会引发社会"恒常性"的破坏或断裂[2]，造成公众对突发公共事件的认知缺失，出现巨大的信息需求，公众迫切需要获取事件信息及相关科学知识。应急科普，是指在突发事件发生前及发生后普及相应的知识和技能。[3]应急科普可以为突发公共事件应急处理提供知识储备，促进事件的高效解决；提高公众的认识能力和辨别能力，促进突发事件引发的负面情绪向正面情绪的转变；使公众意见具有更大的社会促进或修正势能，进而引导公众行为。[4]科技馆作为重要的科普基地，积极适应社会需求，开展应急科普研究与实践具有重要的现实意义。

在中国知网上，以"应急科普"为关键词，搜索 2010 年 1 月 1 日至 2020 年 7 月 29 日的研究文献，共 147 篇，2020 年发表数量达 66 篇，呈剧增趋势。在这一结果中，进一步以"科技馆"为关键词，搜索到的期刊文献仅有 5 篇，数量较少。总体来看，近年来"应急科普"一直受到学者的关注，但有关科技馆应急科普的研究还较少，目前还处于起步阶段。2013 年的 4 篇均在《科协论坛》第 5 期发表，文章从不同的视角阐述了当年 4 月 20 日四川雅安发生 7.0 级强震后，在地震科普方面的新思路、新做法，总结了中科协科普部组织中国科技馆、科普出版社，有效整合专家资源，充分利用媒体，及时在中国数字科技馆开通"地震应急科普宣传"专栏等。2016 年，蔡文东、庞晓东、陈健、任贺春、吴彦旻在《科普研究》第 4 期发表了《在中国特色现代科技馆体系中开展应急科普工作的研究》一文，分析了科技馆体系中应急科普工作的优势与问题，提出建设应急科普教育基地、应急科普轻骑兵、应急科普数字科技馆、应急科普影视制作基地。[5]2020 年，中国科学技术大学科技传播与科技政策系的周荣庭和柏江竹，在《科普研究》第 1 期发文《新冠肺炎疫情下科技馆线上应急科普路径设计——以中国科技馆为例》，首次运用科学传播的语境模型设计新冠肺炎疫情下科技馆线上应急科普路径，提出建立多方信息互通机制，借助新闻媒体将应急科普活动进行多层次、立体化的推广，提高受众的覆盖面等措施。[6]

二 科技馆应急科普实践多样化演进

博物馆展览及其相关活动策划是一项集知识、文化、观念和情感为一体的大众传媒工程，通过多重感官体验，让公众得到知识、经验、情感上的满足和收获，进而影响其未来的生活和工作。[7]科技馆近年来不断探索应急科普的新途径，及时向公众提供应急科普知识，提高公众的辨别能力。一方面是面向已经发生的公共突发事件而开展的应急性科普服务；另一方面是日常针对易发、常发的公共突发事件而进行的常规性预防科普教育。[8]应急科普是为了预防和应对突发事件，在其发生过程以及常态中展开的科普宣传工作，主张应急科普的常态化。[9]近年来，如何第一时间开展应急科普，如何创新与提升吸引力，如何确保内容的科学性与准确性以及国际化及线上活动如何实施等问题成为关注的热点。实践中，在内容策划、展示技术、活动形式及新技术创新等方面积极应对，"应急科普"呈多样化发展趋势。

（一）及时追踪热点，创新互动方式

事实上，科技馆应急科普自 2003 年 SARS 之后，已逐渐走入公众的视野。例如，2003 年 7 月 16 日，上海科技馆"科学与健康同行——SARS 的启示"主题展展出了"SARS 抢救室"场景、非典专用的救护车、最新研制的隔离服等，采用"幻影成像"技术真实地再现上海"防非"管控所筑起的一道道"防线"。现场体质测试工作站提供了 15 台测试仪，公众自助进行体脂比、握力、肺活量、纵跳、反应时等一系列健康测试。这些都让参观的公众惊喜不已，引发了公众参观的热情。2015 年 12 月 29 日以"阻击禽流感"为主题的大型专题科普展览在中国科学技术馆开幕，展览陈列野生动物标本数十件以及 H5N1 禽流感病毒模型等展品，同时还放映有关预防禽流感及相关知识的录像，展览内容相当丰富。展览不仅及时地展出，互动方式新颖，也为公众在将来面对其他流行疾病时能保持科学的态度提出应对措施。

（二）整合优质资源，增加传媒渠道

内容的科学性与准确性是信息传播的重要保障，科技馆积极利用传播渠道，引导公众的正向理解。如 2013 年 3 月底，H7N9 型禽流感在上海和安徽两地率先被发现，公众对 H7N9 型禽流感存在各种疑惑，部分公众产生不必要的恐慌心理。4 月 11 日下午，在上海科技馆报告厅，举办了第 26 期上海科普大讲坛，推出《直面 H7N9——科学认识 H7N9 禽流感》的主题科普报告。东方网、上海科普网、上海科技网对本次科普大讲坛进行了视频与文字直播，大大增加了受众面。报告特邀两位资深专家，其中一位是复旦大学附属华山医院传染病科主任张文宏，现场通俗易懂的大众语言"勤洗手，多洗澡，不挖鼻，不擦眼"让公众记忆至今，起到了积极的科普作用。面对新冠肺炎疫情，张教授仍然以一贯的幽默感出镜，成为深受公众欢迎的"网红专家"。

（三）加强国际合作，引领传播新模式

全球化背景下，加强国际间的交流与合作，有助于促进多元思维的碰撞，有助于更全面地了解真相。比如，抗生素滥用就是全球面临的公共卫生问题之一。2019 年 7 月 4 日，"超级细菌：为我们的生命而战"中国巡展正式开幕，该巡展是由广东科学中心与英国科学博物馆集团共同策划研发的，不仅呈现了全球范围内的科学研究，还特地兼顾公众的接受度进行本土化诠释。展览计划在不同的城市巡回展出，进一步扩大科普的辐射面和影响力。2020 年 5 月 15 日，广东科学中心又新推出"病毒——人类的敌人还是朋友？"科普原创展，在借鉴中英合作的经验上，独立设计，配套互动活动，包括用显微镜探究口罩的秘密、采用显色材料示范如何正确洗手的实验、防护服穿戴演示等，公众热情参与。

（四）新冠肺炎疫情下，创新"线上应急科普"的新模式

2020 年 1 月 23 日起，科技馆先后宣布采取闭馆措施，如何让公众能够得到及时的科普，如何服务于"宅家"的青少年成为科技馆新的挑战。科技馆积极调动馆内资源，整合专业力量，打造权威的信息平台，以通俗易懂、多样化的传播方式向公众普及防疫知识，线上模式为科技馆与公众的互动打开新的有效途径。2 月 6 日，中国科学技术馆首推"来吧，组团灭毒！——战'疫'有我，用科学精神致敬最美逆行者！"大型主题教育活动，在中国数字科技馆、掌上科技馆、抖音、快手等平台上线，公众利用身边的材料在家里就能手工制作病毒模型，并上传视频。2 月 15 日"云讲堂"上线，通过在线观看和弹幕方式开展互动，解惑答疑。上海科技馆推出线上观摩新展"我和我的祖国"主题展及"鲸奇世界"临展。推出了原创游戏"探索鲸奇世界"与"海洋垃圾消消乐"，深受青少年和小朋友的喜爱。3 月 9 日，由江苏科技馆、南京科技馆、浙江省科技馆等 17 所场馆组成的联盟，策划发起线上"答题战'疫'打卡"活动，以有奖竞答的形式向社会公众科普"抗疫"知识。同一时期，厦门科技馆积极利用抖音

进行线上科普，及时推出"科学小实验"和"防疫小课堂"两类科普视频，选取贴近生活的科学知识，公众通过"微信公众号"就能参与"宅家战'疫'"系列活动。此外，各馆"网红讲解员"、"云参观"、"云实验"以及科普商品的直播等，均受到年轻人的追捧。

三 科技馆应急科普线上与线下常态化并进的思考

疫情期间，"宅家"的无奈促成了"线上应急科普"的兴起，让公众足不出户就可以在网上直接观展与参与活动。随着科技馆的陆续重新开放，又逐渐吸引公众回归实体场馆尽享高科技的魅力。线上的火热，又将如何持续下去？其发展所需的配套资源如人才、资金、评价及合作模式仍处于探索阶段。社交媒体所带来的知识内容碎片化是常常被呼吁改善的方面[10]，诸多类似的问题尚待研究。要实现科技馆应急科普线上与线下并进的常态化发展，需要提高认识，强化多阶段实施，合理运用新技术及引导公众加强现实交互。具体措施如下。

（一）深化应急科普线上与线下并重的认识

科技展览与互动展品是科技馆科学传播的亮点所在，线下的实体场馆每年都会按计划推出不同的展览与教育活动，常设展也会不断更新，热门展项大排长龙的现象时有发生，参观人数居高不下，现场管理压力大，成本高。尤其是高峰时，参观和体验的舒适度和效果不佳。部分临（特）展也由于场地、展期等因素，受众人群有限，线下的科普活动也经常会早早被预约满。疫情期间的线上科普走红，主要是因为通过新媒体平台开展灵活响应、多元化的科普服务，公众能个性化获取信息，但其存在评价及监督的不足。线上与线下应急科普的主要区别如表 1 所示。

表1　线上与线下应急科普的主要区别

"线下模式"	"线上模式"
公众能直观参观与体验；场馆方能通过面对面了解需求	公众线上参观及虚拟互动；采用线上问卷方式了解需求
展览受到时间、场地的限制；参与人数受限；现场管理成本较高	展示周期长，降低了不可控因素的影响；增加人数，节省现场管理成本
有展览评价体系	评价体系缺乏

本次疫情的常态化防控，改变了以往"线上模式"仅仅是补充的认识。线上的内容不是简单地复制线下资源，而是利用新科技呈现多元内容，挖掘背后及更深层次的"故事"，带来多感体验。线上与线下的互补互动，已经让"线上模式"提升到与"线下模式"同等重要的地位，所以，应保留两者各自的优势，弥补其不足，使两者既可以独立运行，又相互关联。线下与线上并重的新模式将成为科技馆未来发展的重要方向。

（二）强化应急科普多阶段新模式的实施

以往，应急科普内容主要集中在对已发生过的应急事件进行的回顾、经验、借鉴及基础知识的传播上，在时间上多是滞后的；或是经过主题提炼后的全球视角下的现状及最新的方案，引发公众的思考与积极参与。这次疫情突发的全进程，让应急科普的实施在时间和内容上发生了改变和调整。在开始阶段，基础知识的科普及科学"辟谣"成为应急科普的重点；在突发事件实施处置阶段，协助公众理解和关注突发事件。本次疫情应急科普与之前的SARS、H7N9型禽流感等有很大的不同，时间跨度长，同步开展的科普内容更加丰富。在突发事件平息期，则可以举办临展（特展），通过全方位的科学诠释，进一步引导公众正确对待和理解突发事件。

（三）新技术打造线上优质科普新范式

线上科普的推出，在短时间内吸引大量公众观看与即时参与科技馆的互动。但也存在一些问题，如有些仅有重点展品的展示，VR展厅打不开或存在闪退情况。直播中，也会因网络延迟、画面卡等现象，影响互动体验。这些现象的发生，映射出场馆信息化软硬件设备不足，以及内容策划人员能力较弱等问题。随着 5G 技术的普及，稳定的网络连接和高效的数据传输能够进一步打破应急科普的时空界限，但仍需要考虑资金的投入和人员的培养等问题，特别是对于有更新改造计划的场馆，可以提前进行信息化方案的预研，对接未来智慧场馆的建设。2020 年 7 月 9 日，世界人工智能大会采用"云端峰会"模式开幕，首次呈现了真人全息投影、人工智能合唱 MV 以及3D 云嘉宾和云展览，实现了"百台同播、千网同发、亿人同观"的传播效果，这些新技术的展示与应用为线上传播提供了新的范式。

（四）合理引导，加强现实交互

线上应急科普积极探索更贴近自身的观看视角，其灵活发布、实时互动、现场感强的特点，传播内容故事化、拟人化的表现手法有利于进一步激发公众的兴趣，弥补公众无法亲临现场的遗憾。但应避免过度强化感官体验和娱乐化倾向所带来的负面影响，如部分青少年连续几个小时看直播，"沙发土豆"现象屡见不鲜等。长期处于虚拟场景会导致人出现交往异化，回避面对面的感情交流，甚至出现现实社交障碍。因此，必须思考加强人与人的现实交往。在突发事件高发的今天，5G、人工智能、新媒体等新技术如何规范地助力应急科普的可持续发展，有待社会各方的研究和支持。

参考文献

[1] 沈正赋：《解读传媒——传媒生态与新闻研究》，西南师范大学出版社，2006，第 6 页。

[2] 杨家英、王明：《我国应急科普工作体系建设初探——基于新冠肺炎疫情应急科普实践的思考》，《科普研究》2020 年第 1 期，第 32～40＋105～106 页。

[3] 刘彦君、吴玉辉、赵芳等：《面向突发公共事件舆论引导的应急科普机制构建的路径选择——基于多元主体共同参与视角的分析》，《情报杂志》2017 年第 3

期，第 74～78＋85 页。

［4］ 陆建松：《博物馆展览策划：理论与实务》，复旦大学出版社，2016，第 22～
27 页。

［5］ 蔡文东、庞晓东、陈健等：《在中国特色现代科技馆体系中开展应急科普工作
的研究》，《科普研究》2016 年第 4 期，第 53～56＋62＋96 页。

［6］ 周荣庭、柏江竹：《新冠肺炎疫情下科技馆线上应急科普路径设计——以中国
科技馆为例》，《科普研究》2020 年第 1 期，第 91～98＋110 页。

［7］ 杨家明、王英：《我国应急科普工作体系建设初探—基于新冠肺炎疫情应急科
普实践的思考》，《情报杂志》2020 年第 1 期，第 33 页。

［8］ 翟立原：《应急科普重在体验》，《中国科技教育》2008 年第 7 期，第 25～
28 页。

［9］ 董泽宇：《突发事件应急教育初探》，《中国减灾》2014 年第 19 期，第48～
50 页。

［10］ 翟杰全：《科技公共传播：碎片化特性与当代发展策略》，《科普研究》2014
年第 4 期，第 11～16 页。

日本应急科普机制分析及经验启示

朱海伦　姜雨朦*

（1. 清华大学合肥公共安全研究院，合肥230601；

2. 合肥市城市生命线工程安全运行监测中心，合肥230601）

摘　要： 近年来，各类自然灾害、事故灾难、公共卫生事件、社会安全
事件等公共突发事件频繁发生，给人们造成巨大的生命财产损
失和严重危害，世界范围内应急科普需求高涨。面对突发事
件，如何建立完善的应急科普机制，引导全民正确应对，是世
界范围内应急管理的一大难题。日本探索并形成了相对成熟的
体系化应急科普机制。本文将从机构设置、经费保障、法律法
规、知识传播、基础设施、社会参与等方面对日本的应急科普
机制建设与实践发展进行剖析，为我国应急科普机制完善和能
力水平提高提供有益启示和借鉴。

关键词： 应急科普　机构设置　基础设施　知识传播

---

* 朱海伦，清华大学合肥公共安全研究院博士后、助理研究员；姜雨朦，合肥市城市生命线工
程安全运行监测中心助理研究员。

Analysis and Enlightenment of Japan's Emergency Science Popularization Mechanism

Zhu Hailun, *Jiang Yumeng*

(*1. Hefei Institute for Public Safety Research, Tsinghua University, Hefei 230601; 2. Operation and Monitoring Centre for Hefei Urban Safety & Security, Hefei 230601*)

Abstract: Recently, various kinds of natural disasters, accidents, public health incidents, social security incidents and other public emergencies have occurred frequently, causing great loss of life and property and serious harm, which has increased the demand for emergency science worldwide. Faced with the problem of dealing with emergencies, how to improve the emergency popularization mechanism so as to disseminate the proper emergency treatment to the whole people is a big challenge worldwide. Japan has explored and formed a systematic mechanism for emergency popularizing science. This paper will analyze the construction and practical development of Japan's emergency science popularization mechanism from the aspects of institution establishment, fund guarantee, laws and regulations, knowledge dissemination, infrastructure, and social participation, so as to provide beneficial inspiration and reference for the improvement of China's emergency science popularization mechanism and capacity level.

Keywords: Emergency Science Popularization; Institutions; Infrastructure; Knowledge Dissemination

一　引言

近年来，各类自然灾害、事故灾难、公共危机和社会安全等事件频繁发生，不仅造成重大人员伤亡、生态环境破坏、财产损失，还严重影响到整个人类社会秩序的稳定和生活的安宁。风险交织的社会环境使得各国的应急管理工作均面临重大挑战。除不可抗因素外，有研究表明，人为因素直接导致安全事故的占比达到76%～95%。[1]因此，从国家层面来说，不仅需要具备强大的应急管理能力，更需要建立完善的应急科普机制。加强应急科普工作，增强广大从业人员及社会公众的应急安全意识并提高其自救互救能力，既是应急管理体系建设的重要内容，也是促进事前预防、实现本质安全、提高救援水平的有效举措。积极开展应急科普教育工作对保障社会整体安全具有重要意义和重大作用。从长远角度来说，建立一套符合国情、科学完备的应急科普机制体系，对于提升国家整体应急管理能力、增强全民突发事件应急处置能力具有重要意义。

由于地处环太平洋地震带，日本国内地震频繁发生，因此，日本政府非常重视其国民的应急防灾科普教育工作。本文围绕应急科普机构设置、经费保障、法律法规、知识传播、基础设施、社会参与等方面详细剖析日本应急科普机制与能力建设的现状与特点，借鉴日本应急科普建设方面的科学理念与有效做法，期望可以从中得到完善我国应急科普工作的启示。

二 日本应急科普机制概述

日本自然灾害频发，经过多年抗灾经验的积累，目前已建立起包括政府机关、行业机构、民间团体乃至公民个人在内的一整套系统而高效的防灾组织结构体系。

（一）应急科普机构设置与职能划分

日本政府高度重视应急科普方面工作的落实。日本的防灾应急管理机构体系纵向表现为中央、都道府县、市町村三级管理体制，由常设机构（各层级防灾会议）和临时机构（各层级对策本部）组成（见图1）。[2]与防灾科普教育有关的组织有中央防灾会议、内阁防灾组织、指定的行政机关、指定的地方政府和指定的公共机构。

中央防灾会议是日本根据《灾害对策基本法》设置的防灾减灾决策机构，隶属内阁，由内阁总理大臣（首相）兼任该会议议长，日常工作由内阁府事务局负责。中央防灾会议为防灾减灾的最高决策机构，它的主要任务有制订防灾基本计划、审查及推动各项灾害应对措施的实施。中央防灾会议由会长和委员组成，会长由总理大臣担任，委员由防灾部长和其他国务部长、指定事业单位代表和学术专家组成。此外，内阁总理大臣可以就防灾的基本方针、有关防灾政策实施调整中重要的事项、发生紧急灾害之际临时必要的紧急措施大纲等事项向中央防灾会议咨询。[3]内阁防灾组织中，防灾部长被任命为特别任务部长，以统一各行政部门的防灾政策。

此外，日本和防灾科普教育有关的指定行政机关共计 24 个，地方组织

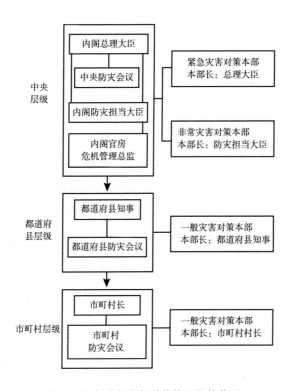

图1 日本防灾应急科普管理机构体系

33 个，公共组织 100 多个。① 指定行政机关有内阁办公室、国家公共安全委员、国家警察局、金融服务局等；地方组织分别是冲绳综合局、地区警察局、地区气象台等；还有日本国立地球科学与防灾研究所、日本红十字会、日本广播公司、岩谷产业株式会社等公共组织。② 在应急科普宣传中，除了政府积极推进对国民的科普宣传和防灾能力训练外，非政府组织在整个科普宣传产业中也发挥了巨大的作用。经过多年经验的积累，日本目前已建立起包括政府机关、行业机构、专业救灾队伍、民间团体乃至公民个人在内的一整套系统而高效的应急科普组织结构体系。[4]

（二）应急科普的经费保障

日本应急资金来源于以下几个方面：首先是公共卫生应急预算，该部分资金一般是由国家和地方按比例承担的；其次是灾害救助基金，《灾害对策基本法》规定地方政府必须每年按照前三年的地方普通税收额的 5‰作为本年度的灾害救助基金进行累积，最少不能低于 500 万日元；最后就是设置的专门预备费。此外，应急资金还有小部分是个人捐赠。其中，如表 1 所示，关于防灾减灾方面，日本政府高度重视该部分的资金投入，2020 年新冠肺炎疫情肆虐，日本政府在公共卫生领域投入了高达 25565 亿日元，以应对突发的疫情状况。

表 1 日本政府防灾减灾方面的资金投入

2020 年	2019 年	2018 年	2017 年
公共卫生领域投入 25565 亿日元	自然灾害中恢复和重建并确保安全与保障共计投入 23886 亿日元，其中大力促进防灾减灾和国家抗灾能力建设投入 855.7 亿日元	灾后的恢复重建支持计 7275 亿日元；紧急和优先的学校安全保障措施计 1081 亿日元	灾后恢复，防灾减灾项目计 12567 亿日元；其中，防灾减灾项目计 9331 亿日元

资料来源：根据日本财务省官方网站相关数据整理得来。

---

① 根据日本内阁府中央防灾会议相关数据整理得来。
② 根据日本内阁府网 2014 年 6 月 18 日决定的内阁府防灾计划书中的"指定的事业单位的防灾工作计划表"中 100 个与灾害有关的指定公共组织公布名单整理得来。

（三）应急科普的法律保障

作为全球较早制定灾害管理基本法的国家，日本的防灾减灾法律体系是相当完善的。日本先后颁布了200多部与应急管理相关的法律法规，内容涉及灾害预防、应急处理、灾害救助和恢复重建等。这些法律法规中，最为核心的就是有着"抗灾宪法"之称的《灾害对策基本法》。《灾害对策基本法》规定了突发事件的应急行政主体是各级政府、市町村等公共机关，日本据此构建了各负其责的"中央—都道府县—市町村"三级制应急防灾体制。除了该基本法外，各级政府还制定了《防灾对策基本条例》等地方性法规，制订了针对性的防灾计划，明确了政府各部门、社会团体和公民的防灾职责和任务。[5]完善的防灾减灾与应急管理法律体系保障日本在应对各类自然灾害类和突发事件时能够有法可依。

（四）应急科普的社会参与

在防灾科普工作中，日本各地的志愿者组织发挥了重要作用，面向公众普及相关知识，开展防灾减灾教育。日本市町村中有十多万个自主防灾组织，几乎每个町（街道）和社区都有"居民防灾议会"。为了增强志愿者的专业技能，各志愿者组织有专门的培训。如在日本静冈县就有专门的静冈县灾害志愿者总部，同时为了更加科学地进行培训，静冈县危机管理处、静冈县社会福利协商会和静冈县志愿者协会还专门编写了《灾难时的志愿者接受指南》。志愿者可以深入社区甚至到个人开展应急科普宣传工作，为实施防灾减灾教育工作起到了巨大的推进作用。

在日本，企业也是开展应急科普工作的重要社会力量。企业往往从使灾害损害最小化的角度开展应急科普教育工作。日本东京电力公司、东京煤气公司、日本铁路公司、日本电报电话公司等企业都会开设灾害信息专栏，公布灾情和应急措施。一些大型购物中心会定期或不定期地组织商户、工作人员及商场消费者进行灾害避难训练；每年的"海啸防灾日"都有企业参与防灾训练或演练。[6]

三　日本应急科普实践与发展

日本整个应急科普大致可分为三个环节，分别是应急预防教育、应急对策教育和灾后恢复教育。每一个环节均有相应的应对措施。

在应急预防教育方面，日本政府非常重视民众的安全教育工作。应急预防教育从幼儿园时期就已经开始，特别是针对地震等灾害的避难训练，要放入每一年的计划当中，灾害发生时要求学生根据教师的指示，冷静地采取行动。[7]日本每年都会举行"灾害教育挑战计划"活动，从幼儿园、小学、中学、高中直至大学，各教育阶段的学生都可以报名参加。该计划旨在提高年轻人的防灾能力，过程中以学生自主创新、提出各类问题的解决办法为主，相关专家的指导为辅，在实践中展现和锻炼不同教育阶段学生的安全防灾能力，从而有助于国家政府及时地了解国内防灾教育的阶段性成果，以便及时调整针对学生的安全教育计划。[8]

在应急科普知识传播方面，日本将每年的9月1日定为"防灾日"，将包括这一天在内的一周定为"防灾周"，即8月30日到9月5日。其间，地方政府和其他有关组织密切配合，在全国范围内通过举办综合防灾演练、举办传播防灾知识的讲座和展览等多种方式进行应急宣传普及，同时会对在灾害发生时开展防灾活动，增强防灾意识或发展防灾体系做出贡献的团体和个人（包括志愿者和公司）给予奖励。为了加强对民众应急知识宣传和应急能力的培养，日本政府详细地对民众生活中可能遇到的各种灾害以手册的形式进行科普宣传。手册的内容包括灾害的形成原因、日本历史上出现该灾情的情况和当时的应对措施和教训、应对该灾情的当下改进措施以及具体到每一个细节而方便民众操作的防灾措施等。这些手册图文并茂，直观形象，便于使用。

在灾后恢复教育方面，日本重视新闻媒体对应急科普工作的协同参与，通过广播、电视台、报纸杂志等多种方式告诉民众发生了什么、应该怎样应对、怎样才能避免损失和伤害等。日本设有应急广播，主要任务是将灾情和应对措施及时传播到民众之间，体现了瞬时、自动、直接的特点。[6]另外，电视台也发挥着重要作用，在灾害发生后会进行集中报道，平时也会开设灾害避难节目，常态化普及基本知识。灾害发生后，相关报纸杂志也会发表社论或以号外版的形式对应灾救护进行报道，以风格通俗的语言，图文并茂的方式向公众详细解释灾害应对知识。日本有专门的公共关系杂志 *Bosai*，每两个月发行一次，向民众详细地介绍当下一些灾害的相关准备工作和应对措施。

在应急科普基础设施方面，日本在全国建设了大大小小和门类众多的防灾博物馆、防灾教育馆、纪念馆和市民防灾教育中心等。馆内的专业人员会以现场演示讲解、情景模拟、演练等方式强调防灾减灾的重要性，演示防护方法技巧，依托场所、基地等开展各类应急科普教育体验活动。公众可感受多种灾害场景，增强防灾意识，锻炼自救互救技能。此外，随着民众防灾应急意识的不断增强，建立专门性的防灾生活用品商店与超市已经成为日本社会的常态。其中，最具代表性的东急百货（TOKYU HANDS）在东京开设了很多家连锁店，里面各式各样的防灾生活用品一应俱全，满足了民众对各类灾害的应急需求。

四 日本应急科普实践经验与启示

近年来，尽管我国应急科普工作日益受到各级政府部门的重视，但当前应急科普的机制建设与实践能力仍有待加强。首先，我国应急科普顶层设计尚不完善[9-10]，各级政府应急科普的组织工作碎片化，没有明确的职责分工，未能形成与各类科普主体的协同工作机制，对各类应急科普主体缺乏统一规范的指导。其次，我国当下在应急科普教育方面还存在不足，科普内容分散，形式单一，多以图文、视频宣教为主，交互性和传播性仍显不足，缺乏体验式应急科普教育实践，应急科普教育场馆服务能力与巨大的市场需求还存在一定差距，应急科普活动开发亟待加强。最后，我国在应急科普教育方面，尚未形成权威性的共享资源平台，没有充分激发社会力量，使其与市场机制进行有效整合，资源分散且不均匀，特别是基层和偏远地区，亟待通过立体化、精准化传播，惠及最广大群众。

相比之下，日本应急科普机制相对成熟。在顶层设计方面，日本建构了不同层级的应急科普管理体系，对国家和地方政府层级进行区分和定位。国家层面注重宏观指导，各级地方政府应急科普规划从战略、操作和战术三个层面来区分，避免同一级政府应急科普体系实践工作的交叉重复。我国地方政府涉及应急科普教育的部门众多，包括应急部门、教育部门、宣传部门、科技部门、卫生健康部门、科协组织等，健全各部门之间的科普联动协调机制，分工协作，如应急管理部门牵头负责自然灾害、事故灾害等科普知识的权威性，科协组织联动专家精细化加工科普内容，教育部门搭建资源平台，做好汇聚和传播等，从科普机制层面构建全链条标准化体系。此外，日本实施动态管理，灵活修订应急科普内容。要求将与已发生的灾害情况相关的研究成果准确地反映到应急科普中，对于地区灾害应对科普方案要求每年修订一次，对应急科普内容实行动态管理，全面配合各方面的应急管理工作，也值得我国相关部门学习借鉴。

同时，在应急科普传播层面，日本有着非常完善的应急教育体系、完备的应急教育场馆和丰富多彩的应急科普活动等，经常性举办各类演习活动、进行科普场馆的体验式教学等，切实地让国内民众学习到相关的应急知识和提高防灾能力，使日本民众的危机意识和防范应急能力逐渐内化于心，也成为他们的"生存"必备能力。丰富多彩的活动不仅需要政府力量的支持。在标准化体系管控下，我国应积极号召社会力量和市场机制的加入，将理念渗透到各领域、各行业，形成应急科普的产业生态圈，提升社会本体安全水平。

日本应急科普的机制建设与实践经验值得我们借鉴学习。本文主要围绕日本应急科普的机构设置、经费保障、法律保障、社会参与、知识传播、基础设施、技能培训等方面详细介绍了日本的应急科普机制现状与发展实践，以期为解决我国应急科普的问题与挑战、提高我国应急科普能力水平提供有益启示和借鉴。

参考文献

[1] 佟瑞鹏：《行为安全研究进展追溯与述评》，《安全》2019 年第 7 期，第 1 ~ 14 页。

[2] 王泽彩：《美国、日本公共卫生应急管理财政政策的经验启示》，《经济观察报》2020 年 7 月 2 日，腾讯网，https：//mp. weixin. qq. com/s/JhhwAOxDTrtNFdHD3 GJ – gw。

[3] 《日本国内阁府中央防灾会议》，2020 年 8 月 4 日，http：//www. bousai. go. jp/ chubou/chubou. html。

[4] 余爽、唐劲峰：《日本的灾害对策体制对重庆城市防灾规划的启示》，《四川建筑》2011 年第 1 期，第 14 ~ 17 页。

[5] 刘晓栋、刘艺：《美日突发公共卫生事件应急管理体系》，《现代世界警察》2020 年第 4 期，第 33 ~ 36 页。

[6] 陆继锋、曹梦彩、陶玫杉：《日本应急防灾知识普及的经验与启示》，《中国防汛抗旱》2019 年第 5 期，第 48 ~ 53 页。

[7] 汪文忠：《日本防灾教育的经验启示》，《生命与灾害》2016 年第 12 期，第 11 ~ 13 + 10 页。

[8] 《防灾教育挑战计划》，2020 年 8 月 4 日，http：//www. bosai – study. net/。

[9] 刘倩：《浅析国内应急科普现状》，《现代职业安全》2020 年第 2 期，第 32 ~ 33 页。

[10] 张英：《建立健全应急科普长效机制》，《中国应急管理》2020 年第 6 期，第 13 ~ 14 页。

图书在版编目（CIP）数据

面向未来的科学素质建设：第二十七届全国科普理
论研讨会论文集/王京春，付文婷主编 . -- 北京：社
会科学文献出版社，2021.6
ISBN 978 - 7 - 5201 - 8582 - 0

Ⅰ.①面… Ⅱ.①王… ②付… Ⅲ.①科学普及 - 中
国 - 学术会议 - 文集 Ⅳ.①N4 - 53

中国版本图书馆 CIP 数据核字（2021）第 117318 号

面向未来的科学素质建设

——第二十七届全国科普理论研讨会论文集

主　　编／王京春　付文婷

出 版 人／王利民
责任编辑／薛铭洁
文稿编辑／陈美玲

出　　版／社会科学文献出版社·皮书出版分社 （010）59367127
　　　　　　地址：北京市北三环中路甲 29 号院华龙大厦　邮编：100029
　　　　　　网址：www. ssap. com. cn
发　　行／市场营销中心 （010）59367081　59367083
印　　装／北京玺诚印务有限公司

规　　格／开　本：787mm × 1092mm　1/16
　　　　　　印　张：29.5　字　数：449 千字
版　　次／2021 年 6 月第 1 版　2021 年 6 月第 1 次印刷
书　　号／ISBN 978 - 7 - 5201 - 8582 - 0
定　　价／128.00 元

本书如有印装质量问题，请与读者服务中心（010 - 59367028）联系